实例讲解

三菱 FX 系列 PLC 快速入门

初 航 郭治田 王伦胜 编著

电子工业出版社·

Publishing House of Electronics Industry

北京·BEIJING

内 容 简 介

本书详细介绍三菱FX系列PLC的程序设计、基本指令系统、步进指令、应用指令、编程、通信，以及PLC控制系统设计与应用等知识。全书通过实例引导读者从学习编制简单程序入手，逐步完善功能，最终结合工程实例介绍开发完整的PLC控制系统的方法和技巧。全书重点突出，层次分明，注重知识的系统性、针对性和前瞻性；注重理论与实践的结合，培养工程应用能力。另外，本书还配有完整的电子课件，便于教学。

本书适合从事PLC系统设计及应用的工程技术人员阅读使用，也可作为高等学校自动化、电气工程、测控技术与仪器、电子科学与技术、机电一体化技术等相关专业的教学用书。

图书在版编目（CIP）数据

实例讲解三菱 FX 系列 PLC 快速入门/初航，郭治田，王伦胜编著．—北京：电子工业出版社，2017.1
ISBN 978-7-121-30565-8

Ⅰ．①实…　Ⅱ．①初…　②郭…　③王…　Ⅲ．①PLC 技术　Ⅳ．①TM571.6

中国版本图书馆 CIP 数据核字（2016）第 294628 号

策划编辑：张　剑（zhang@phei.com.cn）
责任编辑：韩玉宏
印　　刷：北京季蜂印刷有限公司
装　　订：北京季蜂印刷有限公司
出版发行：电子工业出版社
　　　　　北京市海淀区万寿路 173 信箱　邮编 100036
开　　本：787×1092　1/16　印张：23　字数：589 千字
版　　次：2017 年 1 月第 1 版
印　　次：2017 年 1 月第 1 次印刷
印　　数：3 000 册　定价：59.00 元

凡所购买电子工业出版社图书有缺损问题，请向购买书店调换。若书店售缺，请与本社发行部联系，联系及邮购电话：(010)88254888，88258888。

质量投诉请发邮件至 zlts@phei.com.cn，盗版侵权举报请发邮件至 dbqq@phei.com.cn。

本书咨询联系方式：zhang@phei.com.cn。

前　言

PLC 技术作为一种面向工业生产的应用型技术，与 CAD/CAM 技术、机器人技术并称为现代工业的三大支柱技术，已被越来越多的人所熟悉和应用。PLC 专为在工业环境下的应用而设计，它采用可编程序的存储器，在其内部存储、执行逻辑运算、顺序控制、定时、计数和算术运算等操作指令，并通过数字式或模拟式的 I/O 接口，控制各种类型的机械或生产过程。PLC 是计算机技术与传统的继电器－接触器控制技术相结合的产物，它克服了继电器－接触器控制系统中的机械触点的接线复杂、可靠性低、功耗高、通用性和灵活性差的缺点，充分利用了微处理器的优点，又照顾到现场电气操作维修人员的技能与习惯；特别是 PLC 的程序编制，不需要专门的计算机编程语言知识，而是采用了一套以继电器梯形图为基础的简单指令形式，使用户程序编制形象、直观、方便易学，调试与查错也很方便。用户在购买到所需的 PLC 后，只需按说明书的提示，做少量的接线和简易的用户程序编制工作，就可以灵活、方便地将 PLC 应用于生产实践中。

市场上有众多公司的 PLC 产品，其中三菱公司的 PLC 产品以性价比高、功能强而著称，得到了广泛的应用。本书以三菱公司主流的 FX 系列 PLC 为主要对象，讲述 PLC 知识。

为了使广大读者既能了解 PLC 的基础知识，又能将 PLC 系统应用于工程开发，本书系统介绍了用 PLC 系统进行工程设计的相关知识。在学习完本书后，相信读者能够掌握 PLC，并可以使用 PLC 系统进行实际项目的开发。

本书主要有以下特点。

1. 循序渐进，由浅入深

为了方便读者学习，本书在介绍传统机床电器控制技术的基础上，介绍了 PLC 的发展历史及其特点、结构组成、开发流程等知识，在后续章节中结合具体的实例，逐步介绍了 PLC 的基本指令系统、步进指令、应用指令的语法规范、应用方法等知识，以及用 PLC 进行工程开发的相关知识等内容。

2. 技术全面，贴近生产

本书在保证实用的前提下，详细介绍了 PLC 各个方面的知识；同时，结合实例介绍了用 PLC 进行工程开发的相关知识，所用实例全部来自于工业实际工程，尽量贴近工厂实际生产，使读者能够找到与自己行业相关的实例作为参考。

3. 分析原理，步骤清晰

PLC 生产厂家较多，开发语言也不尽相同，但是工业控制语言大同小异，掌握一门技术首先需要理解原理。本书注意把握各个知识点的原理，重点讲述实现方法。读者可以根据具体步骤完成书中实例的操作，将理论知识与实践相结合，这样更利于学习。

4. 实例完整，讲解详尽

书中的每个知识点都有相应的实例程序，对程序的关键部分也进行了注释说明，每段程序的后面都有详细的分析。在工程实例部分，从系统需求分析开始讲解，逐步深入到系统硬件、软件设计，详细讲述了如何开发一个完整的工程，以便于读者学习理解。

5. 内容丰富，涉猎广泛

在一些章的最后单元设置了专业案例环节，在此环节中不再局限于 PLC 知识范畴，而是扩展到了工业生产之中，讲述了工业控制中能够用到的一些实用技巧、最新知识等，这有助于读者进一步开阔视野，学习综合知识。

本书由初航、郭治田、王伦胜编著。参加本书编写的还有刘梅、张冬日、初秀荣、王晓慧、杨玉峰、王龙昌、管玥、宋一兵、管殿柱、赵景波、张轩和赵景伟。在此，对他们的辛勤工作表示感谢！

感谢您选择了本书，希望我们的努力对您的工作和学习有所帮助，也希望您把对本书的意见和建议告诉我们。

编著者

目　　录

第 1 章　PLC 基础知识

可编程逻辑控制器（Programmable Logic Controller，PLC）又称可编程序控制器，是以微处理器为核心，综合计算机技术、自动控制技术和通信技术发展起来的一种新型工业自动控制装置。随着大规模、超大规模集成电路技术和数字通信技术的进步和发展，PLC 技术不断提高，在工业生产中获得极其广泛的应用。

本章重点介绍 PLC 的特点、基本组成及常见产品，通过讲解使读者对 PLC 有一个基本的认识，了解 PLC 的产生演化过程，掌握常见 PLC 的型号及其基本组成部分，了解 PLC 常见的编程语言及编程方式。

1.1　PLC 的定义与分类

PLC 是以微处理器为基础，综合计算机技术、自动控制技术和通信技术，用面向控制过程、面向用户的"自然语言"编程，适应工业环境，简单易懂，操作方便，可靠性高的新一代通用工业控制装置。

PLC 是在继电器顺序控制基础上发展起来的以微处理器为核心的通用自动控制装置。

1. PLC 的定义

在 20 世纪 70 年代初期、中期，可编程序控制器虽然引入了计算机的优点，但实际上只能完成顺序控制，仅有逻辑运算、定时、计数等功能，所以人们将可编程序控制器称为 PLC。

随着微处理器技术的发展，20 世纪 70 年代末至 80 年代初，可编程序控制器的处理速度大大提高，增加了许多特殊功能，使得可编程序控制器不仅可以进行逻辑控制，而且可以对模拟量进行控制。因此，美国电器制造协会（NEMA）将可编程序控制器命名为 PC（Programmable Controller），但是人们习惯上还是称之为 PLC，以便与个人计算机（Personal Computer，PC）区别。20 世纪 80 年代以来，随着大规模和超大规模集成电路技术的迅猛发展，以 16 位和 32 位微处理器为核心的可编程序控制器得到了迅猛的发展，这时的 PLC 具有高速计数、中断、PID 调节和数据通信功能，从而使 PLC 的应用范围和应用领域不断扩大。

为使这一新兴的工业控制装置的生产和发展规范化，国际电工委员会（IEC）于 1985 年 1 月制定了 PLC 的标准，并给它作了如下定义：可编程序控制器是一种数字运算操作电子系统，专为在工业环境下的应用而设计，它采用可编程序的存储器，用来在其内部存储执行逻辑运算、顺序控制、定时、计数和算术运算等操作的指令，并通过数字的、模拟的输入和输出，控制各种类型的机械或生产过程。可编程序控制器及其有关的外围设备，都应按易于与工业控制系统形成一个整体、易于扩充其功能的原则设计。

2. PLC 的分类

PLC 产品种类繁多，其规格和性能也各不相同。对 PLC 的分类，通常根据其结构形式的不同、功能的差异和 I/O 点数的多少等进行。

1）按结构形式分类 根据 PLC 结构形式的不同，可将 PLC 分为整体式和模块式两类。

☺ 整体式 PLC：整体式 PLC 是将电源、CPU、I/O 接口等部件都集中装在一个机箱内，如图 1-1 所示。它具有结构紧凑、体积小、价格低的特点。小型 PLC 一般采用这种整体式结构。整体式 PLC 由不同 I/O 点数的基本单元（又称主机）和扩展单元组成。基本单元内有 CPU、I/O 接口、与 I/O 扩展单元相连的扩展口，以及与编程器或 EPROM 写入器相连的接口等。扩展单元内只有 I/O 和电源等，没有 CPU。基本单元和扩展单元之间一般用扁平电缆连接。整体式 PLC 一般还可配备特殊功能单元，如模拟量单元、位置控制单元等，使其功能得以扩展。

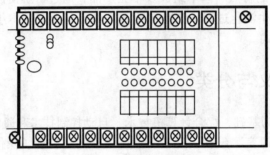

图 1-1 整体式 PLC

☺ 模块式 PLC：如图 1-2 所示，模块式 PLC 是将 PLC 各组成部分，分别做成若干个单独的模块，如 CPU 模块、I/O 模块、电源模块（有的含在 CPU 模块中）及各种功能模块。模块式 PLC 由框架或基板和各种模块组成，模块装在框架或基板的插座上。这种模块式 PLC 的特点是配置灵活，可根据需要选配不同规模的系统，而且装配方便，便于扩展和维修。大中型 PLC 一般采用模块式结构。

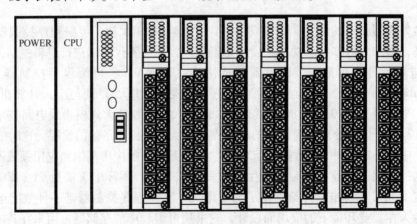

图 1-2 模块式 PLC

还有一些 PLC 将整体式和模块式的特点结合起来，构成所谓的叠装式 PLC。叠装式 PLC

的 CPU、电源、I/O 接口等也是各自独立的模块，但它们之间靠电缆进行连接，并且各模块可以一层层地叠装。这样，不但系统可以灵活配置，还可做得体积小巧。

2）按功能分类 根据 PLC 功能的不同，可将 PLC 分为低档、中档、高档三类。

☺ 低档 PLC：具有逻辑运算、定时、计数、移位、自诊断、监控等基本功能，还可有少量模拟量 I/O、算术运算、数据传送和比较、通信等功能，主要用于逻辑控制、顺序控制或少量模拟量控制的单机控制系统。

☺ 中档 PLC：除具有低档 PLC 的功能外，还具有较强的模拟量 I/O、算术运算、数据传送和比较、数制转换、远程 I/O、子程序、通信联网等功能，有些还可增设中断控制、PID 控制等功能，适用于复杂控制系统。

☺ 高档 PLC：除具有中档 PLC 的功能外，还增加了带符号算术运算、矩阵运算、位逻辑运算、平方根运算及其他特殊功能函数的运算、制表及表格传送功能等，具有更强的通信联网功能，可用于大规模过程控制或构成分布式网络控制系统，实现工厂自动化。

3）按 I/O 点数分类 根据 PLC I/O 点数的多少，可将 PLC 分为小型、中型和大型三类。

☺ 小型 PLC：I/O 点数小于 256 个，单 CPU，8 位或 16 位处理器，用户存储器的容量在 4KB 以下，如三菱 FX0S 系列。

☺ 中型 PLC：I/O 点数为 256 ～ 2048 个，双 CPU，用户存储器的容量为 2 ～ 8KB。

☺ 大型 PLC：I/O 点数大于 2048 个，多 CPU，16 位、32 位处理器，用户存储器的容量为 8 ～ 16KB。

我国有不少厂家研制和生产过 PLC，但是还没有出现有较大影响力和较大市场占有率的品牌，目前我国使用的 PLC 基本上是国外品牌的产品。

世界上 PLC 产品可按地域分成三大流派：一个流派是美国产品，一个流派是欧洲产品，一个流派是日本产品。美国和欧洲的 PLC 技术是在相互隔离的情况下独立研究开发的，因此美国和欧洲的 PLC 产品有明显的差异性。而日本的 PLC 技术是由美国引进的，对美国的 PLC 产品有一定的继承性，但日本的主推产品定位在小型 PLC 上。美国和欧洲以大中型 PLC 而闻名，而日本则以小型 PLC 著称。

常见 PLC 如表 1-1 所示。

表 1-1 常见 PLC

PLC 厂家	典型产品	产品特点
西门子（SIEMENS）公司	S5-100U	小型模块式 PLC，最多可配置到 256 个 I/O 点
	S5-115U	中型 PLC，最多可配置到 1024 个 I/O 点
	S5-115UH	中型 PLC，它是由两台 S5-115U 组成的双机冗余系统
	S5-155U	大型 PLC，最多可配置到 4096 个 I/O 点，模拟量可达 300 多路
	S5-155H	大型 PLC，它是由两台 S5-155U 组成的双机冗余系统
	S7-200	属于微型 PLC
	S7-300	属于中小型 PLC
	S7-400	属于中高性能的大型 PLC
	S7-1200	最新小型 PLC，集成 PROFINET 接口，具有卓越的灵活性和可扩展性，同时集成高级功能

PLC 厂家	典型产品	产品特点
AB 公司	PLC-5/10、PLC-5/12、PLC-5/15、PLC-5/25	中型 PLC，I/O 点配置范围为 256～1024 个
	PLC-5/11、PLC-5/20、PLC-5/30、 PLC-5/40、 PLC-5/60、PLC-5/40L、PLC-5/60L	大型 PLC，I/O 点最多可配置到 3072 个。该系列中，PLC-5/250 功能最强，最多可配置到 4096 个 I/O 点，具有强大的控制和信息管理功能
GE 公司	GE-Ⅰ、GE-Ⅰ/J、GE-Ⅰ/P	除 GE-Ⅰ/J 外，均采用模块式结构。GE-Ⅰ用于开关量控制系统，最多可配置到 112 个 I/O 点。GE-Ⅰ/J 是更小型化的产品，其 I/O 点最多可配置到 96 个。GE-Ⅰ/P 是 GE-Ⅰ的增强型产品，增加了部分功能指令（数据操作指令）、功能模块（A/D 转换、D/A 转换等）、远程 I/O 功能等，其 I/O 点最多可配置到 168 个
	GE-Ⅲ	比 GE-Ⅰ/P 增加了中断、故障诊断等功能，最多可配置到 400 个 I/O 点
	GE-Ⅴ	比 GE-Ⅲ增加了部分数据处理、表格处理、子程序控制等功能，并具有较强的通信功能，最多可配置到 2048 个 I/O 点。GE-Ⅵ/P 最多可配置到 4000 个 I/O 点
三菱公司	F1/F2 系列	是 F 系列的升级产品，早期在我国的销量也不小。F1/F2 系列加强了指令系统，增加了特殊功能单元和通信功能，比 F 系列有了更强的控制能力
	FX 系列	在容量、速度、特殊功能、网络功能等方面都有了全面的加强。FX2 系列是在 20 世纪 90 年代开发的整体式高功能小型机，它配有各种通信适配器和特殊功能单元。FX2N 系列是近几年推出的高功能整体式小型机，它是 FX2 系列的换代产品，各种功能都有了全面的提升。近年来不断推出满足不同要求的微型 PLC，如 FX0S、FX1S、FX0N、FX1N、FX2N、FX3U 及 α 系列等产品
	A 系列、QnA 系列、Q 系列	具有丰富的网络功能，I/O 点数可达 8192 个。其中，Q 系列具有超小的体积、丰富的机型、灵活的安装方式、双 CPU 协同处理、多存储器、远程口令等特点，是三菱公司现有 PLC 中最高性能的 PLC
欧姆龙（OMRON）公司	SP 系列	体积极小，速度极快
	P 型、H 型、CPM1A 系列、CPM2A 系列、CPM2C 系列、CQM1 系列等	P 型机现已被性价比更高的 CPM1A 系列所取代。CPM2A/2C、CQM1 系列内置 RS-232C 接口和实时时钟，并具有软 PID 功能。CQM1H 系列是 CQM1 系列的升级产品
	C200H、 C200HS、 C200HX、C200HG、C200HE、CS1 系列	C200H 是前些年畅销的高性能中型机，配置齐全的 I/O 模块和高功能模块，具有较强的通信和网络功能。C200HS 是 C200H 的升级产品，指令系统更丰富，网络功能更强。C200HX/HG/HE 是 C200HS 的升级产品，有 1148 个 I/O 点，其容量是 C200HS 的 2 倍，速度是 C200HS 的 3.75 倍，有品种齐全的通信模块，是适应信息化的 PLC 产品。CS1 系列具有中型机的规模、大型机的功能，是一种极具推广价值的新机型
	C1000H、C2000H、CV（CV500/CV1000/CV2000/CVM1） 系列等	C1000H、C2000H 可单机或双机热备运行，安装带电插拔模块，C2000H 可在线更换 I/O 模块。CV 系列中除 CVM1 外，均可采用结构化编程，易读、易调试，并具有更强大的通信功能
松下公司	FP0 为微型机，FP1 为整体式小型机，FP3 为中型机，FP5/FP10、FP10S（FP10 的改进型）、FP20 为大型机，其中 FP20 是最新产品	指令系统功能强，有的机型还提供可以用 FP-BASIC 语言编程的 CPU 及多种智能模块，为复杂系统的开发提供了软件手段。FP 系列各种 PLC 都配置通信机制，由于它们使用的应用层通信协议具有一致性，这给构成多级 PLC 网络和开发 PLC 网络应用程序带来方便

1.2　PLC 的功能及应用领域

PLC 是综合继电器接触器控制的优点及计算机灵活、方便的优点而设计制造和发展的，这就使 PLC 具有许多其他控制器所无法相比的特点。

1. PLC 的功能

PLC 是以微处理器为核心，综合计算机技术、自动控制技术和通信技术发展起来的一种通用的工业自动控制装置，它具有可靠性高、体积小、功能强、程序设计简单、灵活通用、维护方便等一系列的优点，因而在冶金、能源、化工、交通、电力等领域中有着广泛的应用，成为现代工业控制的三大支柱技术（PLC、机器人和 CAD/CAM）之一。根据 PLC 的特点，可以将其功能形式归纳为以下 7 种类型。

☺ 开关量逻辑控制：PLC 具有强大的逻辑运算能力，可以实现各种简单和复杂的逻辑控制。这是 PLC 最基本、最广泛的应用领域，它取代了传统的继电器、接触器的控制。

☺ 模拟量控制：PLC 中配置有 A/D 和 D/A 转换模块，其中的 A/D 转换模块能将现场的温度、压力、流量、速度等这些模拟量转换变为数字量，再经 PLC 中的微处理器进行处理（微处理器处理的只能是数字量）去进行控制，或者经 D/A 转换模块转换后，变成模拟量去控制被控对象，这样就可实现 PLC 对模拟量的控制。

☺ 过程控制：现代大中型 PLC 一般都配备了 PID 控制模块，可进行闭环过程控制。当控制过程中某一个变量出现偏差时，PLC 能按照 PID 算法计算出正确的输出去控制调整生产过程，把变量保持在整定值上。目前，许多小型 PLC 也具有 PID 功能。

☺ 定时和计数控制：PLC 具有很强的定时和计数功能，它可以为用户提供几十甚至上百个、上千个定时器和计数器。其定时的时间和计数值可以由用户在编写用户程序时任意设定，也可以由操作人员在工业现场通过编程器进行设定，实现定时和计数的控制。如果用户需要对频率较高的信号进行计数，则可以选择高速计数模块。

☺ 顺序控制：在工业控制中，可采用 PLC 步进指令编程或用移位寄存器编程来实现顺序控制。

☺ 数据处理：现代 PLC 不仅能进行算术运算、数据传送、排序、查表等，而且还能进行数据比较、数据转换、数据通信、数据显示和打印等，它具有很强的数据处理能力。

☺ 通信和联网功能：现代 PLC 大多数都采用了通信、网络技术，有 RS-232 或 RS-485 接口，可进行远程 I/O 控制，多台 PLC 可彼此间联网、通信，外部器件与一台或多台 PLC 的信号处理单元之间，实现程序和数据交换，如程序转移、数据文档转移、监视和诊断。通信接口或通信处理器按标准的硬件接口或专有的通信协议完成程序和数据的转移。

在系统构成时，可由一台计算机与多台 PLC 构成集中管理、分散控制的分布式控制网络，以便完成较大规模的复杂控制。通常所说的 SCADA 系统，现场端和远程端也可以采用 PLC 作为现场机。

2. PLC 的应用领域

目前，PLC 在国内外已广泛应用于钢铁、石油、化工、电力、建材、机械制造、汽车、轻纺、交通运输、环保及文化娱乐等各个行业，使用情况大致可归纳为如下 6 类。

☺ 开关量逻辑控制：这是 PLC 最基本、最广泛的应用领域，它取代传统的继电器电路，实现逻辑控制、顺序控制，既可用于单台设备的控制，也可用于多机群控及自动化流水线，如注塑机、印刷机、订书机械、组合机床、磨床、包装生产线，电镀流水线等。

☺ 模拟量控制：在工业生产过程当中，有许多连续变化的量，温度、压力、流量、液位和速度等都是模拟量，为了使 PLC 处理模拟量，必须实现模拟量（Analog）和数字量（Digital）之间的 A/D 转换及 D/A 转换，PLC 厂家都生产配套的 A/D 和 D/A 转换模块，使 PLC 用于模拟量控制。

☺ 运动控制：PLC 可以用于圆周运动或直线运动的控制。从控制机构配置来说，早期直接用开关量 I/O 模块连接位置传感器和执行机构，现在一般使用专用的运动控制模块，如可驱动步进电机或伺服电机的单轴或多轴位置控制模块。世界上各主要 PLC 厂家的产品几乎都有运动控制功能，广泛用于各种机械、机床、机器人、电梯等场合。

☺ 过程控制：过程控制是指对温度、压力、流量等模拟量的闭环控制。作为工业控制计算机，PLC 能编制各种各样的控制算法程序，完成闭环控制。PID 调节是一般闭环控制系统中用得较多的调节方法。大中型 PLC 都有 PID 控制模块，目前许多小型 PLC 也具有此模块。PID 处理一般是运行专用的 PID 子程序。过程控制在冶金、化工、热处理、锅炉控制等场合有非常广泛的应用。

☺ 数据处理：现代 PLC 具有数学运算（含矩阵运算、函数运算、逻辑运算）、数据传送、数据转换、排序、查表、位操作等功能，可以完成数据的采集、分析及处理。这些数据可以与存储在存储器中的参考值比较，完成一定的控制操作，也可以利用通信功能传送到别的智能装置，或将它们打印制表。数据处理一般用于大型控制系统，如无人控制的柔性制造系统；也可用于过程控制系统，如造纸、冶金、食品工业中的一些大型控制系统。

☺ 通信及联网：PLC 通信含 PLC 间的通信及 PLC 与其他智能设备间的通信，随着计算机控制的发展，工厂自动化网络发展得很快，各 PLC 厂家都十分重视 PLC 的通信功能，纷纷推出各自的网络系统。新近生产的 PLC 都具有通信接口，通信非常方便。

1.3 PLC 的基本结构和工作原理

PLC 作为一种工业控制的计算机，和普通计算机有着相似的结构，但是由于使用场合、目的不同，在结构上又有一些差别。

1. PLC 的硬件组成

目前，PLC 产品很多，不同厂家生产的 PLC 及同一厂家生产的不同型号的 PLC，其结构各不相同，但就其基本结构和基本工作原理而言，是大致相同的。它们都是以微处理器为核心的结构，其功能的实现不仅基于硬件的作用，更要靠软件的支持。实际上 PLC 就是一种新型的工业控制计算机。

PLC 硬件系统结构框图如图 1-3 所示。在图 1-3 中，PLC 的主机由中央处理单元（CPU）、存储器（EPROM、RAM）、I/O 单元（也称 I/O 模块）、外设 I/O 接口、通信接口及电源单元组成。对于整体式 PLC，这些部件都在同一个机壳内。而对于模块式 PLC，各部件独立封装，称为模块，各模块通过机架和电缆连接在一起。主机内的各个部分均通过电源总线、控制总线、地址总线和数据总线连接。根据实际控制对象的需要配备一定的外部设备，可构成不同的 PLC 控制系统。常用的外部设备有编程器、打印机、EPROM 写入器等。PLC 可以配置通信模块与上位机及其他的 PLC 进行通信，构成 PLC 的分布式控制系统。

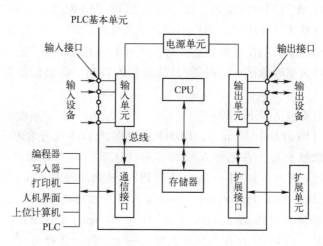

图 1-3　PLC 硬件系统结构框图

下面分别介绍 PLC 各组成部分及其作用，以便用户进一步了解 PLC 的控制原理和工作过程。

1）中央处理单元（CPU）　PLC 中所采用的 CPU 随机型不同而不同，通常有三种，即通用微处理器（如 8086、80286、80386 等）、单片机、位片式微处理器。小型 PLC 大多采用 8 位、16 位微处理器或单片机作为 CPU，如 Z80A、8031、M6800 等，这些芯片具有价格低、通用性好等优点。对于中型 PLC，大多采用 16 位、32 位微处理器或单片机作为 CPU，如 8086、96 系列单片机，具有集成度高、运算速度快、可靠性高等优点。对于大型 PLC，大多采用高速芯片式微处理器，具有灵活性强、速度快、效率高等优点。

CPU 是 PLC 的控制中枢，PLC 在 CPU 的控制下有条不紊地协调工作，从而实现对现场的各个设备进行控制。CPU 由微处理器和控制器组成，它可以实现逻辑运算和数学运算，协调控制系统内部各部分的工作。控制器的作用是控制整个微处理器的各个部件有条不紊地进行工作，它的基本功能就是从内存中读取指令和执行指令。

CPU 的具体作用如下所述。

☺ 采集由现场输入装置送来的状态或数据，通过输入接口存入输入映像寄存器或数据寄存器，用扫描方式接收输入设备的状态信号，并存入相应的数据区（输入映像寄存器）。

☺ 按用户程序存储器中存放的先后次序逐条读取指令，完成各种数据的运算、传递和存储等功能，进行编译解释后，按指令规定的任务完成各种运算和操作。

☺ 把各种运算结果向外界输出。

☺ 监测和诊断电源及 PLC 内部电路工作状态和用户程序编程过程中出现的语法错误。

☺ 根据数据处理的结果，刷新有关标志位的状态和输出状态寄存器表的内容，响应各种外部设备（如编程器、打印机、上位计算机、图形监控系统、条码判读器等）的工作请求，以实现输出控制、制表打印或数据通信等功能。

 说明　一些专业生产 PLC 的品牌厂家均采用自己开发的 CPU 芯片。

2）存储器　PLC 配有两种存储器，即系统存储器（EPROM）和用户存储器（RAM）。系统存储器用来存放系统管理程序，用户不能访问和修改这部分存储器的内容。用户存储器用来存放编制的应用程序和工作数据状态。存放工作数据状态的用户存储器部分也称为数据存储区。它包括 I/O 数据映像区、定时器/计数器预置数和当前值的数据区、存放中间结果的缓冲区。

PLC 的存储器主要包括以下 5 种。

☺ 只读存储器（Read Only Memory，ROM）：ROM 是线路最简单的半导体电路，通过掩模工艺，一次性制造，在元件正常工作的情况下，其中的代码与数据将永久保存，并且不能够进行修改。ROM 一般应用于 PC 系统的程序码、主机板上的 BIOS（基本输入/输出系统，Basic Input/Output System）等。它的读取速度比 RAM 慢很多。

☺ 可编程只读存储器（Programmable Read Only Memory，PROM）：这是一种可以用刻录机将资料写入的 ROM 内存，但只能写入一次，所以又称为"一次可编程只读存储器"（One Time Progarmming ROM，OTP-ROM）。PROM 在出厂时，存储的内容全为 1，用户可以根据需要将其中的某些单元写入数据 0（部分 PROM 在出厂时数据全为 0，则用户可以将其中的部分单元写入 1），以实现对其"编程"的目的。

☺ 可擦除可编程只读存储器（Erasable Programmable Read Only Memory，EPROM）：这是一种具有可擦除功能、擦除后即可进行再编程的 ROM 内存，写入前必须先把里面的内容用紫外线照射它的 IC 卡上的透明视窗的方式来清除掉。这一类芯片比较容易识别，其封装中包含"石英玻璃窗"，编程后的 EPROM 芯片的"石英玻璃窗"一般使用黑色不干胶纸盖住，以防止遭到阳光直射。

☺ 电可擦除可编程只读存储器（Electrically Erasable Programmable Read Only Memory，EEPROM）：功能与使用方式与 EPROM 一样，不同之处是清除数据的方式，它是以约 20V 的电压来进行清除的，另外它还可以用电信号进行数据写入。这类 ROM 内存多应用于即插即用接口中

☺ 随机存取存储器（Random Access Memory，RAM）：RAM 的特点是，计算机开机时，操作系统和应用程序的所有正在运行的数据和程序都会放置其中，并且随时可以对存放在里面的数据进行修改和存取。它的工作需要由持续的电力提供，一旦系统断电，存放在里面的所有数据和程序都会自动清空掉，并且再也无法恢复。

3）I/O 模块　PLC 的控制对象是工业生产过程，实际生产过程中的信号电平是多种多

样的，外部执行机构所需的电平也是各不相同的，而 PLC 的 CPU 所处理的信号只能是标准电平，这样就需要有相应的 I/O 模块作为 CPU 与工业生产现场的桥梁，进行信号电平的转换。目前，生产厂家已开发出各种型号的 I/O 模块供用户选择，且这些模块在设计时采取了光隔离、滤波等抗干扰措施，提高了 PLC 的可靠性。对各种型号的 I/O 模块，我们可以把它们以不同形式进行归类。按照信号的种类归类，有直流信号 I/O 模块、交流信号 I/O 模块；按照信号的 I/O 形式归类，有数字量 I/O 模块、开关量 I/O 模块、模拟量 I/O 模块。

下面通过开关量 I/O 模块来说明 I/O 模块与 CPU 的连接方式。

（1）开关量输入模块：开关量输入设备是各种开关、按钮、传感器等，通常 PLC 的输入类型可以是直流、交流和交直流。输入电路的电源可由外部供给，有的也可由 PLC 内部提供。图 1-4 和图 1-5 分别为 PLC 的直流和交流开关量输入模块原理图，采用的是外接电源。

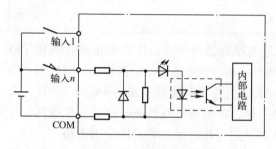

图 1-4　直流开关量输入模块原理图

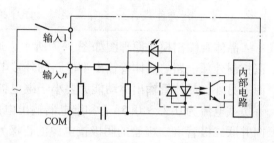

图 1-5　交流开关量输入模块原理图

图 1-4 描述了一个输入点的接口电路。其输入电路的一次电路与二次电路用光耦合器相连接，当行程开关闭合时，输入电路和一次电路接通，上面的发光二极管（LED）用于对外显示，同时光耦合器中的 LED 使三极管导通，信号进入内部电路，此输入点对应的位由 0 变为 1，即输入映像寄存器的对应位由 0 变为 1。

图 1-5 所示为交流开关量输入模块原理图，与上述的直流开关量输入模块原理基本相同，在此不再赘述。

（2）开关量输出模块：输出模块的作用是将 CPU 执行用户程序所输出的 TTL 电平的控制信号转换为生产现场所需的、能驱动特定设备的信号，以驱动执行机构的动作。

通常开关量输出模块有三种形式，即继电器输出、晶体管输出和双向晶闸管输出。继电器输出可接直流或交流负载，晶体管输出属直流输出，只能接直流负载。当开关量输出的频率低于 1000Hz 时，一般选用继电器输出模块；当开关量输出的频率高于 1000Hz 时，一般选用晶体管输出模块。双向晶闸管输出属交流输出。下面我们着重介绍继电器输出模块的工作过程，其原理图如图 1-6 所示。输出信号经 I/O 总线由输出锁存器输出，驱动继电器线圈，从而使继电器触点吸合，驱动外部负载工作。

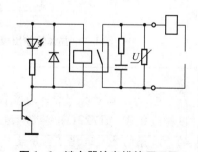

图 1-6　继电器输出模块原理图

从上面的分析可知，对于继电器输出型，CPU 输出时接通或者断开继电器的线圈，继电器的触点闭合或者断开从而控制外电路的通断。PLC 继电器输出电路形式允许负载电压一般是 AC 250V 以下，负载电流可达 2A，容量可达 80 ～ 100VA（电压×电流）。因此，PLC 的输出一般不宜直接驱动大电流负载，一般通过一个小负载来驱动大负载，例如，PLC 的输出可以接一个电流比较小的中间继电器，再由中间继电器触点驱动大负载，如接触器线圈等。

PLC 继电器输出电路形式的继电器触点的使用寿命也有限制，一般数十万次左右，根据负载而定，如连接感性负载时的寿命要小于阻性负载。此外，继电器输出的响应时间也比较慢（约 10ms）。因此，在要求快速响应的场合不适合使用此种类型的电路输出形式。

> **说明** 当连接感性负载时，为了延长继电器触点的使用寿命，对于外接直流电源时的情况，通常应在负载两端加过电压抑制二极管（如图 1-6 中并在外接继电器线圈上的二极管）；对于交流负载，应在负载两端加 RC 抑制器。

晶体管输出模块原理图如图 1-7 所示，通过光耦合器使开关晶体管截止或者饱和导通以控制外部电路。晶体管输出型电路的外接电源只能是直流电源，这是其应用局限性的一方面。另外，晶体管输出驱动能力要小于继电器输出，允许负载电压一般为 DC 5 ～ 30V，允许负载电流为 0.2 ～ 0.5A。和继电器输出电路一样，在驱动感性负载时也要在负载两端反向并联二极管（二极管的阴极接电源的正极），防止过电压，保护 PLC 的输出电路。

晶闸管输出模块原理图如图 1-8 所示。它采用的是光触发型双向晶闸管。双向晶闸管输出的驱动能力要比继电器输出的小，允许负载电压一般为 AC 85 ～ 242V；单点输出电流为 0.2 ～ 0.5A，当多点共用公共端时，每点的输出电流应减小（如单点驱动能力为 0.3A 的双向晶闸管输出，在 4 点共用公共端时，最大允许输出为 0.8A/4）。

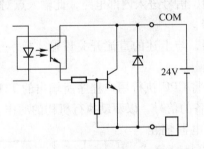
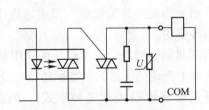

图 1-7　晶体管输出模块原理图　　　图 1-8　晶闸管输出模块原理图

> **说明** 为了保护晶闸管，通常在 PLC 内部电路晶闸管的两端并接 RC 阻容吸收元件（一般约为 $0.015\mu F/22\Omega$）和压敏电阻，因此在晶闸管关断时，PLC 的输出仍然有 1 ～ 2mA 的开路漏电流，这就可能导致一些小型继电器在 PLC 输出 OFF 时无法关断的情况。

4）编程器　编程器是 PLC 的重要外部设备，利用编程器可将用户程序送入 PLC 的用户程序存储器、调试程序、监控程序的执行过程。编程器从结构上可分为以下三种类型。

◎简易编程器：它可以直接与 PLC 的专用插座相连，或通过电缆与 PLC 相连，它与主机共用一个 CPU，一般只能用助记符或功能指令代号编程。简易编程器的优点是携带方便、价格便宜，多用于微型、小型 PLC；缺点是因编程器与主机共用一个 CPU，只能连机编程，对 PLC 的控制能力较小。

☺ 图形编程器：它有两种显示屏，一种是液晶显示（LCD），另一种是阴极射线管（CRT）显示。显示屏可以用来显示编程的情况，还可以显示 I/O、各继电器的工作状况、信号状态和出错信息等。工作方式既可以是连机编程又可以是脱机编程，可以用梯形图编程，也可以用助记符指令编程，同时还可以与打印机、绘图仪等设备相连，并有较强的监控功能，但价格高，通常被用于大中型 PLC。

☺ 通用计算机编程：它采用通用计算机，通过硬件接口和专用软件包，使用户可以直接在计算机上以连机或脱机方式编程。可以运用梯形图编程，也可以用助记符指令编程，并有较强的监控能力。

5）单元　电源单元的作用是把外部电源（220V 的交流电源）转换为内部工作电压。外部连接的电源，通过 PLC 内部配有的一个专用开关式稳压电源，将交流/直流供电电源转换为 PLC 内部电路需要的工作电源（直流 5V、±12V、24V），并为外部输入元件（如接近开关）提供 24V 直流电源（仅供输入端点使用），而驱动 PLC 负载的电源由用户提供。

6）外设接口　外设接口用于连接手持编程器或其他图形编程器、文本显示器，并能通过外设接口组成 PLC 的控制网络。PLC 使用 PC/PPI 电缆或者 MPI 卡通过 RS-485 接口与计算机连接，可以实现编程、监控、联网等功能。

2. PLC 的软件组成

PLC 的软件由系统程序和用户程序组成。PLC 的系统程序由 PLC 制造厂家设计编写，并存入 PLC 的系统存储器，用户不能直接读/写与更改。系统程序一般包括系统诊断程序、输入处理程序、编译程序、信息传送程序、监控程序等。PLC 的用户程序是用户利用 PLC 的编程语言、根据控制要求编制的程序。在 PLC 的应用中，最重要的是用 PLC 的编程语言来编制用户程序，以实现控制目的。由于 PLC 是专门为工业控制而开发的装置，其主要使用者是广大电气技术人员，为了满足他们的传统习惯和掌握能力，PLC 的主要编程语言采用比计算机语言相对简单、易懂、形象的专用语言。

3. PLC 的基本工作原理

PLC 运行程序的方式与微型计算机相比有较大的不同。微型计算机运行程序时，一旦执行到 END 指令，程序运行结束。而 PLC 从 0000 号存储地址所存放的第一条用户程序开始，在无中断或跳转的情况下，按存储地址号递增的方向顺序逐条执行用户程序，直到 END 指令结束，然后再从头开始执行，并周而复始地重复，直到停机或从运行（RUN）切换到停止（STOP）工作状态。我们把 PLC 这种运行程序的方式称为扫描工作方式，每扫描完一次程序就构成一个扫描周期。另外，PLC 对 I/O 信号的处理与微型计算机不同。微型计算机对 I/O 信号实时处理，而 PLC 对 I/O 信号是集中批处理。下面我们具体介绍 PLC 的扫描工作方式过程。

PLC 扫描工作方式主要分三个阶段：输入采样、用户程序执行、输出刷新，如图 1-9 所示。

☺ 输入采样阶段：在输入采样阶段，PLC 以扫描方式依次读入所有输入状态和数据，并

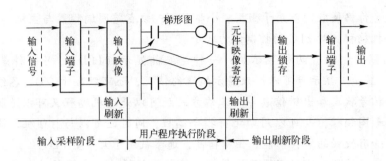

图 1-9 PLC 的基本工作原理示意图

将它们存入 I/O 映像区中的相应的单元。输入采样结束后，转入用户程序执行和输出刷新阶段。在这两个阶段中，即使输入状态和数据发生变化，I/O 映像区中的相应单元的状态和数据也不会改变。因此，如果输入是脉冲信号，则该脉冲信号的宽度必须大于一个扫描周期，才能保证在任何情况下，该输入均能被写入。

☺ 用户程序执行阶段：在用户程序执行阶段，PLC 总是按由上而下的顺序依次扫描用户程序（梯形图）。在扫描每一条梯形图时，又总是先扫描梯形图左边的由各触点构成的控制线路，并按先左后右、先上后下的顺序对由触点构成的控制线路进行逻辑运算，然后根据逻辑运算的结果，刷新该逻辑线圈在系统 RAM 存储区中对应位的状态，或者刷新该输出线圈在 I/O 映像区中对应位的状态，或者确定是否要执行该梯形图所规定的特殊功能指令。即在用户程序执行过程中，只有输入点在 I/O 映像区中的状态和数据不会发生变化，而其他输出点和软设备在 I/O 映像区或系统 RAM 存储区中的状态和数据都有可能发生变化，而且排在上面的梯形图，其程序执行结果会对排在下面的凡是用到这些线圈或数据的梯形图起作用；相反，排在下面的梯形图，其被刷新的逻辑线圈的状态或数据只能到下一个扫描周期才能对排在其上面的程序起作用。

☺ 输出刷新阶段：当用户程序执行结束后，PLC 就进入输出刷新阶段。在此期间，CPU 按照 I/O 映像区中对应的状态和数据刷新所有的输出锁存电路，再经输出电路驱动相应的外设，这时才是 PLC 的真正输出。

4. I/O 滞后现象

从微观上来考察，由于 PLC 特定的扫描工作方式，程序在执行过程中所用的输入信号是本周期内采样阶段的输入信号，若在程序执行过程中，输入信号发生变化，其输出不能及时作出反应，只能等到下一个扫描周期开始时采样该变化了的输入信号。另外，程序执行过程中产生的输出不是立即去驱动负载，而是将处理的结果存放在输出映像寄存器中，等程序全部执行结束，才能将输出映像寄存器的内容通过锁存器输出到端子上。

因此，PLC 最显著的不足之处是 I/O 有响应滞后现象。但对一般工业设备来说，其输入为一般的开关量，其输入信号的变化周期（秒级以上）大于程序扫描周期（毫微秒级），因此从宏观上来考察，输入信号一旦变化，就能立即进入输入映像寄存器，也就是说，PLC 的 I/O 滞后现象对一般工业设备来说是完全允许的。但对于某些设备，若需要输出对输入作快速反应，则可采用快速响应模块、高速计数模块及中断处理等措施来尽量减少滞后时间。

对 PLC 的工作过程，可以总结如下 4 个结论。

☺ 以扫描方式执行程序，其 I/O 信号间的逻辑关系，存在着原理上的滞后。扫描周期越长，滞后就越严重。

☺ 扫描周期除了包括输入采样、用户程序执行、输出刷新三个主要工作阶段所占用的时间外，还包括系统管理操作占用的时间。其中，用户程序执行的时间与程序的长短及指令操作的复杂程度有关，其他基本不变。扫描周期一般为毫微秒级。

☺ 第 n 次扫描执行用户程序时，所依据的输入数据是该次扫描周期中采样阶段的扫描值 $X(n)$，所依据的输出数据有上一次扫描的输出值 $Y(n-1)$，也有本次的输出值 $Y(n)$ 送往输出端子的信号，是本次执行全部运算后的最终结果 $Y(n)$。

☺ I/O 响应滞后，不仅与扫描方式有关，还与程序设计安排有关。

1.4　PLC 的编程语言

PLC 的编程语言与一般计算机语言相比，具有明显的特点，它既不同于高级语言，也不同于一般的汇编语言，它既要满足易于编写的要求，又要满足易于调试的要求。目前，还没有一种对各厂家产品都能兼容的编程语言。例如，三菱公司的产品有它自己的编程语言，欧姆龙公司的产品也有它自己的编程语言。但不管什么型号的 PLC，其编程语言都具有以下特点。

☺ 图形式指令结构：程序由图形方式表达，指令由不同的图形符号组成，易于理解和记忆。系统的软件开发者已把工业控制中所需的独立运算功能编制成象征性图形，用户根据自己的需要把这些图形进行组合，并填入适当的参数。在逻辑运算部分，几乎所有的厂家都采用类似于继电器控制电路的梯形图，很容易接受。例如，西门子公司还采用控制系统流程图来表示，它沿用二进制逻辑元件图形符号来表达控制关系，很直观易懂。较复杂的算术运算、定时、计数等，一般也参照梯形图或逻辑元件图给予表示，虽然象征性不如逻辑运算部分，但也受用户欢迎。

☺ 明确的变量、常数：图形符号相当于操作码，规定了运算功能，操作数由用户输入，如 K400、T120 等。PLC 中的变量和常数及其取值范围有明确规定，由产品型号决定，可查阅产品目录手册。

☺ 简化的程序结构：PLC 的程序结构通常很简单，为块式结构，不同块完成不同的功能，使程序的调试者对整个程序的控制功能和控制顺序有清晰的概念。

☺ 简化应用软件生成过程：使用汇编语言和高级语言编写程序，要完成编辑、编译和链接三个过程；而使用 PLC 的编程语言，只需要编辑一个过程，其余由系统软件自动完成，整个编辑过程都在人机对话下进行，不要求用户有高深的软件设计能力。

☺ 强化调试手段：无论是汇编语言程序调试，还是高级语言程序调试，都是令编辑人员头疼的事，而 PLC 的程序调试提供了完备的条件，使用编程器，利用 PLC 和编程器上的按键、显示和内部编辑、调试、监控等，并在软件支持下，诊断和调试操作都很简单。

总之，PLC 的编程语言是面向用户的，对使用者不要求具备高深的知识，使用者也不需要长时间的专门训练。

1. 梯形图程序设计语言

梯形图（Ladder Diagram）程序设计语言是用梯形图的图形符号来描述程序的一种程序设计语言。这种程序设计语言采用因果关系来描述事件发生的条件和结果，每个梯级是一个因果关系。在梯级中，描述事件发生的条件表示在左面，事件发生的结果表示在右面。梯形图程序设计语言是最常用的一种程序设计语言，它来源于继电器逻辑控制系统的描述。在工业过程控制领域，电气技术人员对继电器逻辑控制技术较为熟悉。因此，由这种逻辑控制技术发展而来的梯形图受到欢迎，并得到广泛的应用。梯形图程序设计语言的特点如下所述。

☺ 与电气操作原理图相对应，具有直观性和对应性。

☺ 与原有继电器逻辑控制技术相一致，易于掌握和学习。

☺ 与布尔助记符程序设计语言有一一对应关系，便于相互转换和程序检查。

☺ 梯形图中的继电器不是"硬"继电器，是 PLC 存储器的一个存储单元。当写入该单元的逻辑状态为 1 时，则表示相应继电器的线圈接通，其动合触点闭合，动断触点断开；当写入该单元的逻辑状态为 0 时，则表示相应继电器的线圈断开，其动断触点闭合，动合触点断开。

☺ 梯形图按从左到右、自上而下的顺序排列。每一个逻辑行（或称梯级）起始于左母线，然后是触点的串、并联连接，最后是线圈与右母线相连。

☺ 梯形图中每个梯级流过的不是物理电流，而是"概念电流"，从左流向右，其两端没有电源。这个"概念电流"只是用来形象地描述用户程序执行中满足线圈接通的条件。

☺ 输入继电器用于接收外部输入信号，而不能由 PLC 内部其他继电器的触点来驱动。因此，梯形图中只出现输入继电器的触点，而不出现其线圈。输出继电器输出程序执行结果给外部输出设备。当梯形图中的输出继电器线圈接通时，就有信号输出，但不是直接驱动输出设备，而要通过输出接口的继电器、晶体管或晶闸管才能实现。

梯形图编程示意图如图 1-10 所示。

图 1-10 梯形图编程示意图

2. 布尔助记符程序设计语言

布尔助记符（Boolean Mnemonic）程序设计语言是用布尔助记符来描述程序的一种程序设计语言。布尔助记符程序设计语言与计算机中的汇编语言非常相似，采用布尔助记符来表示操作功能。布尔助记符程序设计语言具有下列特点。

☺ 采用助记符来表示操作功能，具有容易记忆、便于掌握的特点。

☺ 在编程器的键盘上采用助记符表示，具有便于操作的特点，可在无计算机的场合进行编程设计。

☺ 与梯形图有一一对应关系，其特点与梯形图程序设计语言类似。

将如图1-10所示的梯形图程序转换成布尔助记符编程，如表1-2所示。

表1-2　布尔助记符编程

LD	X001	OUT	Y000
OR	Y000	END	
AND	X002		

3. 功能模块图程序设计语言

功能模块图（Function Block）程序设计语言采用功能模块来表示模块所具有的功能，不同的功能模块有不同的功能。它有若干个输入端和输出端，通过软连接的方式，分别连接到所需的其他端子，完成所需的控制运算或控制功能。功能模块可以分为不同的类型，在同一种类型中，也可能因功能参数的不同而使功能或应用范围有所差别。例如，输入端的数量、输入信号的类型等的不同使它的使用范围也不同。由于采用软连接的方式进行功能模块之间及功能模块与外部端子的连接，因此控制方案的更改、信号连接的替换等操作可以很方便实现。功能模块图程序设计语言的特点如下所述。

☺ 以功能模块为单位，从控制功能入手，使控制方案的分析和理解变得容易。

☺ 功能模块是用图形化的方法描述功能的，它的直观性大大方便了设计人员的编程和组态，有较好的易操作性。

☺ 对控制规模较大、控制关系较复杂的系统，由于控制功能的关系可以较清楚地表达出来，因此编程和组态时间可以缩短，调试时间也能减少。

☺ 由于每种功能模块需要占用一定的程序内存，对功能模块的执行需要一定的执行时间，因此这种设计语言在大中型PLC和集散控制系统的编程和组态中才被采用。

将如图1-10所示的梯形图程序转换成功能模块图编程，如图1-11所示。

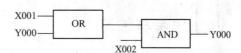

图1-11　功能模块图编程示意图

4. 功能表图程序设计语言

功能表图（Sequential Function Chart，SFC）又称顺序功能图或状态转移图。功能表图程序设计语言是用功能表图来描述程序的一种程序设计语言。它是近年来发展起来的一种程序设计语言。采用功能表图的描述，控制系统被分为若干个子系统，从功能入手，使系统的操作具有明确的含义，便于设计人员和操作人员设计思想的沟通，便于程序的分工设计和检查调试。功能表图程序设计语言的特点如下所述。

☺ 以功能为主线，条理清楚，便于对程序操作的理解和沟通。

☺ 对大型的程序，可分工设计，采用较为灵活的程序结构，可节省程序设计、调试时间。

☺ 常用于系统规模校大、程序关系较复杂的场合。

☺ 只有在活动步的指令和操作被执行后，才对活动步后的转移条件进行扫描，因此整个程序的扫描时间较用其他程序设计语言编制的程序的扫描时间要短得多。

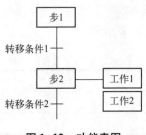

**图 1-12　功能表图
编程示意图**

功能表图来源于佩特利（Petri）网，由于它具有图形表达方式，能比较简单清楚地描述并发系统和复杂系统的所有现象，并能对系统中存在的死锁、不安全等反常现象进行分析和建模，在模型的基础上可以直接编程，因此得到了广泛的应用。近几年推出的 PLC 和小型离散控制系统中也已提供了采用功能表图描述语言进行编程的软件。功能表图体现了一种编程思想，在程序的编制中有很重要的意义。功能表图编程示意图如图 1-12 所示。

5. 结构化语句描述程序设计语言

结构化语句（Structured Text）描述程序设计语言是用结构化的描述语句来描述程序的一种程序设计语言。它是一种类似于高级语言的程序设计语言。在大中型 PLC 系统中，常采用结构化语句描述程序设计语言来描述控制系统中各个变量的关系。它也被用于集散控制系统的编程和组态。

结构化语句描述程序设计语言采用计算机的描述语句来描述系统中各种变量之间的运算关系，完成所需的功能或操作。大多数制造厂家采用的结构化语句描述程序设计语言与 BASIC 语言、Pascal 语言或 C 语言等高级语言相类似，但为了应用方便，在语句的表达方法及语句的种类等方面都进行了简化。结构化语句描述程序设计语言具有下列特点。

☺ 采用高级语言进行编程，可以完成较复杂的控制运算。

☺ 需要有一定的计算机高级程序设计语言的知识和编程技巧，对编程人员的技能要求较高，普通电气人员难以完成。

☺ 直观性和易操作性等较差。

 思考与练习

（1）PLC 有哪些主要特点？

（2）当前 PLC 的发展趋势如何？

（3）PLC 的基本结构如何？试阐述其基本工作原理。

（4）PLC 有哪些编程语言？常用的是什么编程语言？

第2章 三菱 FX 系列 PLC 概述

三菱 FX 系列 PLC 为现在市场上的主流产品，能完成绝大多数工业控制要求，上市多年之后，价格有所下降，性价比较高。本章介绍三菱 FX 系列 PLC 的型号命名方式、技术指标及性能比较。重点介绍 FX 系列 PLC 的系统配置及如何安装，讲解 PLC 主机面板结构及各部分的功能、输入/输出部分的分类，使读者可以详细地了解 FX 系列 PLC 的硬件组成，为后续学习打好基础。

2.1 FX 系列 PLC 简介

三菱公司近年来推出的 FX 系列 PLC 有 FX0、FX2、FX0S、FX0N、FX2C、FXlS、FXlN、FX2N、FX1NC、FX2NC、FX3U、FX3G 等系列型号。

1. FX 系列 PLC 的型号命名方式

FX 系列 PLC 的型号命名方式如下。

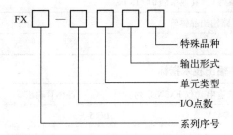

☺ 系列序号：如 0、2、0S、0N、2C、1S、1N、2N、1NC、2NC 、3U、3G

☺ I/O 点数：10 ～ 256

☺ 单元类型：

  M—基本单元

  E—扩展单元（输入输出混合）

  EX—扩展输入单元（模块）

  EY—扩展输出单元（模块）

☺ 输出形式：

  R—继电器输出

  T—晶体管输出

  S—晶闸管输出

☺ 特殊品种：

D—DC 电源，DC 输入

A—AC 电源，AC 输入

H—大电流输出扩展单元

V—立式端子排扩展单元

C—接插口输入/输出方式

F—输入滤波器 1ms 的扩展单元

L—TFL 输入型扩展单元

S—独立端子（无公共端）扩展单元

2. FX 系列 PLC 的技术指标

FX 系列 PLC 的输入/输出技术指标分别如表 2-1 和表 2-2 所示。

表 2-1 FX 系列 PLC 的输入技术指标

输入电压	DC 24V ±10%	
元件号	X0～X7	其他输入点
输入信号电压	DC 24V ±10%	
输入信号电流	DC 24V，7mA	DC 24V，5mA
输入开关电流 OFF→ON	>4.5mA	>3.5mA
输入开关电流 ON→OFF	<1.5mA	
输入响应时间	10ms	
可调节输入响应时间	X0～X17 为 0～60ms（FX2N 系列），其他系列 0～15 ms	
输入信号形式	无电压触点，或 NPN 集电极开路输出晶体管	
输入状态显示	输入 ON 时 LED 灯亮	

表 2-2 FX 系列 PLC 的输出技术指标

项目		继电器输出	晶闸管输出（仅 FX2N 系列）	晶体管输出
外部电源		最大 AC 240V 或 DC 30V	AC 85～242V	DC 5～30V
最大负载	电阻负载	2A/1 点，8A/COM	0.3A/1 点，0.8A/COM	0.5A/1 点，0.8A/COM
	感性负载	80VA，AC 120/240V	36VA/AC 240V	12W/DC 24V
	灯负载	100W	30W	0.9W/DC 24V（FX1S 系列），其他系列 1.5W/DC 24V
最小负载		电压 < DC 5V 时 2mA，电压 < DC 24V 时 5mA（FX2N 系列）	2.3VA/AC 240V	—

FX2N 系列 PLC 有以下技术特点。

☺ FX2N 系列 PLC 采用一体化箱体结构，其基本单元将 CPU、存储器、I/O 接口及电源等都集成在一个模块内，结构紧凑，体积小巧，成本低，安装方便。

☺ FX2N 系列 PLC 是 FX 系列中功能最强、运行速度最快的 PLC。FX2N 系列 PLC 基本指令执行时间达 $0.08\mu s$，超过了许多大中型 PLC。

☺ FX2N 系列 PLC 的用户存储器容量可扩展到 16KB，其 I/O 点数最大可扩展到 256 个。

☺ FX2N 系列 PLC 有多种特殊功能模块，如模拟量 I/O 模块、高速计数模块、脉冲输出模块、位置控制模块、RS-232C/RS-422/RS-485 串行通信模块或功能扩展板、模拟定时器扩展板等。

☺ FX2N 系列 PLC 有 3000 多点辅助继电器、1000 点状态继电器、200 多点定时器、200 点 16 位加计数器、35 点 32 位加/减计数器、8000 多点 16 位数据寄存器、128 点跳步指针、15 点中断指针。

☺ FX2N 系列 PLC 有 128 种功能指令，具有中断输入处理、修改输入滤波器常数、数学运算、浮点数运算、数据检索、数据排序、PID 运算、开平方、三角函数运算、脉冲输出、脉宽调制、串行数据传送、校验码、比较触点等功能指令。

☺ FX2N 系列 PLC 还有矩阵输入、10 键输入、16 键输入、数字开关、方向开关、七段显示器扫描显示等方便指令。

三菱 FX2N 系列 PLC 只支持 NPN 型传感器的输入信号，给用户带来了一定的不便性。FX3U 系列输入升级为源型/漏型输入通用型，实际使用时需要注意，接线方式如图 2-1 和图 2-2 所示。

3. FX 系列 PLC 的性能比较

三菱 FX 系列 PLC 吸收了整体式和模块式 PLC 的优点，它的基本单元、扩展单元和扩展模块的高度和宽度相同。它们的相互连接不用基板，仅用扁平电缆连接，紧密拼装后组成一个整齐的长方体，其体积小，很适合于在机电一体化产品中使用。

FX1S 系列、FX1N 系列与 FX2N 系列、FX2NC 系列外观相似，但在性能和价格上还是有差别的，如表 2-3 所示。

表 2-3 FX1S 系列、FX1N 系列与 FX2N 系列、FX2NC 系列的性能比较

项目		FX1S 系列	FX1N 系列	FX2N 系列和 FX2NC 系列
运算控制方式		存储程序，反复运算		
I/O 控制方式		批处理方式（在执行 END 指令时），可以使用 I/O 刷新指令		
运算处理速度	基本指令	0.55μs/指令至 0.7μs/指令		0.08μs/指令
	应用指令	3.7μs/指令至数百微秒/指令		1.52μs/指令至数百微秒/指令
编程语言		逻辑梯形图和指令表，可以用步进梯形指令来生成顺序控制指令		
程序容量（EEPROM）		内置 2 千步	内置 8 千步	内置 8 千步，用存储盒可达 16 千步
指令数量	基本、步进指令	基本指令 27 条，步进指令 2 条		
	应用指令	85 种	89 种	128 种
最大 I/O 点数		30 个	128 个	256 个

FX3 系列 PLC 为最新的一代 PLC，逐步替代原有的 FX 系列，与原有系列相比较主要升级功能如下所述。

☺ 晶体管输出型基本单元内置 2 或 3 轴定位功能。

☺ 通过脉冲输出特殊适配器进行扩展。

☺ FX3 系列兼容 FX2 系列的脉冲输出模块、定位模块。

☺ 可以使用 SSCNETⅢ光纤网络定位模块。

☺ 支持简易表格定位功能。

具体性能比较如表2-4和表2-5所示。

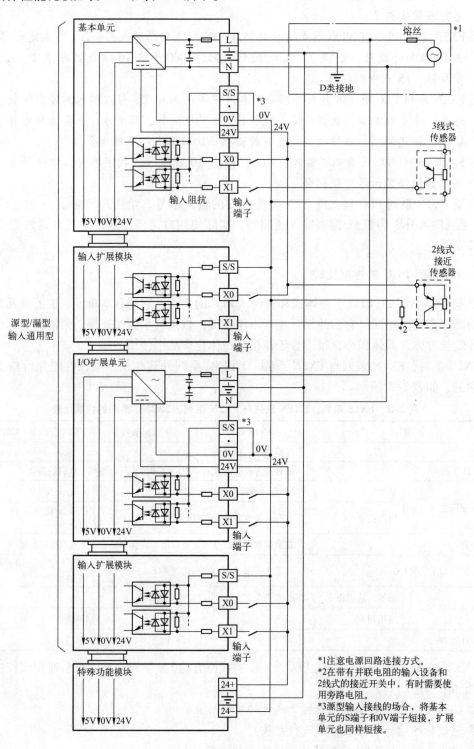

*1注意电源回路连接方式。
*2在带有并联电阻的输入设备和
2线式的接近开关中,有时需要使
用旁路电阻。
*3源型输入接线的场合,将基本
单元的S端子和0V端子短接,扩展
单元也同样短接。

图2-1 源型输入接线方式

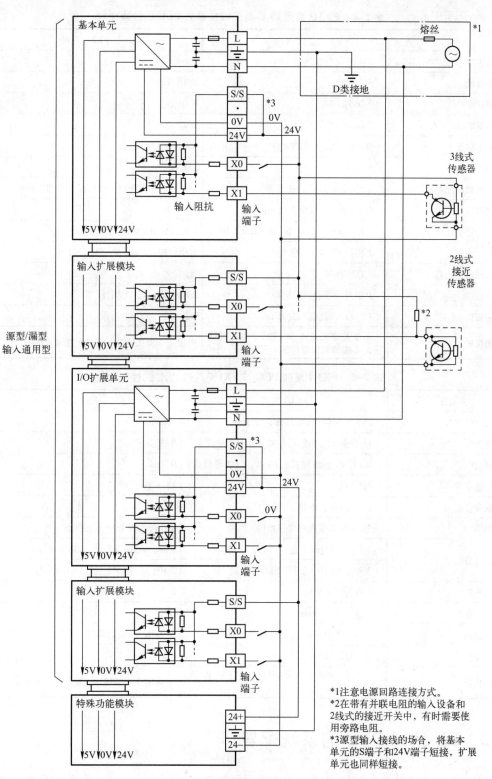

*1注意电源回路连接方式。
*2在带有并联电阻的输入设备和2线式的接近开关中，有时需要使用旁路电阻。
*3源型输入接线的场合，将基本单元的S端子和24V端子短接，扩展单元也同样短接。

图 2-2 漏型输入接线方式

表 2-4　FX3U 系列 PLC 与 FX2N 系列 PLC 的性能比较

项目	FX3U 系列	FX2N 系列
最大 I/O 点数	384 个（包括网络 I/O）	256 个
程序容量	64 千步	8/16 千步
处理速度	0.065μs	0.08μs
辅助继电器	7680 点	3072 点
数据寄存器	D 8000 点，R 32768 点	8000 点
定时器	512 点	256 点
扩展板和适配器	最多可连接 10 个适配器	1 个通信扩展板或 1 个模拟电位器扩展板
存储盒	64 千步，带程序传送功能	16 千步
高速计数	1 相：100kHz×6 点、10kHz×2 点	1 相：60kHz×2 点、10kHz×4 点
	2 相：50kHz×2 点	2 相：30kHz×1 点、5kHz×1 点
显示模块	FX3U-7DM	无
脉冲输出	100kHz×3 点，无插补	20kHz×2 点，无插补
通信接口	RS-422，最高 115.2Kbps	RS-422
密码保护	两级关键字（16 个字符）、用户关键字，不能解除保护功能	可设定 1 个关键字，最大长度 8 个字符

表 2-5　FX3G 系列 PLC 与 FX1N 系列 PLC 的性能比较

项目	FX3G 系列	FX1N 系列
最大 I/O 点数	256 个（包括 CC-Link 网络 I/O）	128 个
程序容量	16 千步（标准模式）、32 千步（扩展模式）	8 千步
处理速度	0.21μs（标准模式）、0.42μs（扩展模式）	0.7μs
辅助继电器	7680 点	1536 点
数据寄存器	D 8000 点，R 24000 点	8000 点
存储盒	32 千步，带程序传送功能	8 个步，带程序传送功能
高速计数	1 相：60kHz×4 点、10kHz×2 点	1 相：60kHz×2 点、10kHz×4 点
	2 相：30kHz×2 点、5kHz×1 点	2 相：30kHz×1 点、5kHz×1 点
输入中断	6 点，大于 0.01ms	6 点
时钟中断	3 点，10～99ms	无
脉冲输出	最大 100kHz×3 点，无插补	100kHz×2 点，插补
通信接口	RS-422 + USB	RS-422
密码保护	两级关键字（16 个字符）、用户关键字，不能解除保护功能	可设定 1 个关键字，最大长度 8 个字符

2.2　FX 系列 PLC 的系统配置

　　FX 系列 PLC 的系统配置灵活，用户除了可以选用不同型号的 FX 系列 PLC 外，还可以选用各种扩展单元和扩展模块，组成不同 I/O 点和不同功能的控制系统。FX2N 系列 PLC 为现在市场上的主流产品,能完成绝大多数工业控制要求,上市多年之后,价格有所下降,性价比较高。

1. FX 系列 PLC 的主机面板结构

FX2N 系列 PLC 的主机面板如图 2-3 所示。

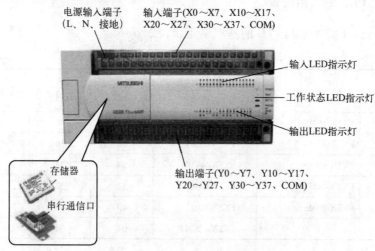

图 2-3 FX2N 系列 PLC 的主机面板

1)电源输入端子 AC 电源型的主机,其电源电压为 AC 100 ~ 240V;DC 电源型的主机,其电源电压为 DC 24V。

2)功能接地端子(仅 AC 电源型) 在有严重噪声干扰时,功能接地端子必须接地,它和保护接地端子可连在一起接地。

3)保护接地端子 为了防止触电,保护接地端子必须接地。

4)输入端子 输入端子用于连接输入设备,输入电源为 DC 24V。

5)输入 LED 指示灯 输入端子触点 ON 时,LED 指示灯亮;输入端子触点 OFF 时,LED 指示灯灭。

6)工作状态 LED 指示灯 主机面板的中部有 4 个工作状态 LED 指示灯,其作用如下所述。

☺ POWER(绿):电源的接通或断开指示,电源接通时亮,断开时灭。

☺ RUN(绿):工作状态指示,PLC 处于运行或监控状态时亮,处于编程状态或运行异常时灭。

☺ BATTV:内部电池电量指示,点亮时需更换电池,否则可能会造成程序丢失。

☺ PROG-E/CPU-E(红):程序错误或 CPU 错误指示,这两种指示共用一个 LED 指示灯。PLC 出现错误时 LED 指示灯常亮,此时 PLC 停止工作且不执行程序,运行正常时 LED 指示灯灭。

7)输出 LED 指示灯 输出端子触点 ON 时,LED 指示灯亮;输出端子触点 OFF 时,LED 指示灯灭。

8)输出端子 输出端子用于连接输出电路,电压可为 DC 24V 或 AC 220V,视负载而定。PLC 的 I/O 点数不同,输入端子和输出端子数量也不同。

9）输出 DC 24V 电源端子　输出 DC 24V 电源端子（仅 AC 电源型）对外部提供 DC 24V 电源（容量为 200mA），可作为输入设备或现场传感器的电源。

10）外设端口　外设端口用于连接编程工具或 RS-232 或 RS-422 通信适配器，根据需要而定。

2. FX 系列 PLC 的常用配置

1）基本单元　FX2N 系列 PLC 的基本单元如表 2-6 所示。

表 2-6　FX2N 系列 PLC 的基本单元

型号			输入点数	输出点数	扩展模块可用点数
继电器输出	晶闸管输出	晶体管输出			
FX2N-16MR-001	FX2N-16MS	FX2N-16MT	8	8	24～32
FX2N-32MR-001	FX2N-32MS	FX2N-32MT	16	16	24～32
FX2N-48MR-001	FX2N-48MS	FX2N-48MT	24	24	48～64
FX2N-64MR-001	FX2N-64MS	FX2N-64MT	32	32	48～64
FX2N-80MR-001	FX2N-80MS	FX2N-80MT	40	40	48～64
FX2N-128MR-001		FX2N-128MT	64	64	48～64

FX3U 系列 PLC 的基本单元如表 2-7 所示。

表 2-7　FX3U 系列 PLC 的基本单元

型号		输入点数	输出点数	扩展模块可用点数
继电器输出	晶体管输出（晶体管漏型）			
FX3U-16MR/ES-A	FX3U-16MT/ES-A	8	8	8
FX3U-32MR/ES-A	FX3U-32MT/ES-A	16	16	24～32
FX3U-48MR/ES-A	FX3U-48MT/ES-A	24	24	48～64
FX3U-64MR/ES-A	FX3U-64MT/ES-A	32	32	48～64
FX3U-80MR/ES-A	FX3U-80MT/ES-A	40	40	48～64
FX3U-128MR/ES-A	FX3U-128MT/ES-A	64	64	48～64

2）扩展单元　FX2N 系列 PLC 的扩展单元如表 2-8 所示。

表 2-8　FX2N 系列 PLC 的扩展单元

型号	总 I/O 点数	输入			输出	
		数目	电压	类型	数目	类型
FX2N-32ER	32	16	24V 直流	漏型	16	继电器
FX2N-32ET	32	16	24V 直流	漏型	16	晶体管
FX2N-48ER	48	24	24V 直流	漏型	24	继电器
FX2N-48ET	48	24	24V 直流	漏型	24	晶体管
FX2N-48ER-D	48	24	24V 直流	漏型	24	继电器（直流）
FX2N-48ET-D	48	24	24V 直流	漏型	24	继电器（直流）

3）扩展模块　基本扩展模块按地域远近可分为近程扩展方式和远程扩展方式两种。

在 CPU 主机上 I/O 点数不能满足需要时，或组合式 PLC 选用的模块较多，在主机上安装不开时，可通过扩展口进行近程扩展。

当有部分现场信号相对集中，而又与其他现场信号相距较远时，可采用远程扩展方式。在远程扩展方式下，远程 I/O 模块作为远程从站可安装在主机及其近程扩展机上，远程扩展机作为远程从站安装在现场。

远程主站用于远程从站与主机间的信息交换，每个远程控制系统中可以有多个远程主站，一个远程主站可以有多个远程扩展机从站，每个远程扩展机又可以带多个近程扩展机，但远程部分的扩展机数量有一定的限制。远程主站和从站（远程扩展机）之间利用双绞线连接，同一个主站下面的不同从站用双绞线并联在一起。远程扩展机与近程扩展机之间的连接，与主机和近程扩展机之间的连接方式相同。

远程部分的每个扩展机上都有一个编号，远程扩展机的编号由用户在远程扩展机上设定，具体编号按不同型号的规定而设置。

FX2N 系列 PLC 的扩展模块如表 2-9 所示，通过扩展，可以增加 I/O 点数，以弥补点数不足的问题。

表 2-9　FX2N 系列 PLC 的扩展模块

型号	总 I/O 点数	输入			输出	
		数目	电压	类型	数目	类型
FX2N-16EX	16	16	24V 直流	漏型		
FX2N-16EYT	16				16	晶体管
FX2N-16EYR	16				16	继电器

4）特殊功能模块　特殊 I/O 功能模块作为智能模块，有自己的 CPU、存储器和控制逻辑，与 I/O 接口电路及总线接口电路组成一个完整的微型计算机系统。一方面，它可以在自己的 CPU 和控制程序的控制下，通过 I/O 接口完成相应的输入/输出和控制功能；另一方面，它又通过总线接口与 CPU 进行数据交换，接收主机 CPU 发来的命令和参数，并将执行结果和运行状态返回主机 CPU。这样，既实现了特殊功能模块的独立运行，减轻了主机 CPU 的负担，又实现了主机 CPU 对整个系统的控制与协调，从而大幅度提高了系统的处理能力和运行速度。

下面简单介绍模拟量 I/O 模块、高速计数模块、位置控制模块、PID 控制模块、温度传感器模块和通信模块等特殊功能模块。

（1）模拟量 I/O 模块。模拟量输入模块将生产现场中连续变化的模拟量信号（如温度、流量、压力），通过变送器转换成 DC 1～5V、DC 0～10V、DC 4～20mA、DC 0～10mA 的标准电压或电流信号。模拟量输入模块的作用是把连续变化的电压、电流信号转换成 CPU 能处理的若干位数字信号。模拟量输入电路一般由运放变换、模/数转换（A/D 转换）、光隔离等部分组成。A/D 转换模块常有 2～8 路模拟量输入通道，输入信号可以是 1～5V 或 4～20mA，有些产品输入信号可达 0～10V、−20～20mA。

模拟量输出模块的作用是把 CPU 处理后的若干位数字信号转换成相应的模拟量信号输出，以满足生产控制过程中需要连续信号的要求。CPU 的控制信号由输出锁存器经光隔离、数/模转换（D/A 转换）和运放变换，转换成标准模拟量信号输出。模拟量电压输出为 DC 1～5V 或 DC 0～10V，模拟量电流输出为 4～20mA 或 0～10mA。

A/D、D/A 转换模块的主要技术参数有分辨率、精度、转换速度、输入阻抗、输出阻抗、最大允许输入范围、模拟通道数、内部电流消耗等。

（2）高速计数模块。高速计数模块用于脉冲或方波计数器、实时时钟、脉冲发生器、数字码盘等输出信号的检测和处理，用于快速变化过程中的测量或精确定位控制。高速计数模块常设计为智能型模板，在与主令启动信号联锁下，与 PLC 的 CPU 之间是互相独立的。它自行配置计数、控制、检测功能，占有独立的 I/O 地址，与 CPU 之间以 I/O 扫描方式进行信息交换。有的计数模块还具有脉冲控制信号输出，用于驱动或控制机械运动，使机械运动到达要求的位置。

高速计数模块的主要技术参数有计数脉冲频率、计数范围、计数方式、输入信号规格、独立计数器个数等。

（3）位置控制模块。位置控制模块是用于位置控制的智能 I/O 模块，能改变被控点的位移、速度和位置，适用于步进电动机或脉冲输入的伺服电动机驱动器。

位置控制模块一般自身带有 CPU、存储器 I/O 接口和总线接口。一方面，它可以独立地进行脉冲输出，控制步进电动机或伺服电动机，带动被控对象运动；另一方面，它可以接收主机 CPU 发来的控制命令和控制参数，完成相应的控制要求，并将结果和状态信息返回给主机 CPU。

位置控制模块提供的功能如下所述。

☺ 可以每个轴独立控制，也可以多轴同时控制。

☺ 原点可分为机械原点和软原点，并提供三种原点复位和停止方法。

☺ 通过设定运动速度，方便地实现变速控制。

☺ 采用线性插补和圆弧插补的方法，实现平滑控制。

☺ 可实现试运行、单步、点动和连续等运行方式。

☺ 采用数字控制方式输出脉冲，达到精密控制的要求。

位置控制模块的主要技术参数有占用 I/O 点数、控制轴数、输出控制脉冲数、脉冲速率、脉冲速率变化、间隙补偿、定位点数、位置控制范围、最大速度、加/减速时间等。

（4）PID 控制模块。PID 控制模块多用于执行闭环控制的系统中，该模块自带 CPU、存储器、模拟量 I/O 点，并有编程器接口。它既可以联机使用，也可以脱机使用。在不同的硬件结构和软件程序中，它可实现多种控制功能，如 PID 回路独立控制、两种操作方式（数据设定、程序控制）、参数自整定、先行 PID 控制和开关控制、数字滤波、定标、提供 PID 参数供用户选择等。

PID 控制模块的主要技术参数有 PID 算法和参数、操作方式、PID 回路数、控制速度等。

（5）温度传感器模块。温度传感器模块实际为变送器和模拟量输入模块的组合，其输入为温度传感器的输出信号，通过模块内的变送器和 A/D 转换器，将温度值转换为 BCD 码传送给 PLC。温度传感器模块配置的传感器有热电偶和热电阻。

温度传感器模块的主要技术参数有输入点数、温度检测元件、测温范围、数据转换范围及误差、数据转换时间、温度控制模式、显示精度和控制周期等。

（6）通信模块。

☺ 上位链接模块：用于 PLC 与计算机的互联和通信。

☺ PLC 链接模块：用于 PLC 和 PLC 的互联和通信。

☺ 远程 I/O 模块：有主站模块和从站模块两类，分别装在主站 PLC 机架和从站 PLC 机架上，实现主站 PLC 与从站 PLC 远程互联和通信。

通信模块的主要技术参数有数据通信的协议格式、通信接口传输距离、数据传输长度、数据传输速率、传输数据校验等。

FX2N 系列 PLC 常用特殊功能模块的型号及功能如表 2-10 所示。

表 2-10　FX2N 系列 PLC 常用特殊功能模块的型号及功能

型号	功能说明
FX2N-4AD	4 通道 12 位模拟量输入模块
FX2N-4AD-PT	供 PT-100 温度传感器用的 4 通道 12 位模拟量输入模块
FX2N-4AD-TC	供热电偶温度传感器用的 4 通道 12 位模拟量输入模块
FX2N-4DA	4 通道 12 位模拟量输出模块
FX2N-3A	2 通道输入、1 通道输出的 8 位模拟量模块
FX2N-1HC	2 相 50Hz 的 1 通道高速计数器
FX2N-1PG	脉冲输出模块
FX2N-10GM	有 4 点通用输入、6 点通用输出的 1 轴定位单元
FX-20GM 和 E-20GM	2 轴定位单元，内置 EEPROM
FX2N-1RM-SET	可编程凸轮控制单元
FX2N-232-BD	RS-232C 通信用功能扩展板
FX2N-232IF	RS-232C 通信用功能模块
FX2N-422-BD	RS-422 通信用功能扩展板
FX-485PC-IF-SET	RS-232C/485 接口
FX2N-482-BD	RS-485C 通信用功能扩展板
FX-16NP/NT	MELSECNET/MINI 接口模块
FX2N-8AV-BD	模拟量设定功能扩展板

2.3　PLC 的安装

PLC 是一种新型的通用自动化控制装置，它将传统的继电器控制技术、计算机技术和通信技术融为一体，具有控制功能强、可靠性高、使用灵活方便、易于扩展等优点而应用越来越广泛。但在使用时由于工业生产现场的工作环境恶劣，干扰源众多，如大功率用电设备的启动或停止引起电网电压波动形成的低频干扰，电焊机、电火花加工机床、电机的电刷等通过电磁耦合产生的工频干扰等，都会影响 PLC 的正常工作。尽管 PLC 是专门在现场使用的控制装置，在设计制造时已采取了很多措施，使它对工业环境比较适应，但是为了确保整个系统稳定可靠，还是应当尽量使 PLC 有良好的工作环境条件，并采取必要的抗干扰措施。

1. PLC 的安装注意事项

PLC 适用于大多数工业现场，但它对使用场合、环境温度等还是有一定要求的。合适的 PLC 的工作环境，可以有效地提高它的工作效率和寿命。在安装 PLC 时，要避开下列场所。

☺ 环境温度超过 $0 \sim 50℃$ 的范围。

☺ 相对湿度超过 85% 或者存在露水凝聚（由温度突变或其他因素所引起的）。

☺ 太阳光直接照射。

☺ 有腐蚀和易燃的气体，如氯化氢、硫化氢等。

☺ 有大量铁屑及灰尘。

☺ 频繁或连续的振动，振动频率为 $10 \sim 55Hz$，幅度为 $0.5mm$（峰－峰）。

小型 PLC 外壳的 4 个角上，均有安装孔。有两种安装方法：一种是用螺钉固定，不同的单元有不同的安装尺寸；另一种是 DIN（德国共和标准）轨道固定。DIN 轨道配套使用的安装夹板，左右各一对。在轨道上，先装好左右夹板，装上 PLC，然后拧紧螺钉。为了使控制系统工作可靠，通常把 PLC 安装在有保护外壳的控制柜中，以防止灰尘、油污、水溅。为了保证 PLC 在工作状态下其温度保持在规定的环境温度范围内，安装机器应有足够的通风空间，基本单元和扩展单元之间要有 $30mm$ 以上的间隔。如果周围环境超过 $55℃$，则要安装电风扇，强迫通风。

为了避免其他外围设备的电干扰，PLC 应尽可能远离高压电源线和高压设备，PLC 与高压设备和电源线之间应留出至少 $200mm$ 的距离。

当 PLC 垂直安装时，要严防导线头、铁屑等从通风窗掉入 PLC 内部，造成印制电路板短路，使其不能正常工作甚至永久损坏。

2. PLC 的硬件接线

1）电源接线　PLC 的工作电源为 $50Hz$、$110 \sim 220V \pm 10\%$ 交流电。为安全起见，交流电源一般经自动空气开关再送入 PLC，如果电源干扰特别严重，应安装变比为 $1:1$ 的隔离变压器。如果 PLC 有扩展单元，其电源应与基本单元共用一个开关，以保持其工作同步。

电源是干扰进入 PLC 的主要来源，它主要是通过供电线路的阻抗耦合产生的。消除电源干扰的主要方法是阻断干扰侵入的途径和降低系统对干扰的敏感性，提高系统的抗干扰能力。

在下列场合使用时，必须采用屏蔽措施。

☺ 因静电而可能产生干扰的地方。

☺ 电场强度很强的地方。

☺ 被放射性物质辐射的地方。

☺ 离动力线通路很近的地方。

2）接地　良好的接地是保证 PLC 可靠工作的重要条件，可以避免偶然发生的电压冲击危害。接地线与机器的接地端相接。如果要用扩展单元，则其接地点应与基本单元的接地点接在一起。为了抑制加在电源及输入端、输出端的干扰，应给 PLC 接上专用地线，接地点应与动力设备（如电机）的接地点分开。若达不到这种要求，则必须做到与其他设备公共接地，禁止与其他设备串联接地。接地点应尽可能靠近 PLC。

3）直流 24V 接线端　在使用无源触点的输入器件时，PLC 内部 24V 电源通过输入器件向输入端提供每点 7mA 的电流。PLC 上的 24V 接线端子，还可以向外部传感器（如接近开关或光电开关）提供电流。24V 端子作为传感器电源时，COM 端子是直流 24V 地端。如果采用扩展单元，则应将基本单元和扩展单元的 24V 端连接起来。此外，任何外部电源不能接到这个端子。

如果发生过载现象，电压将自动跌落，则该点输入对 PLC 不起作用。

每种型号 PLC 的输入点数量是有规定的。对每一个尚未使用的输入点，它不耗电，因此在这种情况下，24V 电源端子向外供电流的能力可以增强。FX 系列 PLC 的空位端子，在任何情况下都不能使用。

4）输入接线　PLC 一般接收行程开关、限位开关等输入的开关量信号。输入接线端子是 PLC 与外部传感器负载转换信号的端口。输入接线一般指外部传感器与输入端口的接线。

输入器件可以是任何无源的触点或集电极开路的 NPN 管。输入器件接通时，输入端接通，输入线路闭合，同时输入指示的发光二极管亮。

输入端的一次电路与二次电路之间，采用光耦合隔离。二次电路带 RC 滤波器，以防止由于输入触点抖动或从输入线路串入的电噪声引起 PLC 误动作。

若在输入触点电路串联二极管，则在串联二极管上的电压应小于 4V。若使用带发光二极管的舌簧开关，则串联二极管的数目不能超过两个。

另外，输入接线还应特别注意以下三点。

☺输入接线一般不要超过 30m。但当环境干扰较小、电压降不大时，输入接线可适当长些。

☺输入、输出线不能用同一根电缆，输入、输出线要分开。

☺PLC 所能接受的脉冲信号的宽度，应大于扫描周期的时间。

5）输出接线　PLC 有继电器输出、晶闸管输出、晶体管输出三种形式。

输出接线分为独立输出和公共输出。当 PLC 的输出继电器或晶闸管动作时，同一号码的两个输出端接通。在不同组中，可采用不同类型和电压等级的输出电压。但在同一组中的输出只能用同一类型、同一电压等级的电源。

由于 PLC 的输出元件被封装在印制电路板上，并且连接至端子板，若将连接输出元件的负载短路，则将烧毁印制电路板，因此应用熔丝保护输出元件。

采用继电器输出时，承受的电感性负载大小影响到继电器的工作寿命。

PLC 的输出负载可能产生噪声干扰，因此要采取措施加以控制。

此外，对于能给用户造成伤害的危险负载，除了在控制程序中加以考虑外，还应设计外部紧急停车电路，使得 PLC 发生故障时，能将引起伤害的负载电源切断。

交流输出线和直流输出线不要用同一根电缆，输出线应尽量远离高压线和动力线，避免并行。

思考与练习

(1) FX 系列 PLC 的型号命名方式如何？

(2) FX 系列 PLC 主要有哪些技术指标？

(3) FX2N 系列 PLC 的主机面板由哪几部分组成？各有什么作用？

(4) FX 系列 PLC 的常用配置是什么？

(5) PLC 的安装注意事项有哪些？

(6) PLC 的硬件接线是怎样的？

第3章 三菱 FX 系列 PLC 程序设计

三菱 FX 系列 PLC 为现在市场上的主流产品，能完成绝大多数工业控制要求，上市多年之后，价格有所下降，性价比较高。本章介绍三菱 FX 系列 PLC 的基本数据结构和编程元件知识，详细讲解 PLC 的内部软元件的编号、作用及使用注意事项，使读者可以详细地了解 FX 系列 PLC 的软件相关知识，为后续学习打好基础。

3.1 FX 系列 PLC 的基本数据结构

学习 PLC，有必要详细地了解一下基本数据结构，这样可以为以后的编程打下坚实的基础。以下是 FX 系列 PLC 的基本数据结构。

1）位元件 FX 系列 PLC 有四种基本编程元件，为了区分各种编程元件，给它们分别规定了专用字母符号。

☺ X（输入继电器），用于存放外部输入继电器的状态。

☺ Y（输出继电器），用于从 PLC 输出信号。

☺ M（辅助继电器）、S（状态继电器），用于 PLC 内部运算标志。

这些元件都只有两种不同的状态，即 ON 和 OFF，称之为位（bit）元件，可以用二进制数 1 和 0 来分别表示这两种状态。

2）字元件 以 8 位机为例，8 个连续的位组成一个字节（Byte），两个连续的字节组成一个字（Word），两个连续的字组成一个双字（Double Word）。定时器和计数器的当前值和设定值及数据寄存器均为有符号的字，一般采用正逻辑，最高位为 0 表示正，1 表示负。

3.2 FX 系列 PLC 的编程元件

FX 系列 PLC 的编程元件（软元件）主要包括输入继电器（X）、输出继电器（Y）、辅助继电器（M）、状态继电器（S）、定时器（T）、计数器（C）、数据寄存器（D）、指针（P、I）等。

1. FX2N 系列 PLC 的技术指标与编程元件

表 3-1 给出了 FX2N 系列 PLC 的技术指标与编程元件。

表 3-1 FX2N 系列 PLC 的技术指标与编程元件

运算控制方式	存储程序，反复运算（专用 LSI），中断命令
I/O 控制方式	批处理方式（在执行 END 指令时），但有 I/O 刷新指令

运算控制方式		存储程序，反复运算（专用 LSI），中断命令	
运算处理速度	基本指令	0.08μs/指令	
	应用指令	1.52μs/指令至数百微秒指令	
编程语言		继电器符号＋步进梯形图方式（可用 SFC 表示）	
程序容量（存储器形式）		内附 8 千步 RAM，最大为 16 千步（可选 RAM、EPROM、EEP-ROM 存储盒）	
指令数量	基本、步进指令	基本指令 27 条，步进指令 2 条	
	应用指令	128 种 298 条	
输入继电器（扩展合用时）		X000～X267（八进制编号） 184 点	合计最大 256 点
输出继电器（扩展合用时）		Y000～Y267（八进制编号） 184 点	
辅助继电器	通用①	M0～M499① 500 点	
	锁存用	M500～M1023② 524 点，M1024～M3071③ 2048 点	合计 2572 点
	特殊用	M8000～M8255 256 点	
状态继电器	初始化用	S0～S9 10 点	
	一般用	S10～S499① 490 点	
	锁存用	S500～S899② 400 点	
	报警用	S900～S999③ 100 点	
定时器	100ms	T0～T199（0.1～3276.7s） 200 点	
	10ms	T200～T245（0.01～327.67s） 46 点	
	1ms（积算型）	T246～T249（0.001～32.767s） 4 点	
	100ms（积算型）	T250～T255（0.1～3276.7s） 6 点	
	模拟定时器（内附）	1 点①	
计数器	加计数 通用	C0～C99①（0～32767）（16 位） 100 点	
	加计数 锁存用	C100～C199②（0～32767）（16 位） 100 点	
	加/减计数用 通用	C200～C219①（32 位） 20 点	
	加/减计数用 锁存用	C220～C234②（32 位） 15 点	
	高速用	C235～C255 中有：1 相 60kHz 2 点，10kHz 4 点，或 2 相 30kHz 1 点，5kHz 1 点	
数据寄存器	通用	D0～D199①（16 位） 200 点	
	锁存用	D200～D511②（16 位） 312 点，D512～D7999③（16 位）7488 点	
	特殊用	D8000～D8195（16 位）196 点	
	变址用	V0～V7，Z0～Z7（16 位） 16 点	
	文件寄存器	通用寄存器的 D1000③ 以后可每 500 点为单位设定文件寄存器（MAX7000 点）	
指针	跳转、调用	P0～P127 128 点	
	输入中断、定时器中断	I0 口～I8 口 9 点	
	计数器中断	I010～I060 6 点	
	嵌套（主控）	N0～N7 8 点	

续表

运算控制方式		存储程序，反复运算（专用 LSI），中断命令
常数	十进制 K	16 位：−32768～32767； 32 位：−2147483648～2147483647
	十六进制 H	16 位：0～FFFF（H） 32 位：0～FFFFFFFF（H）
SFC 程序		○
注释输入		○
内附 RUN/STOP 开关		○
模拟定时器		FX2N-8AV-BD（选择）安装时 8 点
程序 RUN 中写入		○
时钟功能		○（内藏）
输入滤波器调整		X000～X017 0～60ms 可变 FX2N-16M X000～X007
恒定扫描		○
采样跟踪		○
关键字登录		○
报警信号器		○
脉冲列输出		20kHz/DC 5V 或 10kHz/DCl2～24V 1 点

注：① 表示非后备锂电池保持区，通过参数设置，可改为后备锂电池保持区；② 表示后备锂电池保持区，通过参数设置，可改为非后备锂电池保持区；③ 表示后备锂电池固定保持区固定，该区域特性不可改变。

2. I/O 继电器

输入继电器（X）是 PLC 接收外部输入的开关量信号的窗口。PLC 将外部信号的状态读入并存储在输入映像寄存器内，即输入继电器中。外部输入电路接通时，对应的映像寄存器为 ON（1 状态）。既然是继电器，我们自然会想到硬继电器的触点和线圈。在 PLC 中，继电器实际上不是真正的继电器，而是一个"命名"而已，但它也用线圈和触点表示，这些线圈和触点可以理解为软线圈和软触点，在梯形图中可以无次数限制使用。如图 3-1 所示，当外部输入电路接通时，对应的映像寄存器为 1 状态，表示该输入继电器的常开触点闭合，常闭触点断开。输入继电器的状态唯一地取决于外部输入信号，不可能受用户程序的控制，因此在梯形图中绝对不能出现输入继电器线圈。输出继电器（Y）是 PLC 向外部负载发送信号的窗口。输出继电器用来将 PLC 的输出信号传送给输出模块，再由后者驱动外部负载。

FX 系列 PLC 的输入继电器和输出继电器的元件用字母和八进制数表示，输入继电器、输出继电器的编号与接线端子的编号一致。表 3-2 给出了 FX3U 系列 PLC 的输入继电器和输出继电器元件号（也称元件编号）。

表 3-2 FX3U 系列 PLC 的输入继电器和输出继电器元件号

形式	型号						
	FX3U-16M	FX3U-32M	FX3U-48M	FX3U-64M	FX3U-80M	FX3U-128M	扩展时
输入继电器	X000～X007 8 点	X000～X017 16 点	X000～X027 24 点	X000～X037 32 点	X000～X047 40 点	X000～X077 64 点	X000～X367 248 点
输出继电器	Y000～Y007 8 点	Y000～Y017 16 点	Y000～Y027 24 点	Y000～Y037 32 点	Y000～Y047 40 点	Y000～Y077 64 点	Y000～Y367 248 点

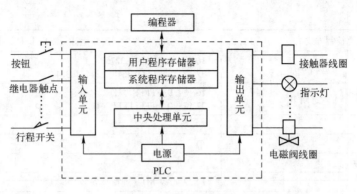

图 3-1 I/O 端子说明

3. 辅助继电器

PLC 内部有很多辅助继电器（M）。辅助继电器和 PLC 外部无任何直接联系，它的线圈只能由 PLC 内部程序控制。它的常开和常闭两种触点只能在 PLC 内部编程时使用，且可以无限次自由使用，但不能直接驱动外部负载。外部负载只能由输出继电器触点驱动。FX 系列 PLC 的辅助继电器有通用辅助继电器、断电保持辅助继电器和特殊辅助继电器三种。

在 FX 系列 PLC 中，除了输入继电器和输出继电器的元件号采用八进制数外，其他编程元件的元件号均采用十进制数。下面以 FX3U 系列为例介绍辅助继电器的种类。

1）通用辅助继电器 FX3U 系列 PLC 的通用辅助继电器的元件号为 M0 ～ M499，共 500 点。如果 PLC 运行时电源突然中断，输出继电器和 M0 ～ M499 将全部变为 OFF。若电源再次接通，除了因外部输入信号而变为 ON 的以外，其余的仍保持 OFF 状态。

2）断电保持辅助继电器 FX3U 系列 PLC 的断电保持辅助继电器的元件号为 M500 ～ M7679。FX3U 系列 PLC 在运行中若发生断电，输出继电器和通用辅助继电器全部成为断开状态，上电后，这些状态不能恢复。某些控制系统要求记忆电源中断瞬时的状态，重新通电后再现其状态，M500 ～ M3071 可以用于这种场合。

3）特殊辅助继电器 FX3U 系列 PLC 内有 512 个特殊辅助继电器，元件号为 M8000 ～ M8511，它们用来表示 PLC 的某些状态，提供时钟脉冲和标志（如进位、借位标志等），设定 PLC 的运行方式，或者用于步进顺控、禁止中断、设定计数器的计数方式等。特殊辅助继电器通常分为两大类。

（1）只能利用其触点的特殊辅助继电器：此类辅助继电器的线圈由 PLC 的系统程序来驱动。在用户程序中可直接使用其触点的有 M8000、M8002、M8005 等。

☺ M8000：运行监视。当 PLC 执行用户程序时，M8000 为 ON；停止执行时，M8000 为 OFF。

☺ M8002：初始化脉冲。仅在 PLC 运行开始瞬间接通一个扫描周期。M8002 的常开触点常用于某些元件的复位和清零，也可作为启动条件。

☺ M8005：锂电池电压降低。锂电池电压下降至规定值时变为 ON，可以用它的触点驱动输出继电器和外部指示灯，提醒工作人员更换锂电池。

说明 M8011 ～ M8014 分别是 1ms、100ms、1s 和 1min 时钟脉冲。

（2）线圈驱动型特殊辅助继电器：这类辅助继电器由用户程序驱动其线圈，使 PLC 执行特定的操作，如 M8033、M8034、M8039 等。

☺ M8033 的线圈通电时，PLC 由 RUN 进入 STOP 状态后，映像寄存器与数据寄存器的内容保持不变。

☺ M8034 的线圈通电时，全部输出被禁止。

☺ M8039 的线圈通电时，PLC 以 D8039 中指定的扫描时间工作。

其余的特殊辅助继电器的功能在这里就不一一列举了，读者可查阅 FX3U 系列 PLC 的用户手册。

4. 状态继电器

状态继电器（S）是用于编制顺序控制程序的一种编程元件，它与后述的步进顺控指令配合使用。通常，状态继电器有下面几种类型。

☺ 初始状态继电器 S0 ～ S9，共 10 点。

☺ 回零状态继电器 S10 ～ S19，共 10 点，供返回原点用。

☺ 通用状态继电器 S20 ～ S499，共 480 点。没有断电保持功能，但是用程序可以将它们设定为有断电保持功能状态。

☺ 断电保持状态继电器 S500 ～ S899，共 400 点。

☺ 报警用状态继电器 S900 ～ S999，共 100 点。

☺ 保持用 S1000 ～ S4095，共 3096 点。

不用步进顺控指令时，状态继电器可以作为辅助继电器使用。供报警用的状态继电器，可用于外部故障诊断的输出。

5. 定时器

PLC 中的定时器（T）相当于继电器接触器控制系统中的时间继电器。FX3U 系列 PLC 给用户提供最多 512 个定时器，其元件号为 T0 ～ T511。其中，常规定时器 246 个，积算定时器 10 个，1ms 定时器 256 个。每个定时器有一个设定定时时间的设定值寄存器（一个字长）、一个对标准时钟脉冲进行计数的计数器（一个字长）、一个用来存储其输出触点状态的映像寄存器（位寄存器）。这 3 个存储单元使用同一个元件号。设定值可以用常数 K 进行设定，也可以用数据寄存器（D）的内容来设定。例如，外部数字开关输入的数据可以存入数据寄存器作为定时器的设定值。FX 系列 PLC 内的定时器根据时钟累积计时，时钟脉冲分为 1ms、10ms、100ms 三种，当所计时间达到设定值时，输出触点动作。

1）常规定时器　常规定时器的元件号为 T0 ～ T245。T0 ～ T199 为 100 ms 定时器，共 200 点，定时时间范围为 0.1 ～ 3276.7s，其中 T192 ～ T199 为子程序中断服务程序专用的定时器；T200 ～ T245 为 10ms 定时器，共 46 点，定时范围为 0.01 ～ 327.67s。

【实例 3-1】常规定时器应用实例

图 3-2 所示的是常规定时器的工作原理图。当驱动输入 X000 接通时，定时器 T10 的当前值计数器对 100ms 的时钟脉冲进行累积计数，当该值与设定值 K123 相等时，定时器的输出触点就接通，即输出触点是其线圈被驱动后的 0.1s×123 = 12.3s 时动作。若 X000 的常开触点断开后，定时器 T10 被复位，它的常开触点断开，常闭触点接通，当前值计数器恢复为 0。

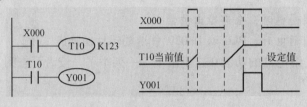

图 3-2 常规定时器的工作原理

常规定时器没有保持功能，在输入电路断开或停电时复位（清零）。

2）**积算定时器** 积算定时器的元件号为 T246 ～ T255。积算定时器有两种：一种是 T246 ～ T249（共 4 点）为 1ms 积算定时器，定时范围为 0.001 ～ 32.767s；另一种是 T250 ～ T255（共 6 点）为 100ms 积算定时器，定时范围为 0.1 ～ 3276.7s。

【实例 3-2】积算定时器应用实例

图 3-3 所示的是积算定时器工作原理。当定时器的驱动输入 X001 接通时，T250 的当前值计数器开始累积 100ms 的时钟脉冲的个数，当该值与设定值 K345 相等时，定时器的输出触点就接通。当输入 X001 断开或系统停电时，当前值可保持，输入 X001 再接通或复电时，计数在原有值的基础上继续进行。当累积时间为 $t_1 + t_2 = 0.1s×345 = 34.5s$ 时，输出触点动作。当输入 X002 接通时，计数器复位，输出触点也复位。

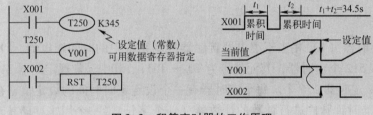

图 3-3 积算定时器的工作原理

由以上定时器的工作过程可知，定时器属于通电延时型。如果要完成断电延时的控制功能，可利用它的常闭触点进行控制，如图 3-4 所示。若输入 X001 接通，Y000 的线圈通电产生输出，并通过 Y000 的触点自锁。当 X001 断开时，Y000 的线圈不立即停止输出，而是经过 T5 延时 20s 后停止输出。

6. 计数器

1）**16 位加计数器** 16 位加计数器有 200 点，元件号为 C0 ～ C199。其中，C0 ～ C99 为通用型，C100 ～ C199 为断电保持型。设定值为 1 ～ 32767。

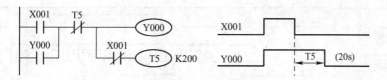

图 3-4　断电延时控制

【实例 3-3】16 位加计数器应用实例

图 3-5 所示的是 16 位加计数器的工作原理。X010 的常开触点接通后，C0 被复位，它对应的位存储单元的内容被置为 0，它的常开触点断开，常闭触点接通，同时计数器的当前值被置为 0。X011 用来提供计数输入信号，当计数器的复位输入电路断开，计数输入上升沿到来时，计数器的当前值加 1，在 10 个计数脉冲之后，C0 的当前值等于设定值 10，它对应的位存储单元的内容被置 1，其常开触点接通，常闭触点断开。再来计数脉冲时，当前值不变，直到复位信号到来，计数器被复位，当前值被置为 0。除了可由常数 K 来设定计数器的设定值外，还可以通过指定数据寄存器来设定，这时设定值等于指定的数据寄存器中的数据。

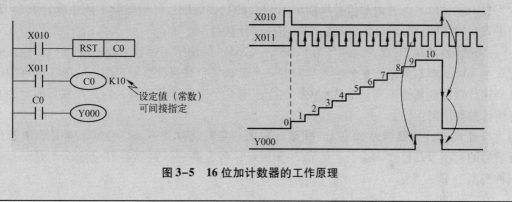

图 3-5　16 位加计数器的工作原理

2）32 位加/减计数器　32 位加/减计数器共有 35 点，元件号为 C200 ～ C234。其中，C200 ～ C219 为通用型，C220 ～ C234 为断电保持型。它们的设定值为 −2147483648 ～ 2147483647，可由常数 K 设定，也可以通过指定数据寄存器来设定。32 位设定值存放在元件号相连的两个数据寄存器中。如果指定的寄存器为 D0，则设定值存放在 D1 和 D0 中。

32 位加/减计数器 C200 ～ C234 的加/减计数方式由特殊辅助继电器 M8200 ～ M8234 设定。特殊辅助继电器为 ON 时，对应的计数器为减计数；反之，为加计数。

【实例 3-4】32 位加/减计数器应用实例

图 3-6 所示的是 32 位加/减计数器的工作原理。C200 的设定值为 −5，当输入 X012 断开时，M8200 的线圈断开，对应的计数器 C200 进行加计数。当当前值 ≥ −5 时，计数器的输出触点为 ON。当输入 X012 接通时，M8200 的线圈通电，对应的计数器 C200 进行减计数。当当前值 < −5 时，计数器的输出触点为 OFF。复位输入 X013 的常开触点接通时，C200 被复位，其常开触点断开，常闭触点接通。

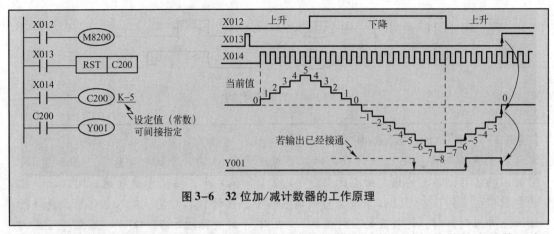

图 3-6 32 位加/减计数器的工作原理

如果使用断电保持计数器，在电源中断时，计数器停止计数，并保持计数当前值不变，电源再次接通后，计数器在当前值的基础上继续计数。因此，断电保持计数器可累积计数。在复位信号到来时，断电保持计数器的当前值被置 0。

3）高速计数器 内部计数器是对 PLC 的内部信号 X、Y、M、S、T 等计数，其响应速度为数十赫兹以下。若内部信号周期小于 PLC 的扫描周期，计数器就不能正确计数。因此，对于频率较高的信号的计数，我们应采用高速计数器。

高速计数器共 21 点，元件号为 C235～C255。但用于高速计数器输入的 PLC 输入端只有 6 点 X0～X5。如果这 6 个输入端中的一个已被某个高速计数器占用，它就不能再用于其他高速计数器或其他用途。也就是说，由于只有 6 个高速计数器输入端，最多只能允许 6 个高速计数器同时工作。

21 个高速计数器均为 32 位加/减型计数器。它的选择并不是任意的，而是取决于所需计数器的类型及高速输入端子。如表 3-3 所示，各个高速计数器有对应的输入端子，分为四种类型。

表 3-3 FX3U 系列 PLC 高速计数器表

输出		X0	X1	X2	X3	X4	X5	X6	X7
1 相无启动/复位端子	C235	U/D							
	C236		U/D						
	C237			U/D					
	C238				U/D				
	C239					U/D			
	C240						U/D		
1 相带启动/复位端子	C241	U/D	R						
	C242			U/D	R				
	C243					U/D	R		
	C244	U/D	R					S	
	C245			U/D	R				S

续表

输出		X0	X1	X2	X3	X4	X5	X6	X7
1 相 2 输入双向	C246	U/D	D						
	C247	U	D	R					
	C248				U	D	R		
	C249	U	D	R				S	
	C250				U	D	R		S
2 相输入（A – B 相型）	C251	A	B						
	C252	A	B	R					
	C253				A	B	R		
	C254	A	B	R				S	
	C255				A	B	R		S

注：U—加计数输入；D—减计数输入；A—A 相输入；B—B 相输入；R—复位输入；S—启动输入。

☺ 1 相无启动/复位端子高速计数器 C235 ～ C240。

☺ 1 相带启动/复位端子高速计数器 C241 ～ C245。

☺ 1 相 2 输入双向高速计数器 C246 ～ C250。

☺ 2 相输入（A-B 相型）高速计数器 C251 ～ C255。

在高速计数器的输入中，单相输入最高计数频率能够达到 100kHz。不同类型的计数器可以同时使用，但它们的输入不能共用。例如，C251、C235、C236、C241、C244、C246、C247、C249、C252、C254 等就不能同时使用，因为这些高速计数器都要使用输入端 X0、X1。

高速计数器是按中断原则运行的，因而它独立于扫描周期，选定计数器的线圈应以连续方式驱动，以表示这个计数器及其有关输入连续有效，其他高速处理不能再用其输入端子。

【实例 3-5】单相高速计数器的使用实例

如图 3-7 所示，C235 在 X012 为 ON 时，对输入 X000 的接通、断开状态进行计数，如果 X011 为 ON，执行 RST（复位）指令。动作波形图如图 3-8 所示。

利用计数输入 X000，通过中断，C235 进行加计数或减计数。计数器的当前值由 –6 变化为 –5 时，输出触点被置位。计数器的当前值由 –5 变化为 –6 时，输出触点被复位。虽然当前值的加减与输出触点的动作无关，但是如果由 2147483647 加计数则变成 –2147483648，同理，如果由 –2147483648 减计数则变成 2147483647（又称为环形计数）。如果复位输入 X011 为 ON，则在执行 RST（复位）指令时，计数器的当前值为 0，输出触点复位。在供停电保持用的高速计数器中，即使断开电源，计数器的当前值、输出触点动作、复位状态也被停电保持。

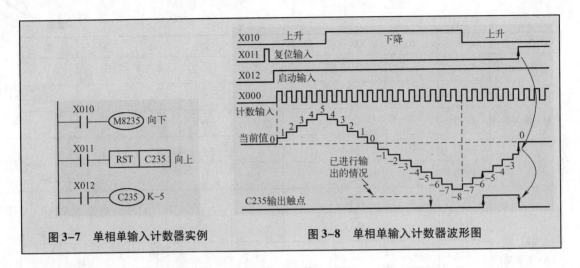

图 3-7　单相单输入计数器实例　　　　图 3-8　单相单输入计数器波形图

7. 数据寄存器

在一个复杂的 PLC 控制系统中需要大量的工作参数和数据，这些参数和数据存储在数据寄存器（D）中。FX3U 系列 PLC 的数据寄存器的长度为双字节（16 位）。也可以通过两个数据寄存器的组合构建一个四字节（32 位）的数据。

1）**通用数据寄存器**　通道分配 D0 ～ D199，共 200 点。只要不写入其他数据，已写入的数据不会变化。但是，由 RUN 进入 STOP 时全部数据均清零。若特殊辅助继电器 M8033 已被驱动，则数据不被清零。

2）**断电保持数据寄存器**　通道分配 D200 ～ D511，共 312 点，或 D200 ～ D999，共 800 点（由机器的具体型号定）。基本上与通用数据寄存器等同。除非改写，否则原有数据不会丢失，不论电源接通与否，PLC 运行与否，其内容也不变化。然而在两台 PLC 作点对的通信时，D490 ～ D509 被用作通信操作。

3）**文件寄存器**　通道分配 D1000 ～ D2999，共 2000 点。文件寄存器是在用户程序存储器（RAM、EEPROM、EPROM）内的一个存储区，以 500 点为一个单位，最多可在参数设置时到 2000 点。用外部设备口进行写入操作。在 PLC 运行时，可用 BMOV 指令读到通用数据寄存器中，但是不能用指令将数据写入文件寄存器。用 BMOV 指令将数据写入 RAM 后，再从 RAM 中读出。将数据写入 EEPROM 盒时，需要花费一定的时间，务必请注意。

4）**RAM 文件寄存器**　通道分配 D6000 ～ D7999，共 2000 点。驱动特殊辅助继电器 M8074，由于采用扫描被禁止，上述的数据寄存器可作为文件寄存器处理，用 BMOV 指令传送数据（写入或读出）。

5）**特殊用寄存器**　通道分配 D8000 ～ D8511，共 512 点。这是写入特定目的的数据或已经写入数据寄存器，其内容在电源接通时，写入初始化值（一般先清零，然后由系统 ROM 来写入）。

8. 指针

指针包括分支用指针（P）和中断用指针（I）。

1）**分支用指针**　分支用指针为 P0 ～ P4095，共 4096 点。P0 ～ P127 用来指示条件跳转（CJ）指令的跳转目标和子程序调用（CALL）指令调用的子程序的入口地址。例如，在图 3-9（a）中，X001 的常开触点接通时，执行条件跳转指令 CJ P0，跳转到标号 P0 处，执行从标号 P0 开始的程序；在图 3-9（b）中，X001 的常开触点接通时，执行子程序调用指令 CALL P1，跳转到标号 P1 处，执行从标号 P1 开始的子程序，当执行到子程序中的 SRET（子程序返回）指令时返回主程序，从 CALL P1 下面一条指令开始执行。

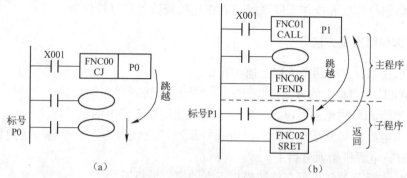

图 3-9　分支用指针说明

2）中断用指针 中断用指针（也称中断指针）用来指明某一中断源的中断程序（也称中断子程序、中断服务程序、中断服务子程序）入口标号。当中断发生时，CPU 从标号开始的中断程序执行，当执行到 IRET（中断返回）指令时返回主程序。FX3U 系列 PLC 的中断源有 6 个输入中断、3 个定时器中断、6 个计数器中断。

☺ 输入中断用：接收来自特定编号的输入信号，而不受 PLC 的扫描周期的影响，触发该输入信号，执行中断子程序。通过输入中断可处理比扫描周期更短的信号，因而可以在顺控过程中作为必要的优先处理或者在短时脉冲处理控制中使用。

☺ 定时器中断用：在指定的中断循环时间（10～99ms）执行中断子程序，在需要有别于 PLC 的运算周期的循环处理控制中使用。

☺ 计数器中断用：根据 PLC 内置的高速计数器的比较结果，执行中断子程序，用于利用高速计数器优先处理计数结果的控制。

3.3 实践拓展：如何维护保养 PLC

下面简单介绍一些 PLC 的维护保养知识。

1. 设备定期检查、测试、调整的规定

（1）每半年或每季度检查 PLC 柜中接线端子的连接情况，发现松动的地方应及时重新牢固连接。

（2）对柜中给主机供电的电源每月重新测量工作电压。

2. 设备定期清扫的规定

（1）每 6 个月对 PLC 进行清扫。切断给 PLC 供电的电源，把电源机架、CPU 主板及 I/O 板依次拆下，进行吹扫、清扫后再依次原位安装好，将全部连接恢复后送电并启动 PLC 主机。

（2）每 3 个月更换电源机架下方过滤网。

3. 检修前准备、检修规程

（1）检修前准备好工具。

（2）为保证元器件的功能不出故障及模板不损坏，必须采用保护装置及认真做好防静电准备工作。

（3）检修前与调度和操作工联系好，需在挂检修牌处挂好检修牌。

4. 设备拆装顺序及方法

（1）停机检修，必须两个人以上监护操作。

（2）把 CPU 前面板上的方式选择开关从"运行"转到"停"位置。

（3）关闭给 PLC 供电的总电源，然后关闭其他给模板供电的电源。

（4）把与电源机架相连的电源线记清线号及连接位置后拆下，然后拆下电源机架与机柜相连的螺钉，电源机架就可拆下。

（5）CPU 主板及 I/O 板可在旋转模板下方的螺钉后拆下。

（6）安装时以相反顺序进行。

5. 检修工艺及技术要求

（1）测量电压时，要用数字电压表或精度为 1% 的万能表测量。

（2）电源机架、CPU 主板都只能在主电源切断时取下。

（3）在 RAM 模块从 CPU 取下或插入 CPU 之前，要断开 PLC 的电源，这样才能保证数据不混乱。

（4）在取下 RAM 模块之前，检查一下模块电池是否正常工作，当电池故障灯亮时取下 RAM 模块，里面的内容将丢失。

（5）取下 I/O 板前也应先关掉总电源，但当生产需要时，I/O 板也可在 PLC 运行时取下，但 CPU 主板上的 QVZ（超时）灯亮。

（6）拔/插模板时，要格外小心，轻拿轻放，并远离产生静电的物品。

（7）更换元器件不得带电操作。

（8）检修后模板安装一定要安插到位。

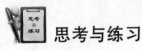 **思考与练习**

（1）说明 FX3U 系列 PLC 的主要编程元件和它们的元件号。

（2）简述输入继电器、输出继电器、定时器及计数器的用途。

（3）定时器和计数器各有哪些使用要素？如果梯形图线圈前的触点是工作条件，定时器和计数器工作条件有什么不同？

第4章 三菱 FX 系列 PLC 基本指令系统

三菱 FX 系列 PLC 内部有 CPU、存储器、I/O 单元等硬件资源，这些硬件资源在其系统软件的支持下，有很强的功能。对某一特定的控制对象，若用 PLC 进行控制，必须编写相应的控制程序。不同厂家甚至同一厂家的不同型号 PLC 的编程语言指令的数量和种类都不一样。FX2N 系列 PLC 有 27 条基本指令、2 条步进指令、128 种（298 条）应用指令。

4.1 数值的处理

FX 系列 PLC 根据用途和型号的不同，使用如下几种类型的数据。

1）十进制数（Decimal Number，DEC） 十进制数的使用情况如下所述。

☺ 定时器和计数器的数值设定。

☺ 辅助继电器（M）、定时器（T）、计数器（C）、状态继电器（S）等元件编号（软元件）。

☺ 指定应用指令的操作数的数值和指令动作（K 常数）。

2）十六进制数（Hexadecimal Number，HEX） 同十进制数一样，用于指定应用指令的操作数的数值和指令动作（K 常数）。

3）二进制数（Binary Number，BIN） 虽然十进制数或十六进制数常用于对定时器、计数器或数据寄存器进行数值指定，但在 PLC 的内部，这些数据仍然是以二进制数进行处理的，而且在外围设备进行监控时，这些软元件将变为十进制数，如图 4-1 所示。

4）八进制数（Octal Number，OCT） FX 系列 PLC 的输入继电器、输出继电器的软元件的编号采用八进制数进行分配，因此可进行 0 ~ 7、10 ~ 17、70 ~ 77、100 ~ 107 的进位，不存在 8、9。

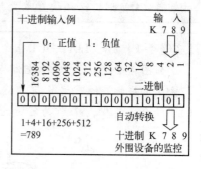

图 4-1 外围设备监控数据说明

5）BCD 码（Binary Code Decimal，BCD） BCD 码是以 4 位二进制数表示十进制数各位 0 ~ 9 数值的方法，各位很容易处理，因此可用 BCD 码表示数字式开关或七段码的显示控制。

6）其他数值（浮点型） FX2N 系列 PLC 可以进行高精度的浮点数据运算。用二进制浮点数进行数据运算，用十进制浮点数进行监控。

PLC 的程序进行数据处理时，必须使用常数 K（十进制数）或常数 H（十六进制数）（但是 I/O 继电器的编号为八进制数），其功能和作用如下所述。

☺ 常数 K：K 是表示十进制数的符号，主要用于指定定时器和计数器的设定值，或应用指令的操作数的数值。

☺ 常数 H：H 是十六进制数的表示符号，主要用于指定应用指令的操作数的数值。而且在编程用外围设备上进行指令数据的相关操作时，十进制数加 K 输入，十六进制数加 H 输入，如 K100、H64。

4.2　基本逻辑指令

基本逻辑指令主要包括触点的与、或、非运算指令，以及电路块的与、或等操作指令。

1. 逻辑取及输出线圈指令

LD、LDI、OUT 指令为 PLC 使用频率最高的指令，分别用于触点逻辑运算、逻辑取反运算开始及线圈驱动，如表 4-1 所示。

表 4-1　LD、LDI、OUT 指令助记符及功能表

助记符、名称	功能	可用软元件	程序步长
LD　取	触点逻辑运算开始	X、Y、M、S、T、C	1 步
LDI　取反	触点逻辑取反运算开始	X、Y、M、S、T、C	1 步
OUT　输出	线圈驱动	Y、M、S、T、C	Y、M：1 步　S、M：2 步　T：3 步　C：3～5 步

> 说明　LD 指令为取指令，表示一个与输入母线相连接的常开触点指令。LDI 指令为取反指令，表示一个与输入母线相连接的常闭触点指令。OUT 指令为线圈驱动指令也称输出指令，操作目标元件不能是输入继电器（X）。OUT 指令的操作元件是定时器（T）和计数器（C）时，必须设置常数 K。

【实例 4-1】LD、LDI、OUT 指令应用实例

如图 4-2 所示，X000 作为与输入母线相连的常开触点，采用 LD 指令；X001 作为与输入母线相连的常闭触点，采用 LDI 指令；Y000、M100、Y001 均为输出线圈，采用 OUT 指令。其中，T0 作为定时器，设定定时时长时，参考表 4-2。

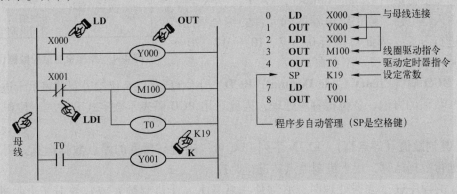

图 4-2　LD、LDI、OUT 指令应用实例

表4-2　定时器/计数器设定值范围及步长

定时器/计数器	K 的设定范围	实际的设定值	程序步长
1ms 定时器		0.001～32.767s	
10ms 定时器	1～32767	0.01～327.67s	3 步
100ms 定时器		0.1～3276.7s	
16 位计数器		1～32767	
32 位计数器	−2147483648～2147483647	同左	5 步

2. 触点串联指令

AND、ANI 指令为分别为常开、常闭触点串联指令，用于处理触点串联关系，如表4-3所示。

表4-3　AND、ANI 指令助记符及功能表

助记符、名称	功能	可用软元件	程序步长
AND　与	触点串联开始	X、Y、M、S、T、C	1 步
ANI　与非	触点串联反连接	X、Y、M、S、T、C	1 步

 AND（与）指令用于常开触点的串联。ANI（与非）指令用于常闭触点的串联。

【实例4-2】 AND、ANI 指令应用实例

如图4-3所示，常开触点 X002、X000 为串联关系，故采用 AND 指令；触点 Y003 与触点 X003 之间也为串联关系，因为 X003 为常闭触点，故采用 ANI 指令。在 OUT M101 后，通过触点 T1 可以驱动 OUT Y004，如果这样的连接输出顺序不错，可以多次重复使用。但是由于受图形编程器和打印机页面限制，应尽量做到一行不要超过 10 个触点和 1 个线圈，行数不要超过 24 行。

如图4-4所示，转换输出顺序后，不能再使用连续输出，而必须采用堆栈操作。

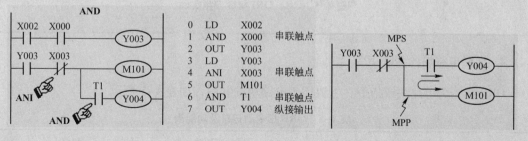

图4-3　AND、ANI 指令应用实例　　　　图4-4　不能使用连续输出说明

3. 触点并联指令

OR、ORI 指令为分别为常开、常闭触点并联指令，用于处理触点并联关系，如表 4-4 所示。

表 4-4　OR、ORI 指令助记符及功能表

助记符、名称	功能	可用软元件	程序步长
OR　或	触点并联开始	X、Y、M、S、T、C	1 步
ORI　或非	触点并联反连接	X、Y、M、S、T、C	1 步

 说明 OR（或）指令用于常开触点的并联。ORI（或非）指令用于常闭触点的并联。

【实例 4-3】 OR、ORI 指令应用实例

如图 4-5 所示，X004、X006、M102 之间为并联关系，X006 为常开触点，所以采用 OR 指令，M102 为常闭触点，所以采用 ORI 指令。OR、ORI 指令一般跟在 LD、LDI 指令后面，如果这样的连接输出顺序不错，并联次数没有限制，但是由于受图形编程器和打印机页面限制，应尽量做到行数不要超过 24 行。

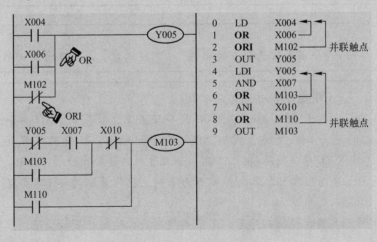

图 4-5　OR、ORI 指令应用实例

4. 串联电路块的并联指令

ORB 指令为电路块或指令，主要用于电路块的并联，如表 4-5 所示。

表 4-5　ORB 指令助记符及功能表

助记符、名称	功能	可用软元件	程序步长
ORB　电路块或	串联电路块的并联	无	1 步

两个以上串联连接的电路称为串联电路块，串联电路块并联时，每一个分支作为独立程序段的开始必须要用 LD 或 LDI 指令。如果电路之中并联支路较多，集中使用 ORB 指令时，需注意电路块并联支路数必须小于 8。

【实例 4-4】 ORB 指令应用实例

图 4-6（a）中有 3 个并联支路，对于这种梯形图，PLC 提供了两种编程方法。第一种编程方法如图 4-6（b）所示，先对前面两个分支进行编程，然后"块或"（ORB）产生结果，再编写第 3 个分支程序，再与前面的结果相"块或"产生结果（采用这种编程方法时，ORB 指令的使用次数没有限制）。第二种编程方法如图 4-6（c）所示，先编写每个分支程序，然后再连续使用 ORB 指令。建议使用第一种方法。由于受到操作器长度的限制，使用 LD、LDI 指令时，其个数应限制在 8 个以下，因此 ORB 指令连续使用的个数限制在 8 个以下。

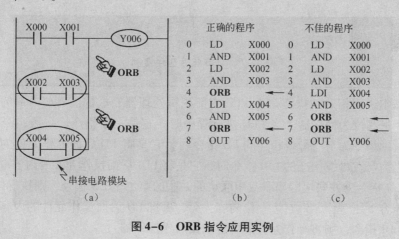

图 4-6　ORB 指令应用实例

5. 并联电路块的串联指令

ANB 指令为电路块与指令，主要用于电路块的串联，如表 4-6 所示。

表 4-6　ANB 指令助记符及功能表

助记符、名称	功能	可用软元件	程序步长
ANB　电路块与	并联电路块的串联	无	1 步

两个以上并联连接的电路称为并联电路块，并联电路块串联时，每一个分支作为独立程序段的开始必须要用 LD、LDI 指令。如果电路之中串联支路较多，集中使用 ANB 指令时，需注意电路块串联支路数必须小于 8。

【实例4-5】ANB 指令应用实例

当一个梯形图的控制线路由若干个先并联、后串联的触点组成时，可以将每组并联看成一个块，如图4-7所示，先写完每一个程序分支，然后再使用 ANB 指令。同 ORB 指令一样，ANB 指令个数也应在8个以下。

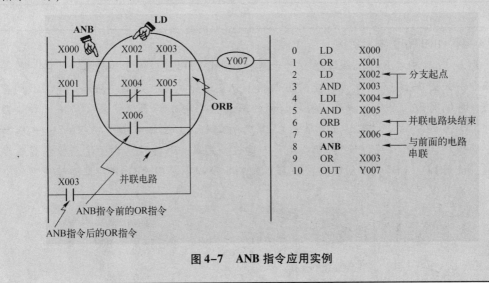

图 4-7　ANB 指令应用实例

PLC 的基本逻辑指令的操作是由 PLC 内部逻辑处理器完成的。PLC 内部的逻辑处理器一般为8位，最高位为操作器。当 PLC 执行程序时，它是一条指令、一条指令逐行扫描执行的。当执行的指令为与左母线相连的 LD 指令时，它是将 LD 后面操作元件的内容取出来送操作器。当为与左母线相连的 LDI 指令时，它是将 LDI 后面操作元件的内容取出来取反送操作器。若 LD 指令为并联块的串联或串联块的并联的第二个 LD 指令，则执行该 LD 指令是将操作器的内容下压一位，最右边一位内容丢弃，再将 LD 后面操作元件的内容取出来送操作器。若为 LDI 指令，则将操作元件的内容取反后送操作器。

当 PLC 执行 AND 或 ANI 指令时，它是将 AND 操作元件的内容取出来与操作器的内容相"与"，其结果送操作器；或将 ANI 操作元件的内容取出来取反后与操作器的内容相"与"，其结果送操作器。

当 PLC 执行 OR 或 ORI 指令时，它是将 OR 操作元件的内容取出来与操作器的内容相"或"，其结果送操作器；或将 ORI 操作元件的内容取出来取反后与操作器的内容相"或"，其结果送操作器。

当 PLC 执行 ANB 或 ORB 指令时，它是将操作器的内容与下一位的内容相"与"或相"或"，其结果送操作器，同时操作器的内容不变，逻辑处理器的其他各位向左移一位。

当 PLC 执行 OUT 指令时，它是将操作器的内容送到 OUT 操作元件中。

4.3　基本控制指令

基本控制指令包括多重输出指令、主控指令、置位和复位指令、定时器和计数器指令、脉冲指令、脉冲输出指令、取反指令、空操作指令、程序结束指令等。

1. 多重输出指令

MPS、MRD、MPP 指令为多重输出指令，借用堆栈的形式处理一些特殊程序，如表 4-7 所示。

表 4-7　MPS、MRD、MPP 指令助记符及功能表

助记符、名称	功能	可用软元件	程序步长
MPS　进栈	进栈		1 步
MRD　读栈	读栈	无	1 步
MPP　出栈	出栈		1 步

MPS 指令为进栈指令，将运算结果（或数据）压入栈存储器。MRD 指令为读栈指令，将栈的第一层数据读出来。MPP 指令为出栈指令，将栈的第一层数据读出来，同时将栈的第一层数据弹出来。

这组指令用于多重输出电路，无操作数。有时候在编程时，需要将某些触点的中间结果存储起来，那么可以采用这 3 条指令。如图 4-8 所示，可以将 X004 之后的状态暂存起来。对于中间结果的存储，PLC 已提供了栈存储器，FX2N 系列 PLC 提供了 11 个栈存储器。当使用 MPS 指令时，将现时的运算结果（或数据）压入栈的第一层，栈中原来的数据依次向下推一层；当使用 MRD 指令时，栈内的数据不发生移动，而是将栈的第一层数据读出来；当使用 MPP 指令时，是将栈的第一层数据读出来，同时该数据就从栈中消失，因此称为出栈或弹栈。编程时，MPS 与 MPP 必须成对出现使用，且连续使用次数应该少于 11 次。

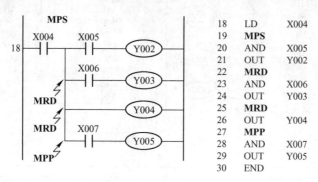

图 4-8　堆栈示意图

下面介绍 MPS、MRD、MPP 指令的应用实例。

【实例 4-6】1 层堆栈电路实例

从图 4-9 可以看到，X000 的状态通过 MPS 指令被暂存在堆栈中，然后在 X003 和 X005 前面需要使用时，通过 MRD 指令将堆栈状态读出，最后在 X007 使用前，堆栈内容不再保存，采用了 MPP 指令。

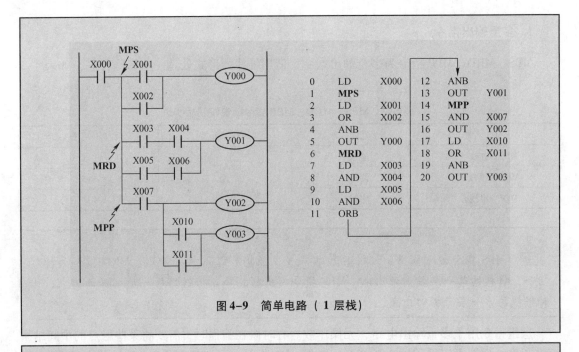

图4-9　简单电路（1 层栈）

【实例4-7】2 层栈多重输出电路实例

在图4-10中，我们可以看到 X000、X001、X004 的状态都需要暂存，而且 X001、X004 被嵌套在 X000 的内部，形成了2 层栈电路。

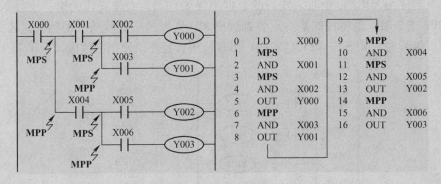

图4-10　2 层栈电路

【实例4-8】4 层栈多重输出电路实例

图4-11 所示为一个 4 层栈电路。电路功能虽然并不复杂，但由于设计不合理，出现了多层栈嵌套的现象，导致程序较长，影响执行效率。如果将如图4-11 所示的梯形图改成如图4-12 所示的梯形图，则编程就不必使用 MPS、MPP 指令了。

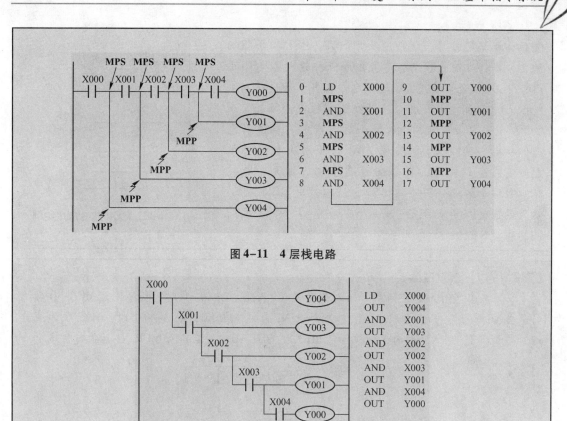

图 4-11   4 层栈电路

图 4-12   4 层栈优化电路

2. 主控指令

在实际 PLC 控制中，经常能够碰到多个触点由同一个触点控制的情况，我们称之为主控触点。MC、MCR 指令为主控指令，使用主控指令可以简化电路，如表 4-8 所示。

表 4-8   MC、MCR 指令助记符及功能表

助记符、名称	功能	可用软元件	程序步长
MC 主控起点	主控电路块起点	除特殊辅助继电器以外的 M	3 步
MCR 主控复位	主控电路块终点		2 步

说明 MC 指令为主控起点指令。MCR 指令为主控复位指令。主控指令的操作元件为 M，但不能使用特殊辅助继电器。

【实例 4-9】 MC、MCR 指令应用实例

在图 4-13 中，X0 接通时，执行 MC 指令与 MCR 指令之间的指令；当 X0 断开时，不执行 MC 指令与 MCR 指令之间的指令，但非积算定时器和用 OUT 指令驱动的元件均

复位，积算定时器、计数器及用 SET、RST 指令驱动的元件保持当前的状态。与主控触点相连的触点须用 LD 或 LDI 指令。使用 MC 指令后，相当于母线移到主控触点的后面，MCR 指令使母线回到原来的位置。在 MC 指令区内再次使用 MC 指令称为嵌套。在没有嵌套结构时，通常用 N0 编程。N0 的使用次数没有限制。有嵌套结构的，嵌套级的编号依次增大（N0→N1→N2→N3→N4→……→N7），返回时用 MCR 指令，从大的嵌套级开始解除（N7→N6→……→N1→N0）。嵌套级共 8 级。

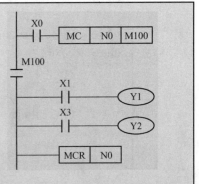

图 4-13　MC、MCR 指令应用实例

【实例 4-10】多重嵌套实例

多重嵌套实例如图 4-14 所示。对嵌套级 N0 来说，当 X0 = 0 时，程序跳至 MCR N0 后执行，当 X0 = 1 时，母线 B 被激活。对嵌套级 N1 来说，在 X0、X2 均为 1 时，母线 C 才被激活。若 X0 = 1，而 X2 = 0 时，则执行完 LD X1、OUT Y0 程序后跳至 MCR N1 后执行程序。

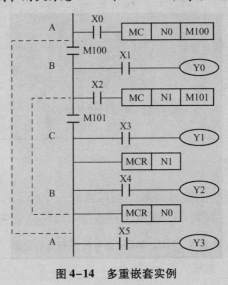

图 4-14　多重嵌套实例

3. 置位和复位指令

SET、RST 指令分别为置位和复位指令，除了对线圈进行操作外，还可以对数据寄存器、变址寄存器、积算定时器、计数器等进行清零操作，如表 4-9 所示。

表 4-9　SET、RST 指令助记符及功能表

助记符、名称	功能	可用软元件	程序步长
SET 置位	动作保持	Y、M、S	Y、M：1 步 S、特殊 M：2 步
RST 复位	消除动作保持	Y、M、S、T、C、D、V、Z	T、C：2 步 D、V、Z、特殊 D：3 步

SET 指令为置位指令，使动作保持。RST 指令为复位指令，使操作保持复位（清零）。

【实例 4-11】SET、RST 指令应用实例之一

　　SET、RST 指令应用实例之一如图 4-15 所示。当 X0 由 OFF 变为 ON 时，Y0 被驱动置成 ON 状态，而当 X0 断开时，Y0 的状态仍然保持；当 X1 接通时（由 OFF 变为 ON 时），Y0 的状态则为 OFF 状态，即复位状态，当 X1 断开时，对 Y0 也没有影响。波形图可表明 SET、RST 指令的功能。

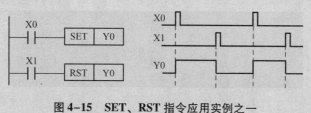

图 4-15　SET、RST 指令应用实例之一

　　对于 Y、M、S 等软元件，SET、RST 指令也是一样的。对于同一元件，如图 4-16 中的 Y000、M0、S0 等，SET、RST 指令可以多次使用，其顺序没有限制。RST 指令还可以使数据寄存器（D）、变址寄存器（V、Z）的内容清零。此外，积算定时器 T246～T255 的当前值清零和触点复位也可使用 RST 指令，计数器（C）的当前值清零及输出触点复位也可使用 RST 指令。

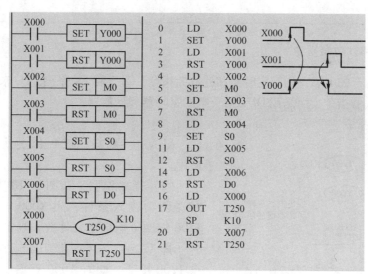

图 4-16　SET、RST 指令应用方法

【实例 4-12】SET、RST 指令应用实例之二

　　对于图 4-17（a）中的积算定时器 T250，当 X002 接通时，T250 复位，T250 的当前值清零，其触点 T250 复位，Y001 输出为 0；当 X002 断开时，此时若 X001 接通，则 T250

对内部 100ms 时钟脉冲进行计数，当计数到 345 时（即 34.5s），达到设定值，即定时间到，T250 的触点动作，Y001 有输出。

对图 4-17（b）来讲，X013 为 C200 的复位信号，X014 为 C200 的计数信号。当 X013 为 0 时，C200 接收到 X014 共 5 个计数信号，C200 的触点则接通，Y001 输出为 1；而当 X013 为 1 时，则 C200 的当前值及触点复位，Y001 输出为 0。

对图 4-17（c）来讲，X010 控制计数方向，由特殊辅助继电器 M8235 ～ M8245 决定计数方向。X010 为 0，则加计数；X010 为 1，则减计数。C235 ～ C245 为单相单输入计数器。X011 为计数器复位信号，当 X011 接通时，计数器清零复位；当 X011 断开时，计数器可以工作。

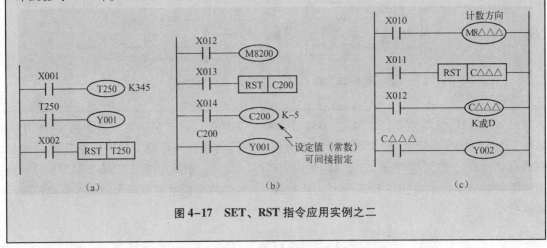

图 4-17　SET、RST 指令应用实例之二

4. 定时器和计数器指令

任何厂家生产的 PLC，均有定时器和计数器指令。对三菱 FX 系列 PLC 来说，没有专门的定时器和计数器指令，而是用 OUT 指令组成定时器和计数器。

1）定时器指令

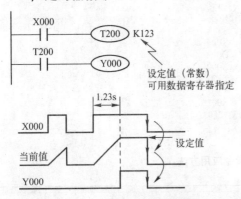

图 4-18　定时器指令编程应用

（1）指令格式：图 4-18 为定时器指令编程应用。

（2）指令说明：在图 4-18 中，X000 为定时器驱动输入条件，当 X000 = 1 时，定时器 T200 线圈开始接通并计数，当计数达到设定值时（即 1.23s），定时器 T200 动作，对应的触点 T200 接通，此时 Y000 有输出。当 X000 = 0 时，定时器复位。

2）计数器指令

（1）指令格式：使用两条指令完成计数任务。计数器指令编程应用如图 4-19 所示。

（2）指令说明：在图 4-19 中，X010 为 RST 指令清零驱动输入，占 2 个程序步；X011 为计数脉冲输入，上升沿有效，设定值可以是常数，也可以是存放在数据寄存器中的数据。设定值若是 16 位数据，则计数器指令占程序步为 3 步，若是 32 位数据，则占程序步为 5 步。

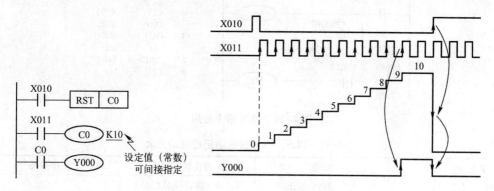

图 4-19　计数器指令编程应用

5. 脉冲指令

在 PLC 编程过程中，有时候需要触点在脉冲的上升沿或下降沿动作，这时必须采用脉冲指令（也称边沿检测指令），如表 4-10 所示。

表 4-10　脉冲指令一览表

助记符、名称	功能	可用软元件	程序步长
LDP　取脉冲上升沿	上升沿检测运算开始	X、Y、M、S、T、C	2 步
LDF　取脉冲下降沿	下降沿检测运算开始	X、Y、M、S、T、C	2 步
ANDP　与脉冲上升沿	上升沿检测串联连接	X、Y、M、S、T、C	2 步
ANDF　与脉冲下降沿	下降沿检测串联连接	X、Y、M、S、T、C	2 步
ORP　或脉冲上升沿	上升沿检测并联连接	X、Y、M、S、T、C	2 步
ORF　或脉冲下降沿	下降沿检测并联连接	X、Y、M、S、T、C	2 步

> **说明**　LDP、ANDP、ORP 指令是用来进行上升沿检测的指令，仅在指定位软元件的上升沿（由 OFF 变为 ON 时）接通一个扫描周期，又称上升沿微分指令。LDF、ANDF、ORF 指令是用来进行下降沿检测的指令，仅在指定位软元件的下降沿（由 ON 变为 OFF 时）接通一个扫描周期，又称下降沿微分指令。

脉冲指令的操作数全为位软元件，即 X、Y、M、S、T、C。如图 4-20 所示，在 X000 的上升沿，M0 有输出，且接通一个扫描周期。对于 M1 输出，仅当 M8000 接通时，在 X002 的上升沿，M1 接通一个扫描周期。

其余脉冲指令与此类似，不再赘述。

6. 脉冲输出指令

在 PLC 编程过程中，有时候会用到脉冲执行信号，这时原来的指令无法处理，需要用到脉冲输出指令，如表 4-11 所示。

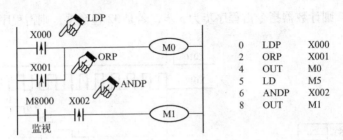

图4-20 脉冲指令应用

表4-11 PLS、PLF指令助记符及功能表

助记符、名称	功能	可用软元件	程序步长
PLS 上升沿脉冲	上升沿微分输出	Y、M（除特殊M以外）	2步
PLF 下降沿脉冲	下降沿微分输出	Y、M（除特殊M以外）	2步

说明 PLS 指令为上升沿微分输出指令。PLS 指令在输入信号的上升沿产生脉冲信号。PLF 指令为下降沿微分输出指令。PLF 指令在输入信号的下降沿产生脉冲信号。

【实例4-13】PLS、PLF指令应用实例

图4-21 为 PLS、PLF 指令应用实例。从图4-21可以看到，M0 只是在 X0 的上升沿接通一个扫描周期，形成脉冲。同样，M1 也只是在 X1 的下降沿接通一个扫描周期，形成脉冲。从图4-21中的波形图可以看出，使用 PLS、PLF 指令，可以将输入开关信号进行脉冲处理，以适应不同的控制要求。脉冲输出宽度为一个扫描周期。

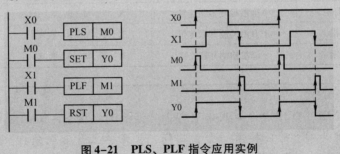

图4-21 PLS、PLF指令应用实例

PLS、PLF 指令的操作元件只能是 Y 和 M，且均在输入接通或断开后的一个扫描周期内动作（置1）。特殊辅助继电器不能作为 PLS、PLF 指令的操作元件。

7. 取反指令

在 PLC 程序编制过程中，有时候需要得到输出状态相反的两个信号，可以采用 INV 指令，如表4-12 所示。

表4-12 INV指令助记符及功能表

助记符、名称	功能	可用软元件	程序步长
INV 取反	运算结果取反	无	1步

说明　INV 指令是将执行该指令之前的运算结果取反，无操作软元件。

图 4-22 为 INV 指令应用实例，当 X000 = 1 时，Y000 = 0；当 X000 = 0 时，Y000 = 1。

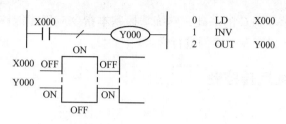

图 4-22　INV 指令应用实例

需要注意一点，使用 INV 指令，前面要有输入量，INV 指令不能直接与母线相连，也不能像 OR、ORI、ORP、ORF 等指令单独并联使用。在含有较复杂电路编程时，如有"块与"（ANB）、"块或"（ORB）电路中，INV 指令功能，是仅对以 LD、LDI、LDP、LDF 开始到其本身之前的运算结果取反。

8. 空操作指令、程序结束指令

空操作指令、程序结束指令如表 4-13 所示。

表 4-13　NOP、END 指令助记符及功能表

助记符、名称	功能	可用软元件	程序步长
NOP　空操作	无动作	无	1 步
END　程序结束	输入输出处理、返回到 0 步	无	1 步

 说明　NOP 指令为空操作指令，程序中仅作空操作运算。PLC 中若执行程序全部清零后，则所有指令均变成 NOP。此外，编制程序时，程序中加入适当的空操作指令，在变更程序或修改程序时，可以减少步序号的变化。END 指令为程序结束指令，表示程序结束。

【实例 4-14】 NOP、END 指令应用实例

如图 4-23 所示，PLC 在执行程序的每个扫描周期中，首先进行输入处理，然后执行程序，当程序执行到 END 指令时，END 指令以后的指令就不能被执行，而是进入最后输出处理阶段。也就是说，使用 END 指令可以缩短扫描周期。对于一些较长的程序，可采取分段调试，即将 END 指令插在各段程序之后，从第一段开始分段调试，调试好以后再顺序删去程序中间的 END 指令，这种方法对程序的查错是很有好处的。

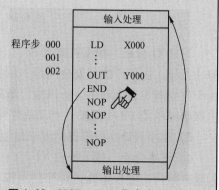

图 4-23　NOP、END 指令应用实例

FX 系列 PLC 程序输入完毕，必须写入 END 指令，否则程序不运行。

4.4　基本指令应用专业案例

基本指令编程是学习 PLC 的基础，熟练掌握基本指令应用才能够更好地进行复杂程序的设计，读者可以结合以下专业案例进行学习。

4.4.1　电动机连续运转控制

1. 控制要求

(1) 电动机的额定电流较大，PLC 不能直接控制主电路，需要接触器控制。

(2) 找出所有输入量和输出量，作出 I/O 接线图。

(3) 为了扩大输出电流，采用接触器输出方式。

(4) 热继电器的常闭触点可以作为输入信号进行过载保护，也可以在输出进行保护。

(5) 编制梯形图和指令表。

2. 设计过程

1) 主电路设计　根据控制要求设计主电路，如图 4-24 所示。由于电动机电流较大，因此采用接触器控制启动的方式，并且加上了相应的保护。

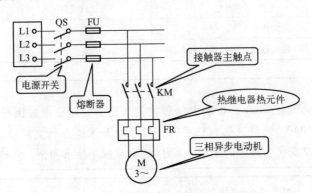

图 4-24　电动机连续运转控制主电路

2) I/O 分配　根据控制要求，需要启动按钮和停止按钮，因此输入量包括启动按钮、停止按钮。由于考虑到安全问题，因此又加上热继电器 FR 保护。所以，共计 3 个输入量。由于仅控制 1 台电动机，所以输出量只有 1 个。同样为了安全考虑，在输出的接触器 KM 上串联热继电器 FR 作保护。电动机连续运转控制 I/O 接线图如图 4-25 所示。

3) 程序设计　根据控制要求编制程序，如图 4-26 所示。

4) 程序分析　按下按钮 X1，Y1 接通，KM1 得电动作，电动机开始运行，同时 Y1 的自锁触点闭合，实现连续运转控制。按下按钮 X2 之后，Y1 断电，KM1 也会停止动作，电动机断电停止运行。

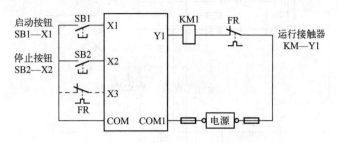

图 4-25 电动机连续运转控制 I/O 接线图

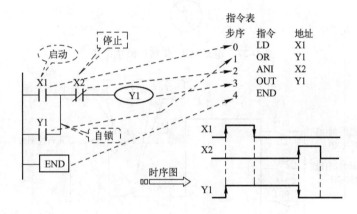

图 4-26 电动机连续运转控制程序

4.4.2 电动机正/反转控制

1. 控制要求

（1）电动机的额定电流较大，PLC 不能直接控制主电路，需要接触器控制。

（2）找出所有输入量和输出量，作出 I/O 接线图。

（3）为了扩大输出电流，采用接触器输出方式。

（4）热继电器的常闭触点可以作为输入信号进行过载保护，也可以在输出进行保护。

（5）编制梯形图和指令表。

（6）注意电动机正/反转控制线路需要换相控制，采用 KM1、KM2 分别作为正转和反转控制接触器。

2. 设计过程

1）主电路设计 根据控制要求设计主电路，如图 4-27 所示。

2）I/O 分配 根据控制要求，3 个输入量分别为：正转控制按钮 SB2 接 X0，反转控制按钮 SB3 接 X1，停止按钮 SB1 接 X2。由于是正/反转控制，因此输出量为 2 个，分别是：Y1 接正转控制接触器 KM1，Y2 接反转控制接触器 KM2。出于安全考虑，采用热继电器 FR 作过载保护。电动机正/反转控制 I/O 接线图如图 4-28 所示。

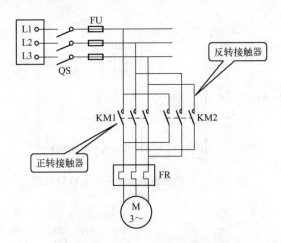

图 4-27 电动机正/反转控制主电路

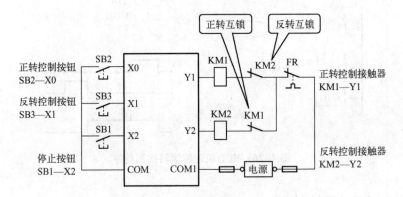

图 4-28 电动机正/反转控制 I/O 接线图

3）程序设计 根据控制要求编制程序，如图 4-29 所示。

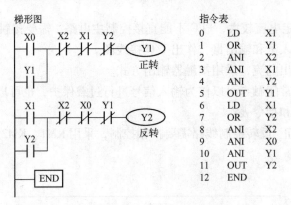

图 4-29 电动机正/反转控制程序

4）程序分析 按下正转控制按钮 X0，Y1 得电并且实现自锁，电动机开始正转。按下反转控制按钮 X1，Y1 断电，Y2 得电并且实现自锁，电动机开始反转。按下停止按钮 X2，Y1、Y2 均断电，电动机停止运行。需要注意的是，程序的软件互锁并不能代替接触器的硬件互锁，因此在硬件接线时仍然要保留硬件互锁。

4.4.3   3 台电动机顺序启动控制

1. 控制要求

（1）电动机的额定电流较大，PLC 不能直接控制主电路，需要接触器控制。

（2）找出所有输入量和输出量，作出 I/O 接线图。

（3）为了扩大输出电流，采用接触器输出方式。

（4）热继电器的常闭触点可以作为输入信号进行过载保护，也可以在输出进行保护。

（5）编制梯形图和指令表。

（6）3 台电动机必须按照 M1、M2、M3 的固定顺序启动，停止未作要求。

2. 设计过程

1）主电路设计   根据控制要求设计主电路，如图 4-30 所示。3 台电动机采用并联连接方式，结构完全一样，分别用接触器 KM1、KM2、KM3 控制。

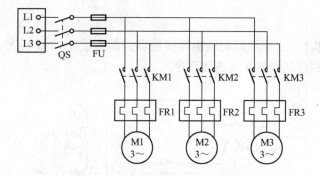

图 4-30   3 台电动机顺序启动控制主电路

2）I/O 分配   根据控制要求，3 台电动机每台需要停止、启动按钮各 1 个，分别使用 SB1 ～ SB6，占用 X0 ～ X5 输入点。输出量用 KM1 ～ KM3 分别控制 3 台电动机的主电路。3 台电动机顺序启动控制 I/O 接线图如图 4-31 所示。

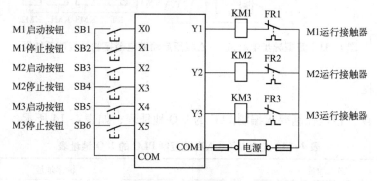

图 4-31   3 台电动机顺序启动控制 I/O 接线图

3）程序设计   根据控制要求编制程序，如图 4-32 所示。

4）程序分析   按下 X0 之后，Y1 得电并且实现自锁，M1 开始运行；然后按下 X2，Y2 得电并且实现自锁，M2 开始运行；然后按下 X4，Y3 得电并且实现自锁，M3 开始运行。

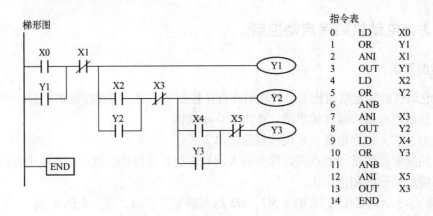

梯形图

指令表
```
0   LD    X0
1   OR    Y1
2   ANI   X1
3   OUT   Y1
4   LD    X2
5   OR    Y2
6   ANB
7   ANI   X3
8   OUT   Y2
9   LD    X4
10  OR    Y3
11  ANB
12  ANI   X5
13  OUT   X3
14  END
```

图 4-32　3 台电动机顺序启动控制程序

4.4.4　电动机 Y-△ 启动控制

1. 控制要求

笼型异步电动机 Y-△ 减压启动继电器接触器控制系统图如图 4-33 所示。现拟用 PLC 进行改造，试设计相应的硬件接线图和程序。

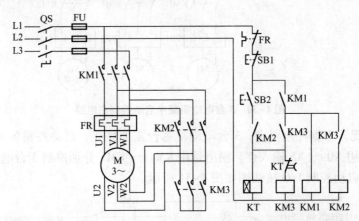

图 4-33　笼型异步电动机 Y-△ 减压启动继电器接触器控制系统图

2. 设计过程

1）I/O 分配　根据控制要求编制 PLC 的 I/O 地址表，如表 4-14 所示。

表 4-14　电动机 Y-△ 启动控制 PLC 的 I/O 地址表

输入地址		输出地址	
X0	停止按钮	Y0	备用
X1	启动按钮	Y1	供电电源
X2	电动机过载保护	Y2	三角形运行
X3	备用	Y3	星形运行

相应的硬件接线图如图 4-34 所示。

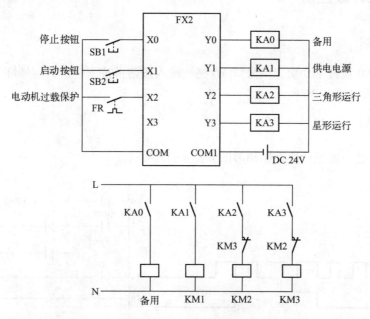

图 4-34　电动机 Y－△ 启动控制硬件接线图

2）程序设计　电动机 Y－△ 启动控制梯形图如图 4-35 所示。

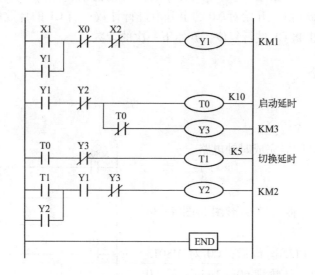

图 4-35　电动机 Y－△ 启动控制梯形图

3）程序分析　在停止按钮 X0、过载保护继电器 X2 断开的情况下，按下启动按钮 X1，则 Y1 接通，Y1 的触点又使得 Y3 接通，启动定时器 T0 开始延时，此时接触器 KM1 和 KM3 接通，电动机以星形接法启动；T0 延时到，其常闭触点断开，将 Y3 断开，并启动切换定时器 T1；T1 延时到，Y2 接通并自锁，此时 KM1 和 KM2 接通，电动机以三角形接法运行。

4.4.5 按钮计数控制

1. 控制要求

输入按钮 X0 被按下 3 次，信号灯 Y0 亮；输入按钮再按下 3 次，信号灯 Y0 熄灭。按钮计数控制时序图如图 4-36 所示。

2. 设计过程

1）程序设计 按钮计数控制梯形图如图 4-37 所示。

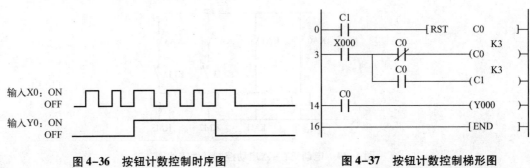

图 4-36 按钮计数控制时序图　　　　图 4-37 按钮计数控制梯形图

2）程序分析 X0 每接通一次，C0 的计数值（当前值）增加 1；当 C0 的计数值为 3 时，Y0 接通，并且此后 C1 开始对 X0 的上升沿进行计数；当 C1 的计数值为 3 时，C0 被复位，C0 的常闭触点也将 C1 进行复位，开始下一次的计数。

4.4.6 时钟电路

1. 控制要求

利用 PLC 当作计数器完成时钟电路。

2. 设计过程

1）程序设计 时钟电路梯形图如图 4-38 所示。

2）程序分析 PLC 运行后，C0 对 M8013（1s 脉冲）进行计数，计数满 60（1min）后 C0 动作，C0 的常开触点闭合，作为 C1 的计数信号，同时复位 C0，为继续计数做好准备；同样，C1 计数满 60（1h）后，C1 的常开触点闭合，作为 C2 的计数信号，同时复位 C1；当 C2 计数满 24（1day）后，C2 的常开触点闭合。

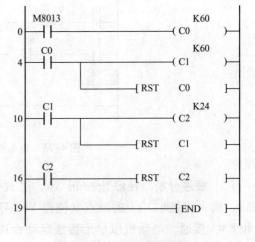

图 4-38 时钟电路梯形图

4.4.7　大型电动机启/停控制

1. 控制要求

（1）应用 SET、RST 指令编程控制大型电动机的启动、停车。

（2）启动的条件：允许自动、手动选择；无论自动、手动均需冷却水泵、润滑油泵启动，且水压、油压正常。

（3）停车的条件：手动停车，润滑油、冷却水压力不正常及主电动机过载停车，事故停车。

2. 设计过程

1）I/O 分配　根据控制要求编制 PLC 的 I/O 地址表，如表 4-15 所示。

表 4-15　大型电动机启/停控制 PLC 的 I/O 地址表

输入地址		输出地址	
X6	手动/自动转换，X6＝ON 为自动，X6＝OFF 为手动	Y5	水泵电动机输出
X7	水泵启动按钮	Y6	油泵电动机输出
X10	油泵启动按钮	Y7	主电动机输出
X11	系统启动按钮	Y10	报警指示灯
X12	系统停车按钮		
X13	事故信号（事故时 ON）		
X14	润滑油压（正常时 ON）		
X15	冷却水压（正常时 ON）		
X16	主电动机过载（过载时 ON）		
X17	报警解除按钮		

2）程序设计　大型电动机启/停控制梯形图如图 4-39 所示。

3）程序分析　当 X6 接通时，程序处于自动工作方式，此时按下系统启动按钮 X11，如果无报警信号输出，则水泵电动机输出 Y5、油泵电动机输出 Y6 接通并自锁。如果此时油压、水压均正常（即 X14、X15 接通），则 M0 接通，M1 产生一个宽度为一个扫描周期的脉冲，此脉冲将主电动机输出 Y7 置位，主电动机启动运行。

当 X6 断开时，程序处于手动工作方式，此时需要按下 X7 启动水泵，按下 X10 启动油泵，再按下 X11 启动主电动机。

假如油压或水压不正常，则 M3 产生一个"压力异常脉冲"。假如发生事故、主电动机过载或有"压力异常脉冲"，则 M4 产生一个"故障脉冲"，此脉冲将主电动机输出 Y7 复位，同时接通报警指示灯 Y10 并自锁，Y10 必须在按下报警解除按钮 X17 后才能复位。

在运行状态下，按下系统停车按钮 X12，则水泵电动机、油泵电动机和主电动机均被断开。

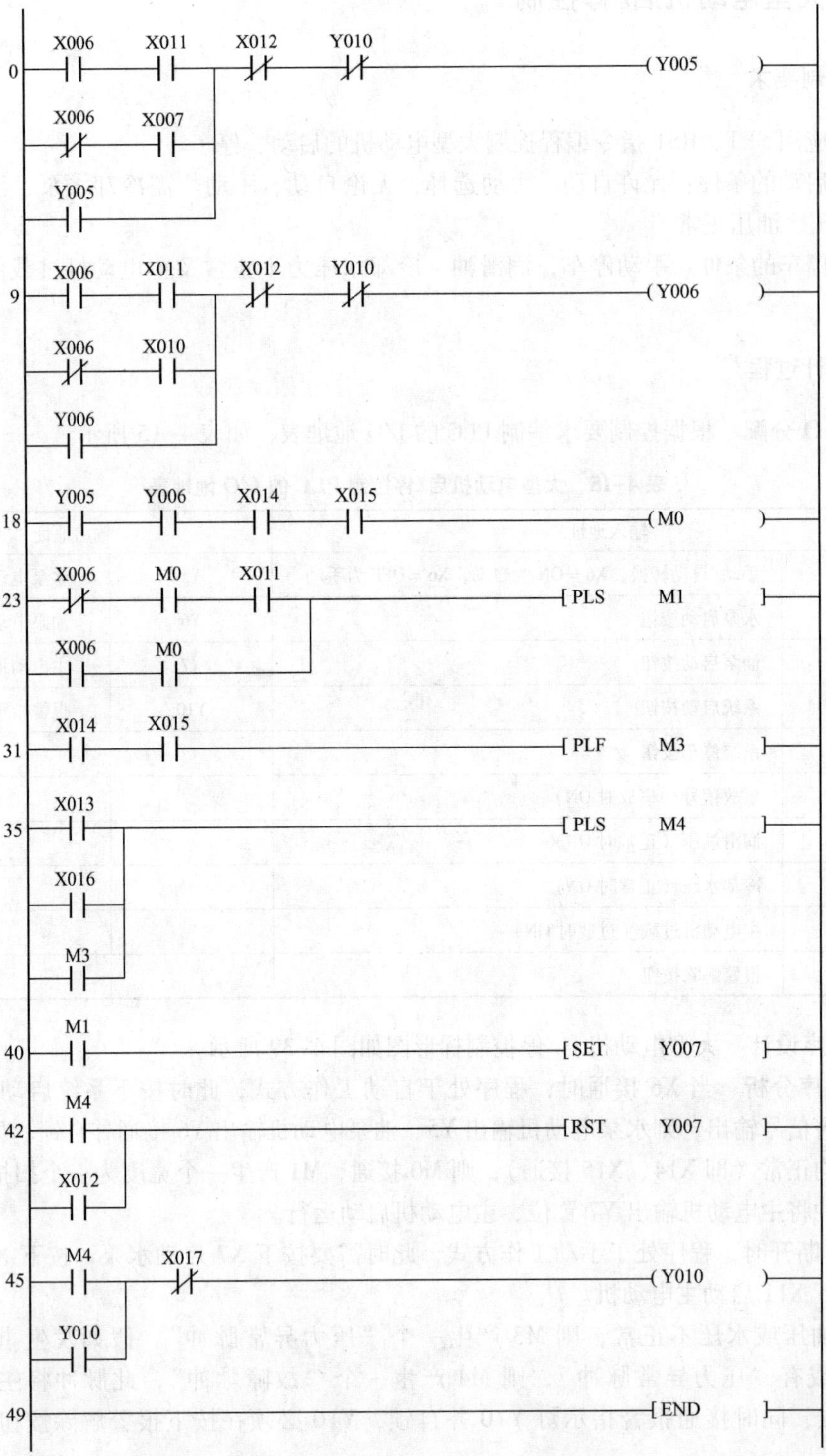

```
      X006   X011   X012   Y010
0 ──┤├────┤├────┤↑├────┤↑├──────────────────( Y005 )──
      X006   X007
    ──┤↑├────┤├──
      Y005
    ──┤├──

      X006   X011   X012   Y010
9 ──┤├────┤├────┤↑├────┤↑├──────────────────( Y006 )──
      X006   X010
    ──┤↑├────┤├──
      Y006
    ──┤├──

      Y005   Y006   X014   X015
18 ─┤├────┤├────┤├────┤├────────────────────( M0 )──

      X006   M0    X011
23 ─┤↑├────┤├────┤├──────────────────────[ PLS   M1 ]─
      X006   M0
    ──┤├────┤├──

      X014   X015
31 ─┤├────┤├──────────────────────────────[ PLF   M3 ]─

      X013
35 ─┤├──────────────────────────────────[ PLS   M4 ]─
      X016
    ──┤├──
      M3
    ──┤├──

      M1
40 ─┤├──────────────────────────────────[ SET   Y007 ]─

      M4
42 ─┤├──────────────────────────────────[ RST   Y007 ]─
      X012
    ──┤├──

      M4          X017
45 ─┤├──────────┤↑├──────────────────────( Y010 )──
      Y010
    ──┤├──

49 ─────────────────────────────────────────[ END ]─
```

图 4-39 大型电动机启/停控制梯形图

4.4.8 构造特殊定时器

1. 构造断电延时型定时器

在机床电气控制系统中经常会用到定时器，包括通电延时型定时器和断电延时型定时器两种。PLC 提供的定时器只是通电延时型，如果碰到需要断电延时型定时器的情况，则需要利用程序自己构造。如图 4-40 所示，触点 X0 闭合，定时器 T0 开始计时，设定定时时间为 9s，定时时间到达之后，T0 的常开触点闭合，Y1 接通，完成通电延时；Y1 的常开触点闭合，定时器 T1 开始计时，设定定时时间为 7s，定时时间到达之后，T1 的常闭触点断开，Y1 断电，完成断电延时。时序图如图 4-41 所示。

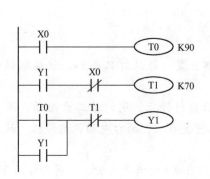

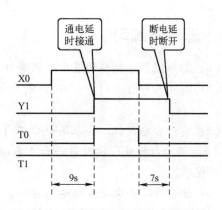

图 4-40 构造断电延时型定时器梯形图　　　图 4-41 构造断电延时型定时器时序图

2. 构造长延时定时器

受系统存储容量的限制，三菱 FX2N 系列 PLC 定时器的最大定时时间为 3276.7s，不足 1h，为了扩展定时器的延时时间，可以采用以下方法。

1）定时器串联　如图 4-42 所示，触点 X0 闭合，定时器 T0 开始计时，延时时间为 3000s，到达延时时间后，T0 动作，定时器 T1 开始计时，延时时间为 600s，到达延时时间后，T1 动作，T1 的常开触点闭合，Y0 输出。总延时时间为 3600s。这样，可以利用两个定时器实现长延时。

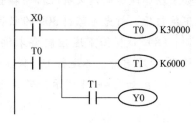

图 4-42 定时器串联

2）定时器和计数器配合使用　如果要完成更长时间的延时，用多个定时器串联就显得过于笨拙，可以采用定时器和计数器配合来完成。如图 4-43 所示，触点 X2 闭合之后，T0 开始计时，延时时间为 60s，到达延时时间后，T0 的常开触点闭合，给计数器 C0 一个计数信号，T0 的常闭触点断开，T0 的线圈复位，再次延时 60s。C0 的设定值为 60，这样利用计数器和定时器的配合可以实现 $60s \times 60 = 3600s$ 的延时，只需更改 C0 的设定值，便可以实现更长时间的延时。

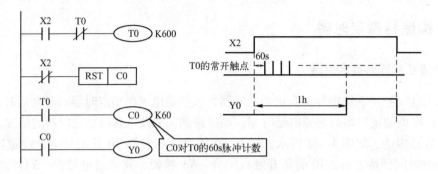

图 4-43 定时器和计数器配合使用

 思考与练习

（1）梯形图程序编制的基本原则是什么？

（2）有 4 只彩灯（L1 ～ I4），依次点亮循环往复，每只灯只亮 3s。试编制梯形图程序。

（3）有两台电动机，要求第一台工作 1min 后自行停止，同时第二台启动；第二台工作 1min 后自行停止，同时第一台又启动；如此重复 6 次，两台电动机均停机。试编制梯形图程序。

（4）试设计一个通电和断电均延时的梯形图。当 X0 由断变通时，延时 10s 后 Y0 得电；当 X0 由通变断时，延时 5s 后 Y0 断电。

（5）有两台电动机 M1 和 M2，要求 M1 启动后 M2 才能启动，且 M2 能够点动。试编制梯形图程序。

（6）设计一个方波发生器，其周期为 5s。试编制梯形图程序。

（7）试根据下述控制要求编制梯形图程序：当按下按钮 SB 后，照明灯 L0 发光 30s，如果在这段时间内又有人按下按钮 SB，则时间间隔从头开始，这样可确保在最后一次按下按钮后，灯光可维持 30s 的照明。

（8）试根据下述控制要求编制梯形图程序：有 3 台电动机 M1、M2、M3，要求相隔 5s 顺序启动，各运行 10s 停车，循环往复。

（9）如图 4-44 所示，若传送带上 20s 内无产品通过则报警。试编制梯形图程序。

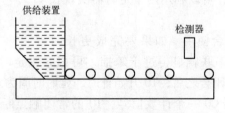

图 4-44 产品传送示意图

第5章 三菱 FX 系列 PLC 步进指令

前面介绍的基本指令和梯形图主要用于设计满足一般控制要求的 PLC 程序。对于复杂控制系统，系统 I/O 点数较多，工艺复杂，每一工序的自锁要求及工序与工序间的相互联锁关系也复杂，直接采用基本指令和梯形图进行设计较为困难。在实际控制系统中，可将生产过程的控制要求以工序划分成若干段，每一个工序完成一定的功能，在满足转移条件后，从当前工序转移到下一个工序，这种控制通常称为顺序控制。为了方便地进行顺序控制设计，许多 PLC 设置有专门用于顺序控制或称为步进控制的指令。三菱 FX 系列 PLC 在基本指令之外增加了两条步进指令，同时辅之以大量的状态器 S，结合状态转移图就很容易编制出复杂的顺序控制程序。

5.1 状态转移图

状态转移图又叫顺序功能图（Sequential Function Chart，SFC），它是用状态元件描述工步状态的工艺流程图。它通常由初始状态、一系列一般状态、转移线和转移条件组成，如图 5-1 所示。每个状态提供三个功能，即驱动有关负载、指定转移条件和指定转移目标。

在状态转移图中，用矩形框来表示"步"或"状态"，矩形框中用状态器 S 及其编号表示。

与控制过程的初始情况相对应的状态称为初始状态，每个状态转移图应有一个初始状态，初始状态用双线框来表示。与步相关的动作或指令用与步相连的梯形图来表示。当某步激活时，相应动作或指令被执行。一个活动步可以有一个或几个动作或指令被执行。

步与步（状态与状态）之间用有向线段来连接，如果进行方向是从上到下或从左到右，则线段上的箭头可以不画。在状态转移图中，会发生步的活动状态的进展，该进展按有向连续规定的线路进行，这种进展由转移条件的实现来完成连接。

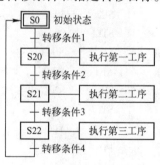

图 5-1 状态转移图

下面我们结合实例讲述状态转移图的使用方法。

【实例 5-1】运料小车控制实例

对运料小车的控制要求如图 5-2 所示。

（1）料车处于原点，下限位开关 LS1 被压合，料斗门关上，原点指示灯亮。

（2）当选择开关 SA 闭合时，按下启动按钮 SB1，料斗门打开，时间为 8s，给料车装料。

（3）装料结束，料斗门关上，延时 1s 后料车上升，直至压合上限位开关 LS2 后停止，延时 1s 之后卸料 10s，料车复位并下降至原点，压合 LS1 后停止。

（4）当开关 SA 断开时，料车工作一个循环后停止在原位，原点指示灯亮。按下停车按钮 SB2 后则立即停止运行。

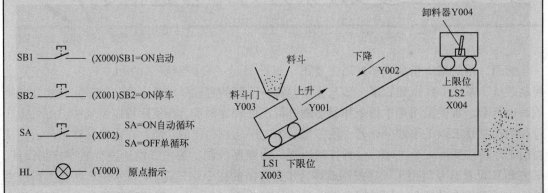

图 5-2 运料小车控制示意图

设计过程如下所述。

（1）根据控制要求设计状态转移图，如图 5-3（a）所示。

（2）将状态转移图转换成梯形图，如图 5-3（b）所示。

（3）转换成指令编程如下。

LD	M8002	SET	S22		K100
SET	S0	LD	X001	LD	T3
STL	S0	OUT	S0	SET	S25
LD	X003	STL	S22	LD	X001
ANI	Y003	LDI	Y002	OUT	S0
SET	S20	OUT	Y001	STL	S25
STL	S20	LD	X004	LDI	Y001
OUT	Y000	SET	S23	OUT	Y002
LD	X000	LD	X001	LD	X003
SET	S21	OUT	S0	AND	X002
STL	S21	STL	S23	OUT	S21
LDI	T0	OUT	T2	LD	X003
OUT	Y003		K10	ANI	X002
LD	M8000	LD	T2	OUT	S0
OUT	T0	SET	S24	LD	X001
	K80	LD	X001	OUT	S0
LD	T0	OUT	S0	RET	
OUT	T1	STL	S24	END	
	K10	OUT	Y004		
LD	T1	OUT	T3		

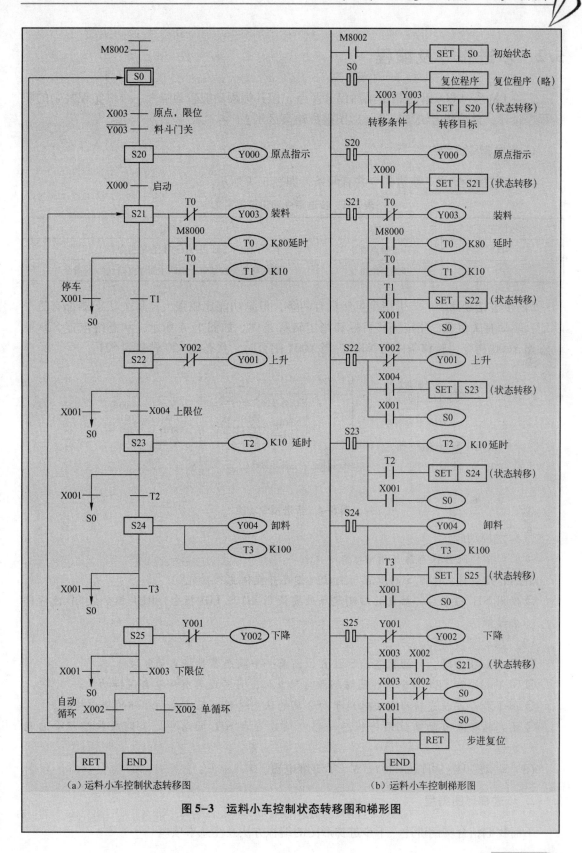

图 5-3 运料小车控制状态转移图和梯形图

5.2 步进指令及编程

三菱 FX 系列 PLC 步进指令虽然仅有两条，但其编程功能较为强大，可以实现复杂的顺控程序设计，其编程方法与普通梯形图编程略有区别。

1. 步进指令介绍

1）步进指令定义 步进指令共有两条，如表 5-1 所示。

表 5-1 步进指令助记符及定义

指令助记符	名称	指令定义
STL	步进触点指令	在顺控程序上面进行工步控制的指令
RET	步进复位指令	表示状态流程结束，返回主程序（母线）的指令

2）步进指令功能 步进指令虽然只有两条，但是功能比较强大。每个状态器都有三个功能：驱动有关负载、指定转移目标和指定转移条件。如图 5-4 所示，状态继电器 S20 驱动输出 Y000 指令，转移条件为 X001，当 X001 闭合时，状态由 S20 转移到 S21。

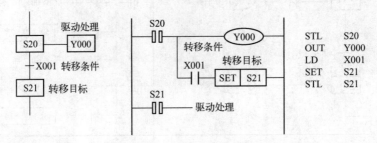

图 5-4 步进指令功能

（1）主控功能。

☺ STL 指令仅对状态器 S 有效。

☺ STL 指令将状态器 S 的触点与主母线相连并提供主控功能。

☺ 使用 STL 指令后，触点的右侧起点处要使用 LD 或 LDI 指令，RET 指令使 LD 点返回主母线。

（2）自动复位功能。

☺ 用 STL 指令时，新的状态器 S 被置位，前一个状态器 S 将自动复位。

☺ OUT 指令和 SET 指令都能使转移源自动复位，另外还具有停电自保持功能。

☺ OUT 指令在状态转移图中只用于向分离的状态转移，而不是向相邻的状态转移。

☺ 状态转移源自动复位须将状态转移电路设置在 STL 回路中，否则原状态不会自动复位。

（3）驱动功能：可以驱动 Y、M、T 等继电器。

2. 步进梯形图编程

下面我们结合实例讲述一下步进梯形图的编程方法及注意事项。

1）输出的驱动方法　在状态内的母线中，一旦写入 LD 或 LDI 指令后，对不需要触点的指令就不能再编程。如图 5-5（a）所示，Y003 前面已经没有触点，因此无法编程，只有人为加上触点之后程序才能够执行，需要按图 5-5（b）、（c）改变这样的回路。图 5-5（a）为错误的驱动方法，图 5-5（b）、（c）为正确的驱动方法。

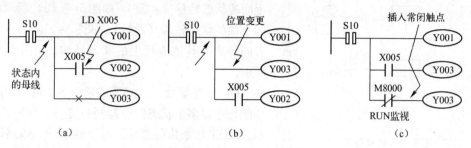

图 5-5　输出的驱动方法实例

2）MPS、MRD、MPP 指令的位置　在顺控状态内，不能直接在状态内的母线中使用 MPS、MRD、MPP 指令，而应在 LD 或 LDI 指令以后编制程序，所以在图 5-6 中加入了 X001 触点。

3）状态的转移方法　OUT 指令与 SET 指令对 STL 指令后的状态（S）具有同样的功能，都将自动复位转移源，如图 5-7 所示。此外，还有自保持功能。OUT 指令在状态转移图中用于向分离的状态转移。

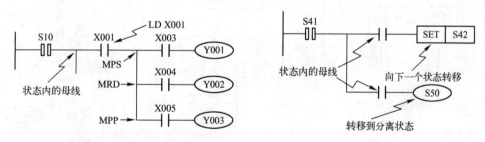

图 5-6　MPS、MRD、MPP 指令的位置　　　　图 5-7　状态的转移方法

4）转移条件回路中不能使用的指令　在转移条件回路中，不能使用 ANB、ORB、MPS、MRD、MPP 指令，如图 5-8 所示。

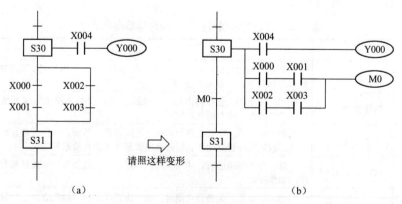

图 5-8　转移条件回路中指令的使用

在图 5-8（a）中，X000、X001、X002、X003 共同构成了块或功能模块，需要用到 ORB 指令，但是在转移条件回路中不能使用，于是只能作变形处理，如图 5-8（b）所示。

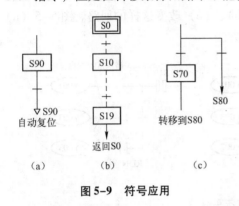

图 5-9　符号应用

5）符号应用场合　在流程中表示状态的复位处理时，用符号表示，如图 5-9 所示。而符号则表示向上面的状态转移（重复），如图 5-9（a）所示；或者向下面的状态转移（跳转），如图 5-9（b）所示；或者向分离的其他流程上的状态转移，如图 5-9（c）所示。

6）状态复位　在必要的情况下，可以选择使用功能指令将多个状态继电器同时复位。如图 5-10 所示，ZRST 指令执行之后，可以使 S0 ～ S50 这 51 个状态继电器全部复位。

7）禁止输出操作　如图 5-11 所示，禁止触点闭合之后，M10 被置位，M10 的常闭触点断开，后面的 Y005、M30、T4 将不再执行。

8）断开输出继电器（Y）操作　如图 5-12 所示，禁止触点闭合后，特殊辅助继电器 M8034 被触发，此时顺控程序依然执行，但是所有的输出继电器（Y）都处于断开状态，也就是说，PLC 此时不对外输出。

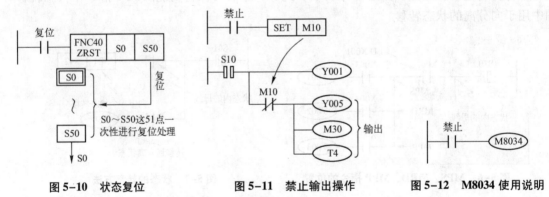

图 5-10　状态复位　　　　图 5-11　禁止输出操作　　　　图 5-12　M8034 使用说明

9）状态转移图可使用的特殊辅助继电器和基本指令　状态转移图可以使用特殊辅助继电器以实现特殊功能，如表 5-2 所示。

表 5-2　状态转移图可使用的特殊辅助继电器

软元件号	名称	功能和用途
M8000	运行监视	这是 PLC 在运行过程中需要一直接通的继电器，可作为驱动程序的输入条件或作为 PLC 运行状态的显示来使用
M8002	初始脉冲	在 PLC 由 STOP 进入 RUN 时，仅在瞬间（一个扫描周期）接通的继电器，用于程序的初始设定或初始状态的复位
M8040	禁止转移	驱动该继电器，则禁止在所有状态之间转移。然而，即使在禁止状态转移下，由于状态内的程序仍然动作，因此输出线圈等不会自动断开
M8046	STL 动作	任意一种状态接通时，M8046 自动接通，用于避免与其他流程同时启动或用作工序的动作标志
M8047	STL 监视有效	驱动该继电器，则编程功能可自动读出正在动作中的状态并加以显示。详细事项请参考各外围设备的手册

由于状态转移图的特殊性，基本指令的使用受到一些限制，为此特列出基本指令在状态转移图中的使用范围，如表 5-3 所示。

表 5-3 基本指令在状态转移图中的使用范围

指令状态 \ 指令	LD、LDI、LDP、LDF、AND、ANI、ANDP、ANDF、OR、ORI、ORP、ORF、INV、OUT、SET、RST、PLS、PLF	ANB、ORB MPS、MRD、MPP	MC、MCR
初始状态、一般状态	可使用	可使用	不可使用
分支状态、汇合状态 — 输出处理	可使用	可使用	不可使用
分支状态、汇合状态 — 转移处理	可使用	不可使用	不可使用

> **说明** 在中断程序与子程序内，不能使用 STL 指令。在 STL 指令内不禁止使用跳转指令，但其动作复杂，容易出现错误，因此建议不要使用。

10）利用同一种信号的状态转移 实际生产中可能会遇到通过一个按钮开关的接通或断开动作等进行状态转移的情况。进行这种状态转移时，需要将转移信号脉冲化编程。转移条件的脉冲化有以下两种方法。

（1）如图 5-13 所示，在 M0 接通 S50 后，转移条件 M1 即刻开路，在 S50 接通的同时，不向 S51 转移，在 M0 再次接通的情况下，向 S51 转移。这样，就可以实现使用 M0 一个触点控制状态转移。

（2）如图 5-14（a）所示，构成转移条件的限位开关 X030 在转动之后使工序进行一次转移，转移到下一个工序。这种场合，将转移条件脉冲化，如图 5-14（b）所示，S30 首次动作，虽然 X030 动作，M101 动作，但通过自锁脉冲 M100 使不产生转移，当 X030 再次动作，则 M100 不动作，M101 动作，则状态从 S30 转移到 S31。

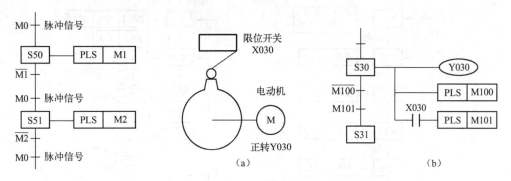

图 5-13 转移条件的脉冲化之一　　　　图 5-14 转移条件的脉冲化之二

11）上升沿、下降沿检测触点使用时的注意事项 在状态内使用 LDP、LDF、ANDP、ANDF、ORP、ORF 指令的上升沿或下降沿检测触点时，状态器触点断开时变化的触点，只在状态器触点再次接通时才被检出。图 5-15（a）为修改程序前的程序，图 5-15（b）为修改程序后的程序。如图 5-15（a）所示的程序，X013、X014 在状态器 S3 第一次闭合时无法被检出，因此 S70 无法动作，影响工艺，修改成如图 5-15（b）所示的程序，将 X013、

X014 移至状态器 S3 外部,借助于 M6、M7 来触发 S70。

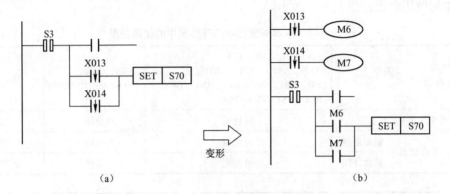

(a) 　　　　　　　　　　　　　　　　(b)

图 5-15　上升沿、下降沿检测触点使用时的编程

5.3　状态转移图的常见流程状态

在不同的顺序控制中,状态转移图的流程状态有所不同,分为单流程状态、跳转与重复状态、选择性分支与汇合状态、并行分支与汇合状态、分支与汇合的组合状态等。

1. 单流程状态

单流程状态是指仅有单一的出、入口。如图 5-16 所示的电动机循环正反转控制就是典型的单流程状态。其控制要求为:电动机正转 3s,暂停 2s,反转 3s,暂停 2s,如此循环 5 个周期,然后自动停止;运行中,可按停止按钮停止,热继电器动作也应停止。

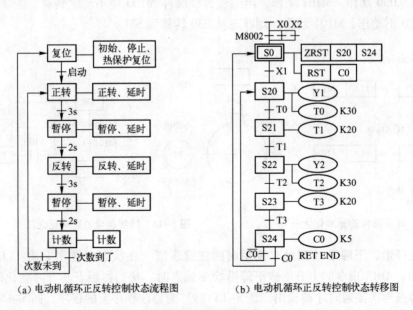

(a) 电动机循环正反转控制状态流程图　　(b) 电动机循环正反转控制状态转移图

图 5-16　单流程状态

从上述的控制要求可以知道，电动机循环正反转控制实际上是一个顺序控制，整个控制过程可分为如下 6 个工序（也叫阶段）：复位、正转、暂停、反转、暂停、计数。每个阶段又分别完成如下的工作（也叫动作）：初始复位、停止复位、热保护复位，正转、延时，暂停、延时，反转、延时，暂停、延时，计数。各个阶段之间只要条件成立就可以过渡（也叫转移）到下一个阶段。因此，可以很容易地画出电动机循环正反转控制状态流程图，如图 5-16（a）所示。由状态流程图可以得到状态转移图，如图 5-16（b）所示。

2. 跳转与重复状态

向下面的状态直接转移或向流程外的状态转移称为跳转，向上面的状态转移则称为重复或循环，如图 5-17 所示。

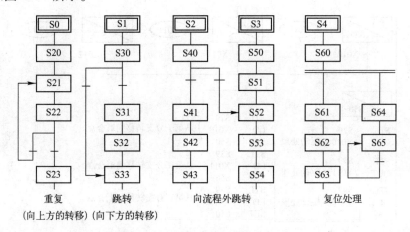

图 5-17 跳转与重复（循环）状态

在图 5-18 中，跳转的转移目标状态和重复（循环）的转移目标状态都可以用转移目标状态来表示，转移目标状态用 OUT 指令编程。

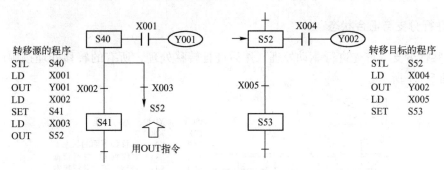

图 5-18 跳转的转移目标状态

3. 选择性分支与汇合状态

1）选择性分支 选择性分支就是从多个流程中选择执行一个流程。首先进行驱动处理，然后进行转移处理，所有的转移处理按顺序继续进行，如图 5-19 所示。

2）选择性分支汇合 首先只进行汇合前状态的驱动处理，然后按顺序继续进行汇合状态转移处理，在使用中要注意程序的顺序号，分支列与汇合列不能交叉，如图 5-20 所示。

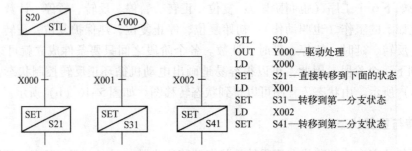

图 5-19 选择性分支

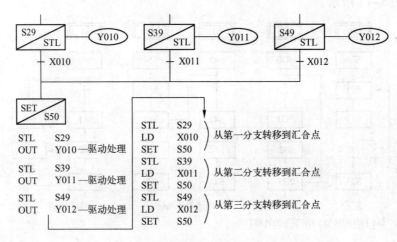

图 5-20 选择性分支汇合

3）注意事项 在分支与汇合转移处理程序中，不能用 MPS、MRD、MPP、ANB、ORB 指令。即使负载驱动回路也不能直接在 STL 指令后面使用 MPS 指令。

4. 并行分支与汇合状态

1）并行分支 首先进行驱动处理，然后进行转移处理，所有的转移处理按顺序继续进行，如图 5-21 所示。

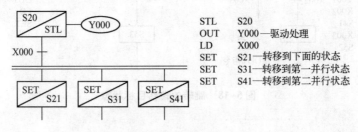

图 5-21 并行分支

2）并行分支汇合 首先只进行汇合前状态的驱动处理，然后依次执行向汇合状态的转移处理，如图 5-22 所示。

3）转移条件的设置位置 并行分支与汇合中，不容许在图 5-23（a）中的符号※1、

※2 或符号※3、※4 的位置设置转移条件，转移条件应在图 5-23（b）中的 1、2、3、4 的位置进行设置。

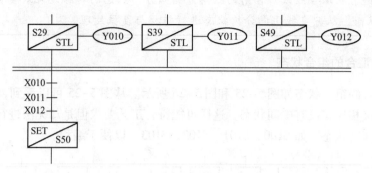

图 5-22　并行分支汇合

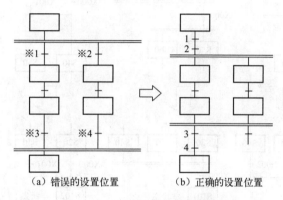

（a）错误的设置位置　　　　（b）正确的设置位置

图 5-23　转移条件的设置位置

4）回路总数　对所有的初始状态（S1 ～ S9），每个初始状态的回路总数不超过 16 条，并且在每一个分支点，分支数不能大于 8 条，如图 5-24 所示。

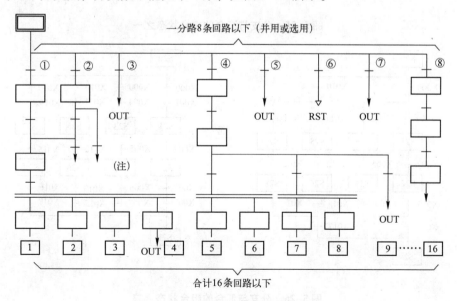

图 5-24　多个初始状态的状态转移图

不能进行从汇合线或汇合前的状态开始向分离状态的转移处理或复位处理，一定要设置虚拟状态，从分支线上向分离状态进行转移与复位处理。

5. 分支与汇合的组合状态

分支与汇合的组合状态如图 5-25 和图 5-26 所示。从图 5-25 可以看到，从汇合线转移到分支线时直接相连，没有中间状态，这样可能符合工艺要求但是却无法进行编程，因此需要在此加入中间空状态，如 S100、S101、S102、S103，以便于编程。

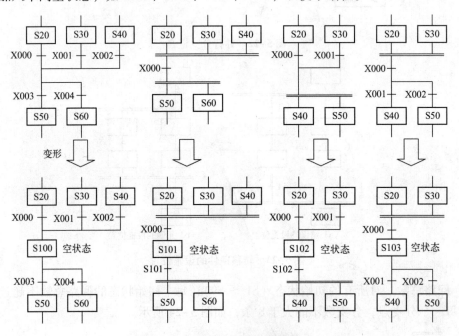

图 5-25　分支与汇合的组合状态之一

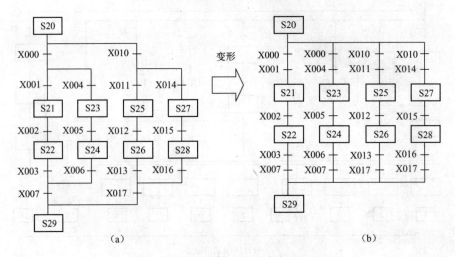

（a）　　　　　　　　　　　　　　　（b）

图 5-26　分支与汇合的组合状态之二

5.4　步进指令应用专业案例

步进指令能够非常方便地处理生产线控制程序，下面我们结合几个案例进一步介绍步进指令编程方法及需要注意的事项。

5.4.1　四级皮带运输系统

四级皮带运输系统由电动料斗及 M1 ～ M4 四台电动机驱动的四条皮带运输机组成，如图 5-27 所示。

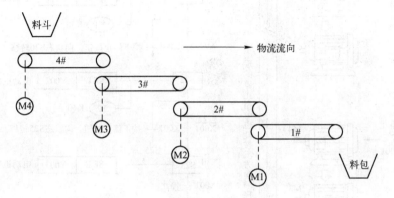

图 5-27　四级皮带运输系统示意图

1. 控制要求

（1）逆物流方向启动：按下启动按钮 SB1，启动 1#皮带；延时 2s，启动 2#皮带；再延时 3s，启动 3#皮带；再延时 4s，启动 4#皮带，同时开启料斗，启动完毕。

（2）顺物流方向顺序停车：按下停止按钮 SB2，关闭料斗，延时 10s，停止 4#皮带；再延时 4s，停止 3#皮带；再延时 3s，停止 2#皮带；再延时 2s，停止 1#皮带，停车完毕。

2. 设计过程

根据控制要求设计状态转移图，如图 5-28 所示。

5.4.2　大、小球分类选择传送控制

1. 控制要求

如图 5-29 所示，左上方为原点指示灯，其动作顺序为下降、吸住、上升、右行、下降、释放、上升、左行。当电磁铁接近球时，接近开关 PS0 接通，此时下限位开关 LS2 断开，则为大球；LS2 导通，则为小球。

2. 设计过程

根据控制要求设计状态转移图，如图 5-30 所示。

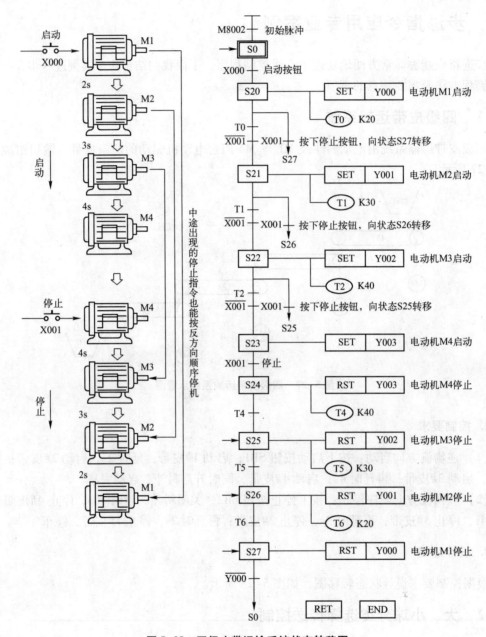

图 5-28 四级皮带运输系统状态转移图

（1）若为小球（X002 = ON），则左侧流程有效；若为大球（X002 = OFF），则右侧流程有效。

（2）若为小球，则吸球臂右行至压住 LS4，X004 动作；若为大球，则吸球臂右行至压住 LS5，X005 动作。然后向汇合状态 S30 转移。

（3）若驱动特殊辅助继电器 M8040，则禁止所有的状态转移。右移输出 Y003、左移输出 Y004 及上升输出 Y002、下降输出 Y000 中各自串联有相关的互锁触点。

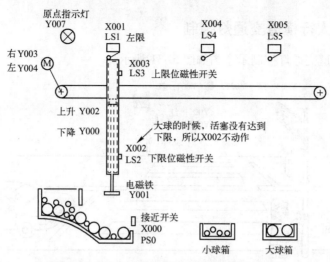

图5-29 大、小球分类选择传送控制示意图

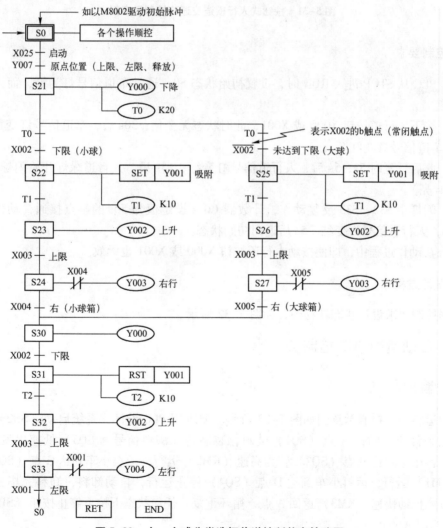

图5-30 大、小球分类选择传送控制状态转移图

5.4.3 按钮式人行横道交通灯控制

按钮式人行横道交通灯控制示意图如图 5-31 所示。

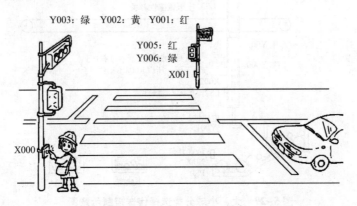

图 5-31 按钮式人行横道交通灯控制示意图

1. 控制要求

（1）PLC 从 STOP 进入 RUN 时，设置初始状态 S0，通常车道信号灯为绿，而人行道信号灯为红。

（2）按下人行道按钮 X000 或 X001，此时状态无变化；30s 后，车道信号灯变黄；再经过 10s，车道信号灯变红。

（3）此后，延时 5s，5s 后，人行道信号灯变绿；15s 后，人行道绿灯开始闪烁（S32 =暗，S33 =亮）。

（4）闪烁中 S32、S33 反复动作，计数器 C0（设定值为 5）的触点接通，动作状态向 S34 转移，人行道信号灯变红，5s 后返回初始状态。

（5）在动作过程中，即使按动人行道按钮 X000 或 X001 也无效。

2. 设计过程

根据控制要求设计状态转移图，如图 5-32 所示。

5.4.4 自动运料小车控制

1. 控制要求

自动运料小车控制示意图如图 5-33 所示。要求用 PLC 设计，系统启动（SB2）后，运料小车无条件快速归位 A 点（SQ1）装料，装满料（满料信号为 SQ5）低速出发（KM1）运行，运料小车到达 B 点（SQ2）转为高速（KM2）运行，运料小车到达 C 点（SQ3）转为低速（KM1）运行，运料小车到达 D 点（SQ4）停止运行，自动卸料，卸料完毕（空车信号为 SQ6）自动快速（KM3）返回 A 点，循环重复。任何状态下按下停止按钮（SB1）快速（KM3）返回 A 点停止。

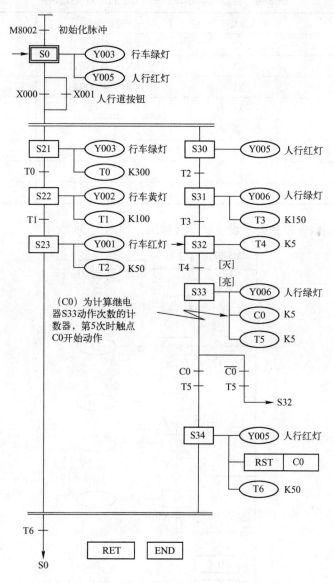

图 5-32　按钮式人行横道交通灯控制状态转移图

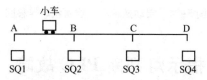

图 5-33　自动运料小车控制示意图

2. 设计过程

1）I/O 分配　根据控制要求编制 PLC 的 I/O 地址表，如表 5-4 所示。

表 5-4 自动运料小车控制 PLC 的 I/O 地址表

输入设备		输入地址编号	输出设备		输出地址编号
SQ1	原位	X2	KM1	低速前进	Y0
SQ2	高速切换	X3	KM2	高速前进	Y1
SQ3	低速切换	X4	KM3	快速返回	Y2
SQ4	终点	X5			
SQ5	满料	X6			
SQ6	空车	X7			
SB2	启动按钮	X1			
SB1	停止按钮	X0			

2）程序设计 根据控制要求设计状态转移图，如图 5-34 所示。

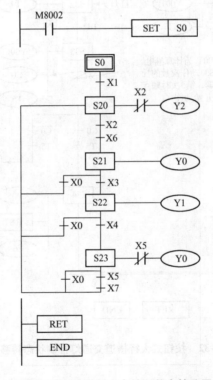

图 5-34 自动送料小车控制状态转移图

5.5 实践拓展：由指示灯判断 PLC 故障

1. 面板上 "POWER" LED 指示灯不亮

主机、I/O 扩展机座、I/O 扩展模组、特殊模组正面均有一个 "POWER" LED 指示灯，当主机通上电源时，绿色 LED 指示灯亮。若主机通上电源后，此指示灯不亮，此时将 "24+" 端子配线拔出，若指示灯正常亮起，则表示 PLC 的 DC 负载过大，此种情况下，不要使用

"24+"端子的 DC 电源,需要另行准备 DC 24V 电源供应器。

若将"24+"端子配线拔出后,指示灯仍然不亮,则有可能 PLC 内部熔丝已经烧断,此时需要联系供货商进行处理,对于非专业人员一般不建议自行拆装 PLC。

2. "POWER" LED 指示灯呈闪烁状态

假若"POWER" LED 指示灯呈闪烁状态,很有可能是"24+"端子与"COM"端子短路,将"24+"端子配线拔出,若指示灯恢复正常,请检查线路。若指示灯依然闪烁,则很可能 PLC 内的电源板出现故障,此时需要联系供货商进行处理,对于非专业人员一般不建议自行拆装 PLC。

3. "BATT·V" LED 灯亮

当这个红色 LED 灯亮时,表示 PLC 内的锂电池寿命已经快结束了(约剩一个月),此时请尽快更换新的锂电池,以免 PLC 内的程序(当使用 RAM 时)自动消失。

假若更换新的锂电池之后,此 LED 灯仍然亮着,那很可能 PLC 的 CPU 板已经出现故障,此时需要联系供货商进行处理。

4. "OG·E" LED 灯闪烁

一般来说,当这个红色 LED 灯闪烁时,大部分原因是程序设计不合理,其他原因也有可能是参数设定出错,或者是外来的信号干扰导致程序内容发生变化。若是使用手持编程器(FX-20P-E),建议检查 D8004,再按照 D8004 的内容检查 D8060 ~ D8069,从 D8060 ~ D8069 中可得到一个数据,此为判别号码。具体参数请参阅 PLC 编程手册。

5. "CPU·E" LED 灯亮

当"CPU·E" LED 灯亮时,有可能是以下 4 种原因所造成的。

☺ PLC 内部有导电性的粉尘侵入。

☺ PLC 的扫描时间超过 100ms 以上(检查 D8012 即可知道最长执行时间)。

☺ 通电中,将 ROM/EPROM/EEPROM 记忆卡匣拔下。

☺ PLC 附近有干扰。

若排除上述的问题,而"CPU·E" LED 灯仍然亮着,则此时可能真的是 PLC 出现故障了,需要联系供货商进行处理。

思考与练习

(1)有一个选择性分支状态转移图,如图 5-35 所示。请对其进行编程。

(2)有一个选择性分支状态转移图,如图 5-36 所示。请对其进行编程。

(3)有一个并行分支状态转移图,如图 5-37 所示。请对其进行编程。

(4)请设计物料自动混合控制状态转移图。控制要求如下。

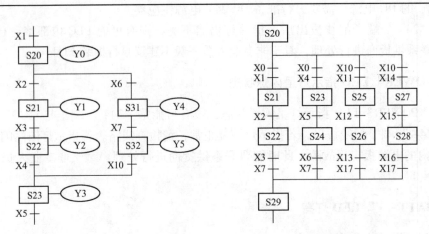

图 5-35 选择性分支状态转移图   图 5-36 选择性分支状态转移图

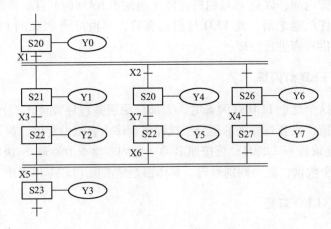

图 5-37 并行分支状态转移图

① 初始状态：容器是空的，电磁阀 F1、F2、F3 和 F4，搅拌电动机 M，液位传感器 L1、L2 和 L3，加热器 H 和温度传感器 T 均为 OFF。

② 物料自动混合控制示意图如图 5-38 所示。按下启动按钮，开始下列操作。

☺ 电磁阀 F1 开启，开始注入物料 A，至高度 L2（此时 L2、L3 为 ON）时，关闭阀 F1，同时开启电磁阀 F2，注入物料 B，当液面上升至 L1 时，关闭阀 F2。

☺ 停止物料 B 注入后，启动搅拌电动机 M，使 A、B 两种物料混合 10s。

☺ 10s 后停止搅拌，开启电磁阀 F4，放出混合物料，当液面高度降至 L3 后，再经 5s 关闭阀 F4。

（5）某小车运行过程示意图如图 5-39 所示。小车原位在后退终端，当小车压下后限位开关 SQ1 时，按下启动按钮 SB，小车前进，当运行至料斗下方时，前限位开关 SQ2 动作，此时打开料斗门给小车加料，延时 8s 后关闭料斗门，小车后退返回，SQ1 动作时，打开小车底门卸料，6s 后结束，完成一次动作，如此循环。请用状态编程思想设计其状态转移图。

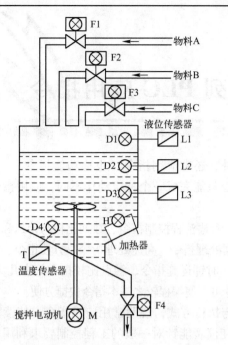

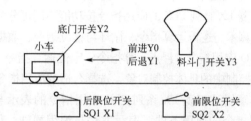

图 5-38　物料自动混合控制示意图　　　图 5-39　某小车运行过程示意图

（6）某一冷加工自动线有一个钻孔动力头，其控制示意图如图 5-40（a）所示。动力头的加工过程如下，其时序图如图 5-40（b）所示。请编制控制程序。

① 动力头在原位，加上启动信号（SB）接通电磁阀 YV1，动力头快进。

② 动力头碰到限位开关 SQ1 后，接通电磁阀 YV1、YV2，动力头由快进转为工进。

③ 动力头碰到限位开关 SQ2 后，开始延时，时间为 10s。

④ 当延时时间到时，接通电磁阀 YV3，动力头快退。

⑤ 动力头回原位后，停止。

（7）4 台电动机动作时序图如图 5-41 所示。M1 的循环动作周期为 34s，在 M1 动作 10s 后，M2、M3 动作，M1 动作 15s 后，M4 动作，M2、M3、M4 的循环动作周期为 34s。请用步进指令设计其状态转移图，并进行编程。

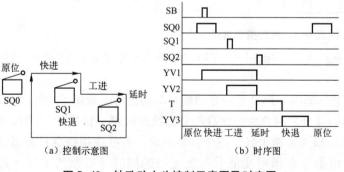

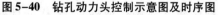

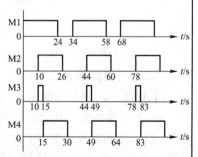

（a）控制示意图　　　　　（b）时序图

图 5-40　钻孔动力头控制示意图及时序图　　　图 5-41　4 台电动机动作时序图

第 6 章　三菱 FX 系列 PLC 应用指令

三菱 FX 系列 PLC 除了基本指令、步进指令外，还有应用指令（也称功能指令）。应用指令实际上是许多功能不同的子程序。与基本指令只能完成一个特定动作不同，应用指令能完成实际控制中的许多不同类型的操作。

三菱 FX 系列 PLC 的应用指令按功能不同可分为程序流程控制指令、数据比较与传送和转换指令、算术与逻辑运算指令、循环与移位指令、数据处理指令、高速处理指令、方便指令、外围设备 I/O 应用指令、浮点运算指令、定位运算指令、时钟运算指令、触点比较指令等十几大类。对实际控制中的具体控制对象，选择合适的应用指令可以使编程较之基本指令快捷方便。

本章讲述三菱 FX 系列 PLC 应用指令的表示与执行方式，说明常用应用指令，使读者掌握应用指令的使用条件、表示方法与编程规则，使读者能针对一般的工程控制要求利用应用指令编写工程控制程序。

6.1　应用指令的表示与执行方式

应用指令与基本指令不同。应用指令类似于一个子程序，直接由助记符（功能号）表达本指令要做什么。三菱 FX 系列 PLC 在梯形图中使用功能框表示应用指令。应用指令按功能号（FNC00 ~ FNC99）编排。每条应用指令都有一个助记符。

1. 应用指令的表示

应用指令格式如图 6-1 所示。

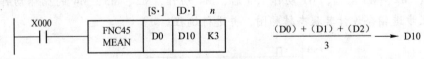

图 6-1　应用指令格式

图 6-1 是求平均值的应用指令。其中，标注 [S·] 指定取值首元件；n 指定取值个数；[D·] 指定计算结果存放地址。

1）指令　功能号与助记符功能框的第一部分是指令功能号与助记符，表明了功能。

2）指令操作数　功能框的第一部分之后都为操作数部分，操作数部分依次由"源操作数"（源）、"目标操作数"（目标）和"数据个数"三个部分组成。有些应用指令只需指定功能号与助记符即可。但许多应用指令在指定功能号与助记符的同时还必须指定操作数（或操作地址）。有些应用指令还需要多个操作数（或操作地址）。操作元件包括 K、H、KnX、KnY、KnM、KnS、T、C、D、V、Z。其中，K 表示十进制常数；H 表示十六进制常数。下面分别讲述各部分作用。

☺ [S·]：源操作数，指令执行后其内容不改变。在源操作数的数量多时，以[S1]、
　　[S2·]等表示。以加上"·"符号表示使用变址方式，默认为无"·"，表示不能
　　使用变址方式。

☺ [D·]：目标操作数，指令执行后将改变其内容。在目标操作数的数量多时，以
　　[D1]、[D2·]等表示。默认为无"·"，表示不能使用变址方式。

☺ 其他操作数：常用来表示数的进制（十进制、十六进制等），或者作为源操作数（或
　　操作地址）和目标操作数（或操作地址）的补充注释。需要注释的项目多时也可以
　　采用 m1、m2 等方式。

☺ 表示常数时，K 后跟的为十进制数，H 后跟的为十六进制数。

☺ 程序步：指令执行所需的步数。应用指令的指令段的程序步数通常为 1 步，但是根据
　　各操作数是 16 位还是 32 位，会变为 2 步或 4 步。当应用指令处理 32 位操作数时，
　　则在指令助记符前加"（D)"表示，指令前无此符号时，表示处理 16 位数据。

> 说明　有些应用指令在整个程序中只能出现一次，即使使用跳转指令使其在两段不可能
> 同时执行的程序中也不能使用。但可利用变址寄存器多次改变其操作数，多次执行这样
> 的应用指令。

2. 应用指令的数据长度与执行方式

1）字元件和双字元件　应用指令可处理 16 位的字元件（数据）和 32 位的双字元件（数据）。

☺ 字元件：一个字元件是由 16 位的存储单元构成的，其最高位（第 15 位）为符号位，
　　第 0～14 位为数值位，如图 6-2 所示。

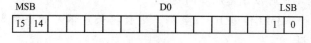

图 6-2　16 位字元件

☺ 双字元件：低位元件 D10 存储 32 位数据的低 16 位，高位元件 D11 存储 32 位数据的
　　高 16 位，如图 6-3 所示。

图 6-3　双字元件

2）16 位、32 位指令

☺ 16 位指令：以 16 位 MOV 指令为例介绍，如图 6-4 所示。

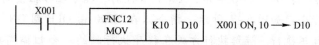

图 6-4　16 位指令

◇ 当 X001 接通时，将十进制数 10 传送到 16 位的数据寄存器 D10 中去。

◇ 当 X001 断开时，该指令被跳过不执行，源和目标内容都不变。

☺ 32 位指令：以 32 位 MOV 指令为例介绍，如图 6-5 所示。

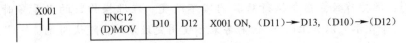

图 6-5 32 位指令

◇ 当 X001 接通时，将由 D11 和 D10 组成的 32 位源数据传送到由 D13 和 D12 组成的目标地址中去。

◇ 当 X001 断开时，该指令被跳过不执行，源和目标内容都不变。

应用指令中附有符号"（D）"表示处理 32 位数据，如（D）MOV、FNC（D）12、FNC12（D）。处理 32 位数据时，用元件号相邻的两个元件组成元件对。元件对的元件号用奇数、偶数均可。但为避免错误，元件对的首元件建议统一用偶数编号。32 位计数器（C200 ～ C255）不能用作 16 位指令的操作数。

3）位元件、位组合元件 只处理 ON/OFF 信息的软元件称为位元件，例如，X、Y、M、S 等均为位元件。而处理数值的软元件称为字元件，如 T、C、D 等。

"位组合元件"的组合方法的助记符是：Kn + 最低位的位元件号。例如，KnX、KnY、KnM 即是位组合元件。其中，K 表示后面跟的是十进制数；n 表示 4 位一组的组数，16 位数据用 K1 ～ K4，32 位数据用 K1 ～ K8。

【实例 6-1】 说明 K2M0 表示的位组合元件含义

K2M0 中的 2 表示 2 组 4 位的位元件组成元件，最低位的位元件号分别是 M0 和 M4。所以，K2M0 表示由 M0 ～ M3 和 M4 ～ M7 两组位元件组成一个 8 位数据，其中 M7 是最高位，M0 是最低位。

 使用位组合元件时应注意以下问题。

☺ 若向 K1M0 ～ K3M0 传递 16 位数据，则数据长度不足的高位部分不被传递，32 位数据也同样。

☺ 在 16 位（或 32 位）运算中，对应元件的位指定是 K1 ～ K3（或 K1 ～ K7），长度不足的高位通常被视为 0，因此通常将其作为正数处理。

☺ 被指定的位元件的编号，没有特别的限制，一般可自由指定。但是，建议在 X、Y 的场合最低位的编号尽可能设定为 0（X000、X010、X020……Y000、Y010、Y020……），在 M、S 的场合理想的设定值为 8 的倍数，为了避免混乱，建议设定为 M0、M10、M20 等。

4）连续执行型、脉冲执行型指令

☺ 连续执行指令型：如图 6-6 所示，X000 = ON 时，指令在各扫描周期都执行。

☺ 脉冲执行型指令：如图 6-7 所示，指令只在 X000 由 OFF 到 ON 变化一次时执行一次，其他时候不执行。连续执行方式在程序执行时的每个扫描周期都会对目标元件加 1，而这种情况在许多实际的控制中是不允许的。为了解决这类问题，设置了脉冲执行方式，并在这类助记符的后面加后缀符号"（P）"来表示此方式。

图 6-6　连续执行型指令

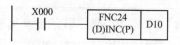

图 6-7　脉冲执行型指令

5）变址操作　变址寄存器用来在传送、比较指令中修改操作对象的元件号。变址的方法是将变址寄存器 V 和 Z 这两个 16 位的寄存器放在各种寄存器的后面，充当操作数地址的偏移量。操作数的实际地址就是寄存器的当前值及 V 和 Z 内容相加后的和。当源或目标寄存器用 [S·] 或 [D·] 表示时，就能进行变址操作。对 32 位数据进行操作时，要将 V、Z 组合成 32 位来使用，这时 Z 为低 16 位，V 为高 16 位。32 位指令中用到变址寄存器时只需指定 Z，这时 Z 就代表了 V 和 Z。可以用变址寄存器进行变址的软元件有 X、Y、M、S、P、T、C、D、K、H、KnX、KnY、KnM、KnS 等。

【实例 6-2】 求执行加法操作时源和目标操作数的实际地址

程序如图 6-8 所示。

第 1 行指令执行 K25→V，第 2 行指令执行 K30→Z，所以变址寄存器的值为：V = 25，Z = 30。第 3 行指令执行 (D5V) + (D15Z)→(D40Z)。

[S1·] 为 D5V：D(5 + 25) = D30。这是源操作数 1 的实际地址。

[S2·] 为 D15Z：D(15 + 30) = D45。这是源操作数 2 的实际地址。

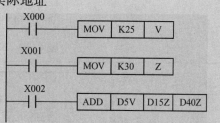

图 6-8　变址操作实例

[D·] 为 D40Z：D(40 + 30) = D70。这是目标操作数的实际地址。

所以，第 3 行指令实际执行 (D30) + (D40)→(D70)，即 D30 的内容和 D45 的内容相加，结果送到 D70 中去。

【实例 6-3】 16 位指令操作数的变址实例

程序如图 6-9 所示。将 K0 或 K10 向变址寄存器 V0 传送。当 X001 = ON 时，若 V0 = 0，则 D(0 + 0) = D0，将 K500 向 D0 传送；若 V0 = 10，则 D(0 + 10) = D10，将 K500 向 D10 传送。

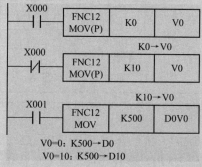

图 6-9　16 位指令操作数的变址实例

【实例6-4】 32 位指令操作数的变址实例

程序如图 6-10 所示。(D)MOV 是 32 位指令,因此在该指令中使用的变址寄存器也必须指定 32 位。在 32 位指令中指定了变址寄存器的 Z 寄存器 (Z0 ~ Z7) 及与之组合的 V 寄存器 (V0 ~ V7)。

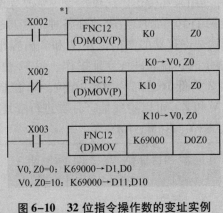

图6-10 32位指令操作数的变址实例

即使 Z0 中写入的数值不超过 16 位数值范围 (0 ~ 32767),也必须用 32 位指令将 V、Z 两方向改写,如果只写入 Z 侧,则在 V 侧留有其他数值,会使数值产生很多的运算错误。

【实例6-5】 常数 K 的修改实例

程序如图 6-11 所示。当 X005 = ON,若 V5 = 0,则 K6 + 0 = K6,将 K6 向 D10 传送;若 V5 = 20,则 K6 + 20 = K26,将 K26 向 D10 传送。

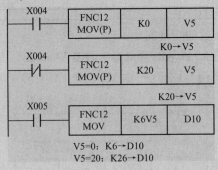

图6-11 常数 K 的修改实例

【实例6-6】 I/O 继电器八进制软元件的变址实例

程序如图 6-12 所示。用 MOV 指令输出 Y7 ~ Y0,通过变址修改输入,使其变换成 X7 ~ X0、X17 ~ X10、X27 ~ X20。这种变换是将变址值 0、8、16 通过八进制的换算,然后相加软元件的编号,使输入端子发生变化的。

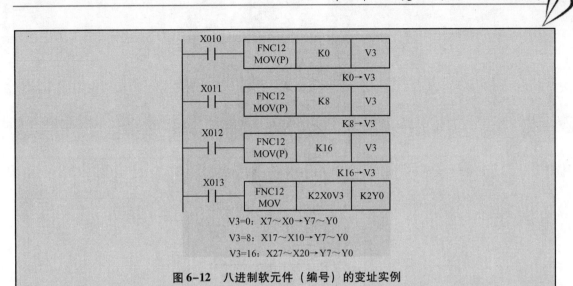

图 6-12　八进制软元件（编号）的变址实例

6.2　常用应用指令说明

6.2.1　程序流程控制指令

1. 条件跳转指令

1）指令格式

（1）指令功能号与助记符：FNC00 CJ。

（2）指令操作数：CJ 指令的目标操作元件是指针标号，其范围是 P0 ～ P63（允许变址修改）。

该指令程序步为 3 步。作为执行序列的一部分指令，有 CJ 指令，可以缩短运算周期及使用双线圈。

2）指令用法　条件跳转指令用于当跳转条件成立时跳过 CJ 指令和指针标号之间的程序，从指针标号处连续执行，若条件不成立则继续顺序执行，以减少程序执行扫描时间。

【实例 6-7】 CJ 指令应用实例

　　如图 6-13 所示，X000 = ON 时，则从 1 步跳转到标号 P8 的后一步；X000 = OFF 时，不进行跳转，从 1 步顺序执行。

　　程序定时器 T192 ～ T199 及高速计数器 C235 ～ C255 如果在驱动后跳转则继续工作，输出接点也动作。

　　Y001 为输出线圈，X000 = OFF 时，不跳转，采样 X001。

　　X000 = ON 时，跳转至 P8 处，P8 处不跳转，采样 X012。

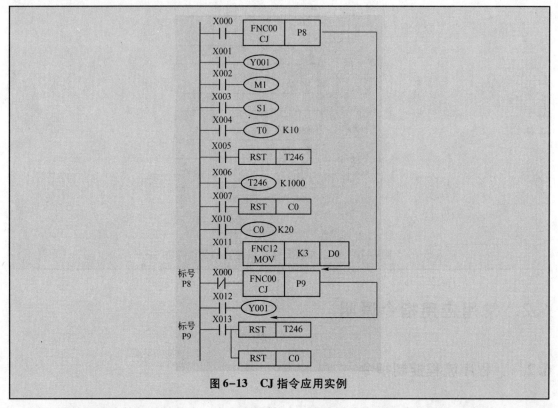

图 6-13　CJ 指令应用实例

3）跳转程序中软元件的状态　在发生跳转时，被跳过的那段程序中的驱动条件已经没有意义了，所以该程序段中的各种继电器和状态器、定时器等将保持跳转发生前的状态不变。

4）跳转程序中标号的多次引用　标号是跳转程序的入口标识地址，在程序中只能出现一次，同一标号不能重复使用。但是，同一标号可以多次引用，如图 6-14 所示。

5）无条件跳转指令的构造　PLC 只有条件跳转指令，没有无条件跳转指令。遇到需要无条件跳转的情况，可以用条件跳转指令来构造无条件跳转指令，通常是使用 M8000（只要 PLC 处于运行状态，则 M8000 总是接通的）。如图 6-15 所示，PLC 一旦运行，M8000 的触点接通，即执行跳转指令，不需要别的条件。

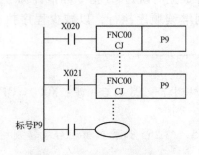

图 6-14　标号可以多次引用

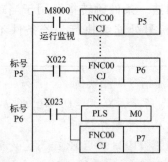

图 6-15　无条件跳转指令的构造

2. 子程序调用、返回指令

1）指令格式

（1）指令功能号与助记符如下所述。

☺ 子程序调用指令：FNC01 CALL。

☺ 子程序返回指令：FNC02 SRET。

（2）指令操作数：指令的目标操作元件是指针标号 P0 ～ P62（允许变址修改）。

2）指令用法

☺ CALL 指令必须和 FEND、SRET 指令一起使用。

☺ 子程序标号要写在 FEND 指令之后。

☺ 标号 P0 和 SRET 指令间的程序构成了 P0 子程序的内容。

☺ 当主程序带有多个子程序时，子程序要依次放在 FEND 指令之后，并用不同的标号相区别。

☺ 子程序标号范围为 P0 ～ P62，这些标号与条件跳转中所用的标号相同，而且在条件跳转中已经使用了的标号，子程序也不能再用。

☺ 同一标号只能使用一次，而不同的 CALL 指令可以多次调用同一标号的子程序。

【实例 6-8】 CALL 指令应用实例

如图 6-16 所示，X001 的触点闭合之后，执行 CALL 指令，程序转到 P10 所指向的指令处，执行子程序。子程序执行结束之后，通过 SRET 指令返回主程序，继续执行 104 步。

子程序嵌套实例如图 6-17 所示。X001 的触点闭合之后，执行 CALL P11 指令，转移到子程序（1）执行，然后 X003 的触点闭合，执行 CALL P12 指令，转移到子程序（2）执行，执行完毕之后，依次返回子程序（1）、主程序。

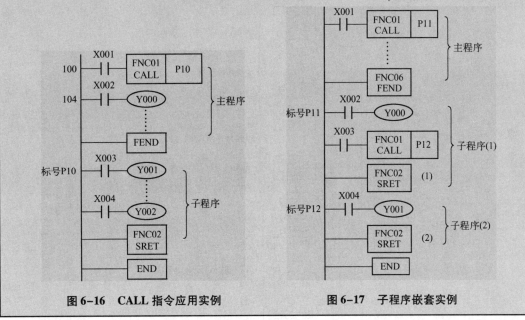

图 6-16　CALL 指令应用实例　　　　图 6-17　子程序嵌套实例

3. 中断指令

1）指令格式　指令功能号与助记符如下所述。

☺ 中断返回指令：FNC03 IRET。

☺ 中断允许指令：FNC04 EI。

☺ 中断禁止指令：FNC05 DI。

2）指令用法　FX 系列 PLC 有两类中断，即外部中断（简称外中断）和内部定时器中断（简称内中断）。外部中断信号从输入端子送入，可用于外部突发随机事件引起的中断；定时器中断是内部中断，是定时器定时时间到引起的中断。

FX 系列 PLC 设置有 9 个中断源，9 个中断源可以同时向 CPU 发出中断请求信号。多个中断依次发生时，以先发生为优先；同时发生时，中断指针标号较低的有优先权。另外，外中断的优先级整体上高于内中断的优先级。

FX 系列 PLC 有 3 条中断指令。

☺ 对可以响应中断的程序段用中断允许（EI）指令来开始。

☺ 对不允许中断的程序段用中断禁止（DI）指令来禁止。

☺ 从中断服务子程序中返回时，必须用专门的中断返回（IRET）指令，不能用子程序返回（SRET）指令。

在主程序的执行过程中，可根据不同中断服务子程序中 PLC 要完成工作的优先级高低决定能否响应中断。程序中允许中断响应的区间应该由 EI 指令开始，从 DI 指令结束。在中断服务子程序执行区间之外时，即使有中断请求，CPU 也不会立即响应。通常情况下，在执行某个中断服务子程序时，应禁止其他中断。

【实例 6-9】 中断指令应用实例

如图 6-18 所示，EI 指令到 DI 指令之间为允许中断区间，I001、I000、I101 分别为中断服务子程序的指针标号。

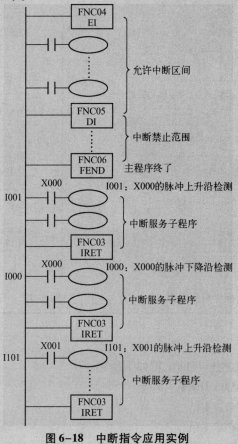

图 6-18 中断指令应用实例

3) 中断指针

☺ 外中断用指针：外中断用指针格式如图 6-19 (a) 所示，有 I0 ～ I5 共 6 点。外中断是外部信号引起的中断，对应的外部信号的输入口为 X000 ～ X005。

☺ 内中断用指针：内中断用指针格式如图 6-19 (b) 所示，有 I6 ～ 18 共 3 点。内中断是指机内定时时间到，中断主程序去执行中断服务子程序。定时时间由指定编号为 6 ～ 8 的专用定时器控制。设定时间值在 10 ～ 99ms 范围内选取，每隔设定时间就会中断一次。

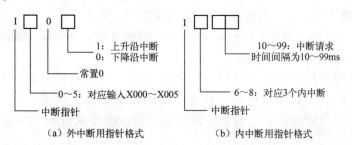

图 6-19　中断指针格式

4. 主程序结束指令

1) 指令格式　指令功能号与助记符为 FNC06 FEND。

2) 指令用法　FEND 指令是一步指令，无目标操作元件。子程序应写在 FEND 指令和 END 指令之间，包括 CALL 指令对应的标号、子程序和中断服务子程序。FEND 指令的用法如图 6-20 所示。应注意以下 3 点。

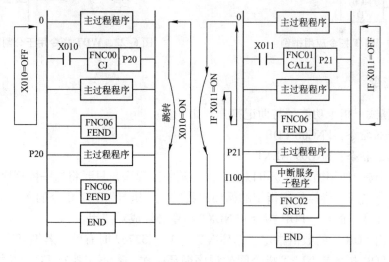

图 6-20　FEND 指令的用法

☺ CALL 指令的标号用于在 FEND 指令后编程，必须要有 SRET 指令。中断指针也在 FEND 指令后编程，必须要有 IRET 指令。

☺ 在使用多个 FEND 指令的情况下，应在最后的 FEND 指令与 END 指令之间编写子程序或中断服务子程序。

☺当程序中没有子程序或中断服务子程序时，也可以没有 FEND 指令。但是，程序的最后必须用 END 指令结尾。所以，子程序及中断服务子程序必须写在 FEND 指令与 END 指令之间。

5. 监视定时器指令

1）指令格式 指令功能号与助记符为 FNC07 WDT。

2）指令用法 WDT 指令用来在程序中刷新监视定时器（D8000）。通过改写存于特殊数据寄存器 D8000 中的内容，可改变监视定时器的监视时间。

WDT 指令应用举例如图 6-21 所示。监视定时器的时间为 300ms，如果不写 WDT 指令，在 END 指令处理时，D8000 才有效。

WDT 指令还可以用于将长扫描时间的程序分割。当 PLC 的运行扫描周期指令执行时间超过 200ms 时，CPU 的出错指示灯亮，同时停止工作。因此，在合适的程序步中插入 WDT 指令，用以刷新监视定时器，以使程序得以继续执行到 END 指令，如图 6-22 所示。

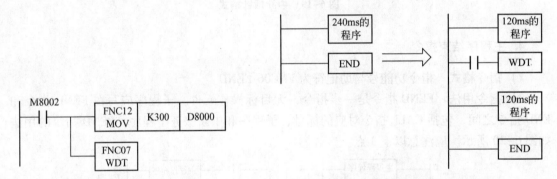

图 6-21 WDT 指令应用举例　　　　图 6-22 WDT 指令用于分割程序

6. 循环指令

1）指令格式 指令功能号与助记符分别如下。

☺循环开始指令：FNC08 FOR。

☺循环结束指令：FNC09 NEXT。

2）指令用法 使用循环指令可以反复执行某一段程序，只要将这一段程序放在 FOR 指令与 NEXT 指令之间，待执行完指定的循环次数后，才执行 NEXT 指令的下一条指令。循环程序可以使程序变得简练。FOR 指令和 NEXT 指令必须成对使用。

循环次数由 FOR 后的数值指定。循环次数为 1 ～ 32767 时有效。若循环次数 <1，则被当作 1 处理，FOR 指令与 NEXT 指令间的程序循环一次。若不想执行 FOR 指令与 NEXT 指令间的程序，则利用 CJ 指令使之跳转。循环次数多时，扫描周期会延长，可能出现监视定时器错误。NEXT 指令在 FOR 指令之前，或无 NEXT 指令，或在 FEND、END 指令之后有 NEXT 指令，或 FOR 指令与 NEXT 指令的个数不一致时，会出现错误。

【实例6-10】 分析程序的循环工作过程和计算各循环执行的次数

如图6-23所示的程序是三重循环的嵌套，已知 K1X000 的内容为7，数据寄存器 D0Z 的内容为6。下面分析程序的循环工作过程，并按照循环程序执行的次序由内向外计算各循环执行的次数。

（1）单独一个循环［A］执行的次数：当 X010 为 OFF 时，已知 K1X000 的内容为7，所以循环［A］执行了7次。

（2）循环［B］执行的次数（不考虑循环［C］）：由 D0Z 指定，已知 D0Z 的内容为6，所以循环［B］被执行了6次。循环［B］包含了整个循环［A］，所以整个循环［A］都要被启动6次。

（3）循环［C］执行的次数：由 K4 指定，为4次。在循环［C］执行一次的过程中，循环［B］被执行6次，所以，循环［B］总计被执行了4×6＝24次，循环［A］总计被执行了4×6×7＝168次。然后向 NEXT 指令（3）以后的程序转移。

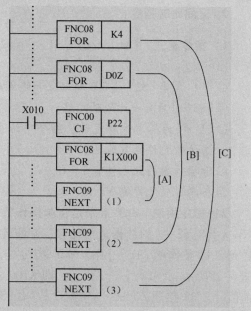

图6-23 FOR、NEXT 指令应用实例

6.2.2 数据比较、传送和转换指令

1. 比较指令

1）指令格式 FNC10 CMP［S1·］［S2·］［D·］。

☺［S1·］、［S2·］为两个比较的源操作数。

☺［D·］为比较结果的标志位软元件，指令中给出的是标志位软元件的首地址（标号最小的那个）。

☺源操作数的软元件有 T、C、V、Z、D、K、H、KnX、KnY、KnM、KnS。

☺标志位软元件有 Y、M、S。

2）指令用法 CMP 指令是将源操作数［S1·］的数据和源操作数［S2·］的数据进行比较，并将比较结果传送到目标操作数［D·］中。比较结果有三种情况，即大于、等于和小于。

CMP 指令可以比较两个16位二进制数，也可以比较两个32位二进制数。在作32位操作时，使用前缀(11)：(D)CMP［S1·］［S2·］［D·］。

CMP 指令也可以有脉冲操作方式，使用后缀"(P)"：(D)CMP(P)［S1·］［S2·］［D·］，只有在驱动条件由 OFF 变为 ON 时进行一次比较。

CMP 指令应用举例如图6-24所示。若 K100＞(C20)，则 M0 被置1；若 K100＝(C20)，

则 M1 被置 1；若 K100＜（C20），则 M2 被置 1。

2. 区间比较指令

1）指令格式 FNC11 ZCP［S1·］［S2·］［S3·］［D·］。

☺［S1·］和［S2·］为区间起点和终点。

☺［S3·］为另一比较软元件。

☺［D·］为标志位软元件，指令中给出的是标志位软元件的首地址。

☺源操作数的软元件有 T、C、V、Z、D、K、H、KnX、KnY、KnM、KnS。

☺标志位软元件有 Y、M、S。

2）指令用法 ZCP 指令是将源操作数［S3·］与［S1·］和［S2·］的数据进行比较，并将比较结果传送到目标操作数［D·］中。ZCP 指令应用举例如图 6-25 所示。［S1·］＞［S3·］，即 K100＞C30 的当前值时，M3 接通；［S1·］≤［S3·］≤［S2·］，即 K100≤C30 的当前值≤K120 时，M4 接通；［S3·］＞［S2·］，即 C30 的当前值＞K120 时，M5 接通。当 X000 为 OFF 时，不执行 ZCP 指令，M3 ～ M5 仍保持 X000＝OFF 之前的状态。

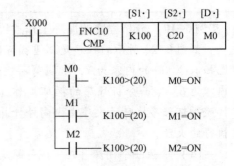

图 6-24 CMP 指令应用举例

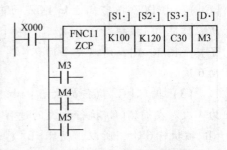

图 6-25 ZCP 指令应用举例

> 📢 说明 使用 ZCP 指令时，［S2·］的数值不能小于［S1·］；所有的源数据都被看成二进制值处理。

3. 传送指令

1）指令格式 FNC12 MOV［S·］［D·］。

☺［S·］为源操作数。

☺［D·］为目标操作数。

☺源操作数的软元件有 T、C、V、Z、D、K、H、KnX、KnY、KnM、KnS。

☺目标操作数的软元件有 T、C、V、Z、D、KnY、KnM、KnS。

2）指令用法 MOV 指令是将源操作数的数据传送到指定的目标操作数中，即［S·］→［D·］。

【实例 6-11】 MOV 指令应用实例

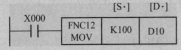

图 6-26 MOV 指令应用实例

如图 6-26 所示，当常开触点 X000 闭合为 ON 时，每扫描到 MOV 指令时，就把源操作数 100（K100）转换成二进制数，再传送到目标操作数 D10 中；当 X000 为 OFF 时，则指令不执行，数据保持不变。

4. 移位传送指令

1）指令格式　FNC13 SMOV［S·］m1 m2［D·］n。

☺［S·］为源操作数，m1 为被传送的起始位，m2 为传送位数。

☺［D·］为目标操作数，n 为传送的目标起始位。

☺源操作数的软元件有 T、C、V、Z、D、K、H、KnX、KnY、KnM、KnS。

☺目标操作数的软元件有 T、C、V、Z、D、KnY、KnM、KnS。

☺n、m1、m2 的软元件有 K、H。

2）指令用法　SMOV 指令是将［S·］第 m1 位开始的 m2 位的数移位（传送）到［D·］的第 n 位开始的 m2 位上去，m1、m2 和 n 取值均为 1 ～ 4。分开的 BCD 码重新分配组合，一般用于多位 BCD 拨盘开关的数据输入。

【实例6-12】SMOV 指令应用实例

如图 6-27 所示，X000 满足条件，执行 SMOV 指令。

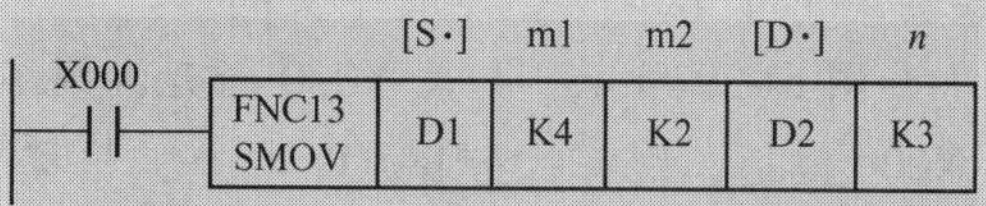

	［S·］	m1	m2	［D·］	n
X000 FNC13 SMOV	D1	K4	K2	D2	K3

图 6-27　SMOV 指令应用实例

先源操作数［S·］的 16 位二进制数自动转换成 4 位 BCD 码，然后将源操作数（4 位 BCD 码）的右起第 m1 位开始，向右数共 m2 位的数，传送到目标操作数（4 位 BCD 码）的右起第 n 位开始，向右数共 m2 位上去，最后自动将目标操作数［D·］的 4 位 BCD 码转换成 16 位二进制数。

在图 6-27 中，m1 为 4，m2 为 2，n 为 3，当 X000 闭合时，每扫描一次该梯形图，就执行 SMOV 指令，先将 D1 中的 16 位二进制数自动转换成 4 位 BCD 码，然后将 4 位 BCD 码的右起第 4 位（m1 为 4）开始，向右数共 2 位（m2 为 2）的数，传送到 D2 中 4 位 BCD 码的右起第 3 位（n＝3）开始，向右数共 2 位上去，最后自动将 D2 中的 BCD 码转换成二进制数。

在上述传送过程中，D2 中的另两位保持不变。

---

5. 取反传送指令

1）指令格式　FNC14 CML［S·］［D·］。

☺［S·］为源操作数。

☺［D·］为目标操作数。

☺源操作数的软元件有 T、C、V、Z、D、K、H、KnX、KnY、KnM、KnS。

☺目标操作数的软元件有 T、C、V、Z、D、KnY、KnM、KnS。

2）指令用法　CML 指令是将源操作数的数据按二进制的位逐位取反并传送到指定的目标操作数中。CML 指令应用举例如图 6-28 所示。

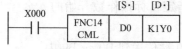

图 6-28　CML 指令应用举例

6. 块传送指令

1）指令格式　FNC15 BMOV［S·］［D·］n。

☺ [S·]为源操作数。

☺ [D·]为目标操作数。

☺ n 为数据个数。

☺ 源操作数的软元件有 KnX、KnY、KnM、KnS、T、C、D、K、H。

☺ 目标操作数的软元件有 KnY、KnM、KnS、T、C、D。

☺ 数据个数 n 为 K 和 H 指定的常数。

2）指令用法 BMOV 指令是将源操作数的软元件中 n 个数据组成的数据块传送到指定的目标软元件中。如果元件号超出允许元件号的范围，则数据仅传送到允许范围内。（说明：本书中，源操作数、源操作数的软元件、源软元件实际上是一个概念，只是前两种的强调重点不同，第三种是第二种的简称，这三种说法书中都有出现；同样，目标操作数、目标操作数的软元件、目标软元件也是一个概念。）

【实例 6-13】 BMOV 指令应用实例

如图 6-29 所示，如果 X000 断开，则不执行 BMOV 指令，源、目标数据均不变；如果 X000 接通，则将执行 BMOV 指令，根据 K3 指定数据个数为 3，则将 D5～D7 的内容传送到 D10～D12 中。传送后 D5～D7 的内容不变，而 D10～D12 的内容相应被 D5～D7 的内容取代。当源、目标软元件的类型相同时，传送顺序自动决定。如果源、目标软元件的类型不同，则只要位数相同就可以正确传送。如果源、目标软元件号超出允许范围，则只对符合规定的数据进行传送。

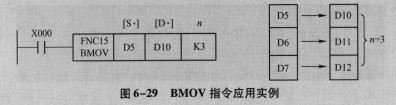

图 6-29 BMOV 指令应用实例

7. 多点传送指令

1）指令格式 FNC16 FMOV [S·] [D·]n。

☺ [S·]为源操作数。

☺ [D·]为目标操作数。

☺ n 为目标软元件个数。

☺ 指令中给出的是目标软元件的首地址。常用于对某一段数据寄存器清零或置相同的初始值。

☺ 源操作数可取除 V、Z 以外的所有的数据类型。

☺ 目标操作数的软元件有 KnY、KnM、KnS、T、C、D。

☺ n 小于或等于 512。

2）指令用法 FMOV 指令是将源操作数的数据传送到指定目标操作数开始的 n 个元件中，这 n 个元件中的数据完全相同。

FMOV 指令应用举例如图 6-30 所示。X000 闭合，数据 0 被传送到 D0～D9 中。

8. 数据交换指令

1）指令格式　FNC17 XCH［D1·］［D2·］。

☺［D1·］、［D2·］为两个目标操作数。

☺目标操作数的软元件有 KnY、KnM、KnS、T、C、D、V、Z。

2）指令用法　XCH 指令是将数据在两个指定的目标软元件之间进行交换。

XCH 指令应用举例如图 6-31 所示。当 X000 为 ON 时，将 D1 和 D17 中的数据相互交换。

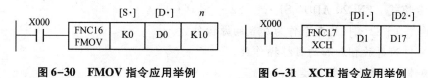

图 6-30　FMOV 指令应用举例　　　　图 6-31　XCH 指令应用举例

9. BCD 指令

1）指令格式　FNC18 BCD［S·］［D·］。

☺［S·］为源操作数。

☺［D·］为目标操作数。

☺源操作数的软元件有 KnX、KnY、KnM、KnS、T、C、D、V、Z。

☺目标操作数的软元件有 KnY、KnM、KnS、T、C、D、V、Z。

2）指令用法　BCD 指令是将源软元件中的二进制数转换成 BCD 码并传送到指定的目标软元件中。

BCD 指令应用举例如图 6-32 所示。当 X000 为 ON时，将 D12 中的二进制数转换成 BCD 码并传送到 Y0 ～Y7 中。BCD 指令将 PLC 内的二进制数转换成 BCD 码后，再译成七段码，就能输出驱动 LED 显示器。

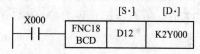

图 6-32　BCD 指令应用举例

10. BIN 指令

1）指令格式　FNC19 BIN［S·］［D·］。

☺［S·］为源操作数。

☺［D·］为目标操作数。

☺源操作数的软元件有 KnX、KnY、KnM、KnS、T、C、D、V、Z。

☺目标操作数的软元件有 KnY、KnM、KnS、T、C、D、V、Z。

2）指令用法　BIN 指令是将源软元件中的 BCD 码转换成二进制数并传送到指定的目标软元件中。

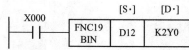

图 6-33　BIN 指令应用举例

BIN 指令应用举例如图 6-33 所示。当 X000 为 ON时，将 D12 中的 BCD 码转换成二进制数并传送到 Y0 ～Y7 中。此指令作用正好与 BCD 指令相反，用于将软元件中的 BCD 码转换成二进制数。

四则运算（加法、减法、乘法、除法）与加 1 指令、减 1 指令等 PLC 内的运算指令都用二进制数进行。因此，PLC 在用数字开关获取 BCD 码的信息时要用 BIN 指令。

6.2.3 算术与逻辑运算指令

算术与逻辑运算指令是基本运算指令，通过算术与逻辑运算可实现数据的传送、变位及其他控制功能。

1. 加法指令

1）指令格式 FNC20 ADD [S1·] [S2·] [D·]。

☺ [S1·]、[S2·] 为两个作为加数的源操作数。

☺ [D·] 为存放相加和的目标操作数。

☺ 源操作数可取所有数据类型。

☺ 目标操作数的软元件有 KnY、KnM、KnS、T、C、D、V、Z。

2）指令用法 ADD 指令是将指定的两个源软元件中的有符号数进行二进制代数加法运算，然后将相加的结果和送到指定的目标软元件中。

【**实例 6-14**】ADD 指令应用实例

ADD 指令应用实例如图 6-34 和图 6-35 所示。两个源数据进行二进制加法后传递到目标处，各数据的最高位是正（0）、负（1）的符号位，这些数据以代数形式进行加法运算，如 $5 + (-8) = -3$。

ADD 指令有 4 个标志位，M8020 为零标志位，M8021 为借位标志位，M8022 为进位标志位，M8023 为浮点标志位。如果运算结果为 0，则零标志位 M8020 置 1。如果运算结果超过 32767（16 位运算）或 2147483647（32 位运算），则进位标志位 M8022 置 1。如果运算结果小于 -32768（16 位运算）或 -2147483468（32 位运算），则借位标志位 M8021 置 1。

在 32 位运算中，用到字元件时，被指定的字元件是低 16 位元件，而下一个字元件即为高 16 位元件，源和目标可以用相同的元件，若源和目标软元件相同，而且采用连续执行的 ADD、(D)ADD 指令时，加法的结果在每个扫描周期都会改变。如图 6-35 所示，操作的结果是 D0 中的数据加 1。

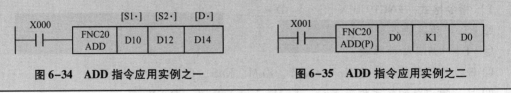

图 6-34 ADD 指令应用实例之一 　　　　　图 6-35 ADD 指令应用实例之二

2. 减法指令

1）指令格式 FNC21 SUB [S1·] [S2·] [D·]。

☺ [S1·]、[S2·] 分别为作为被减数和减数的源操作数。

☺ [D·] 为存放相减差的目标操作数。

☺ 源操作数可取所有数据类型。

☺ 目标操作数的软元件有 KnY、KnM、KnS、T、C、D、V、Z。

2）指令用法 SUB 指令是将指定的两个源软元件中的有符号数进行二进制代数减法运算，然后将相减的结果差送到指定的目标软元件中。SUB 指令应用举例如图 6-36 所示。

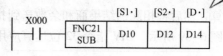

图 6-36 SUB 指令应用举例

SUB 指令标志位功能、32 位运算中字元件指定方法与 ADD 指令相同，在此不再赘述。

3. 乘法指令

1）指令格式 FNC22 MUL［S1·］［S2·］［D·］。

☺［S1·］、［S2·］分别为作为被乘数和乘数的源操作数。

☺［D·］为存放相乘积的目标软元件的首地址。

☺源操作数可取所有数据类型。

☺目标操作数的软元件有 KnY、KnM、KnS、T、C、D、V、Z。

2）指令用法 MUL 指令是将指定的两个源软元件中的有符号数进行二进制代数乘法运算，然后将相乘的结果积送到指定的目标软元件中。MUL 指令 16 位运算应用举例如图 6-37 所示。MUL 指令 32 位运算应用举例如图 6-38 所示。

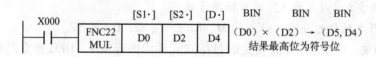

图 6-37 MUL 指令应用举例之一

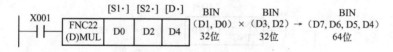

图 6-38 MUL 指令应用举例之二

【实例 6-15】 MUL 指令应用

在 32 位运算中，若目标软元件使用位软元件，则只能得到低 32 位的结果，不能得到高 32 位的结果。这时，应先向字元件传送一次后再进行计算，利用字元件作为目标时，不可能同时监视 64 位数据内容，只能通过监视运算结果的高 32 位和低 32 位，并利用下式计算 64 位数据内容。在这种情况下，建议最好采用浮点运算。

$$64 \text{ 位结果} = \text{高 32 位数据} \times 2^{32} + \text{低 32 位数据}$$

4. 除法指令

1）指令格式 FNC23 DIV［S1·］［S2·］［D·］。

☺［S1·］、［S2·］分别为作为被除数和除数的源操作数。

☺［D·］为存放相除商和余数的目标软元件的首地址。

☺源操作数可取所有数据类型。

☺目标操作数的软元件有 KnY、KnM、KnS、T、C、D、V、Z。

2）指令用法 DIV 指令是将指定的两个源软元件中的有符号数进行二进制代数除法运

算，然后将相除的结果商和余数送到指定的目标软元件中。DIV 指令 16 位运算应用举例如图 6-39 所示。DIV 指令 32 位运算应用举例如图 6-40 所示。

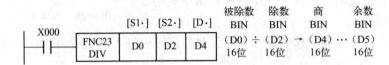

图 6-39　DIV 指令应用举例之一

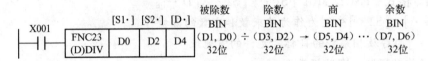

图 6-40　DIV 指令应用举例之二

5. 加 1、减 1 指令

1）指令格式　加 1 指令为 FNC24 INC ［D·］。减 1 指令为 FNC25 DEC ［D·］。

☺［D·］为要加 1（或减 1）的目标操作数。

☺目标操作数的软元件有 KnY、KnM、KnS、T、C、D、V、Z。

2）指令用法　INC 指令是将指定的目标软元件的内容加 1。DEC 指令是将指定的目标软元件的内容减 1。INC、DEC 指令应用举例如图 6-41 所示。

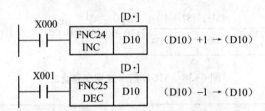

图 6-41　INC、DEC 指令应用举例

【实例 6-16】INC、DEC 指令应用

16 位运算时，如果 32767 加 1 变成 -32768，标志位不置位；32 位运算时，如果 2147483647 加 1 变成 -2147483648，标志位不置位。

在连续执行指令中，每个扫描周期都将执行运算，必须加以注意。所以，一般采用输入信号的上升沿触发运算一次。

16 位运算时，如果 -32768 减 1 变成 32767，标志位不置位；32 位运算时，如果 -2147483648 减 1 变成 2147483647，标志位不置位。

6. 逻辑与、或和异或指令

1）指令格式　逻辑与指令为 FNC26 WAND ［S1·］［S2·］［D·］。逻辑或指令为 FNC27 WOR ［S1·］［S2·］［D·］。逻辑异或指令为 FNC28 WXOR ［S1·］［S2·］［D·］。

☺［S1·］、［S2·］为两个源操作数。

☺［D·］为存放运算结果的目标操作数。

2）指令用法 WAND 指令是将指定的两个源软元件中的数进行二进制按位"与"，然后将相"与"结果送到指定的目标软元件中。

WAND 指令应用举例 WAND 如图 6-42 所示。存放在源软元件（即 D10 和 D12）中的两个二进制数据，以位为单位作逻辑"与"运算，结果送到目标软元件（即 D14）中。

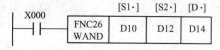

图 6-42 WAND 指令应用举例

WOR 指令是将指定的两个源软元件中的数进行二进制按位"或"，然后将相"或"结果送到指定的目标软元件中。

WOR 指令应用举例如图 6-43 所示。存放在源软元件（即 D10 和 D12）中的两个二进制数据，以位为单位作逻辑"或"运算，结果送到目标软元件（即 D14）中。

WXOR 指令是将指定的两个源软元件中的数进行二进制按位"异或"，然后将相"异或"结果送到指定的目标软元件中。

WXOR 指令应用举例如图 6-44 所示。存放在源软元件（即 D10 和 D12）中的两个二进制数据，以位为单位作逻辑"异或"运算，结果送到目标软元件（即 D14）中。

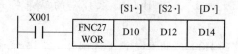

图 6-43 WOR 指令应用举例

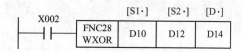

图 6-44 WXOR 指令应用举例

7. 求补指令

1）指令格式 FNC29 NEG［D·］。

☺［D·］为存放求补结果的目标操作数。

☺目标操作数的软元件有 KnY、KnM、KnS、T、C、D、V、Z。

2）指令用法 NEG 指令是将指定的目标软元件的内容中的各位先取反（0→1，1→0），然后再加 1，将其结果送到原先的目标软元件中。

☺ NEG 指令可以有 32 位操作方式，使用前缀"（D）"。

☺ NEG 指令也可以有脉冲执行方式，使用后缀"（P）"，只有在驱动条件由 OFF 变为 ON 时进行一次求补运算。

☺ NEG 指令的 32 位脉冲操作格式为（D）NEG（P）［D·］。同样，［D·］为目标软元件的首地址。

☺ NEG 指令一般使用其脉冲执行方式，否则每个扫描周期都将执行一次求补操作。

【实例6-17】 NEG 指令应用实例

如图 6-45 所示，如果 X000 断开，则不执行 NEG 指令，目标软元件中的数据保持不变；如果 X000 接通，则执行 NEG 指令，即将 D10 中的二进制数，进行"连同符号位求反加 1"，再将求补的结果送到 D10 中。

执行 NEG 指令的示意图如图 6-46 所示。假设 D10 中的数为十六进制数 H000C，执行 NEG 指令时，就要对它进行"连同符号位求反加 1"，求补的结果为 HFFF4，再送到 D10 中。

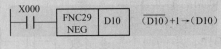

图 6-45　NEG 指令应用实例

图 6-46　执行 NEG 指令的示意图

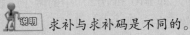求补与求补码是不同的。

求补码的规则是"符号位不变，数值位求反加 1"，对 H000C 求补码的结果将是 H7FF4，两者的结果不一样。

求补指令是绝对值不变的变号运算，求补前的 H000C 的真值是十进制数 12，而求补后的 HFFF4 的真值是十进制数 -12。

6.2.4　循环与移位指令

三菱 FX 系列 PLC 的循环与移位指令是使位数据或字数据向指定方向循环、移位的指令。

1. 循环左、右移指令

1）指令格式　循环右移指令为 FNC30 ROR [D·]n。循环左移指令为 FNC31 ROL [D·]n。

☺ [D·] 为要移位的目标操作数。

☺ n 为每次移动的位数。

☺ 目标操作数的软元件有 KnY、KnM、KnS、T、C、D、V、Z。

☺ 移动的位数 n 为 K 和 H 指定的常数。

2）指令用法　ROR 指令是将指定的目标软元件中的二进制数按照指令中规定的每次移动的位数由高位向低位移动，最后移出的那一位将进入进位标志位 M8022。

执行一次 ROR 指令，n 位的状态向右移一次，最右端的 n 位状态循环移位到最左端 n 位，特殊辅助继电器 M8022 表示最右端的 n 位中向右移出的最后一位的状态。

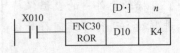

图 6-47　ROR 指令应用举例

ROR 指令应用举例如图 6-47 所示。假设 D10 中的数据为 HFF00，执行 ROR 指令的示意图如图 6-48 所示。由于指令中 K4 指示每次循环右移 4 位，所以最低 4 位被移出，并循环回补进入高 4 位。因此，循环右移 4 位后，D10 中的数据变为 H0FF0。最后移出的是第 3 位的 0，它除了回补进入最高位外，同时进入进位标志位 M8022。

ROL 指令是将指定的目标软元件中的二进制数按照指令中规定的每次移动的位数由低位向高位移动，最后移出的那一位将进入进位标志位 M8022。ROL 指令的执行类似于 ROR 指令，只是移位方向相反。ROL 指令应用举例如图 6-49 所示。

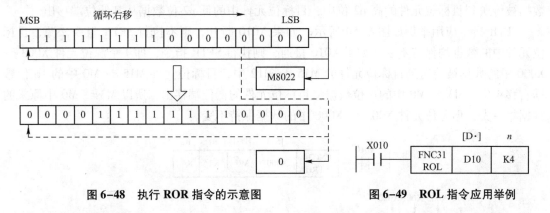

图 6-48　执行 ROR 指令的示意图　　　　图 6-49　ROL 指令应用举例

2. 带进位的循环左、右移指令

1）指令格式　带进位的循环右移指令为 FNC32 RCR［D·］n。带进位的循环左移指令为 FNC33 RCL［D·］n。

☺［D·］为要移位的目标操作数。

☺ n 为每次移动的位数。

☺ 目标操作数的软元件有 KnY、KnM、KnS、T、C、D、V、Z。

☺ 移动的位数 n 为 K 和 H 指定的常数。

2）指令用法　RCR 指令是将指定的目标软元件中的二进制数按照指令中规定的每次移动的位数由高位向低位移动，最低位移动到进位标志位 M8022 中，M8022 的内容则移动到最高位中。

RCL 指令是将指定的目标软元件中的二进制数按照指令中规定的每次移动的位数由低位向高位移动，最高位移动到进位标志位 M8022 中，M8022 的内容则移动到最低位中。

这两条指令的执行基本上与 ROR、ROL 指令相同，只是在执行 RCR、RCL 指令时，进位标志位 M8022 不再表示向右或向左移出的最后一位的状态，而是作为循环移位单元中的一位处理。

3. 位元件左、右移指令

1）指令格式　位元件右移指令为 FNC34 SFTR［S·］［D·］n1 n2。位元件左移指令为 FNC35 SFTL［S·］［D·］n1 n2。

☺［S·］为移位的源位元件首地址。

☺［D·］为移位的目标位元件首地址。

☺ n1 为目标位元件个数。

☺ n2 为源位元件移位个数。

☺ 源操作数的软元件有 Y、X、M、S。

☺ 目标操作数的软元件有 Y、M、S。

☺ n1 和 n2 为 K 和 H 指定的常数。

2）指令用法 SFTR 指令是将源位元件的低位从目标位元件的高位移入，目标位元件中的数据右移 n2 位，源位元件中的数据保持不变。SFTR 指令执行后，n2 个源位元件中的数据被传送到目标位元件的高 n2 位中，目标位元件中的低 n2 位数据从其低位端移出。

SFTR 指令应用举例如图 6-50 所示。如果 X010 断开，则不执行 SFTR 指令，源、目标位元件中的数据均保持不变；如果 X010 接通，则执行 SFTR 指令，即 4 个源位元件 X003 ～ X000 中的数据被传送到目标位元件的 M15 ～ M12 中，目标位元件 M15 ～ M0 中的 16 位数据右移 4 位，M3 ～ M0 中的 4 位数据从目标位元件的低位端移出，所以 M3 ～ M0 中原来的数据将丢失，但源位元件 X003 ～ X000 中的数据保持不变。

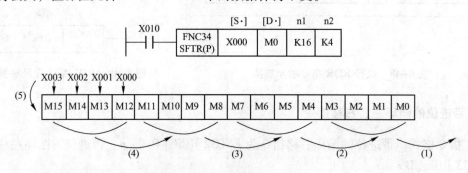

图 6-50　SFTR 指令应用举例

SFTL 指令是将源位元件的高位从目标位元件的低位移入，目标位元件中的数据左移 n2 位，源位元件中的数据保持不变。SFTL 指令执行后，n2 个源位元件中的数据被传送到目标位元件的低 n2 位中，目标位元件中的高 n2 位数据从其高位端移出。SFTL 指令应用举例如图 6-51 所示。

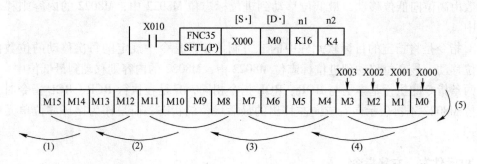

图 6-51　SFTL 指令应用举例

4. 字元件左、右移指令

1）指令格式 字元件右移指令为 FNC36 WSFR ［S·］［D·］n1 n2。字元件左移指令为 FNC37 WSFL ［S·］［D·］n1 n2。

☺ [S·] 为移位的源字元件首地址。

☺ [D·] 为移位的目标字元件首地址。

☺ n1 为目标字元件个数。

☺ n2 为源字元件移位个数。

☺ 源操作数的软元件有 KnX、KnY、KnM、KnS、T、C、D。

☺ 目标操作数的软元件有 KnY、KnM、KnS、T、C、D。

☺ n1 和 n2 为 K 和 H 指定的常数。

2）指令用法 WSFR、WSFL 指令以字为单位，其工作过程与 SFTR、SFTL 指令相似，是将 n1 个字右移或左移 n2 个字。WSFR、WSFL 指令应用举例分别如图 6-52 和图 6-53 所示。

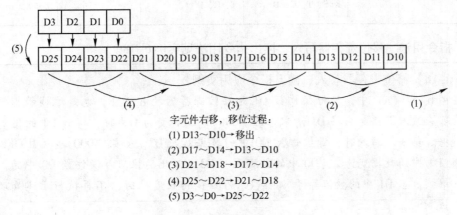

字元件右移，移位过程：
(1) D13～D10→移出
(2) D17～D14→D13～D10
(3) D21～D18→D17～D14
(4) D25～D22→D21～D18
(5) D3～D0→D25～D22

图 6-52　WSFR 指令应用举例

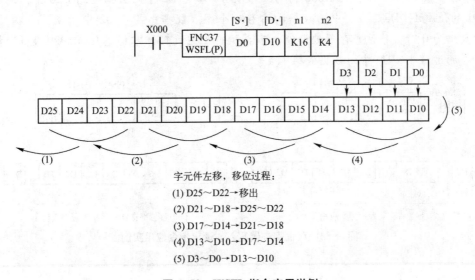

字元件左移，移位过程：
(1) D25～D22→移出
(2) D21～D18→D25～D22
(3) D17～D14→D21～D18
(4) D13～D10→D17～D14
(5) D3～D0→D13～D10

图 6-53　WSFL 指令应用举例

5. 移位寄存器写入、读出指令

移位寄存器又称为先入先出（First In First Out，FIFO）堆栈，堆栈的长度范围为 2 ～ 512 个字。

1）指令说明 移位寄存器写入（SFWR）指令与移位寄存器读出（SFRD）指令用于移位寄存器的读写，先写入的数据先读出。移位寄存器写入、读出指令说明如表 6-1 所示。

表 6-1 移位寄存器写入、读出指令说明

指令名称	指令功能号	助记符	操作数				指令步数
			[S·]（可变址）	[D·]（可变址）	n1	n2	
移位寄存器写入	FNC38	SFWR	K、H、KnX、KnY、KnM、KnS、T、C、D、V、Z	KnY、KnM、KnS、T、C、D	K、H n2≤n1≤512		SFWR、SFWR（P）：7 步
移位寄存器读出	FNC39	SFRD	KnX、KnY、KnM、KnS、T、C、D	KnY、KnM、KnS、T、C、D			SFRD、SFRD（P）：7 步

2）指令用法 移位寄存器写入、读出指令用法见实例 6-18。

【实例 6-18】移位寄存器写入、读出指令应用实例

在图 6-54（a）中，目标操作数 D1 是移位寄存器的首地址，也是堆栈的指针，移位寄存器未装入数据时应将 D1 清零。在 X000 由 OFF 变为 ON 时，指针 D1 的值加 1 后写入数据。第一次写入时，源操作数 D0 中的数据写入 D2。如果 X000 再次由 OFF 变为 ON，则 D1 中的数据变为 2，D0 中的数据写入 D3。以此类推，源操作数 D0 中的数据依次写入堆栈。当 D1 中的数据等于 $n-1$（n 为堆栈的长度）时，不再执行上述处理，进位标志位 M8022 置 1。

在图 6-54（b）中，在 X000 由 OFF 变为 ON 时，D2 中的数据送到 D20 中，同时指针 D1 的值减 1，D3 到 D9 中的数据向右移一个字。数据总是从 D2 中读出，当指针 D1 中的数据为 0 时，移位寄存器被读空，不再执行上述处理，零标志位 M8020 置 1。执行本指令的过程中，D9 中的数据保持不变。

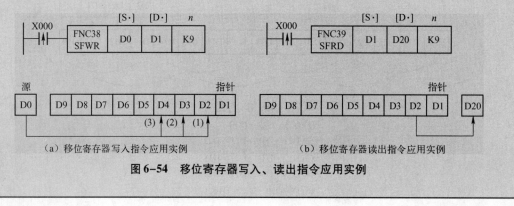

（a）移位寄存器写入指令应用实例　　　　　（b）移位寄存器读出指令应用实例

图 6-54 移位寄存器写入、读出指令应用实例

6.2.5　数据处理指令

数据处理指令包含区间复位指令、编码指令、译码指令及平均值指令等。其中，区间复位指令可用于数据区的初始化，编码指令、译码指令可用于字元件中某个置 1 位的位码的编译。

1. 区间复位指令

区间复位（ZRST）指令将目标操作数[D1・]、[D2・]指定的元件号范围内的同类元件成批复位。

1）指令说明　区间复位指令说明如表 6-2 所示。

☺ 如果[D1・]指定的元件号大于[D2・]指定的元件号，则只有[D1・]指定的元件被复位。

☺ 单个位元件和字元件可以用 RST 指令复位。

表 6-2　区间复位指令说明

指令名称	指令功能号	助记符	操作数		指令步数
			[D1・]（可变址）	[D2・]（可变址）	
区间复位	FNC40	ZRST	Y、M、S、T、C、D [D1・]元件号≤[D2・]元件号		ZRST、ZRST（P）：5 步

2）指令用法　区间复位指令用法见实例 6-19。

【实例 6-19】区间复位指令应用实例

如图 6-55 所示，当 M8002 由 OFF 变为 ON 时，执行区间复位指令，位元件 M500 ～ M599 成批复位，字元件 C235 ～ C255 成批复位，状态元件 S0 ～ S127 成批复位。虽然区间复位指令是 16 位指令，但[D1・]和[D2・]也可以指定 32 位计数器。

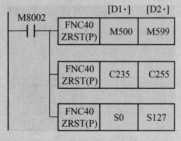

图 6-55　区间复位指令应用实例

2. 解码、编码指令

1）指令说明

☺ 解码（译码）（DECO）指令的位源操作数的软元件有 X、Y、M、S，位目标操作数的软元件有 Y、M、S；字源操作数的软元件有 K、H、T、C、D、V、Z，字目标操作数的软元件有 T、C、D。$n = 1 \sim 8$，只有 16 位运算。

☺ 编码（ENCO）指令只有 16 位运算。

2）指令用法　解码、编码指令用法见实例 6-20。

【**实例 6-20**】解码、编码指令应用实例

　　在图 6-56（a）中，X002～X000 组成的 3 位（$n=3$）二进制数为 011，相当于十进制数 3，由 M7～M0 组成的 8 位二进制数的第 3 位（M0 为第 0 位）M3 置 1，其余各位为 0。若源数据为全 0，则 M0 置 1。

　　在图 6-56（b）中，$n=3$，编码指令将源软元件 M7～M0 中为 1 的 M3 的位数 3 编码为二进制数 011，并送到目标软元件 D10 的低 3 位中。

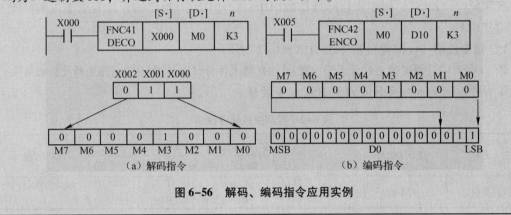

图 6-56　解码、编码指令应用实例

3. 求置 ON 位总和、ON 位判别指令

　　位元件的值为 1 时称为 ON，求置 ON 位总和（SUM）指令统计源操作数中为 ON 的位的个数，并将它送到目标操作数中。

【**实例 6-21**】求置 ON 位总和、ON 位判别指令应用实例

　　如图 6-57 所示，当 X000 为 ON 时，将 D0 中置 1 位的总和存到目标软元件 D2 中，若 D0 中为 0，则零标志位 M8020 置 1；当 X003 为 ON 时，判别 D10 中第 15 位，若为 1，则 M0 为 ON，反之为 OFF；X000 变为 OFF 时，M0 状态不变化。

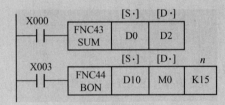

图 6-57　求置 ON 位总和、ON 位判别指令应用实例

4. 平均值指令

　　平均值（MEAN）指令是将源操作数指定的 n 个源数据的平均值存到目标操作数 D 中，舍去余数。若 n 超出元件规定地址号（也称编号）范围，则 n 值自动减小。n 在 1～64 以外时，会发生错误。

平均值指令应用举例如图 6-58 所示。当 X000 闭合时，进行平均值计算。

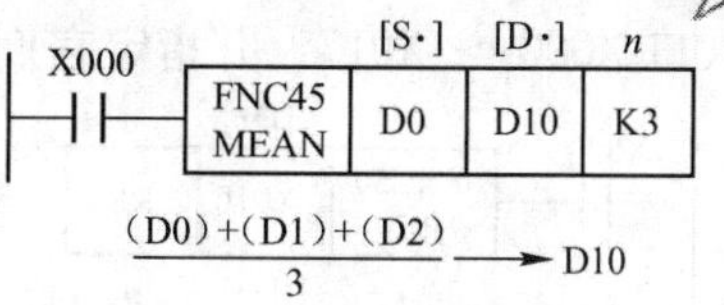

```
X000              [S·]  [D·]  n
 ─┤├─   FNC45    D0    D10   K3
         MEAN

  (D0)+(D1)+(D2)
  ──────────────  ──→ D10
        3
```

图 6-58　平均值指令应用举例

5. 报警器置位、复位指令

报警器置位（ANS）指令的源操作数为 T0 ～ T199，目标操作数为 S900 ～ S999，$n = 1 ～ 32767$（定时器以 100ms 为单位设定）。报警器复位（ANR）指令无操作数。

【实例 6-22】 报警器置位、复位指令应用实例

如图 6-59 所示，M8000 的常开触点一直接通，使 M8049 的线圈通电，特殊数据寄存器 D8049 的监视功能有效，D8049 用来存放 S900 ～ S999 中处于活动状态且元件号最小的状态继电器的元件号；Y000 变为 ON 后，100ms 定时器 T0 开始定时，如果 X000 在 10s（$n = 100$）内未动作，则 S900 变为 ON；X003 变为 ON 后，100ms 定时器 T1 开始定时，如果 X004 在 20s 内未动作，则 S901 变为 ON；

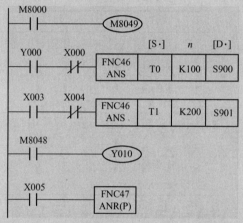

图 6-59　报警器置位、复位指令应用实例

故障复位按钮 X005 和 ANR 指令将用于故障诊断的状态继电器复位。

6.2.6　高速处理指令

高速处理指令可以按最新的 I/O 信息进行程序控制，并能有效利用数据高速处理能力进行中断处理。

1. 与 I/O 有关的指令

1）I/O 刷新（Refresh，REF）指令　用于对指定的 I/O 口立即刷新。如图 6-60 所示，当 X000 为 ON 时，X010 ～ X017 这 8 点（$n = 8$）输入被立即刷新；当 X001 为 ON 时，Y000 ～ Y027 共 24 点（$n = 24$）输出被立即刷新。

2）刷新和滤波时间常数调整（Refresh and Filter Adjust，REFF）指令　用于刷新输

入口 X000 ～ X017，并指定它们的输入滤波时间常数 n。

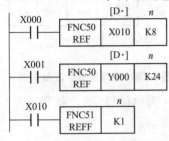

图 6-60 I/O 刷新、刷新和滤波
时间常数调整指令应用举例

在图 6-60 中，当 X010 为 ON 时，X000 ～ X017 的输入
映像寄存器被刷新，它们的输入滤波时间常数被设定为 1ms
（$n = 1$）。

3）**矩阵输入（MTR）指令** 可以将 8 点输入与 n 点输
出构成 8 列 n 行的输入矩阵，从输入端快速、批量接收数
据。矩阵输入占用由 [S・] 指定的输入号开始的 8 个输入点，
并占用由 [D1・] 指定的输出号开始的 n 个晶体管输出点。

矩阵输入指令应用举例如图 6-61 所示。$n = 3$，组成一
个 8 点输入、3 点输出，可以存储 24 点输入的矩阵电路。3
个输出点 Y020 ～ Y022 依次反复顺序接通。Y020 为 ON 时读入第 1 行输入的状态，存于
M30 ～ M37 中；Y021 为 ON 时读入第 2 行输入的状态，存于 M40 ～ M47 中，其余类推，
如此反复执行。

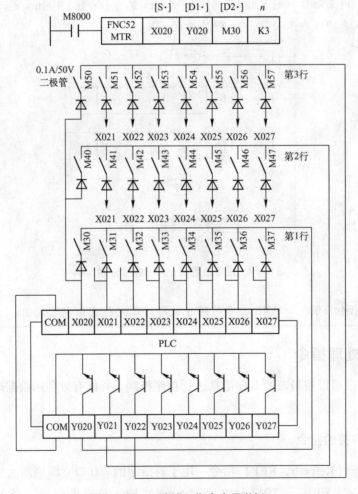

图 6-61 矩阵输入指令应用举例

2. 高速计数器指令

高速计数器指令包括高速计数器比较置位（Set by High Speed Counter，HSCS）指令、高速计数器比较复位（Reset by High Speed Counter，HSCR）指令及高速计数器区间比较（Zone Compare for High Speed Counter，HSZ）指令，它们均为 32 位指令。

高速计数器指令应用举例如图 6-62 所示。C255 的设定值为 100，当其当前值由 99 变为 100 或由 101 变为 100 时，Y010 立即置 1，不受扫描时间的影响。C254 的设定值为 200，其当前值由 199 变为 200 或由 201 变为 200 时，Y020 立即复位。C251 的当前值小于 1000 时，Y010 置 1；大于 1000 而小于 1200 时，Y011 置 1；大于 1200 时，Y012 置 1。

3. 脉冲密度与输出指令

1）脉冲密度速度检测（Speed Detect，SPD）指令　用于检测给定时间内从编码器输入的脉冲个数，并计算出速度。

脉冲密度速度检测指令应用举例如图 6-63 所示。用 D1 对 X000 输入的脉冲个数计数，100ms 后计数结果送入 D0，D1 的当前值复位，重新开始对脉冲计数。计数结束后 D2 用来测量剩余时间。转速 n 为

$$n = \frac{60 \times D^0}{n_0 t} \times 10^3$$

式中，n 为转速；D^0 为 D0 中的数；t 为 [S2·] 指定的计数时间（ms）；n^0 为每转的脉冲数。

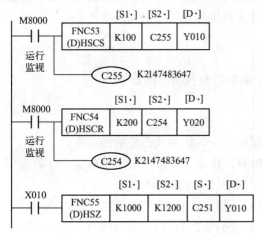

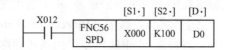

图 6-62　高速计数器指令应用举例　　　　　图 6-63　脉冲密度速度检测指令应用举例

2）脉冲输出（Pulse Y，PLSY）指令　用于产生指定数量和频率的脉冲。

3）脉宽调制（Pulse Width Modulation，PWM）指令　用于产生指定脉冲宽度和周期的脉冲串。

脉冲输出指令与脉宽调制指令应用举例如图 6-64 所示。X010 由 ON 变为 OFF 时，M8029 复位，脉冲输出停止；X010 重新变为 ON 时，重新开始输出脉冲。在发生脉冲期间，若 X010 变为 OFF，则 Y000 也变为 OFF。D10 的值从 0 到 50 变化时，Y001 输出的脉冲的占空比从 0 到 1 变化。X011 变为 OFF 时，Y001 也变为 OFF。

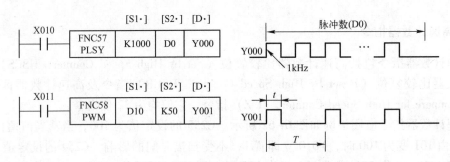

图 6-64 脉冲输出指令与脉宽调制指令应用举例

4）可调速脉冲输出（Pulse R，PLSR）指令 PLSR 指令的源操作数和目标操作数的类型与 PLSY 指令相同，只能用于晶体管输出型 PLC 的 Y000 或 Y001，该指令只能使用一次。

6.2.7 方便指令

方便指令可以利用最简单的顺控程序进行复杂控制。该类指令有状态初始化指令、数据搜索指令、数据排序指令等 10 种。

1. 状态初始化指令

状态初始化（Initial State，IST）指令与步进触点（STL）指令一起使用，用于自动设置多种工作方式的控制系统的初始状态，以及设置有关的特殊辅助继电器的状态。

2. 数据搜索指令

数据搜索（Data Search，SER）指令用于在数据表中查找指定的数据。

3. 凸轮顺控指令

凸轮顺控指令包含两条指令：绝对值式凸轮顺控指令、增量式凸轮顺控指令。

1）绝对值式凸轮顺控（Absolute Drum，ABSD）指令 可以产生一组对应于计数值变化的输出波形，用来控制最多 64 个输出变量（Y、M 和 S）的 ON/OFF。

2）增量式凸轮顺控（Increment Drum，INCD）指令 根据计数器对位置脉冲的计数值，实现对最多 64 个输出变量的循环顺序控制，使它们依次为 ON，并且同时只有一个输出变量为 ON。可用于产生一组对应于计数值变化的输出波形。

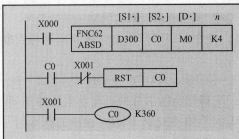

【实例 6-23】绝对值式凸轮顺控指令应用实例

如图 6-65 所示，X000 为凸轮执行条件，凸轮平台旋转一周产生每度一个脉冲从 X001 输入，4 个（$n = 4$）输出点用 M0 ～ M3 来控制，从 D300 开始的 8 个（$2n = 8$）数据寄存器用来存放 M0 ～ M3 的开通点和关断点的位置值。

图 6-65 绝对值式凸轮顺控指令应用实例

【实例6-24】增量式凸轮顺控指令应用实例

如图6-66所示，4个（$n=4$）输出点用M0～M3来控制，从D300开始的4个（$n=4$）数据寄存器用来存放使M0～M3处于ON状态的脉冲个数，可以用MOV指令将它们写入D300～D303。C0的当前值依次达到D300～D303中的设定值时自动复位，然后又开始重新计数，M0～M3按C1的值依次动作。由n指定的最后一段完成后，M8029置1，以后又重复上述过程。

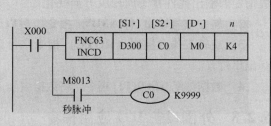

图6-66 增量式凸轮顺控指令应用实例

4. 定时器指令

定时器指令包括两条指令：示教定时器指令、特殊定时器指令。

1）示教定时器（Teachering Timer，TTMR）指令 可以通过按钮按下的时间调整定时器的设定值。

2）特殊定时器（Special Timer，STMR）指令 用于产生延时断开定时器、单脉冲定时器和闪动定时器，m 用来指定定时器的设定值。

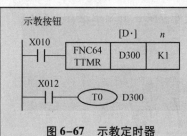

图6-67 示教定时器
指令应用实例

【实例6-25】示教定时器指令应用实例

如图6-67所示，示教定时器将按钮X010按下的时间乘以系数$10n$后作为定时器的设定值，按钮按下的时间由D301记录，该时间乘以$10n$后存入D300。X010为OFF时，D301复位，D300保持不变。

【实例6-26】特殊定时器指令应用实例

如图6-68所示，T10的设定值为10s（$m=100$），目标操作数指定起始号为M0的4个元件作为特殊定时器：M0是延时断开定时器；M1是X000由ON变为OFF后的单脉冲定时器，产生的脉宽为10s；M2是X000由OFF变为ON后的单脉冲定时器，产生的脉宽也为10s；M3为滞后输入信号10s向相反方向变化的脉冲定时器。M2和M3是为闪动而设的。

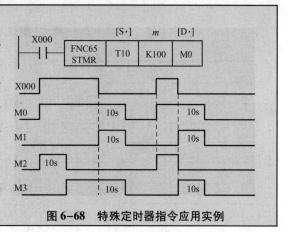

图6-68 特殊定时器指令应用实例

5. 其他方便指令

1）交替输出（Alternate，ALT）指令 在每次执行条件由OFF变为ON时，目标操作数指定的输出元件状态向相反方向变化。

2）斜坡信号输出（RAMP）指令 可以产生不同斜率的斜坡信号。

3）旋转工作台控制（ROTC）指令 可以使工作台上指定位置的工件以最短的路径转到出口位置。

4）数据排序（SORT）指令 将数据编号，按指定的内容重新排列，该指令只能用一次。

6.2.8 外围设备 I/O 应用指令

外围设备 I/O 应用指令具有与上述方便指令近似的性质，通过最小量的程序与外部接线实现从外部设备接收数据或输出控制外部设备，可以简单地进行复杂的控制。

1. 十键输入指令

十键输入（Ten Key，TKY）指令是用 10 个按键输入十进制数的应用指令。

【实例 6-27】 十键输入指令应用实例

十键输入指令应用实例如图 6-69 所示。图 6-69 给出十键输入指令梯形图程序及与本梯形图配合的输入按键与 PLC 的连接情况，其功能是，由接在 X000 ～ X011 端口上的 10 个按键输入 4 位十进制数，存到数据寄存器 D0 中。

按键输入的动作时序图如图 6-70 所示。若按键输入的顺序为①、②、③、④，则 D0 中存的数据为用二进制码表示的十进制数 2130。若输入的数据大于 9999，则高位溢出并丢失。

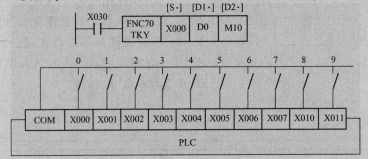

图 6-69 十键输入指令应用实例

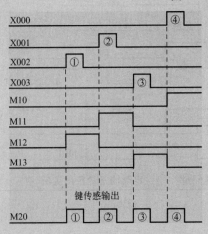

图 6-70 按键输入的动作时序图

图 6-70 给出与 X000 ～ X003 一一对应的辅助继电器 M10 ～ M13 及辅助继电器 M20 的动作情况。X002 按下后，M12 置 1 并保持到下一键 X001 按下；X001 按下后，M11 置 1 并保持到下一键 X003 按下；X003 按下后，M13 置 1 并保持到下一键 X000 按下；X000 按下后，M10 置 1 并保持到下一键按下。M20 为键输入脉冲，可用于记录键按下的次数。当有两个或更多的键按下时，首先按下的键有效。

X030 变为 OFF 时，D0 中的数据保持不变，但 M10 ～ M19 全部变为 OFF。

2. 十六键输入指令

十六键输入（Hexa decimal Key，HKY）指令是使用十六键键盘输入数字及功能信号的应用指令。

3. 数字开关指令

数字开关（Digital Switch，DSW）指令是输入 BCD 码开关数据的专用指令，用于读入一组或两组 4 位数字开关的设置值。

【实例 6-28】 数字开关指令应用实例

数字开关指令应用实例如图 6-71 所示。图 6-71 给出数字开关指令梯形图程序及与本梯形图配合的数字开关与 PLC 的连接情况。

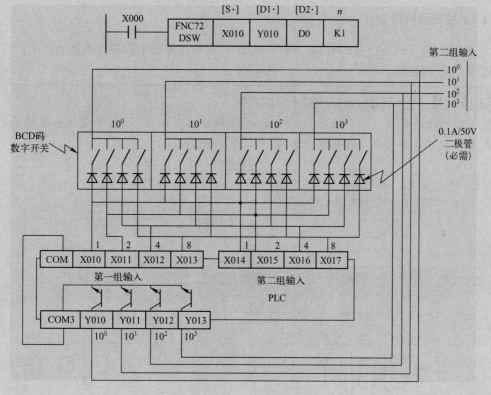

图 6-71 数字开关指令应用实例

每组开关由 4 个 BCD 码数字开关组成，一组 BCD 码数字开关接到 X010 ～ X013 上，由 Y010 ～ Y013 顺次选通读入，数据以二进制数形式存到 D0 中。若 $n=2$，则表示有两组 BCD 码数字开关，第二组数字开关接到 X014 ～ X017 上，由 Y010 ～ Y013 顺次选通读入，数据以二进制数形式存到 D1 中。

时序图如图 6-72 所示。X000 为 ON 时，Y010 ～ Y013 依次为 ON，一个周期完成后标志位 M8029 置 1。

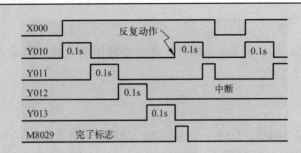

图 6-72 时序图

DSW 指令在操作中被中止后再重新开始工作时，是从头开始的，而不是从中止处开始的。在一个程序中，此指令只能使用两次。

4. 七段码译码指令

七段码译码（Seven Segment Decoder，SEGD）指令是驱动七段码显示器的指令，可以显示 1 位十六进制数据。

【实例 6-29】带锁存七段码显示指令应用实例

带锁存七段码显示指令应用实例如图 6-73 所示。图 6-73 给出带锁存七段码显示指令梯形图程序及带锁存七段码显示器与 PLC 的连接情况。

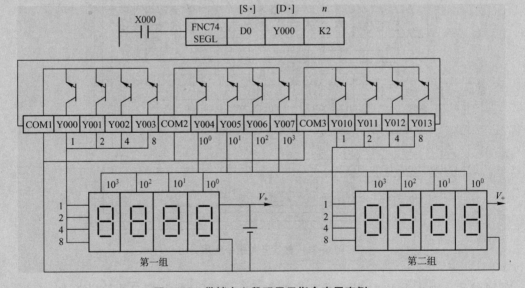

图 6-73 带锁存七段码显示指令应用实例

（1）4 位一组带锁存七段码显示：D0 中按 BCD 换算的各位向 Y000 ~ Y003 顺序输出，选通信号脉冲 Y004 ~ Y007 依次锁存带锁存的七段码。

（2）4 位两组带锁存七段码显示：D0 中按 BCD 换算的各位向 Y000 ~ Y003 顺序输出，D1 中按 BCD 换算的各位向 Y010 ~ Y013 顺序输出，选通信号脉冲 Y004 ~ Y007 依次锁存两组带锁存的七段码。

5. 带锁存七段码显示指令

带锁存七段码显示（Seven Segment with Latch，SEGL）指令是驱动 4 位组成的一组或两组带锁存七段码显示器的指令。

6. 方向开关指令

方向开关（Arrow Switch，ARWS）指令是使用箭头开关通过位移动与各位数值增减实现数据输入显示的指令。

【实例 6-30】方向开关指令应用实例

方向开关指令应用实例如图 6-74 所示。图 6-74 给出方向开关指令梯形图程序及与本梯形图配合的带锁存七段码显示器与 PLC 的连接和箭头开关确定的情况，每一位的选通输出上并联一个 LED 指示当前被选择的位。

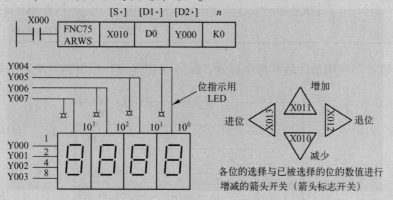

图 6-74　方向开关指令应用实例

驱动输入 X000 置为 ON 时，位指定为 10^3 位，每次按退位输入时，位指定按 $10^3 \rightarrow 10^2 \rightarrow 10^1 \rightarrow 10^0 \rightarrow 10^3$ 变化；每次按进位输入时，位指定按 $10^3 \rightarrow 10^0 \rightarrow 10^1 \rightarrow 10^2 \rightarrow 10^3$ 变化。对于被指定的位，每次按增加输入时，D0 的内容……$0 \rightarrow 1 \rightarrow \cdots \rightarrow 8 \rightarrow 9 \rightarrow 0$ 变化；每次按减少输入时，D0 的内容按 $0 \rightarrow 9 \rightarrow 8 \rightarrow \cdots \rightarrow 1 \rightarrow 0 \rightarrow 9$ 变化，其内容用带锁存七段码显示器显示。

7. ASCII 码转换指令

ASCII 码转换（ASCII Code，ASC）指令是 8 个以下字母的 ASCII 码转换存储的指令。

8. BFM 读出与写入指令

1）BFM 读出（FROM）指令　将特殊单元缓冲存储器（BFM）的内容读出到 PLC。
2）BFM 写入（TO）指令　由 PLC 向特殊单元缓冲存储器（BFM）写入数据。

6.3　功能指令应用专业案例

功能指令属于 PLC 编程的高级功能部分，初学者普遍反映学习较为困难，下面结合一些专业案例讲解部分功能指令的使用方法。

6.3.1 应用条件跳转指令对分支程序 A 和 B 进行控制

1. 控制要求

A 程序段为每 2s 一次闪光输出，而 B 程序段为每 4s 一次闪光输出。要求按钮 X1 导通时执行 A 程序段，否则执行 B 程序段。

2. 设计过程

1）I/O 分配 根据控制控制要求编制 PLC 的 I/O 地址表，如表 6-3 所示。

表 6-3 应用条件跳转指令对分支程序 A 和 B 进行控制 PLC 的 I/O 地址表

输入地址		输出地址	
X1	输入控制信号	Y6	输出信号 1
		Y7	输出信号 2

2）程序设计 应用条件跳转指令对分支程序 A 和 B 进行控制梯形图如图 6-75 所示。

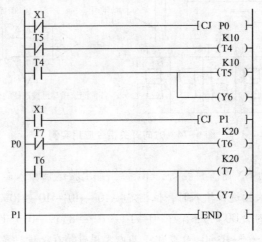

图 6-75 应用条件跳转指令对分支程序 A 和 B 进行控制梯形图

3）程序分析 当 X1 接通时，程序直接跳到 END 指令处，再从头开始执行，定时器 T4、T5 被扫描，Y6 的波形为周期 2s、占空比 50% 的方波；此时定时器 T6、T7 未被扫描，保持以前的状态。

当 X1 断开时，程序直接跳到语句标号 P0 处，定时器 T6、T7 被扫描，Y7 的波形为周期 4s、占空比 50% 的方波；此时定时器 T4、T5 未被扫描，保持以前的状态。

6.3.2 分频器控制编程

1. 控制要求

利用一个外控按钮控制一个分频电路，使其指示灯按照亮 1s、灭 3s 的规律循环指示，并可监控灯灭的时间。

2. 设计过程

1）I/O 分配　根据控制要求编制 PLC 的 I/O 地址表，如表 6-4 所示。

表 6-4　分频器控制编程 PLC 的 I/O 地址表

输入地址		输出地址	
X0	分频电路启/停信号	Y0	指示灯控制信号

2）程序设计　分频器控制编程梯形图如图 6-76 所示。

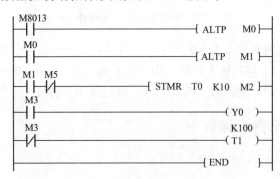

图 6-76　分频器控制编程梯形图

3）程序分析　具体程序分析由读者自行完成。

6.3.3　十键输入指令编程

1. 控制要求

数据 0～9 通过按键输入，通过输出进行二进制数显示；监控数据单元可知当前输入的十进制数；通过不同的按键可输入多个不同的十进制数。

2. 设计过程

1）I/O 分配　根据控制要求编制 PLC 的 I/O 地址表，如表 6-5 所示。

表 6-5　十键输入指令编程 PLC 的 I/O 地址表

输入地址		输出地址	
X0～X11	数据输入按键 0～9	Y0～Y17	二进制显示数据
X12	将输入数据传送至 D3	Y20	显示按键输入确认
X13	将输入数据传送至 D1		
X14	将输入数据传送至 D2		

2）程序设计　十键输入指令编程梯形图如图 6-77 所示。

3. 操作过程及监视

（1）驱动输入 X12 = ON 时，启动 TKY 指令。

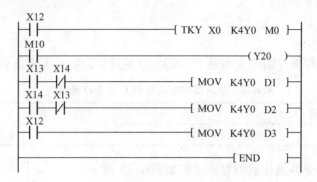

图 6-77 十键输入指令编程梯形图

（2）按照输入数据的要求单击 X0 ～ X11（对应 0 ～ 9）相应的按键。

（3）通过 X13 或 X14 存储输入数据至指定的数据单元 D1 或 D2 中。

（4）M10 为 X0 ～ X11 按键输入确认信号，通过 Y20 显示。

6.3.4 BCD 码显示指令编程

1. 控制要求

应用 BCD 码显示（带锁存七段码显示）指令编制高速计数器的当前值的显示程序（采用定时中断方式 I6△△编程），要求：A－B 相脉冲从 X 输入端输入，数据寄存器存放高速计数器的当前值，Y 输出供数码管显示。

2. 设计过程

1）I/O 分配 根据控制要求编制 PLC 的 I/O 地址表，如表 6-6 所示。

表 6-6 BCD 码显示指令编程 PLC 的 I/O 地址表

输入地址		输出地址	
X0	A 相脉冲（旋转编码器）	Y0 ～ Y3	BCD 码数据输出
X1	B 相脉冲（旋转编码器）	Y4 ～ Y7	七段码锁存器选通信号
X10	允许 SEGL 指令执行		

2）程序设计 BCD 码显示指令编程梯形图如图 6-78 所示。

3. 操作过程及监视

（1）从 X0、X1 输入 A－B 相脉冲（可利用旋转编码器产生，也可手动输入）。

（2）C252 为 32 位 A－B 相高速计数器，当 A 相计数脉冲信号处于高电平时，若 B 相信号出现上升沿（或下降沿），则计数器 C252 进行加计数（或减计数）。

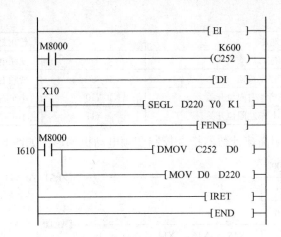

图 6-78　BCD 码显示指令编程梯形图

（3）仔细观察数码管显示数据，或者监控 D220 的值，分析其变化规律。数码管的接线可参见相关教材。

6.3.5　应用高速计数器指令控制变频电动机

1. 控制要求

某车间一辆零部件运送小车由变频电动机拖动，其速度可调。小车轨道左、右两端分别安装有行车限位开关，小车到达限位位置时必须立即停车。小车行在过程中可根据生产工位需要由操作人员停车和再启动。小车左行时白色指示灯点亮，小车右行时蓝色指示灯点亮。小车行车机构带有一个旋转编码器（A-B 相），其行车距离可根据旋转编码器发出的脉冲数进行计算（以左限位位置为计算起点）。当小车行车的区间对应的计数值小于 400 时，使一个绿色指示灯点亮，指示左段低速区；当 500 ≤ 计数值 ≤ 1000 时，使一个红色指示灯按 2s 周期闪光，指示中段高速区；当计数值大于 1000 时，使一个黄色指示灯点亮，指示右段低速区。这些指示灯提示操作人员注意小车的行车安全。小车的停车制动由连接到电动机进线端子上的制动器自动完成，小车启动升速斜率通过对变频器参数的整定来实现。

2. 设计过程

1）I/O 分配　根据控制要求编制 PLC 的 I/O 地址表，如表 6-7 所示。

表 6-7　应用高速计数器指令控制变频电动机 PLC 的 I/O 地址表

输入地址		输出地址	
X0	A 相计数脉冲	Y0	左段低速区绿色指示灯 HL0
X1	B 相计数脉冲	Y1	中段高速区红色指示灯 HL1
X10	变频电动机电源启/停控制按钮	Y2	右段低速区黄色指示灯 HL2
X11	输出信号人工复位按钮	Y3	左行白色指示灯 HL3
X12	高速计数器复位按钮	Y4	右行蓝色指示灯 HL4
X13	小车右行启动按钮	Y5	变频电动机电源

续表

	输入地址		输出地址
X14	小车左行启动按钮	Y6	变频电动机高速给定
X15	小车停车按钮	Y7	变频电动机低速给定
X16	小车行车右限位开关	Y10	小车右行控制
X17	小车行车左限位开关	Y11	小车左行控制

2）程序设计 应用高速计数器指令控制变频电动机梯形图如图 6-79 所示。

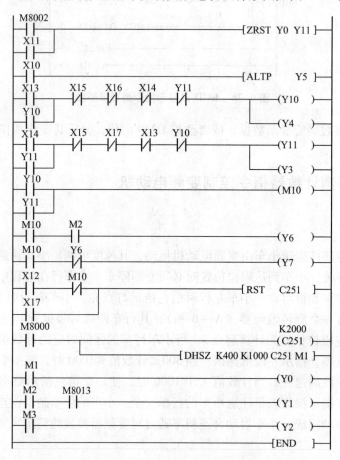

图 6-79 应用高速计数器指令控制变频电动机梯形图

3. 操作过程及监视

（1）点动 X10 接通变频电动机的电源（Y5 = ON），接通 X12 使高速计数器处于复位状态，点动 X14 使小车左行到左限位位置停止。

（2）点动 X13 发出小车右行命令，此时，人工顺时针转动旋转编码器的传动轴（模拟行车），观察小车行车方向指示灯的指示是否与行车方向一致，观察小车行车速度区间指示灯的指示是否与计数器 C251 的计数值的区段划分一致。

（3）接通行车限位开关，观察小车的运行状态和相关指示灯的变化。

6.3.6　数据传送指令编程

1. 控制要求

采用两个外控按钮分别控制块传送和多点传送指令的执行，通过 PLC 的输出位元件来表示数据并显示数据传送指令执行后的结果。由一个外控按钮控制以外输入的方式输入两个 2 位十进制数，并通过移位传送指令的执行构成一个 4 位十进制新数。

2. 设计过程

1）I/O 分配　根据控制要求编制 PLC 的 I/O 地址表，如表 6-8 所示。

表 6-8　数据传送指令编程 PLC 的 I/O 地址表

输入地址		输出地址	
X3	块传送指令控制信号	Y0～Y3	第 1 组输出信号
X5	多点传送指令控制信号	Y4～Y7	第 2 组输出信号
X7	移位传送指令控制信号	Y10～Y13	第 3 组输出信号
X10～X27	数据输入		

2）程序设计　数据传送指令编程梯形图如图 6-80 所示。

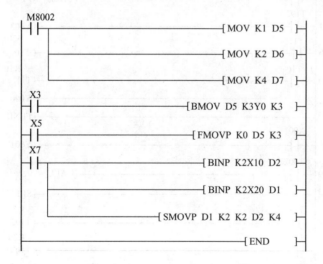

图 6-80　数据传送指令编程梯形图

3. 操作过程及监视

（1）块传送：X3＝ON，Y0＝ON，Y5＝ON，Y12＝ON。

（2）多点传送：X5＝ON，将 D5～D7 清零。

（3）移位传送组成新数：从 X10～X17 输入十进制数 12，从 X20～X27 输入十进制数 56，然后使 X7＝ON，则组成新数（D2）＝5612。

6.3.7 子程序调用指令编程

1. 控制要求

利用子程序调用指令对不同闪光频率的闪光程序进行调用，改变其子程序的调用方式和修改子程序中定时器的参数，观察程序运行的结果，解释其现象，总结其运行规律。

2. 设计过程

1) I/O 分配 根据控制要求编制 PLC 的 I/O 地址表，如表 6-9 所示。

表 6-9 子程序调用指令编程 PLC 的 I/O 地址表

输入地址		输出地址	
X0	输入控制信号 1	Y0	输出信号 1
X1	输入控制信号 2	Y1	输出信号 2
X2	输入控制信号 3	Y2	输出信号 3
		Y3	输出信号 4

2) 程序设计 子程序调用指令编程梯形图如图 6-81 所示。

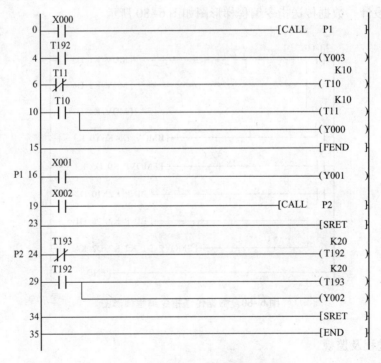

图 6-81 子程序调用指令编程梯形图

3. 操作过程及监视

（1）不调用子程序：X0 = OFF，X1 = OFF，X2 = OFF，则 Y0 按 1s 闪光，Y1 = OFF，Y2 = OFF，Y3 = OFF。

（2）先使 X1 = ON，X2 = OFF，并点动 X0 = ON（第一次调用子程序 P1），则 Y0 仍按 1s 闪光，Y1 = ON；再使 X1 = OFF，再观察 Y1 的状态，Y1 仍为 ON；再点动 X0 = ON，则 Y0 仍按 1s 闪光，而 Y1 = OFF。

（3）先使 X2 = ON，然后使 X0 = ON，则输出 Y0 按 1s 闪光，Y2 按 2s 闪光。

（4）在三菱 FX 系列中，将 CALL P1 指令改为 CALL(P) P1 指令，然后使 X2 = ON，反复点动 X0 = ON，观察 Y2 状态的变化，并注意定时器 T192（或 T193）的定时与 X0 = ON 的关系。

4. 三菱 FX 系列子程序运行规律

子程序被调用后，线圈的状态将被锁存，一直到下一次调用时才能改变。

定时器 T192 一旦定时启动，即使 X0 = OFF 仍然继续定时，直到设定值为止，但其触点接通对子程序外的梯形图立即起控制作用，对本子程序内的梯形图只有再次被调用时才能起控制作用。

6.4 其他应用指令

1. 外围设备应用指令

外围设备（SER）应用指令主要是对连接串联接口的特殊附件进行控制的指令，此外 PID 运算指令也包括在该类指令中。

1）串行数据传送（RS）指令　这是为使用 RS – 232C、RS – 485 功能扩展板及特殊适配器进行发送接收串行数据的指令。

2）八进制位传送（PRUN）指令　根据位指定的信号源与目标元件号，以八进制数处理传送数据。

3）十六进制数转换成 ASCII 码（ASCI）指令　将源操作数的十六进制数的各位转换成 ASCII 码向目标操作数传送。

4）ASCII 码转换成十六进制数（HEX）指令　功能与上一条指条相反。

5）校验码（CCD）指令　这条指令将从源操作数的头地址开始，访问一个字节（8 位）数据堆栈，同时检查同等的垂直位模式和算出数据堆栈个数，将模式和个数这两个部分数据保存到目标操作数中

6）电位器读出（VRRD）指令　将源操作数指定的模拟电位器的模拟值转换成 8 位二进制数传送到目标操作数中。

7）电位器刻度（VRSC）指令　此指令需与电位器读出指令配合使用。

8）PID 运算（PID）指令　用于进行 PID 控制的 PID 运算程序，达到采样时间的 PID 指令在其后扫描时进行 PID 运算。

2. 浮点数运算应用指令

浮点数运算应用指令能实现浮点数的转换、比较、四则运算、开方运算、三角函数运算等功能。浮点数运算应用指令大都为 32 位指令。

1）二进制浮点数比较与区间比较指令 包括二进制浮点数比较（ECMP）指令和二进制浮点数区间比较（EZCP）指令。

2）二进制浮点数与十进制浮点数转换指令 包括二进制浮点数转换成十进制浮点数（EBCD）指令和十进制浮点数转换成二进制浮点数（EBIN）指令。

3）二进制浮点数四则运算指令 包括二进制浮点数加法（EADD）指令、二进制浮点数减法（ESUB）指令、二进制浮点数乘法（EMUL）指令和二进制浮点数除法（EDIV）指令。

4）二进制浮点数开方运算与整数变换指令 包括二进制浮点数开方运算（ESQR）指令和二进制浮点数整数变换（INT）指令。

5）二进制浮点数三角函数运算指令 包括二进制浮点数 sin 运算（SIN）指令、二进制浮点数 cos 运算（COS）指令和二进制浮点数 tan 运算（TAN）指令。

3. 高低字节交换指令

高低字节交换（SWAP）指令实现源操作数高字节与低字节交换。16 位指令将源操作数低 8 位与高 8 位交换，32 位指令将源操作数及相邻的下一元件中各个低 8 位与高 8 位交换。

4. 时钟运算应用指令

时钟运算应用指令是对时钟数据进行运算和比较的指令，另外还能对 PLC 内置实时时钟进行时间校准和时钟数据格式化操作。

1）时钟数据比较与区间比较指令 包括时钟数据比较（TCMP）指令和时钟数据区间比较（TZCP）指令。

2）时钟数据加法与减法指令 包括时钟数据加法（TADD）指令和时钟数据减法（TSUB）指令。

3）时钟数据读取与写入指令 包括时钟数据读取（TRD）指令和时钟数据写入（TWR）指令。

5. 格雷码转换与格雷码逆转换应用指令

1）格雷码转换（GRY）指令 将源操作数的二进制数转换成格雷码，传送到目标操作数中，如图 6-82 所示。

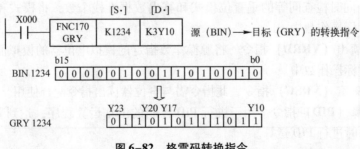

图 6-82 格雷码转换指令

2）格雷码逆转换（GBIN）指令 将源操作数的格雷码数据转换成二进制数，传送到目标操作数中，如图 6-83 所示。

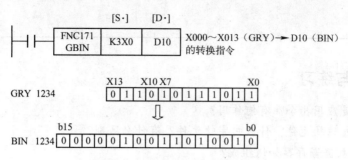

图 6-83　格雷码逆转换指令

6. 触点比较应用指令

触点比较应用指令包括触点比较取指令、与指令及或指令。

6.5　实践拓展：程序安全锁设计

在软件设计中，为了使开发的程序不易被别人改动，可在程序中设置安全锁。这种安全锁用定时器可以很方便地实现。定时器的个数根据解锁的难易而定。用两个按钮开启的安全锁控制梯形图如图 6-84 所示。

在图 6-84 中，PLC 输入端与输出端的功能分别为：X30 接启动按键，X31 接停止按键，X32 接复位键，X33、X34 接可按键 SB1、SB2，X35 接不可按键 SB3、SB4（SB3 与 SB4 并联）；Y30 为安全锁；Y31 为报警。由梯形图可知，只有先按下 SB1 三次，再按下 SB2 持续 3s 后，安全锁才打开；而按下 SB3、SB4 中的任何一个后，将产生报警。这种安全锁的开锁条件改变起来十分方便，可以改变梯形图中 C90、T90 的设定值，或者改为在 C90 线圈逻辑行串 T90 的常开触点，T90 线圈逻辑行不串 C90 的常开触点等。

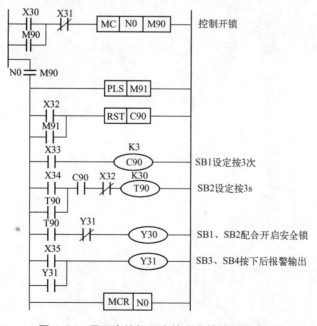

图 6-84　用两个按钮开启的安全锁控制梯形图

思考与练习

（1）什么是应用指令？有何作用？

（2）什么叫位软元件？什么叫字软元件？有什么区别？

（3）32 位数据寄存器如何组成？

（4）什么是变址寄存器？有什么作用？试举例说明。

（5）指针为何种类型软元件？有什么作用？试举例说明。

（6）位软元件如何组成字软元件？试举例说明。

（7）应用指令有哪些使用要素？叙述它们的使用意义。

（8）3 台电动机相隔 5s 启动，各运行 10s 停止，循环往复。使用数据比较和传送指令完成控制要求。

（9）试用比较指令，设计一个密码锁控制电路。密码锁为四键，按 H65 对后 2s，开照明；按 H87 对后 3s，开空调。

（10）设计一台计时精确到秒的闹钟，每天早上 6 点提醒你按时起床。

（11）用数据比较和传送指令进行简易 4 层升降机的自动控制。要求如下。

① 只有在升降机停止时，才能呼叫升降机。

② 只能接受一层呼叫信号，先按者优先，后按者无效。

③ 上升或下降或停止自动判别。

第7章　三菱 FX 系列 PLC 的编程工具

PLC 程序可以通过手持编程器、专用编程器或计算机完成。手持编程器体积小，携带方便，在现场调试时更显其优越性，但在输入程序或分析程序时，就很不方便。专用编程器功能强，可视化程度高，使用也很方便，但其价格高，通用性差。近年来，计算机技术发展迅速，利用计算机进行 PLC 编程、通信更加方便，因此利用计算机进行 PLC 编程已成为一种趋势。

三菱开发的手持编程器主流型号为 FX – 20P – E，PLC 编程软件为 GX Developer。本章主要介绍如何使用 GX Developer 编程软件和 FX-20P-E 型手持编程器进行程序设计等操作。

7.1　GX Developer 概述

三菱 GX Developer 编程软件，是应用于三菱系列 PLC 的中文编程软件，可在 Windows 9x 及以上操作系统中运行。GX Developer 的功能十分强大，集成了项目管理、程序输入、编译链接、模拟仿真和程序调试等功能，其主要功能如下所述。

☺ 在 GX Developer 中，可通过线路符号、列表语言及 SFC 符号来创建 PLC 程序、建立注释数据及设置寄存器数据。

☺ 创建 PLC 程序及将其存储为文件，用打印机打印。

☺ 该程序可在串行系统中进行与 PLC 通信、文件传送、操作监控及各种测试功能。

☺ 该程序可脱离 PLC 进行仿真调试。

1. GX Developer 的安装

1）系统配置

☺ 上位计算机：要求机型为 IBM PC/AT（兼容）；CPU 为 486 以上；内存为 8MB 或更高（推荐 16MB 以上）；显示器分辨率为 800×600，16 色或更高。

☺ 接口单元：采用 FX-232AWC 型 RS-232/RS-422 转换器（便携式），或者 FX-232AW 型 RS-232C/RS-422 转换器（内置式），或者其他指定的转换器。

☺ 通信电缆：采用 FX-422CAB 型 RS-422 缆线或 FX-422CAB-150 型 RS-422 缆线，以及其他指定的缆线。

2）编程软件的安装　运行安装盘中的"SETUP"，按照逐级提示即可完成 GX Developer 的安装。安装结束后，将在桌面上建立一个和"GX Developer"相对应的图标，同时在桌面的"开始→程序"中建立一个"MELSOFT 应用程序→GX Developer"选项。若需增加模拟仿真功能，在上述安装结束后，再运行安装盘中的 LLT 文件夹下的"STEUP"，按照逐级提示即可完成模拟仿真功能的安装。软件安装流程如图 7-1 所示。

2. GX Developer 的卸载

如果不再使用编程软件或使用新版本的编程软件，则需要将原有软件卸载，具体步骤如图 7-2 所示。

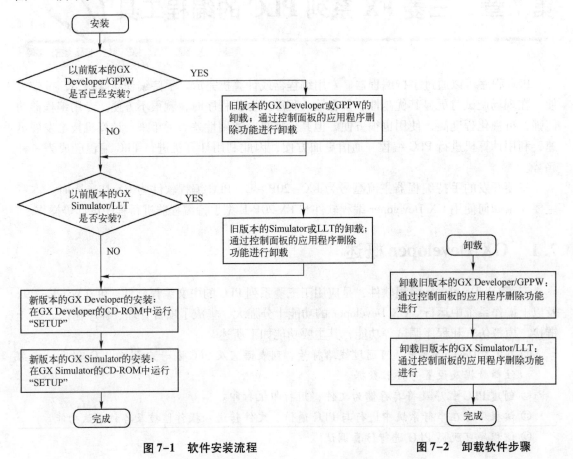

图 7-1　软件安装流程　　　　　　　图 7-2　卸载软件步骤

 安装与卸载软件时需注意以下事项。

☺ 如果当前安装的 GPPW 已经用许可钥匙盘解密，在卸载前请插入许可盘，以加密旧的 GPPW。卸载与安装用的许可钥匙盘应相同。

☺ 如果当前安装的 LLT 已经用许可钥匙盘解密，在卸载前请插入许可盘，以加密旧的 LLT。卸载与安装用的许可钥匙盘应相同。

☺ 如果要求解密的对话框弹出，新版本的 GPPW 卸载后，请插入许可盘以解密 GPPW。

☺ 新版本的 LLT 卸载后，如果要求解密的对话框弹出，请插入许可盘以开启 LLT。

☺ 一定仔细保存许可钥匙盘，没有许可钥匙盘无法进行重安装。

7.2　GX Developer 的界面与功能

GX Developer 将所有各种顺控程序参数及顺控程序中的注释声明注解，以工程的形式进行统一的管理。在 GX Developer 的工程界面里，不但可以方便地编辑和表示顺控程序和参数等，而且可以设定使用的 PLC 类型。GX Developer 的工程界面主要由菜单栏、快捷按钮栏（也称工具栏）、工程栏、编辑区域四部分组成，如图 7-3 所示。

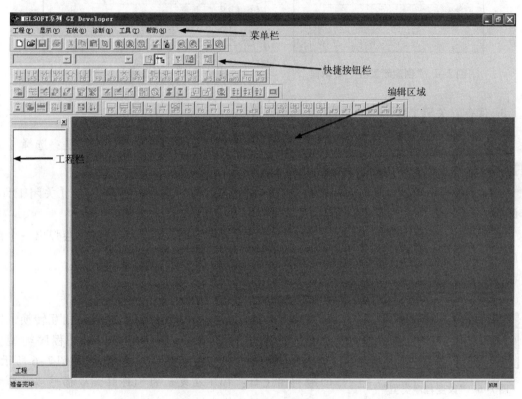

图 7-3　GX Developer 的工程界面

1. 创建新工程

创建新工程的操作方法是：选择【工程】→【创建新工程】菜单项，或者按 Ctrl + N 键操作，在出现的"创建新工程"对话框中选择 PLC 类型，单击 确定 按钮。"创建新工程"对话框如图 7-4 所示。

2. 打开既存的工程

如果需要打开已经存在的工程文件，操作方法是：选择【工程】→【打开工程】菜单项，或者按 Ctrl + O 键操作，进入"打开工程"对话框，如图 7-5 所示，找到原来工程的存储位置，单击"打开"按钮即可。当打开既存的工程后，界面的状态会与上一次保存时的相同。

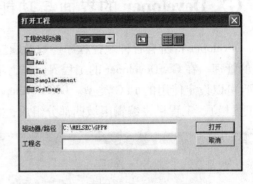

图 7-4 "创建新工程"对话框   图 7-5 "打开工程"对话框

3. 保存、关闭工程

保存当前 PLC 程序、注释数据及其他在同一文件名下的数据，操作方法是：选择【工程】→【保存工程】菜单项，或选择 $\boxed{Ctrl}$ + $\boxed{S}$ 键操作。

关闭工程的作用是关闭当前编辑的程序，操作方法为：选择【工程】→【关闭工程】菜单项。

当未设定工程名或数据正在编辑中时，选择【关闭工程】菜单项的话将会弹出一个询问窗口，希望保存当前工程时请按下 ▭ 按钮，否则按下 ▭ 按钮。

4. 梯形图和 SFC 相互转换

图 7-6 "改变程序类型"
对话框

实践中有时需要完成梯形图和 SFC 之间的相互转换，操作方法是：选择【工程】→【编辑数据】→【程序类型变更】菜单项，进入"改变程序类型"对话框，如图 7-6 所示。

☺梯形图逻辑：将现在表示的 SFC 转换成梯形图，转换后可以将程序作为梯形图进行编辑。

☺SFC：将现在表示的梯形图转换成 SFC，转换后可以将程序作为 SFC 进行编辑。

5. 关闭 GX Developer

编程结束之后，如果需要关闭 GX Developer，操作方法是：选择【工程】→【结束 GX Developer】菜单项，或者按下 ☒ 按钮。

在没有设定工程名的情况时选择【结束 GX Developer】菜单项，会显示指定工程名的对话框，需要变更工程名的话按下 ▭ 按钮，不变更工程名的话按下 ▭ 按钮。

7.3 GX Developer 的基本应用

梯形图编程是应用最多的编程方式，本节将结合实例讲述梯形图编程的具体步骤。

7.3.1　使用键盘输入创建梯形图

如果需要创建一个如图 7-7 所示的梯形图，可以使用键盘输入按照如下步骤进行操作。

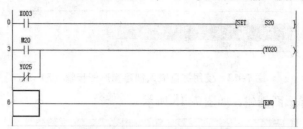

图 7-7　梯形图

（1）输入"ld x3"，输入时输入窗口打开，如图 7-8 所示，按 $\boxed{\text{ENTER}}$ 键，程序中显示 X003。

图 7-8　使用键盘输入创建梯形图步骤（1）

（2）输入"set s20"，按 $\boxed{\text{ENTER}}$ 键，程序中显示 SET S20，如图 7-9 所示。

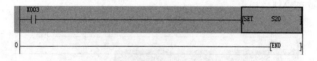

图 7-9　使用键盘输入创建梯形图步骤（2）

（3）输入"ld M20"，按 $\boxed{\text{ENTER}}$ 键，程序中显示 M20，如图 7-10 所示。

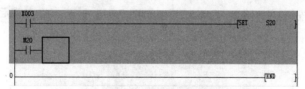

图 7-10　使用键盘输入创建梯形图步骤（3）

（4）输入"out y20"，按 $\boxed{\text{ENTER}}$ 键，程序中显示 Y020，如图 7-11 所示。

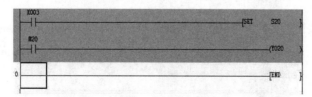

图 7-11　使用键盘输入创建梯形图步骤（4）

（5）输入"ori y25"，如图 7-12 所示，按 $\boxed{\text{ENTER}}$ 键，程序中显示 Y025。

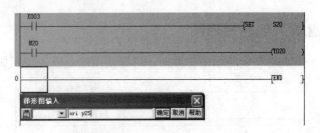

图 7-12　使用键盘输入创建梯形图步骤（5）

（6）至此完成梯形图创建，如图 7-13 所示。

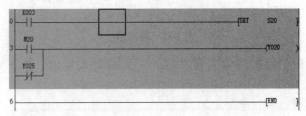

图 7-13　使用键盘输入创建梯形图步骤（6）

7.3.2　使用工具按钮创建梯形图

使用工具按钮（即工具栏中的按钮）创建如图 7-7 所示的梯形图的操作步骤如下。

（1）单击工具按钮⊞打开程序，输入窗口打开，输入"x3"，如图 7-14 所示，单击确定按钮，程序中显示 X003。

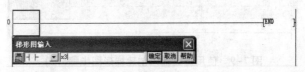

图 7-14　使用工具按钮创建梯形图步骤（1）

（2）单击工具按钮⊞，输入"set s20"，如图 7-15 所示，单击确定按钮，程序中显示 SET S20。

图 7-15　使用工具按钮创建梯形图步骤（2）

（3）单击工具按钮⊞，输入"m20"，如图 7-16 所示，单击确定按钮，程序中显示 M20。

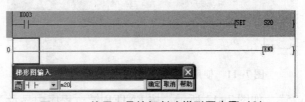

图 7-16　使用工具按钮创建梯形图步骤（3）

（4）单击工具按钮 ↓↑sF6，输入"y25"，如图 7-17 所示，单击 **确定** 按钮，程序中显示 Y025。

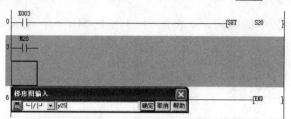

图 7-17　使用工具按钮创建梯形图步骤（4）

（5）单击工具按钮 ⊗，输入"y20"，如图 7-18 所示，单击 **确定** 按钮，程序中显示 Y020。

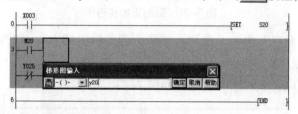

图 7-18　使用工具按钮创建梯形图步骤（5）

7.3.3　转换已创建的梯形图

使用工具按钮或键盘输入创建了梯形图后，并没有完成程序。此时的梯形图仅为一个图形而已，若要转换成程序，需要进行转换处理。

（1）单击要进行线路转换的窗口使其激活，如图 7-19 所示。

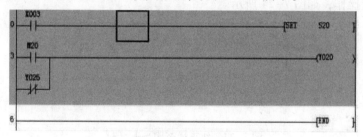

图 7-19　转换已创建的梯形图步骤（1）

（2）单击工具按钮 ▧，可以看到窗口由灰色变成白色显示，如图 7-20 所示，至此转换完成。

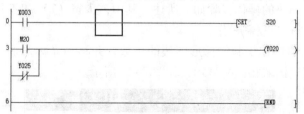

图 7-20　转换已创建的梯形图步骤（2）

 也可利用快捷键 F4 进行转换。

7.3.4 纠正梯形图

如果需要修改梯形图中的语句，如将图 7-21 中的 SET S20 改成 RST S20，可按照如下步骤进行。

图 7-21 欲纠正的梯形图

（1）首先确保界面右下角的"改写"显示，若显示"插入"，则按 Ins 键改变显示模式为"改写"，如图 7-22 所示。

（2）双击编辑区域，显示输入窗口，如图 7-23 所示。

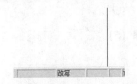

图 7-22 纠正梯形图步骤（1）

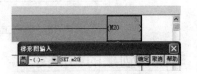

图 7-23 纠正梯形图步骤（2）

（3）单击窗口，显示光标（｜）编辑数据至 SET S20，将其修改成 RST S20，编辑后单击 确定 按钮，完成操作，如图 7-24 所示。

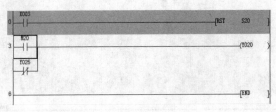

图 7-24 纠正梯形图步骤（3）

7.3.5 剪切和复制梯形图块

剪切和复制梯形图块的操作步骤如下所述。其中，步骤（1）和步骤（2）为剪切操作，步骤（3）～步骤（6）为复制操作。

（1）单击要进行剪切和复制的梯形图块的步数，并移动光标，垂直拖拉鼠标指定要剪切或复制的范围，指定区域将高亮显示，如图 7-25 所示。

图 7-25 剪切操作步骤（1）

（2）单击工具栏中的剪切按钮，则指定区域的线路被剪切，剪切后剩余线路上移填充空白，如图 7-26 所示。

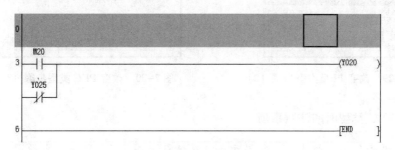

图 7-26　剪切操作步骤（2）

（3）单击工具栏中的复制按钮。

（4）单击线下部的梯形图块的任何部分，该线将用已复制的块进行粘贴。

（5）单击工具栏中的粘贴按钮，复制的梯形图块被粘贴，如图 7-27 所示。

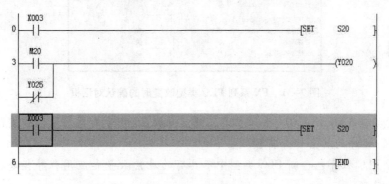

图 7-27　复制操作

7.3.6　改变 PLC 类型

实际工业生产中，有时会遇到设备硬件调整的情况。由于编制程序前，已经选择了 PLC 类型，因此在设备调整后，需要根据实际的设备情况改变 PLC 类型。

1. 改变 PLC 类型的步骤

将 PLC 类型改为 Q02H 的操作步骤如下。

（1）选择【工程】→【改变 PLC 类型】菜单项，在出现的"改变 PLC 类型"对话框中单击"PLC 系列"下拉按钮，选择要改变的 PLC 系列，此处选择"QCPU（Amode）"，如图 7-28 所示。

（2）单击"PLC 类型"下拉按钮，选择要改变的 PLC 类型，此处选择"Q02（H）-A"，如图 7-29 所示，单击 确定 按钮。

（3）显示确认改变的对话框，单击 确认（C） 按钮，如图 7-30 所示。

图 7-28　改变 PLC
类型步骤（1）

图 7-29 改变 PLC 类型步骤 (2)

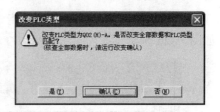

图 7-30 改变 PLC 类型步骤 (3)

2. 改变 PLC 类型时的注意事项

☺FX 系列 PLC 类型改变时，将显示确认对话框如图 7-31 所示。当源 PLC 的设置值不为目的 PLC 接受时，将用目的 PLC 的初始值或最大值替代源设置。超出新 PLC 类型支持的大小的程序部分将被删去。

图 7-31 FX 系列 PLC 类型改变时的确认对话框

☺如果更换为 FX0 或 FX0S 系列 PLC，虽然分配 2000 步内存容量，但实际内存大小为 800 步，程序的其余部分将被删去。

☺即使源 PLC 程序包含新 PLC 类型中不具有的元素数量和应用程序指令，程序的内容也不能改变。

☺PLC 类型改变前后，要确保把这些元素数量和应用程序指令修改成适当的程序。若对没有修改的程序进行转换，将会发生程序错误。

7.3.7 参数设置

FX 系列 PLC 参数设置如图 7-32 所示。

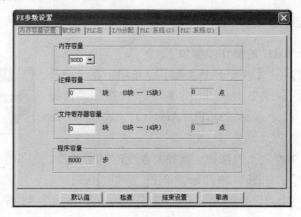

图 7-32 FX 系列 PLC 参数设置

1）内存容量设置

☺ 内存容量：设置 PLC 的内存容量。

☺ 注释容量：设置注释容量。

☺ 文件寄存器容量：设置文件寄存器容量。

☺ 程序容量：设置顺控程序容量。

2）软元件设置　设置锁存范围。

3）PLC 名设置　给 PLC 程序加上注释。

4）I/O 分配设置　设置 I/O 继电器的起始、最终值。

5）PLC 系统 1 设置

☺ 没有电池状态：取出 PLC 的存储器备用电池进行运转时的设置。

☺ 调制解调器：设置实行 PLC 的远程存取时候的调制解调器初期化命令。

☺ RUN 端子输入：PLC 的输入 X 作为外部 RUN/STOP 端子来使用的时候，设置其输入号码。

6）PLC 系统 2 设置

☺ 协议：设置通信协议。

☺ 数据长度：设置数据长度。

☺ 奇偶性：设置奇偶性。

☺ 停止位：设置停止位。

☺ 传送速度：设置传送速度。

☺ 页眉：设置页眉。

☺ 控制线：控制线有效的时候进行设置。

☺ H/W 类型：选择通常 RS-232C 或 RS-485。

☺ 控制模式：表示控制模式的内容。

☺ 传送控制顺序：选择格式 1 或格式 4。

☺ 站号设置：设置站号。

☺ 超时判定时间：设置暂停时间。

7.3.8　在线操作

在线操作主要包括 PLC 读取、PLC 写入等操作。"在线"菜单如图 7-33 所示。

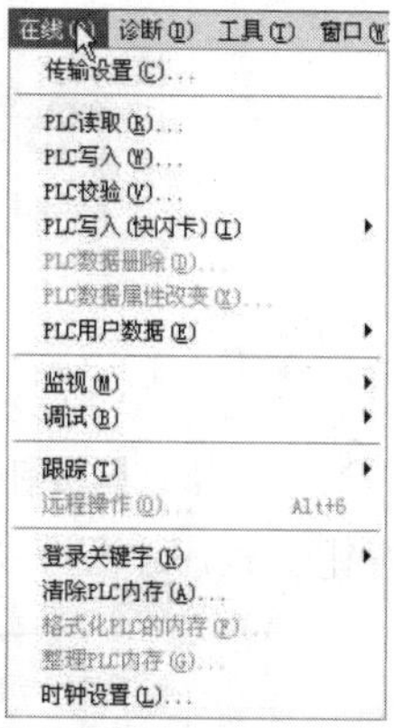

1. PLC 读取操作

选择【在线】→【PLC 读取】菜单项，进入"PLC 读取"对话框，如图 7-34 所示，按照需要选中程序、软元件内存、参数选项，然后单击 执行 按钮，程序便由 PLC 上载到个人计算机。

2. PLC 写入操作

选择【在线】→【PLC 写入】菜单项，进入"PLC 写入"对话框，如图 7-35 所示。

图 7-33　"在线"菜单

按照需要选中程序、软元件注释、参数选项，然后单击 执行 按钮，程序便由个人计算机写入 PLC。

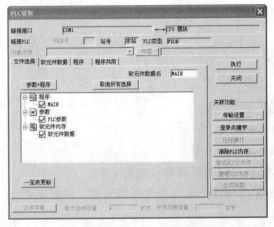
图 7-34 PLC 读取操作

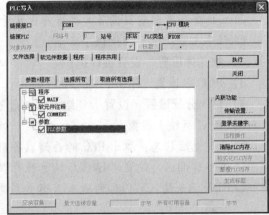
图 7-35 PLC 写入操作

7.3.9 专业案例：使用 GX Developer 开发电动机正/反转控制程序

（1）选择【工程】→【创建新工程】菜单项，按如图 7-36 所示选择后，单击 确定 按钮。

图 7-36 步骤（1）

（2）单击工具按钮 打开程序，输入窗口打开，输入"ld x0"，如图 7-37 所示。单击 确定 按钮，程序中显示 X000。

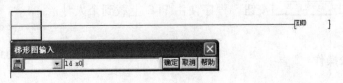
图 7-37 步骤（2）

（3）在编辑状态输入"or y0"，单击 确定 按钮，如图 7-38 所示。

图 7-38　步骤（3）

（4）在编辑状态输入"ani x2"，单击 确定 按钮，如图 7-39 所示。

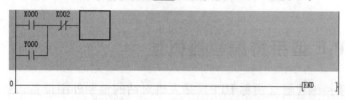

图 7-39　步骤（4）

（5）在编辑状态输入"ani y1"，如图 7-40 所示，单击 确定 按钮。

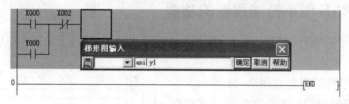

图 7-40　步骤（5）

（6）在编辑状态输入"out y0"，如图 7-41 所示，单击 确定 按钮。

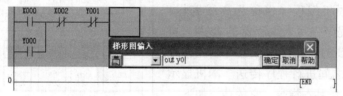

图 7-41　步骤（6）

即可得到正转控制部分梯形图，如图 7-42 所示。

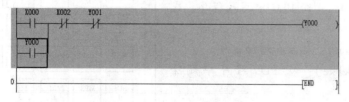

图 7-42　正转控制部分梯形图

反转控制部分梯形图与正转输入基本一致，在此不再赘述，由读者自己完成。最后得到完整梯形图，如图 7-43 所示。

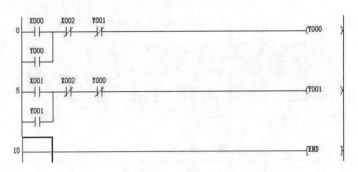

图 7-43　电动机正/反转控制完整梯形图

7.4　FX-20P-E 型手持编程器概述

FX-20P-E 型手持编程器（简称 HPP）是人机对话的重要外围设备，通过编程电缆可将它与三菱 FX 系列 PLC 相连，用来对 PLC 写入、读出、插入和删除程序，以及监视 PLC 的工作状态等。

7.4.1　FX-20P-E 型手持编程器的功能

FX-20P-E 型手持编程器可以用于 FX 系列 PLC，也可以通过 FX-20P-E-FKIT 转换器用于 F1、F2 系列 PLC。

FX-20P-E 型手持编程器如图 7-44 所示。它是一种智能简易型编程器，既可联机编程又可脱机编程。联机编程也称为在线编程，编程器和 PLC 直接相连，并对 PLC 的用户程序存储器进行直接操作。在脱机编程（也称为离线编程）方式下，编制的程序先写入编程器的 RAM，再成批地传送到 PLC 的存储器中，也可以在编程器和 ROM 写入器之间进行程序传送。本机显示窗口可同时显示 4 条基本指令。它的功能如下。

- ☺ 读出（Read）：从 PLC 中读出已经存在的程序。
- ☺ 写入（Write）：向 PLC 中写入程序，或修改程序。
- ☺ 插入（Insert）：插入和增加程序。
- ☺ 删除（Delete）：从 PLC 程序中删除指令。
- ☺ 监视（Monitor）：监视 PLC 的控制操作和状态。
- ☺ 测试（Test）：改变当前状态或监视器件的值。

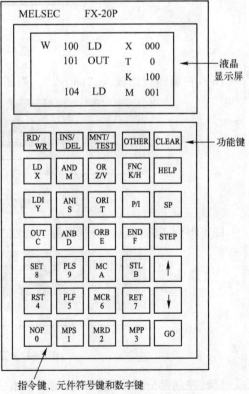

图 7-44　FX-20P-E 型手持编程器

☺ 其他（Others）：如屏幕菜单、监视或修改程序状态、程序检查、内存传送、修改参数、清除、音响控制。

7.4.2　FX-20P-E 型手持编程器的组成与面板布置

1. FX-20P-E 型手持编程器的组成

FX-20P-E 型手持编程器主要包括以下几个部件。

☺ FX-20P-E 型编程器。

☺ FX-20P-CAB0 型电缆，用于对三菱的 FX0 以上系列 PLC 编程。

☺ FX-20P-RWM 型 ROM 写入器模块。

☺ FX-20P-ADP 型电源适配器。

☺ FX-20P-CAB 型电缆，用于对三菱的其他 FX 系列 PLC 编程。

☺ FX-20P-E-FKIT 型接口，用于对三菱的 F1、F2 系列 PLC 编程。

其中的编程器与电缆是必需的，其他部件是选配件。编程器右侧面的上方有一个插座，将 FX-20P-CAB0 型电缆的一端插到该插座内，电缆的另一端插到 FX0 以上系列 PLC 的 RS-422 编程器插座内。

FX-20P-E 型编程器的顶部有一个插座，可以连接 FX-20P-RWM 型 ROM 写入器。编程器的底部插有系统程序存储器卡盒，需要将编程器的系统程序更新时，只要更换系统程序存储器即可。

在 FX-20P-E 型编程器与 PLC 不相连的情况下（脱机方式下），需要用编程器编制用户程序时，可以使用 FX-20P-ADP 型电源适配器对编程器供电。

FX-20P-E 型编程器内附有 8KB 的 RAM 空间，在脱机方式下用来保存用户程序。编程器内附有高性能电容器，通电 1h 后，在该电容器的支持下，RAM 内的信息可以保留 3 天。

2. FX-20P-E 型编程器的面板布置

FX-20P-E 型编程器的面板布置如图 7-44 所示。面板的上方是一个 4 行、每行 16 个字符的液晶显示屏。它的下面共有 35 个键，最上面一行和最右边一列为 11 个功能键，其他 24 个键为指令键、元件符号键和数字键。

1）液晶显示屏　FX-20P-E 型编程器的液晶显示屏上只能同时显示 4 行，每行 16 个字符，其显示画面如图 7-47 所示。

2）功能键　11 个功能键在编程时的功能如下。

☺ RD/WR 键：读出/写入键，是双功能键。按第一下选择读出方式，在液晶显示屏的左上角显示"R"；按第二下选择写入方式，在液晶显示屏的左上角显示"W"；按第三下又回到读出方式。编程器当时的工作状态显示在液晶显示屏的左上角。

☺ INS/DEL 键：插入/删除键，是双功能键。按第一下选择插入方式，在液晶显示屏的左上角显示"I"；按第二下选择删除方式，在液晶显示屏的左上角显示"D"；按第三下又回到插入方式。编程器当时的工作状态显示在液晶显示屏的左上角。

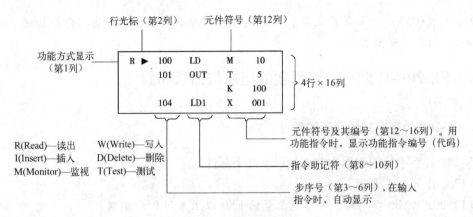

图 7-45　液晶显示屏

☺ MNT/TEST 键：监视/测试键，也是双功能键。按第一下选择监视方式，在液晶显示屏的左上角显示"M"；按第二下选择测试方式，在液晶显示屏的左上角显示"T"；按第三下又回到监视方式。编程器当时的工作状态显示在液晶显示屏的左上角。

☺ GO 键：执行键。用于对指令的确认和执行命令，在键入某指令后，再按 GO 键，编程器就将该指令写入 PLC 的用户程序存储器。该键还可用于选择工作方式。

☺ CLEAR 键：清除键。在未按 GO 键之前，按 CLEAR 键，刚刚键入的操作码或操作数被清除。另外，该键还用于清除屏幕上的错误内容或恢复原来的画面。

☺ SP 键：空格键。键入多参数的指令时，用于指定操作数或常数。在监视方式下，若要监视位编程元件，先按 SP 键，再送该编程元件的元件号。

☺ STEP 键：步序键。如果需要显示某步的指令，先按 STEP 键，再送步序号。

☺ ↑、↓ 键：光标键。用于移动光标和提示符，指定当前软元件的前一个或后一个元件，作上、下移动。

☺ HELP 键：帮助键。按 FNC 键后按 HELP 键，屏幕上显示应用指令的分类菜单，再按相应的数字键，就会显示该类指令的全部指令名称。在监视方式下按 HELP 键，可用于使字编程元件内的数据在十进制数和十六进制数之间进行切换。

☺ OTHER 键：其他键。无论什么时候按它，立即进入菜单选择方式。

3）指令键、元件符号键和数字键　它们都是双功能键，键的上部分是指令助记符，键的下部分是数字或元件符号，何种功能有效，是在当前操作状态下，由功能自动定义。下面的双重元件符号 Z/V、K/H 和 P/I 交替起作用，反复按键时相互切换。

7.5　FX-20P-E 型手持编程器的基本应用

作为现场使用的编程工具，手持编程器在一些无法使用个人计算机编程的场合得到了广泛的应用，尤其是对于进行现场工作的工程人员，手持编程器更是必不可少的工具。

7.5.1　工作方式选择

FX-20P-E 型手持编程器具有在线（ONLINE，或称联机）编程和离线（OFFLINE，或称脱机）编程两种工作方式。在线编程时，编程器与 PLC 直接相连，编程器直接对 PLC 的用户程序存储器进行读写操作。若 PLC 内安装有 EEPROM 卡盒，则程序写入该卡盒；若没有 EEPROM 卡盒，则程序写入 PLC 的 RAM。在离线编程时，编制的程序首先写入编程器的 RAM，以后再成批地传送到 PLC 的存储器中。

FX-20P-E 型手持编程器上电后，其液晶显示屏上显示的内容如图 7-46 所示。其中，闪烁的符号"■"指明编程器所处的工作方式。按 ↑ 或 ↓ 键将"■"移动到所需的位置上，再按 GO 键，就进入所选定的工作方式。

1. 联机编程方式

在联机编程方式下，用户可用编程器直接对 PLC 的用户程序存储器进行读写操作。在执行写操作时，若 PLC 内没有安装 EEPROM 卡盒，则程序写入 PLC 的 RAM；反之，则写入 EEPROM 卡盒，此时 EEPROM 的写保护开关必须处于"OFF"位置。只有用 FX-20P-RWM 型 ROM 写入器才能将用户程序写入 EPROM。

若按 OTHER 键，则进入工作方式选择的操作。此时，FX-20P-E 型手持编程器的液晶显示屏上显示的内容如图 7-47 所示。闪烁的符号"■"指明编程器所处的工作方式。按 ↑ 或 ↓ 键将"■"移动到所需的位置上，再按 GO 键，就进入所选定的工作方式。在联机编程方式下，可供选择的工作方式共有七种。

```
PROGRAM MODE
■ONLINE (PC)
 OFFLINE(HPP)
```

```
ONLINE MODE  FX
■1.OFFLINE MODE
 2.PROGRAM CHECK
 3.DATA TRANSFER
```

图 7-46　在线、离线工作方式选择　　图 7-47　联机编程方式下的工作方式选择

☺ OFFLINE MODE：进入脱机编程方式。

☺ PROGRAM CHECK：程序检查，若没有错误，显示"NO ERROR"（没有错误）；若有错误，则显示出错误指令的步序号及出错代码。

☺ DATA TRANSFER：数据传送，若 PLC 内安装有存储器卡盒，在 PLC 的 RAM 和外装的存储器之间进行程序和参数的传送；反之，则显示"NO MEM CASSETTE"（没有存储器卡盒），不进行传送。

☺ PARAMETER：对 PLC 的用户程序存储器容量进行设置，还可以对各种具有断电保持功能的编程元件的范围及文件寄存器的数量进行设置。

☺ XYM. NO. CONV.：修改 X、Y、M 的元件号。

☺ BUZZER LEVEL：调节蜂鸣器的音量。

☺ LATCH CLEAR：复位有断电保持功能的编程元件。对文件寄存器的复位与它使用的存储器类别有关，只能对 RAM 和写保护开关处于"OFF"位置的 EEPROM 中的文件寄存器复位。

2. 脱机编程方式

脱机编程方式编制的程序存放在手持编程器的 RAM 中；联机编程方式编制的程序存放在 PLC 的 RAM 中，编程器的 RAM 中的程序不变。编程器的 RAM 中写入的程序可成批地传送到 PLC 的 RAM 中，也可成批地传送到装在 PLC 内的存储器卡盒中。往 ROM 写入器的传送应当在脱机方式下进行。

手持编程器内 RAM 的程序用超级电容器作为断电保护，充电 1h，可保持 3 天以上。因此，可将在实验室里脱机生成的装在编程器的 RAM 中的程序，传送给安装在现场的 PLC。有两种方法可以进入脱机编程方式。

☺ FX-20P-E 型手持编程器上电后，按 ↓ 键将闪烁的符号 "■" 移动到 "OFFLINE (HPP)" 位置上，再按 GO 键，就进入脱机编程方式。

☺ FX-20P-E 型手持编程器处于 ONLINE（联机）编程方式时，按 OTHER 键，进入工作方式选择，此时闪烁的符号 "■" 处于 "OFFLINE MODE" 的位置上，接着按 GO 键，就进入 OFFLINE（脱机）编程方式。

```
OFFLINE MODE FX
■1.ONLINE MODE
 2.PROGRAM CHECK
 3.HPP <-> FX
```

图 7-48　脱机编程方式下的工作方式选择

FX-20P-E 型手持编程器处于脱机编程方式时，所编制的用户程序存入编程器的 RAM，与 PLC 的用户程序存储器及 PLC 的运行方式都没有关系。除了联机编程方式中的 M 和 T 两种工作方式不能使用以外，其余的工作方式（R、W、I、D）及操作步骤均适用于脱机编程方式。按 OTHER 键后，即进入工作方式选择的操作。此时，液晶显示屏上显示的内容如图 7-48 所示。

在脱机编程方式下，可用光标键选择 PLC 的型号，如图 7-49（a）所示，FX2N、FX1N 和 FX1S 之外的其他系列的 PLC 应选择 "FX，FX0"；选择好后按 GO 键，出现如图 7-49（b）所示的确认画面，如果使用的 PLC 的型号有变化则按 GO 键，要复位参数或返回起始状态时按 CLEAR 键。

```
SELECT PC TYPE
■FX,FX0
 FX2N;FX1N,FX1S
```

(a)

```
PC TYPE CHANGED
UPDATE PARAMS
 OK→[GO]
 NO→[CLEAR]
```

(b)

图 7-49　选择 PLC 的型号及确认

在脱机编程方式下，可供选择的工作方式有七种。

☺ ONLINE MODE。

☺ PROGRAM CHECK。

☺ HPP〈—〉FX。

☺ PARAMETER。

☺ XYM. NO. CONV. 。

☺ BUZZER LEVEL。

☺ MODULE。

选择"HPP〈—〉FX"时，若 PLC 内没有安装存储器卡盒，则屏幕上显示的内容如图 7-50 所示。按 ↑ 或 ↓ 键将"■"移动到需要的位置上，再按 GO 键，就执行相应的操作。"HPP→ROM"表示将编程器的 RAM 中的用户程序传送到 PLC 的用户程序存储器中，这时 PLC 必须处于 STOP 状态。"HPP←ROM"表示将 PLC 的存储器中的用户程序读入编程器的 RAM。"HPP:ROM"表示将编程器的 RAM 中的用户程序与 PLC 的存储器中的用户程序进行比较。PLC 处于 STOP 或 RUN 状态都可以进行后两种操作。

若 PLC 内装了 RAM、EEPROM 或 EPROM 扩展存储器卡盒，则屏幕上显示的内容类似如图 7-51 所示。类似将图 7-50 中的 ROM 分别变为 RAM、EEPROM 和 EPROM，不能将编程器的 RAM 中的用户程序传送到 PLC 的 EPROM 中。

图 7-50 未安装存储器卡盒屏幕显示

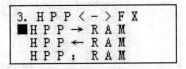

图 7-51 安装存储器卡盒屏幕显示

7.5.2 基本编程操作

1. 用户程序存储器初始化

在写入程序之前，一般需要将存储器中原有的内容全部清除，再按 RD/WR 键，使编程器处于 W（写入）工作方式。清除操作可按以下顺序按键。

$$NOP → A → GO → GO$$

2. 指令的读出

1）根据步序号读出 基本操作如图 7-52 所示，先按 RD/WR 键，使编程器处于 R（读出）工作方式，如果要读出步序号为 105 的指令，再按以下顺序按键，该指令就显示在屏幕上。

$$STEP → 1 → 0 → 5 → GO$$

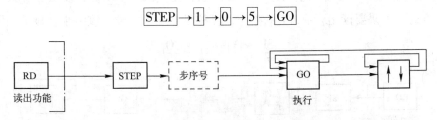

图 7-52 根据步序号读出的基本操作

若还需要显示该指令之前或之后的其他指令，可以按 ↑ 、 ↓ 或 GO 键。按 ↑ 或 ↓ 键可以显示上一条或下一条指令，按 GO 键可以显示下面 4 条指令。

2）根据指令读出 基本操作如图 7-53 所示，先按 RD/WR 键，使编程器处于 R（读出）工作方式，然后根据如图 7-53 或图 7-54 所示的操作依次按相应的键，该指令就显示在屏幕上。

图 7-53 根据指令读出的基本操作

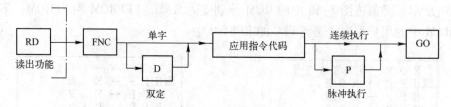

图 7-54 应用指令的读出

例如，指定指令 LD X020，从 PLC 中读出该指令。

先按 RD/WR 键，使编程器处于 R（读出）工作方式，然后按以下顺序按键。

$$LD \rightarrow X \rightarrow 2 \rightarrow 0 \rightarrow GO$$

按 GO 键后屏幕上显示出指定的指令和步序号，再按 GO 键，屏幕上显示出下一条相同的指令及其步序号。如果用户程序中没有该指令，则在屏幕上的最后一行显示 "NOT FOUND"（未找到）。按 ↑ 或 ↓ 键可显示上一条或下一条指令，按 CLEAR 键则屏幕上显示出原来的内容。

例如，读出数据传送指令(D)MOV(P)D10 D14。

MOV 指令的应用指令代码为 12，先按 RD/WR 键，使编程器处于 R（读出）工作方式，然后按以下顺序按键。

$$FNC \rightarrow D \rightarrow 1 \rightarrow 2 \rightarrow P \rightarrow GO$$

3）根据元件读出 基本操作如图 7-55 所示，先按 RD/WR 键，使编程器处于 R（读出）工作方式，如果要读出含有 Y1 的指令，再按以下顺序按键，该指令就显示在屏幕上。

$$SP \rightarrow Y \rightarrow 1 \rightarrow GO$$

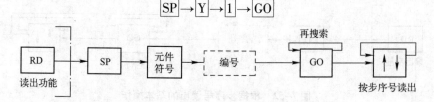

图 7-55 根据元件读出的基本操作

这种方法只限于基本逻辑指令，不能用于应用指令。

4）根据指针查找其所在的步序号　根据指针查找其所在的步序号的基本操作如图 7-56 所示。在 R（读出）工作方式下读出 8 号指针的按键顺序如下。

$$\boxed{P} \rightarrow \boxed{8} \rightarrow \boxed{GO}$$

屏幕上将显示指针 P8 及其步序号。读出中断用指针时，应连续按两次 $\boxed{P/I}$ 键。

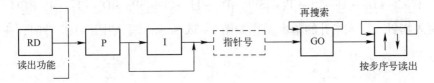

图 7-56　根据指针查找其所在的步序号的基本操作

3. 指令的写入

先按 $\boxed{RD/WR}$ 键，使编程器处于 W（写入）工作方式，然后根据该指令所在的步序号，按 $\boxed{STEP}$ 键后键入相应的步序号，接着按 $\boxed{GO}$ 键，将光标"▶"移动到指定的步序号位置，可以开始写入指令。如果需要修改刚写入的指令，在未按 $\boxed{GO}$ 键之前，按 $\boxed{CLEAR}$ 键，刚键入的操作码或操作数被清除。按 $\boxed{GO}$ 键之后，可按 $\boxed{\uparrow}$ 键，回到刚写入的指令，再作修改。

1）写入基本指令　写入指令 LD X010 时，先使编程器处于 W（写入）工作方式，将光标"▶"移动到指定的步序号位置，然后按以下顺序按键。

$$\boxed{LD} \rightarrow \boxed{X} \rightarrow \boxed{1} \rightarrow \boxed{0} \rightarrow \boxed{GO}$$

写入 LDP、ANDP、ORP 指令时，在按对应指令键后还要按 $\boxed{P/I}$ 键；写入 LDF、ANDF、ORF 指令时，在按对应指令键后还要按 $\boxed{F}$ 键；写入 INV 指令时，按 $\boxed{NOP}$、$\boxed{P/I}$ 和 $\boxed{GO}$ 键。

2）写入应用指令　基本操作如图 7-57 所示，先按 $\boxed{RD/WR}$ 键，使编程器处于 W（写入）工作方式，将光标"▶"移动到指定的步序号位置，然后按 $\boxed{FNC}$ 键，接着按该应用指令代码对应的数字键，然后按 $\boxed{SP}$ 键，再按相应的操作数。如果操作数不止一个，每次键入操作数之前，先按一下 $\boxed{SP}$ 键，键入所有的操作数后，再按 $\boxed{GO}$ 键，该指令就被写入 PLC 的存储器。如果操作数为双字，按 $\boxed{FNC}$ 键后，再按 $\boxed{D}$ 键；如果是脉冲执行方式，在键入应用指令代码的数字键后，接着再按 $\boxed{P}$ 键。

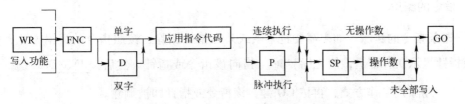

图 7-57　写入应用指令的基本操作

例如，写入数据传送指令 MOV　D10　D14。

MOV 指令的应用指令代码为 12，按以下顺序按键。

$$\boxed{\text{FNC}}\rightarrow\boxed{1}\rightarrow\boxed{2}\rightarrow\boxed{\text{SP}}\rightarrow\boxed{\text{D}}\rightarrow\boxed{1}\rightarrow\boxed{0}\rightarrow\boxed{\text{SP}}\rightarrow\boxed{\text{D}}\rightarrow\boxed{1}\rightarrow\boxed{4}\rightarrow\boxed{\text{GO}}$$

例如，写入数据传送指令(D)MOV(P)D10　D14。

按以下顺序按键。

$$\boxed{\text{FNC}}\rightarrow\boxed{\text{D}}\rightarrow\boxed{1}\rightarrow\boxed{2}\rightarrow\boxed{\text{P}}\rightarrow\boxed{\text{SP}}\rightarrow\boxed{\text{D}}\rightarrow\boxed{1}\rightarrow\boxed{0}\rightarrow\boxed{\text{SP}}\rightarrow\boxed{\text{D}}\rightarrow\boxed{1}\rightarrow\boxed{4}\rightarrow\boxed{\text{GO}}$$

3）写入指针 写入指针的基本操作如图 7-58 所示。写入中断用指针时，应连续按两次 $\boxed{\text{P/I}}$ 键。

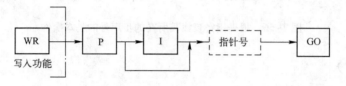

图 7-58　写入指针的基本操作

4）修改指令 例如，将其步序号为 105 原有的指令 OUT T6 K150 改写为 OUT T6 K30。

根据步序号读出原指令后，按 $\boxed{\text{RD/WR}}$ 键，使编程器处于 W（写入）工作方式，然后按以下顺序按键。

$$\boxed{\text{OUT}}\rightarrow\boxed{\text{T}}\rightarrow\boxed{6}\rightarrow\boxed{\text{SP}}\rightarrow\boxed{\text{K}}\rightarrow\boxed{3}\rightarrow\boxed{0}\rightarrow\boxed{\text{GO}}$$

如果要修改应用指令中的操作数，读出该指令后，将光标"▶"移动到欲修改的操作数所在的行，然后修改该行的操作数。

4. 指令的插入

如果需要在某条指令之前插入一条指令，按照前述指令的读出方法，先将某条指令显示在屏幕上，使光标"▶"指向该指令，然后按 $\boxed{\text{INS/DEL}}$ 键，使编程器处于 I（插入）工作方式，再按照指令的写入方法，将指令写入，按 $\boxed{\text{GO}}$ 键后，写入的指令插在原指令之前，后面的指令依次向后推移。

例如，要在 180 步之前插入指令 AND M3。

首先读出 180 步的指令，然后使光标"▶"指向 180 步，再按以下顺序按键。

$$\boxed{\text{INS/DEL}}\rightarrow\boxed{\text{AND}}\rightarrow\boxed{\text{M}}\rightarrow\boxed{3}\rightarrow\boxed{\text{GO}}$$

5. 指令的删除

1）逐条指令的删除 如果需要将某条或某个指针删除，按照指令的读出方法，先将该指令或指针显示在屏幕上，使光标"▶"指向该指令或指针，然后按 $\boxed{\text{INS/DEL}}$ 键，使编程器处于 D（删除）工作方式，再按 $\boxed{\text{GO}}$ 键，该指令或指针即被删除。

2）NOP 指令的成批删除 先按 $\boxed{\text{INS/DEL}}$ 键，使编程器处于 D（删除）工作方式，然后依次按$\boxed{\text{NOP}}$键和$\boxed{\text{GO}}$键，执行完毕后，用户程序中间的 NOP 指令被全部删除。

3）指定范围内的指令删除　先按$\boxed{\text{INS/DEL}}$键，使编程器处于 D（删除）工作方式，然后按以下顺序依次按相应的键，该范围内的指令就被删除。

$$\boxed{\text{STEP}} \rightarrow \boxed{\text{起始步序号}} \rightarrow \boxed{\text{SP}} \rightarrow \boxed{\text{STEP}} \rightarrow \boxed{\text{终止步序号}} \rightarrow \boxed{\text{GO}}$$

7.5.3　对 PLC 编程元件与基本指令通/断状态的监视

监视功能是通过编程器对各个位编程元件的状态和各个字编程元件内的数据监视和测试。监视功能可测试和确认联机方式下 PLC 编程元件的动作和控制状态，包括对基本指令通/断状态的监视。

1. 对位编程元件的监视

对位编程元件的监视的基本操作如图 7-59 所示。FX 系列 PLC 有多个变址寄存器 Z0～Z7 和 V0～V7。以监视辅助继电器 M135 的状态为例，先按$\boxed{\text{MNT/TEST}}$键，使编程器处于 M（监视）工作方式，然后按以下顺序按键。

$$\boxed{\text{SP}} \rightarrow \boxed{\text{M}} \rightarrow \boxed{1} \rightarrow \boxed{3} \rightarrow \boxed{5} \rightarrow \boxed{\text{GO}}$$

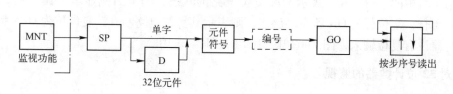

图 7-59　对位编程元件的监视的基本操作

屏幕上就会显示出 M135 的状态，如图 7-60 所示。如果在编程元件左侧有符号"■"，表示该编程元件处于 ON 状态；如果没有符号"■"，表示它处于 OFF 状态。最多可监视 8 个元件，按$\boxed{\uparrow}$或$\boxed{\downarrow}$键，可以监视前面或后面的元件状态。

```
M■M 135    Y  010
   S   1  ■X  003
   X 004    S    5
   X 006    X  007
```

图 7-60　对位编程元件的监视

2. 监视 16 位字编程元件（D、Z、V）内的数据

以监视数据寄存器 D10 内的数据为例，先按$\boxed{\text{MNT/TEST}}$键，使编程器处于 M（监视）工作方式，然后按以下顺序按键。

$$\boxed{\text{SP}} \rightarrow \boxed{\text{D}} \rightarrow \boxed{1} \rightarrow \boxed{0} \rightarrow \boxed{\text{GO}}$$

屏幕上就会显示出数据寄存器 D10 内的数据，再按$\boxed{\downarrow}$键，依次显示出 D11、D12、D13内的数据。此时显示的数据均以十进制数表示，若要以十六进制数表示，可按功能键$\boxed{\text{HELP}}$。重复按功能键$\boxed{\text{HELP}}$，显示的数据在十进制数和十六进制数之间切换。

3. 监视 32 位字编程元件（D、Z、V）内的数据

以监视由数据寄存器 D0 和 D1 组成的 32 位数据寄存器内的数据为例，先按 $\boxed{\text{MNT/TEST}}$ 键，使编程器处于 M（监视）工作方式，然后按以下顺序按键。

$$\boxed{\text{SP}} \rightarrow \boxed{\text{D}} \rightarrow \boxed{\text{D}} \rightarrow \boxed{0} \rightarrow \boxed{\text{GO}}$$

```
M D    1  D    0
         K 345732
▶D 121  D 120
         K 87437321
```

图 7-61　对 32 位字编程元件的监视

屏幕上就会显示出由数据寄存器 D0 和 D1 组成的 32 位数据寄存器内的数据，如图 7-61 所示。若要以十六进制数表示，可用功能键 $\boxed{\text{HELP}}$ 来切换。

4. 对定时器和 16 位计数器的监视

以监视计数器 C98 的运行情况为例，先按 $\boxed{\text{MNT/TEST}}$ 键，使编程器处于 M（监视）工作方式，然后按以下顺序按键。

$$\boxed{\text{SP}} \rightarrow \boxed{\text{C}} \rightarrow \boxed{9} \rightarrow \boxed{8} \rightarrow \boxed{\text{GO}}$$

屏幕上显示的内容如图 7-62 所示。图中第 3 行显示的数据"K20"是 C98 的当前计数值。第 4 行末尾显示的数据"K100"是 C98 的设定值。第 4 行中的字母"P"表示 C98 输出触点的状态，当其右侧显示"■"时，表示其常开触点闭合；反之，则表示其常开触点断开。第 4 行中的字母"R"表示 C98 复位电路的状态，当其右侧显示"■"时，表示其复位电路闭合，复位位为 ON 状态；反之，则表示其复位电路断开，复位位为 OFF 状态。非积算定时器没有复位输入，图 7-62 中 T100 的"R"未用。

5. 对 32 位计数器的监视

以监视 32 位计数器 C210 的运行情况为例，先按 $\boxed{\text{MNT/TEST}}$ 键，使编程器处于 M（监视）工作方式，然后按以下顺序按键。

$$\boxed{\text{SP}} \rightarrow \boxed{\text{C}} \rightarrow \boxed{2} \rightarrow \boxed{1} \rightarrow \boxed{0} \rightarrow \boxed{\text{GO}}$$

屏幕上显示的内容如图 7-63 所示。第 1 行的右侧显示"■"时，表示其计数方式为递增（UP），反之为递减计数方式。第 2 行显示的数据为当前计数值。第 3 行和第 4 行显示设定值，如果设定值为常数，直接显示在屏幕的第 3 行上；如果设定值存放在某数据寄存器内，第 3 行显示该数据寄存器的元件号，第 4 行才显示其设定值。按功能键 $\boxed{\text{HELP}}$，显示的数据在十进制数和十六进制数之间切换。

```
M T 100   K    100
    P R    K    250
  ▶C  98   K     20
  P■R    K    100
```

图 7-62　对 16 位计数器的监视

```
M▶C 210    P R U■
         K  1234568
         K  2345678
```

图 7-63　对 32 位计数器的监视

6. 通/断检查

在监视状态下，根据步序号或指令读出程序，可监视指令中元件触点的通/断和线圈的状态，基本操作如图 7-64 所示。

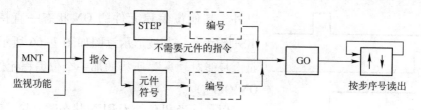

图 7-64　通/断检查的基本操作

按 GO 键后显示 4 条指令，第一行是指令的操作码。若某一行的第 11 列（即元件符号的左侧）显示空格，表示该行指令对应的触点断开，对应的线圈断电；若第 11 列显示"■"，表示该行指令对应的触点接通，对应的线圈通电。在 M（监视）工作方式下，按以下顺序按键。

$$\text{STEP} \rightarrow \boxed{1} \rightarrow \boxed{2} \rightarrow \boxed{6} \rightarrow \boxed{\text{GO}}$$

屏幕上显示的内容如图 7-65 所示。根据各行是否显示"■"，就可以判断触点和线圈的状态。但是对定时器和计数器来说，若 OUT T 或 OUT C 指令所在行显示"■"，仅表示定时器或计数器分别处于定时或计数工作状态（其线圈通电），并不表示其输出常开触点接通。

```
M ▶    126    X    013
       127 ■ M    100
       128 ■ Y    005
       129    T     15
```

图 7-65　通/断检查

7. 对状态继电器的监视

用指令或编程元件的测试功能使 M8047（STL 监视有效）为 ON，先按 MNT/TEST 键，使编程器处于 M（监视）工作方式，再按 STL 键和 GO 键，可以监视最多 8 点为 ON 的状态继电器（S），它们按元件号从大到小的顺序排列。

7.5.4　对编程元件的测试

测试功能是指用编程器对位编程元件的强制置位与复位（ON/OFF）、对字编程元件内数据的修改，如对 T、C、D、Z、V 的当前值的修改、对 T、C 的设定值的修改和文件寄存器的写入等内容。

1. 对位编程元件强制 ON/OFF

先按 MNT/TEST 键，使编程器处于 M（监视）工作方式，然后按照监视位编程元件的操作步骤，显示出需要强制 ON/OFF 的那个位编程元件，再按 MNT/TEST 键，使编程器处于 T（测试）工作方式，确认"▶"指向需要强制 ON/OFF 的位编程元件以后，按一下 SET 键，即强制该位编程元件为 ON，按一下 RST 键，即强制该位编程元件为 OFF。

强制 ON/OFF 的时间与 PLC 的运行状态有关，也与位编程元件的类型有关。一般来说，当 PLC 处于 STOP 状态时，按一下 SET 键，除了输入继电器 X 接通的时间仅一个扫描周期

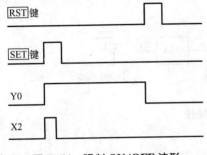

图 7-66 强制 ON/OFF 波形

以外，其他位编程元件的 ON 状态一直持续到按下 RST 键为止，其波形示意图如图 7-66 所示。（注意：每次只能对"►"所指的那一个位编程元件执行强制 ON/OFF。）

但是，当 PLC 处于 RUN 状态时，除了输入继电器 X 的执行情况与在 STOP 状态时的一样以外，其他位编程元件的执行情况还与梯形图的逻辑运算结果有关。假设扫描用户程序的结果使输出继电器 Y0 为 ON，按 RST 键只能使 Y0 为 OFF 的时间维持一个扫描周期；反之，假设扫描用户程序的结果使输出继电器 Y0 为 OFF，按 SET 键只能使 Y0 为 ON 的时间维持一个扫描周期。

2. 修改 T、C、D、Z、V 的当前值

先按 MNT/TEST 键，使编程器处于 M（监视）工作方式，然后按照监视字编程元件的操作步骤，显示出需要修改的那个字编程元件，再按 MNT/TEST 键，使编程器处于 T（测试）工作方式，修改 T、C、D、Z、V 的当前值的基本操作如图 7-67 所示。

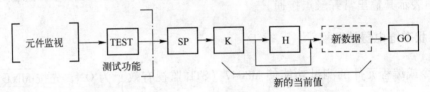

图 7-67 修改 T、C、D、Z、V 的当前值的基本操作

将定时器 T6 的当前值修改为 K210 的操作如下。

监视 T6 → TEST → SP → K → 2 → 1 → 0 → GO

常数 K 为十进制数设定，H 为十六进制数设定，输入十六进制数时连续按两次 K/H 键。

3. 修改 T、C 的设定值

先按 MNT/TEST 键，使编程器处于 M（监视）工作方式，然后按照监视定时器和计数器的操作步骤，显示出待监视的定时器和计数器指令，再按 MNT/TEST 键，使编程器处于 T（测试）工作方式，修改 T、C 的设定值的基本操作如图 7-68 所示。

将定时器 T4 的设定值修改为 K50 的操作如下。

监视 T4 → TEST → SP → SP → K → 5 → 0 → GO

第一次按 SP 键后，"►"出现在当前值前面，这时可以修改其当前值；第二次按 SP 键后，"►"出现在设定值前面，这时可以修改其设定值；键入新的设定值后按 GO 键，设定值修改完毕。

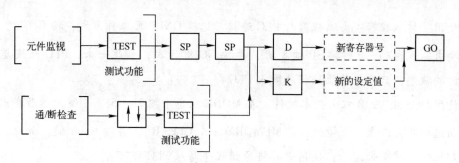

图 7-68　修改 T、C 的设定值的基本操作

将 T10 存放设定值的数据寄存器的元件号修改为 D20 的操作如下。

监视 T10→TEST→SP→SP→D→2→0→GO

另一种修改方法是先对 OUT T10（以修改 T10 的设定值为例）指令作通/断检查，然后按 ↓ 键，使"▶"指向设定值所在行，再按 MNT/TEST 键，使编程器处于 T（测试）工作方式，键入新的设定值后按 GO 键，便完成了设定值的修改。

将 105 步的 OUT T5 指令的设定值修改为 K35 的操作如下。

监视 105 步的指令→ ↓ →TEST→K→3→5→GO

7.5.5　专业案例：使用手持编程器开发电动机正/反转控制程序

先按 RD/WR 键，使编程器处于 W（写入）工作方式，将光标"▶"移动到指定的步序号位置，然后按以下顺序按键。

LD→X→0→GO

OR→Y→0→GO

ANI→X→2→GO

ANI→Y→1→GO

OUT→Y→0→GO

LD→X→1→GO

OR→Y→1→GO

ANI→X→2→GO

ANI→Y→0→GO

OUT→Y→1→GO

END

7.6　实践拓展：如何解除 PLC 密码

假若拥有原始程序，只要将 PLC 记忆体全部清除即可。清除方法如下所述。

☺ 使用手持编程器：当编程器与 PLC 连接后选择 ONLINE 工作方式，按 GO 键，屏幕会要求输入密码，此时按 SP 键 8 次，再按 GO 键 3 次，如此一来，PLC 就恢复到出厂时的状态，只要再将原始程序输入 PLC 即可。

☺ 使用 DOS 版 V2.0 以上版本软件：在 MODE 状态中按 7、5、3 键，然后在出现的画面选项中，以上、下键选择 "MEMORY ALL CLEAR"，再按 Enter 键，如此，PLC 内部记忆体将全部清除，使用者再将原始程序写入 PLC 即可。

☺ 使用 Windows 版 V1.0 以上版本软件：首先将原始程序显示在屏幕上，将 PLC 置于 STOP 状态，然后在画面上功能选择列中选 "PLC"，再选 "PLC memory clear…"，跳出新画面后，将 3 个选项全部圈选，再按 Enter 键，画面将出现【确定】及【取消】两种选择，此时选【确定】，按 Enter 键，该画面若消失了，则表示该 PLC 已恢复到出厂时状态，可以重新写入程序了。

思考与练习

（1）应用 GX Developer 软件进行编程练习，并熟练掌握程序上载、下载的方法。

（2）应用 GX Developer 软件实现十字路口交通信号灯的控制，时序可自行定义。

（3）简述手持编程器的编程操作步骤。

第8章 PLC控制系统设计方法

PLC控制系统是由PLC作为控制器来构成的电气控制系统。通过本章教学，使读者初步掌握PLC控制系统设计的方法和步骤，能够根据被控对象的控制要求制定合理的控制方案、确定经济合理的PLC机型、进行PLC外围电路和程序的设计。

8.1 PLC控制系统设计的内容和步骤

PLC控制系统设计就是根据被控对象的控制要求制定控制方案，选择PLC机型，进行PLC外围电路设计，以及进行PLC程序的设计、调试。要完成好PLC控制系统的设计任务，除掌握必要的电气设计基础知识外，还必须经过反复实践，深入生产现场，将不断积累的经验应用到设计中来。

1. PLC控制系统设计的基本原则和主要内容

1）PLC控制系统设计的基本原则

☺首先要满足被控对象的全部控制要求，包括功能要求、性能要求等。
☺在满足控制系统要求的基础上，应考虑实用性、经济性、可维护性等。
☺控制系统应确保控制设备性能的稳定性及工作的安全性和可靠性。
☺控制系统应具有可扩展性，能满足生产设备改良和系统升级的要求。
☺要注意控制系统I/O设备的标准化原则和多供应商原则，要易于采购和替换。
☺易于操作，符合人机工程学的要求和用户的操作习惯。

2）PLC控制系统设计的主要内容

☺拟定控制系统设计的技术条件。技术条件一般以设计任务书的形式来确定，它是整个设计的依据。
☺选择电气传动形式和电动机、电磁阀等执行机构。
☺选定PLC机型。
☺编制PLC的I/O地址表或绘制I/O端子接线图。
☺根据系统设计的要求编写软件规格说明书，然后再用相应的编程语言（常用梯形图）进行程序设计。
☺了解并遵循用户认知心理学，重视人机界面的设计，增强人与机器之间的友善关系。
☺设计操作台、控制柜及非标准电气部件。
☺编制技术文件。

2. PLC 控制系统设计的步骤

1）深入了解和分析被控对象的工艺条件和控制要求 被控对象就是受控的机械、电气设备、生产线或生产过程。控制要求主要指控制的基本方式、应完成的动作、自动工作循环的组成、必要的保护和联锁等。对较复杂的控制系统，还可将控制任务分成几个独立部分，这样可化繁为简，有利于编程和调试。

2）确定 I/O 设备 根据被控对象对 PLC 控制系统的功能要求，确定系统所需的用户 I/O 设备。常用的输入设备有按钮、选择开关、行程开关、传感器等，常用的输出设备有继电器、接触器、指示灯、电磁阀等。

3）选择合适的 PLC 类型 根据已确定的用户 I/O 设备，统计所需的输入信号和输出信号的点数，选择合适的 PLC 类型，包括机型、I/O 模块、电源模块等的选择。

4）分配 I/O 点 分配 PLC 的 I/O 点，编制 I/O 地址表或绘制 I/O 端子接线图。接着就可以进行 PLC 程序设计了，同时可进行控制柜与操作台的设计和现场施工。

5）设计系统梯形图程序 根据工作功能图表或状态流程图等设计出梯形图，即编程。这一步是整个系统设计的最核心工作，也是比较困难的一步。要设计好梯形图，首先要十分熟悉控制要求，同时还要有一定的电气设计的实践经验。

6）将程序输入 PLC 当使用手持编程器将程序输入 PLC 时，需要先将梯形图转换成指令表，以便于输入。当使用 PLC 的辅助编程软件在计算机上编程时，可通过上、下位机的连接电缆将程序下载到 PLC 中去。

7）进行软件测试 将程序输入 PLC 后，应先进行测试工作，因为在程序设计过程中，难免会有疏漏的地方。因此，在将 PLC 连接到现场设备上之前，必须进行软件测试，以排除程序中的错误，同时也为整体调试打好基础，缩短整体调试的周期。

8）系统整体调试 在 PLC 硬件、软件设计和控制柜及现场施工完成后，就可以进行整个系统的联机调试了。如果控制系统是由几个部分组成的，则应先进行局部调试，然后再进行整体调试；如果控制程序的步序较多，则可先进行分段调试，然后再连接起来总调。调试中发现的问题，要逐一排除，直至调试成功。

9）编制技术文件 系统技术文件包括说明书、电气原理图、电器布置图、电气元件明细表、PLC 梯形图。

PLC 控制系统设计步骤流程图如图 8-1 所示。

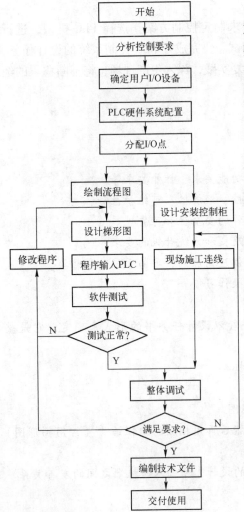

图 8-1 PLC 控制系统设计步骤流程图

8.2　PLC 控制系统的硬件设计

PLC 控制系统的硬件设计是系统设计的第一步，只有选择好了合适的硬件，才能在此基础上进行软件的设计调试。并不是越贵越高级的 PLC 就一定越好，在满足功能的前提下，选择合适的 PLC 才是正确的方法。

1. PLC 机型的选择

随着 PLC 控制的普及与应用，PLC 产品的种类和数量越来越多，而且功能也日趋完善。近年来，从美国、日本、德国引进的 PLC 产品及国内厂家组装或自行开发的产品已有几十个系列，有上百种型号。目前，国内应用较多的 PLC 产品主要包括美国 AB、GE、MODICON 公司，德国西门子公司，日本欧姆龙、三菱公司等的 PLC 产品。PLC 的品种繁多，其结构形式、性能、容量、指令系统、编程方法、价格等各有自己的特点，适用场合也各有侧重。因此，合理选择 PLC，对于提高 PLC 控制系统的技术经济指标起着重要的作用。一般，选择机型要以满足系统功能需要为宗旨，不要盲目贪大求全，以免造成投资和设备资源的浪费。机型的选择可从以下 7 个方面来考虑。

1）对 I/O 点的选择　PLC 控制系统的控制对象是工业生产设备或工业生产过程，工作环境是工业生产现场。它与工业生产过程的联系是通过 I/O 接口模块来实现的。

通过 I/O 接口模块可以检测被控生产过程的各种参数，并以这些现场数据作为控制信息对被控对象进行控制。同时，通过 I/O 接口模块将控制器的处理结果送给被控设备或工业生产过程，从而驱动各种执行机构来实现控制。PLC 从现场收集的信息及输出给外部设备的控制信号都需经过一定距离，为了确保这些信息的正确无误，PLC 的 I/O 接口模块都具有较好的抗干扰能力。根据实际需要，一般情况下，PLC 都有许多 I/O 接口模块，包括开关量输入模块、开关量输出模块、模拟量输入模块、模拟量输出模块及其他一些特殊模块，使用时应根据它们的特点进行选择。

PLC 平均的 I/O 点的价格还是比较高的，因此应该合理选用 PLC 的 I/O 点的数量，在满足控制要求的前提下力争使用的 I/O 点最少，但必须留有一定的裕量。

通常，I/O 点数是根据被控对象的 I/O 信号的实际需要再加上 10% ～ 15% 的裕量来确定的。

PLC 的输出点可分为共点式、分组式和隔离式三种接法。隔离式的各组输出点之间可以采用不同的电压种类和电压等级，但这种 PLC 平均每点的价格较高。如果输出信号之间不需要隔离，则应选择前两种输出方式的 PLC。

2）对存储容量的选择　用户程序所需的存储容量大小不仅与 PLC 系统的功能有关，而且与功能实现的方法、程序编写水平有关。一个有经验的程序员和一个初学者，在完成同一复杂功能时，其程序量可能相差 25% 之多，所以，对于初学者，应该在存储容量估算时多留裕量。

PLC 系统所用的存储器基本上由 ROM、EPROM 及 EEPROM 三种类型组成，存储容量则随机器的大小变化。一般，小型机的最大存储能力低于 6KB，中型机的最大存储能力可达 64KB，大型机的最大存储能力可达上兆字节。使用时可以根据程序及数据的存储需要来选用合适的机型，必要时也可专门进行存储器的扩充设计。

PLC 的存储容量选择和计算有两种方法：第一种方法是根据编程使用的节点数精确计算存储器的实际使用容量；第二种方法为估算法，用户可根据控制规模和应用目的进行设定，为了使用方便，一般应留有 25% ～ 30% 的裕量。获取存储容量的最佳方法是生成程序，即用了多少字。知道每条指令所用的字数，用户便可确定准确的存储容量。

PLC 的 I/O 点数的多少，在很大程度上反映了 PLC 系统的功能要求，因此可在 I/O 点数确定的基础上，按下式估算存储容量后，再加 20% ～ 30% 的裕量。

$$存储容量（字节）= 开关量 I/O 点数 \times 10 + 模拟量 I/O 通道数 \times 100$$

另外，在存储容量选择的同时，注意对存储器的类型的选择。

3）对 I/O 响应时间的选择 PLC 的 I/O 响应时间包括输入电路延迟、输出电路延迟和扫描工作方式引起的时间延迟（一般为 2 或 3 个扫描周期）等。对开关量控制的系统，PLC 的 I/O 响应时间一般都能满足实际工程的要求，可不必考虑 I/O 响应问题。但对模拟量控制的系统，特别是闭环系统，就要考虑这个问题。

4）根据输出负载的特点选型 不同的负载对 PLC 的输出方式有不同的要求。例如，频繁通断的感性负载，应选择晶体管或晶闸管输出型的，而不应选择继电器输出型的。但继电器输出型的 PLC 有许多优点，如导通压降小、有隔离作用、价格相对较便宜、承受瞬时过电压和过电流的能力较强、其负载电压灵活（可交流、可直流）且电压等级范围大等。所以，动作不频繁的交、直流负载可以选择继电器输出型的 PLC。

5）对在线编程和离线编程的选择 离线编程是指主机和编程器共用一个 CPU，通过编程器的方式选择开关来选择 PLC 的编程、监控和运行工作状态。编程状态时，CPU 只为编程器服务，而不对现场进行控制。在线编程是指主机和编程器各有一个 CPU，主机的 CPU 完成对现场的控制，在每一个扫描周期末尾与编程器通信，编程器把修改的程序发给主机，在下一个扫描周期主机将按新的程序对现场进行控制。

计算机辅助编程既能实现离线编程，也能实现在线编程。在线编程需购置计算机，并配置编程软件。采用哪种编程方法应根据需要决定。

6）根据是否联网通信选型 若 PLC 控制系统需要联入工厂自动化网络，则 PLC 需要有联网通信功能，即要求 PLC 应具有连接其他 PLC、上位计算机及 CRT 等的接口。大中型机都有通信功能，目前大部分小型机也具有通信功能。

7）对 PLC 结构形式的选择 在相同功能和相同 I/O 点数据的情况下，整体式比模块式价格低。但模块式具有功能扩展灵活、维修方便（换模块）、容易判断故障等优点，要按实际需要选择 PLC 的结构形式。

2. I/O 模块的选择

一般，I/O 模块的价格占 PLC 价格的一半以上。PLC 的 I/O 模块有开关量 I/O 模块、模拟量 I/O 模块等。不同的 I/O 模块，其电路及功能也不同，直接影响 PLC 的应用范围和价格，应当根据实际需要加以选择。

1）开关量输入模块的选择 开关量输入模块用来接收现场输入设备的开关信号，将信号转换为 PLC 内部能接受的低电压信号，并实现 PLC 内、外信号的电气隔离。选择时主要应考虑以下 4 个方面。

（1）输入信号的类型及电压等级。开关量输入模块有直流输入、交流输入和交流/直流输入三种类型。选择时主要根据现场输入信号和周围环境因素等。直流输入模块的延迟时间较短，还可以直接与接近开关、光电开关等电子输入设备连接；交流输入模块可靠性好，适合在有油雾、粉尘的恶劣环境下使用。

开关量输入模块的输入信号的电压等级有：直流 5V、12V、24V、48V、60V 等，交流 110V、220V 等，选择时主要根据现场输入设备与输入模块之间的距离来考虑。5V、12V、24V 用于传输距离较近的场合，如 5V 输入模块最远不得超过 10m。距离较远的应选用输入信号电压等级较高的模块。

（2）输入接线方式。开关量输入模块主要有汇点式和分组式两种输入接线方式。汇点式的开关量输入模块的所有输入点共用一个公共端（COM）；而分组式的开关量输入模块是将输入点分成若干组，每一组（几个输入点）有一个公共端，各组之间是分隔的。分组式的开关量输入模块价格较汇点式的高。如果输入信号之间不需要分隔，一般选用汇点式的。

（3）同时接通的输入点数量。对于选用高密度的输入模块（如 32 点、48 点等），应考虑该模块同时接通的点数一般不要超过输入点数的 60%。

（4）输入门槛电平。为了提高系统的可靠性，必须考虑输入门槛电平的高低。输入门槛电平越高，抗干扰能力越强，传输距离也越远，具体可参阅 PLC 说明书。

2）开关量输出模块的选择　开关量输出模块是将 PLC 内部低电压信号转换成驱动外部输出设备的开关信号，并实现 PLC 内、外信号的电气隔离。选择时主要应考虑以下 4 个方面。

（1）输出方式。开关量输出模块有继电器输出、晶闸管输出和晶体管输出三种方式。继电器输出的价格便宜，既可用于驱动交流负载，又可用于驱动直流负载，而且适用的电压大小范围较宽，导通压降小，同时承受瞬时过电压和过电流的能力较强，但其属于有触点元件，动作速度较慢（驱动感性负载时，触点动作频率不得超过 1Hz），寿命较短，可靠性较差，只能适用于不频繁通断的场合。对于频繁通断的负载，应该选用晶闸管输出或晶体管输出，它们属于无触点元件。但晶闸管输出只能用于交流负载，而晶体管输出只能用于直流负载。

（2）输出接线方式。开关量输出模块主要有分组式和分隔式两种接线方式。分组式输出是几个输出点为一组，一组有一个公共端，各组之间是分隔的，可分别用于驱动不同电源的外部输出设备；分隔式输出是每一个输出点就有一个公共端，各输出点之间相互隔离。选择时主要根据 PLC 输出设备的电源类型和电压等级的多少而定。一般，整体式 PLC 既有分组式输出，也有分隔式输出。

（3）驱动能力。开关量输出模块的输出电流（驱动能力）必须大于 PLC 外接输出设备的额定电流。用户应根据实际输出设备的电流大小来选择输出模块的输出电流。如果实际输出设备的电流较大，输出模块无法直接驱动，可增加中间放大环节。

（4）同时接通的输出点数量。选择开关量输出模块时，还应考虑能同时接通的输出点数量。同时接通输出设备的累计电流值必须小于公共端所允许通过的电流值。例如，一个 220V/2A 的 8 点输出模块，每个输出点可承受 2A 的电流，但输出公共端允许通过的电流并不是 16A（8×2A），通常要比此值小得多。一般来讲，同时接通的点数不要超出同一公共端输出点数的 60%。

开关量输出模块的技术指标与不同的负载类型密切相关，特别是输出的最大电流。另外，晶闸管的最大输出电流随环境温度升高会减小，在实际使用中也应注意。

3）模拟量 I/O 模块的选择 模拟量 I/O 模块的主要功能是数据转换，并与 PLC 内部总线相连，同时为了安全也有电气隔离功能。模拟量输入（A/D）模块是将现场由传感器检测而产生的连续的模拟量信号转换成 PLC 内部可接受的数字量。模拟量输出（D/A）模块是将 PLC 内部的数字量转换成模拟量信号输出。

典型模拟量 I/O 模块的量程为 $-10 \sim 10V$、$0 \sim 10V$、$4 \sim 20mA$ 等，可根据实际需要选用，同时还应考虑其分辨率和转换精度等因素。

一些 PLC 制造厂家还提供特殊模拟量输入模块，可用来直接接收低电平信号（如 RTD、热电偶等信号）。

FX 系列 PLC 常用的模拟量控制设备有模拟量扩展板（FX1N-2AD-BD、FX1N-1DA-BD）、普通模拟量输入模块（FX2N-2AD、FX2N-4AD、FX2NC-4AD、FX2N-8AD）、模拟量输出模块（FX2N-2DA、FX2N-4DA、FX2NC-4DA）、模拟量 I/O 混合模块（FX0N-3A）、温度传感器用输入模块（FX2N-4AD-PT、FX2N-4AD-TC、FX2N-8AD）、温度调节模块（FX2N-2LC）等。

8.3 PLC 控制系统的软件设计

硬件选择完毕后，就要根据工程要求进行软件设计，程序编制完毕后，还需要进一步的调试才能满足工程实际需要。下面介绍软件设计。

1. PLC 控制系统软件设计的方法

在了解了 PLC 程序结构后，就要具体编制程序了。编制 PLC 控制程序的方法很多，这里主要介绍几种典型的编程方法。

1）图解法编程 图解法是靠画图进行 PLC 程序设计。常见的主要有梯形图法、逻辑流程图法、时序流程图法和步进顺控法。

（1）梯形图法。梯形图法是用梯形图语言去编制 PLC 程序。这是一种模仿继电器接触器控制系统的编程方法。其图形甚至元件名称都与继电器接触器控制电路十分相近。这种方法很容易地就可以把原继电器接触器控制电路移植成 PLC 的梯形图。这对熟悉继电器接触器控制的人来说，是最方便的一种编程方法。

（2）逻辑流程图法。逻辑流程图法是用逻辑框图表示 PLC 程序的执行过程、反应输入与输出的关系。把系统的工艺流程用逻辑框图表示出来形成系统的逻辑流程图。用这种方法编制的 PLC 控制程序逻辑思路清晰，输入与输出的因果关系及联锁条件明确。逻辑流程图会使整个程序脉络清楚，便于分析控制程序，便于查找故障点，便于调试程序和维修程序。有时对一个复杂的程序，直接用语句表（也称指令表）和用梯形图编程可能觉得难以下手，则可以先画出逻辑流程图，再为逻辑流程图的各个部分用语句表和梯形图编制 PLC 应用程序。

（3）时序流程图法。时序流程图法是首先画出控制系统的时序图（即到某一个时间应该进行哪项控制的控制时序图），再根据时序关系画出对应的控制任务的程序框图，最后把程序框图写成 PLC 程序。时序流程图法很适合于以时间为基准的控制系统的编程。

（4）步进顺控法。步进顺控法是在顺控指令的配合下设计复杂的控制程序。一般比较复杂的程序，都可以分成若干个功能比较简单的程序段，一个程序段可以看成整个控制过程中的一步。从整个角度去看，一个复杂系统的控制过程是由这样若干个步组成的。系统控制的任务实际上可以认为在不同时刻或在不同进程中去完成对各个步的控制。为此，不少 PLC 生产厂家在自己的 PLC 中增加了步进顺控指令，在画完各个步进的状态流程图之后，可以利用步进顺控指令方便地编写控制程序。

2）经验法编程　经验法是运用自己的或别人的经验进行设计。多数是设计前先选择与自己工艺要求相近的程序，把这些程序看成是自己的"试验程序"，结合自己工程的情况，对这些"试验程序"逐一修改，使之适合自己的工程要求。这里所说的经验，有的是来自自己的经验总结，有的可能是别人的设计经验，这就需要日积月累，善于总结。

3）计算机辅助设计编程　计算机辅助设计是通过 PLC 编程软件在计算机上进行程序设计、离线或在线编程、离线仿真和在线调试等。使用编程软件可以十分方便地在计算机上进行离线或在线编程、在线调试，使用编程软件可以十分方便地在计算机上进行程序的存取、加密及形成 EXE 运行文件。

2. PLC 控制系统软件设计的步骤

在了解了程序结构和编程方法的基础上，就要实际地编制 PLC 程序了。编制 PLC 程序和编写其他计算机程序一样，都需要经历如下过程。

1）对系统任务分块　分块的目的就是把一个复杂的工程分解成多个比较简单的小任务。这样，就把一个复杂的大问题化为多个简单的小问题，可便于编制程序。

2）编制控制系统的逻辑关系图　从逻辑关系图上，可以反映出某一逻辑关系的结果是什么，这一结果又引起哪些动作。这个逻辑关系可以是以各个控制活动顺序为基准，也可能是以整个活动的时间节拍为基准。逻辑关系图反映了控制过程中控制作用与被控对象的活动，也反映了输入与输出的关系。

3）绘制各种电路图　绘制各种电路图的目的，是把系统的 I/O 分配的地址和名称联系起来，这是很关键的一步。在绘制 PLC 的输入电路图时，不仅要考虑到输入信号的连接点是否与命名一致，还要考虑到输入端的电压和电流是否合适，也要考虑到在特殊条件下运行的可靠性与稳定条件等问题，特别要考虑到能否把高压引导到 PLC 的输入端，因为这样可能会对 PLC 造成比较大的伤害。在绘制 PLC 的输出电路图时，不仅要考虑到输出信号的连接点是否与命名一致，还要考虑到 PLC 输出模块的带负载能力和耐电压能力。也要考虑到电源的输出功率和极性问题。在整个电路图的绘制中，还要努力提高电路的稳定性和可靠性。虽然用 PLC 进行控制方便、灵活，但是在电路的设计上仍然需要谨慎、全面。因此，在绘制电路图时要考虑周全，要一丝不苟。

4）编制 PLC 程序并进行模拟调试　在绘制完电路图后，就可以着手编制 PLC 程序了。在编程时，除了注意程序要正确、可靠之外，还要考虑程序要简洁、省时、便于阅读、便于修改。编好一个程序块要进行模拟调试，这样便于查找问题，便于及时修改，最好不要整个程序完成后一起算总账。

5）制作操作台与控制柜　在绘制完电路图、编完程序后，就可以制作操作台和控制柜了。在时间紧张的时候，这项工作也可以和编制程序并列进行。在制作操作台和控制柜的时候，要注意选择开关、按钮、继电器等器件的质量，规格必须满足要求。设备的安装必须注意安全、可靠。例如，屏蔽问题、接地问题、高压隔离等必须妥善处理。

6）现场调试　现场调试是整个控制系统完成的重要环节。任何程序的设计很难说不经过现场调试就能使用的。只有通过现场调试才能发现控制电路和控制程序不能满足系统要求之处，只有通过现场调试才能发现控制电路和控制程序发生矛盾之处，只有进行现场调试才能最后实地测试和最后调整控制电路和控制程序，以适应控制系统的要求。

7）编制技术文件并现场试运行　经过现场调试后，控制电路和控制程序基本被确定了，整个系统的硬件和软件基本没有问题了，这时就要全面整理或编制技术文件，包括整理电路图、PLC 程序、使用说明及帮助文件。到此工作基本结束。

8.4　PLC 控制系统设计专业案例

8.4.1　用经验法设计小车的左行和右行控制系统

1. 控制要求

如图 8-6 所示，小车开始时停在左限位开关 SQ1 处，按下右行启动按钮 SB1，小车右行，到右限位开关 SQ2 处时停止运动，6s 后定时器 T0 的定时时间到，小车自动返回起始位置。设计小车的左行和右行控制梯形图。

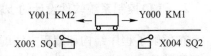

图 8-2　小车的左行和右行控制系统示意图

2. 设计过程

1）I/O 分配　小车的左行和右行控制的实质是电动机的正反转控制。因此，可以在电动机正反转 PLC 控制设计的基础上，设计出满足控制要求的 I/O 接线图和梯形图。小车的左行和右行控制 I/O 接线图如图 8-3 所示。

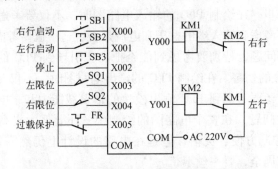

图 8-3　小车的左行和右行控制 I/O 接线图

2）程序设计　小车的左行和右行控制梯形图如图 8-4 所示。

3）程序分析　为了使小车向右的运动自动停止，将右限位开关对应的 X004 的常闭触点与控制右行的 Y000 的线圈串联。为了在右端使小车暂停 6s，用 X004 的常开触点来控制定时器 T0 的线圈。T0 的定时时间到，则其常开触点闭合，给控制 Y001 的启保停电路提供

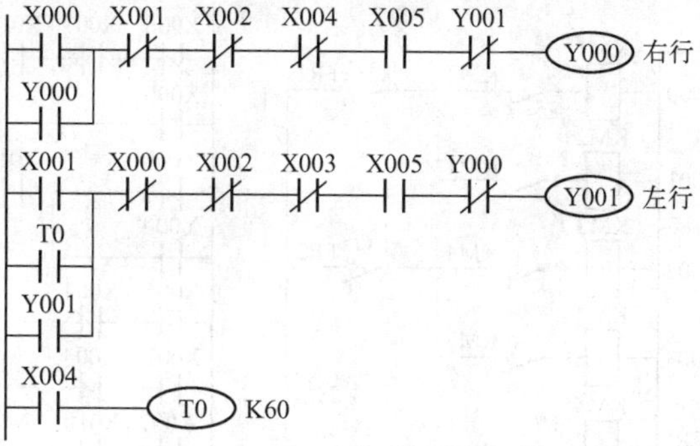

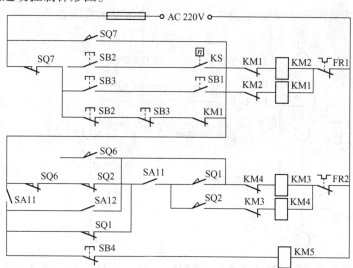

图 8-4　小车的左行和右行控制梯形图

启动信号，使 Y001 的线圈通电，小车自动返回。小车离开 SQ2 所在的位置后，X004 的常开触点断开，T0 被复位。回到 SQ1 所在的位置时，X003 的常闭触点断开，使 Y001 的线圈断电，小车停在起始位置。

8.4.2　用继电器－接触器转换法设计机床刀具主轴运动控制系统

1. 控制要求

机床刀具主轴运动继电器－接触器控制电路如图 8-5 示。用继电器－接触器转换法设计机床刀具主轴运动控制梯形图。

图 8-5　机床刀具主轴运动继电器－接触器控制电路

2. 设计过程

1）I/O 分配　按照控制要求，将原有继电器－接触器控制电路中的按钮、行程开关及速度继电器分配到相应的 PLC 输入端子上，将 KM1 ～ KM5 分配到输出端子 Y000 ～ Y004 上，得到机床刀具主轴运动控制 I/O 接线图，如图 8-6 示。

2）程序设计　机床刀具主轴运动控制梯形图如图 8-7 所示。

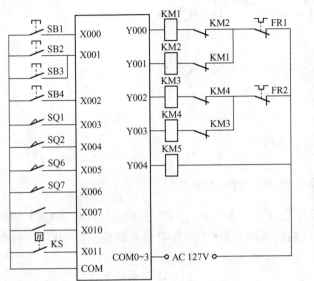

图 8-6　机床刀具主轴运动控制 I/O 接线图

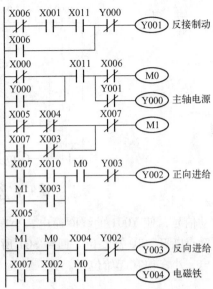

图 8-7　机床刀具主轴运动控制梯形图

8.4.3　用状态流程图法设计搬运机械手控制系统

1. 控制要求

搬运机械手的动作顺序和检测元件、执行元件的布置示意图如图 8-8 示。

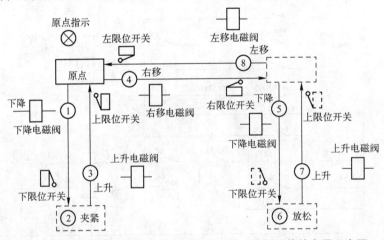

图 8-8　搬运机械手的动作顺序和检测元件、执行元件的布置示意图

（1）手动工作方式：利用按钮对机械手每一动作单独进行控制。例如，按"下降"按钮，机械手下降；按"上升"按钮，机械手上升。用手动操作可以使机械手置于原位，还便于维修时机械手的调整。

（2）单步工作方式：从原点开始，按照自动工作循环的工序，每按一下"启动"按钮，机械手完成一步的动作后自动停止。

（3）单周期工作方式：按下"启动"按钮，从原点开始，机械手按工序自动完成一个周期的动作，返回原点后停止。

（4）连续工作方式：按下"启动"按钮，机械手从原点开始按工序自动反复连续循环工作，直到按下"停止"按钮，机械手自动停止。或者将工作方式选择开关转换到"单周期"工作方式，此时机械手在完成最后一个周期的工作后，返回原点自动停止。

2. 设计过程

根据控制要求，操作台面板布置示意图如图 8-9 示。

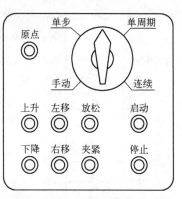

图 8-9　操作台面板布置示意图

1）I/O 分配并选择 PLC

（1）输入信号：输入信号是将机械手的工作状态和操作的信息提供给 PLC。PLC 的输入信号共有 17 个，需占用 17 个输入端子。具体分配如下：位置检测信号有下限、上限、右限、左限共 4 个行程开关，需要 4 个输入端子；无工件检测信号采用光电开关作为检测元件，需要 1 个输入端子；工作方式选择开关有手动、单步、单周期和连续 4 种工作方式，需要 4 个输入端子；手动操作时，需要有下降、上升、右移、左移、夹紧、放松 6 个按钮，需要 6 个输入端子；自动工作时，尚需启动按钮、停止按钮，需要 2 个输入端子。

（2）输出信号：PLC 的输出信号用来控制机械手的下降、上升、右移、左移和夹紧 5 个电磁阀线圈，需要 5 个输出端子；机械手从原点开始工作，需要有 1 个原点指示灯，也要占用 1 个输出端子。所以，至少需要 6 个输出端子。

如果功能上再无其他特殊要求，则有多种型号的 PLC 可选用，此处选用 FX2N-48MR。FX2N-48MR 共有输入 24 点、输出 24 点，继电器输出。

搬运机械手控制系统 I/O 接线图如图 8-10 所示。

2）程序设计　为了便于编程，在设计软件时常将手动程序和自动程序分别编出相对独立的程序段，再用条件跳转指令进行选择。搬运机械手控制系统程序结构框图如图 8-11。当选择手动工作方式（手动、单步）时，X007 或 X010 接通，执行手动程序；当选择自动工作方式（单周期、连续）时，X007、X010 断开，而 X011 或 X012 接通，执行自动程序。

由于工作方式选择开关采取了机械互锁，因而此程序中手动程序和自动程序可采用互锁，也可以不互锁。

（1）手动操作梯形图：手动操作不需要按工序顺序动作，所以可按普通继电器程序来设计，手动操作梯形图如图 8-12 示。手动按钮 X013～X020 分别控制下降、上升、右移、左移、夹紧、放松各个动作。为了保证系统的安全运行，设置了一些必要的联锁。其中，在左、右移动的梯形图中加入了 X002 作为上限联锁，因为机械手只有处于上限位置时，才允许左、右移动。由于夹紧、放松动作是用单线圈双位电磁阀控制的，故在梯形图中用置位、复位指令，使之有保持功能。

（2）自动操作状态流程图：由于自动操作的动作较复杂，可先画出自动操作状态流程图（如图 8-13 示），用以表明动作的顺序和转移条件，然后再根据所采用的控制方法设计程序。在图 8-13 中，矩形框表示"工步"，相邻两个工步用有向线段连接，表明转移的方向；小横线表示转移条件，若转移条件得到满足则程序从上一个工步转移到下一个工步。

具体程序由读者自行完成。

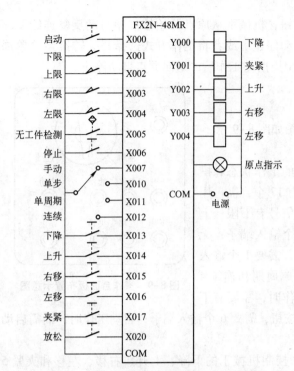

图 8-10 搬运机械手控制系统 I/O 接线图

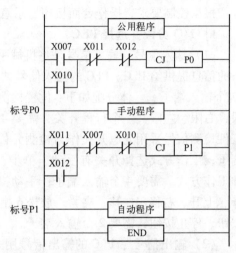

图 8-11 搬运机械手控制系统程序结构框图

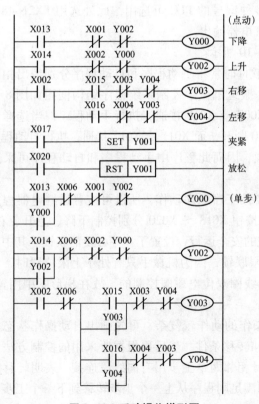

图 8-12 手动操作梯形图

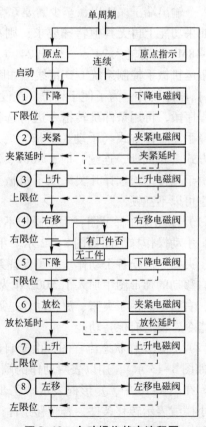

图 8-13 自动操作状态流程图

8.5　PLC 控制系统的安装与调试

　　硬件、软件设计完成之后，并不代表系统设计已经成功，由于设计开发系统的环境与工厂实际生产环境有所区别，系统未必能够正常工作，因此 PLC 控制系统的安装与调试就显得尤为重要，工作量甚至不亚于硬件与软件设计。

8.5.1　PLC 控制系统的安装

1. 避免安装的场所

　　到了现场后，进行系统安装前，需要考虑安装环境是否满足 PLC 的使用环境要求，这一点可以参考各类产品的使用手册。但无论什么 PLC，都不应安装在下列场所。

　　☺ 含有腐蚀性气体的场所。
　　☺ 阳光直接照射到的地方。
　　☺ 温度上、下值在短时间内变化急剧的地方。
　　☺ 油、水、化学物质容易侵入的地方。
　　☺ 有大量灰尘的地方。
　　☺ 振动大且会造成安装件移位的地方。

2. 使用控制箱的注意事项

　　如果必须要在上面的环境中使用，则要为 PLC 制作合适的控制箱，采用规范和必要的防护措施。如果需要在野外极低温度下使用，则可以使用有加热功能的控制箱，各制造商会为客户提供相应的供应和设计。在使用控制箱时，在控制箱内 PLC 安装的位置要注意如下事项。

　　☺ 控制箱内空气流通是否顺畅（各装置间须保持适当的距离）。
　　☺ 变压器、电动机控制器、变频器等是否与 PLC 保持适当距离。
　　☺ 动力线与信号控制线是否分离配置。
　　☺ 组件装设位置是否利于日后检修。
　　☺ 是否需预留空间供日后系统扩充使用。

3. 静电隔离

　　除上述注意事项外，还有其他注意事项要留意。
　　首先比较重要的是静电隔离。静电是无形的杀手，但可能因为它不会对人造成生命危险，所以许多人常常忽视它。在中国的北方、干燥的场所，人体身上的静电都是造成静电损坏电子组件的因素。虽然你被静电打到只不过是轻微的酥麻，但这对 PLC 和其他电子元器件就足以致命了。要避免静电的冲击有下列三种方式。

　　☺ 在进行维修或更换组件时，请先碰触接地的金属，以去除身上的静电。
　　☺ 不要碰触电路板上的接头或 IC 引脚。
　　☺ 电子组件不使用时，请用有隔离静电的包装物将组件放置在里面。

4. 基座和电源供应模块安装的注意事项

基座安装时，在决定控制箱内各种控制组件及线槽位置后，要依照图纸所示尺寸标定孔位，钻孔后将固定螺钉旋紧到基座牢固为止。在装上电源供应模块前，必须同时注意电源线上的接地端有无与金属机壳连接，若无则须接上。接地不好的话，会导致一系列的问题，如静电、浪涌、外干扰等。由于不接地，往往 PLC 也能够工作，因此不少经验不足的工程师就误以为接地不那么重要了。具体措施参照第 12 章。

5. I/O 模块安装的注意事项

在 I/O 模块安装时，要注意如下事项。

☺ 在将 I/O 模块插入机架上的槽位前，要先确认模块是否为自己所预先设计的模块。

☺ I/O 模块在插入机架上的导槽时，务必插到底，以确保各接触点是紧密结合的。

☺ 模块固定螺钉务必旋紧。

☺ 接线端子排插入后，其上、下螺钉必须旋紧。

8.5.2　PLC 控制系统的调试

PLC 控制系统调试是硬件安装结束之后进行的工作，首先要保证 PLC 与外设之间能进行正常通信，这是能够进行调试的前提。

1. 通信设定

现在的 PLC 大多数需要与人机界面（HMI）进行连接，而下面也常常有变频器需要进行通信。而在需要多个 CPU 模块的系统中，可能不同的 CPU 所接的 I/O 模块的变量有需要协同处理的地方，或者即使不需要协同控制，可能也要送到某一个中央控制室进行集中显示或保存数据。即使只有一个 CPU 模块，如果有远程单元，就牵涉到本地 CPU 模块与远程单元的通信。此外，即使只有本地单元，CPU 模块也需要通过通信口与编程器进行通信。因此，PLC 的通信是十分重要的。而且，由于涉及不同厂家的产品，通信往往是令人头痛的问题。

PLC 的通信有 RS-232、RS-485、以太网等几种方式。通信协议有 MODBUS、PROFI-BUS、LONWORKS、DEVICENET 等，通常以 MODBUS 协议使用得最为广泛，而其他协议则与产品的品牌有关。今后，应该是工业以太网协议会越来越普遍地被应用。

PLC 与编程器或手提电脑的通信多采用 RS-232 协议的串口通信，在进行程序下载和诊断时都是这种方式。在大量机械设备控制系统中，PLC 都是采用这种方式与人机界面进行通信的。人机界面通常也采用串口，协议则以 MODBUS 为主，或者是专门的通信协议。而界面方面则由 HMI 的厂家提供软件来进行设计。现在的 PANEL PC 也有采用这种方式来进行通信的，在 PANEL PC 上运行一些组态软件，通过串口来存取 OpenPLC 的数据。由于 PANEL PC 的逐渐轻型化和价格的下降，这种方式也越来越多地被使用。

在需要对多台 PLC 进行联网时，如果是 PLC 的数量不是很多（15 个节点以内）、数据传输量不大的系统，常采用的方式是通过 RS-485 组成一个简单串行通信口连接的通信网络。由于这种通信方式编程简单，程序运行可靠，结构也比较合理，因此很受离散制造行业的欢迎。在总的 I/O 点数不超过 10000 个、开关量 I/O 点占 80% 以上的系统中，采用这种通信方式能够稳定而可靠地运行。

在对通信速度要求较高的场合，可以采用点到点的以太网通信方式。使用控制器的点到点通信指令，通过标准的以太网口，用户可以在控制器之间或扩展控制器的存储器之间进行数据交换。这是 PLC 较为广泛使用的一种多 CPU 模块的通信方式，与串口的 RS-485 所构成的点对点网络相比，由于以太网的速度大大加快，加上同样具有连接简单、编程方便的优势，更方便的是，与上位机可以直接通过以太网进行通信，因此很受用户的欢迎。甚至，在一些由单台 PLC 和一台 PANEL PC 构成的人机界面的系统中，由于 PANEL PC 中通常有内置的以太网口，也有用户采用这种通信方式。目前，PLC 对一些 SCADA 系统及连续流程行业的远程监控系统和控制系统，基本上采用这样的方式。

还有一种分布式网络在大型 PLC 系统中是最为广泛考虑的结构。通过使用人机界面和DDE 服务器均可获得对象控制器的数据，同时可以通过 Internet 远程获得该控制器的数据。各个 CPU 独立运行，通过以太网结构采用 C/S 方式进行数据的存取。数据的采集和控制功能的实现都在 OpenPLC 的 CPU 模块中实现，而数据的保存则在上位机的服务器中完成。数据的显示和打印等则通过人机界面和组态软件来实现。

具体设定参照第 11 章。

2. 软件调试

PLC 的内部固化了一套系统软件，使得开始能够进行初始化工作。PLC 的启动设置、看门狗设置、中断设置、通信设置、I/O 模块地址识别都是在 PLC 的系统软件中进行的。

每种 PLC 都有各自的编程软件作为应用程序的编程工具，常用的编程语言是梯形图语言，也有其他的语言。如何使用编程语言进行编程，这里就不细述了。但是，用一种编程语言编出十分优化的程序，则是工程师编程水平的体现。每一种 PLC 的编程语言都有自己的特色，指令的设计与编排思路都不一样。如果对一种 PLC 的指令十分熟悉，就可以编出十分简洁、优美、流畅的程序。例如，对于同样的一款 PLC 的同样一个程序的设计，如果编程工程师对指令不熟悉，编程技巧也差，那么可能需要 1000 条语句；但一个编程技巧高超的工程师，可能只需要 200 条语句就可以实现同样的功能。程序简洁不仅可以节约内存，出错的概率也会小很多，程序的执行速度也会快很多，而且今后对程序进行修改和升级也会容易很多。

所以，虽然说所有 PLC 的梯形图逻辑都大同小异，一个工程师只要熟悉了一种 PLC 的编程，再学习第二个品牌的 PLC 就可以很快上手；但是工程师在使用一种新的 PLC 的时候，还是应该仔细将新的 PLC 的编程手册认真看一遍，看看指令的特别之处，尤其是自己可能要用到的指令，并考虑如何利用这些特别的方式来优化自己的程序。

各种 PLC 的编程语言的指令设计、界面设计都不一样，不存在孰优孰劣的问题，主要是风格不同。我们不能武断地说三菱 PLC 的编程语言不如西门子的 STEP7，也不能说 STEP7比 ROCKWELL 的 RSLOGIX 要好，所谓的好与不好，大部分是工程师形成的编程习惯与编程语言的设计风格是否适用的问题。

现场常常需要对已经编好的程序进行修改。修改的原因可能是用户的需求变更了，可能是发现了原来编程时的错误，或者是 PLC 运行时发生了电源中断，有些状态数据会丢失，如非保持的定时器会复位，输入映像区会刷新，输出映像区可能会清零，但状态文件的所有组态数据和偶然的事件（如计数器的累积值）会被保存。工程师在这个时候可能需要对 PLC 进行编程，使某些内存可以恢复到默认的状态。在程序不需要修改的时候，可以设计应用默认途径来重新启动，或者利用首次扫描位的功能。

所有的智能 I/O 模块，包括模拟量 I/O 模块，在进入编程模式后或电源中断后，都会丢失其组态数据，用户程序必须确认每次重新进入运行模式时，组态数据能够被重新写入智能 I/O 模块。

在现场修改已经运行时常被忽略的一个问题是，工程师忘记将 PLC 切换到编程模式。虽然这个错误不难发现，但在疏忽时，往往会误以为 PLC 发生了故障，因此耽误了许多时间。

另外，在 PLC 进行程序下载时，许多 PLC 是不允许进行电源中断的，因为此时旧的程序已经部分被改写，但新的程序又没有完全写完，因此，如果电源中断，会造成 PLC 无法运行，这时，可能需要对 PLC 的底层软件进行重新装入，而许多厂家是不允许在现场进行这个操作的。大部分新的 PLC 已经将用户程序与 PLC 的系统程序分开了，可以避免这个问题。

8.6 实践拓展：如何更换 PLC 的主要部件

1. 更换框架

（1）切断 AC 电源。

（2）若装有编程器，则拔掉编程器。

（3）从框架右端的接线端板上拔下塑料盖板，拆去电源接线。

（4）拔掉所有 I/O 模块。如果原先在安装时有多个回路，则应记下每个模块在框架上的位置，不要搞乱接线，以便对应重新插上。

（5）若是 CPU 框架，则拔除 CPU 组件和填充模块后，将其放置适当以免毁坏。

（6）卸去底部的两个固定框架的螺钉，松开上部的两个螺钉，但不用拆掉。

（7）将框架向上推移一下，然后把框架向下拉出来放在侧旁。

（8）将拟换新框架从顶部螺钉上套进，再装上底部螺钉，并均匀拧紧螺钉。

（9）按记录位置插入 I/O 模块，以免模块插错位置引起控制系统错误操作。

（10）将卸下的 CPU 模块和填充模块重新插入。

（11）在框架右端的接线端子上重新接好电源，并盖好电源接线塑料盖。

（12）检查电源接线无误后再接通电源。

（13）调试整个控制系统，以确保所有的 I/O 模块运行正常，程序没有变化。

2. CPU 模块的更换

（1）切断电源。

（2）带有编程器的，拔掉编程器。

（3）挤压 CPU 模块面板的上、下紧固扣，使其脱出卡口。

（4）把 CPU 模块垂直用力从槽中拔出。

（5）若原 CPU 上装有 EPROM，则将 EPROM 拔下后再装于新 CPU 上。

（6）将印制电路板对准底部导槽后，再将新 CPU 模块插入底部导槽。

（7）小心移动 CPU 模块，以使 CPU 模块对准顶部导槽。

（8）把 CPU 模块插进框架，并把紧固扣锁进卡口。

（9）插上编程器。

（10）接通电源。

（11）对系统编程初始化，并把录在磁带上的程序重新装入。

（12）调试整个系统的操作。

3. I/O 模块的更换

（1）切断框架电源。

（2）切断 I/O 模块系统的电源。

（3）拆下 I/O 模块上的接线。

（4）视模块的类型，拆去 I/O 接线端的现场接线或卸下可拆式接线插座，并将每根线贴上标签与对应标记。

（5）向中间挤压 I/O 模块的上、下弹性锁扣，使它们脱出卡口。

（6）垂直向上拔出 I/O 模块。

（7）插入拟换装的 I/O 模块。

（8）将 I/O 模块的紧固扣锁进卡口。

（9）按记录标签与对应标记连接 I/O 模块的接线。

（10）接通框架电源和 I/O 模块系统的电源。

（11）调试 I/O 模块，确认其功能正常。

 思考与练习

（1）PLC 控制系统设计的内容有哪些？

（2）PLC 控制系统设计时遵循的步骤有哪些？

（3）如何选择 PLC 的机型？

（4）如何选择 PLC 的 I/O 端子？

（5）PLC 控制系统软件设计的方法有哪几种？

第9章 数字量控制系统梯形图设计

PLC 的基本指令是基于继电器、定时器、计数器类元件，主要用于数字功能处理的指令。步进顺序控制指令主要用于顺序逻辑控制系统。在工业生产中，虽然越来越多地用到了各种各样的自动化控制技术，引入了模拟量控制系统，但是数字量控制仍然占据着重要的地位，日常通用控制仍然以数字量控制为主。

本章主要介绍梯形图编程规则、典型单元的梯形图设计及顺序控制设计方法等知识。

9.1 梯形图编程规则

梯形图编程是最常用的编程方法，编程方便、结构清晰，与继电器接触器控制原理相似，比较容易掌握。梯形图有自己的特点，因此编程必须遵循一定的规则。

1. 梯形图的特点

梯形图按自上而下、从左到右的顺序排列，并且遵循以下特点。

☺ 每一个继电器线圈为一个逻辑行，每一个逻辑行始于左母线，止于线圈或右母线。

☺ 左母线与线圈之间必须有触点，而线圈与右母线之间不能有任何触点。

☺ 一般情况下，在梯形图中，某个编号的继电器线圈只能出现一次，而继电器触点可以无限次使用。某些 PLC，在有跳转或步进指令的梯形图中允许双线圈输出。

☺ 在每一个逻辑行中，串联触点多的电路应放在上方，如图 9-1 所示。在图 9-1 中可以看到，图 (b) 将串联触点多的电路放在上方，由于 PLC 采用的是从上至下的执行方式，所以触点①和②先执行，这样对比图 (a) 可以看到，触点③在图 (a) 中只是一个单一触点，但是在图 (b) 中变成了一个块结构，所以图 (a) 编译形成的指令较长，效率较低。

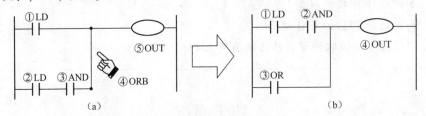

图 9-1 梯形图优化一

☺ 在每一个逻辑行中，并联触点多的电路应放在左方，如图 9-2 所示。在图 9-2 中可以看到，图 (b) 将并联触点最多的电路放在左方，这样 PLC 会将触点③当作单个触点来进行处理，图 (a) 中，PLC 会将触点①当作单独的块来进行处理，所以图 (a) 编译形成的指令较长，效率较低。

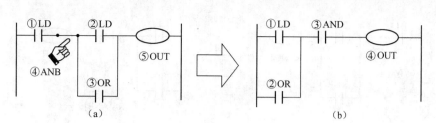

图 9-2　梯形图优化二

2. 程序的执行顺序

（1）梯形图的编程，要以左母线为起点，以右母线为终点（可以省去右母线），从左至右，按每行绘出。每一行的开始是起始条件，由常开、常闭触点或其组合组成，最右边的线圈是输出结果，一行写完，自上而下，依次写下一行。不要在线圈的右侧写触点，建议触点间的线圈先编程，如图 9-3 所示。

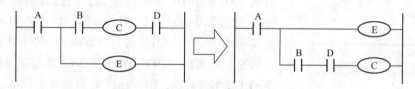

图 9-3　触点间的线圈先编程

（2）触点应画在水平线上，不能画在垂直分支线上。如图 9-4（a）所示，触点 E 画在垂直线上，这很难正确识别它与其他触点的相互关系，应该重新安排电路，如图 9-4（b）所示。

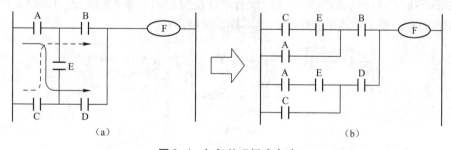

图 9-4　如何处理桥式电路

（3）在有多个串联电路相并联时，应将触点最多的电路放在梯形图的最上方，如图 9-5所示。而在有多个并联电路相串联时，应将触点最多的并联电路放在梯形图的最左方，这样的安排使程序简洁明了，指令语句也较少，如图 9-6 所示。

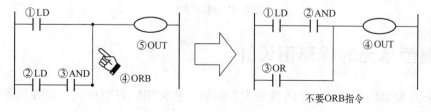

图 9-5　串联梯形图优化

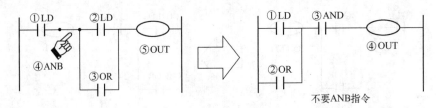

图 9-6　并联梯形图优化

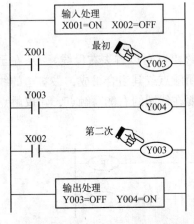

图 9-7　双线圈输出问题

3. 双线圈输出问题

双线圈输出不可取。若在程序中进行线圈的双重输出，则前面的输出无效，而后面的输出是有效的。如图 9-7 所示，输出 Y003 的结果仅取决于 X002 驱动输入信号，而和 X001 无关。当 X001 = ON、X002 = OFF 时，起初的 Y003 因 X001 接通而接通，因此其映像寄存器变为 ON，输出 Y004 也接通。但是，第二次出现的 Y003，因其输入 X002 断开，则其映像寄存器也为 OFF。所以，实际的外部输出为 Y003 = OFF，Y004 = ON。在程序中编写双线圈并不违反编程规则，但往往结果与条件之间的逻辑关系不能一目了然，因此对这类电路应该进行组合后编程。

4. 连续输出

如图 9-8（a）所示，OUT M1 指令之后通过 X1 的触点去驱动 Y4，称为连续输出。如果做成如图 9-8（b）所示的形式，虽然没有改变逻辑控制关系，但是语句由原来的 5 句变成了 7 句，而且出现了堆栈的程序，因此不推荐这种形式。

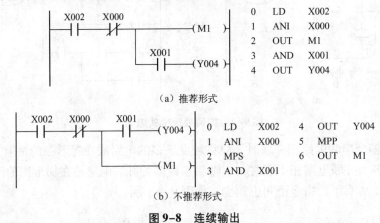

图 9-8　连续输出

9.2　典型单元的梯形图设计

虽然程序编制因人而异，灵活性较大，但是一些常用的典型单元的编程仍然有规律可循。下面介绍典型单元的梯形图设计。

1. 电动机启保停控制

1）控制要求　按下启动按钮 SB1，电动机启动运行；按下停止按钮 SB2，电动机停止运行。

2）I/O 分配　X0：SB1。X1：SB2（常开）。Y0：电动机（接触器）。

3）梯形图设计　如图 9-9 所示，方法 1 采用自锁的控制方式来完成电动机的启动保持停止控制，方法 2 采用 SET、RST 指令完成控制，均可完成题目要求。

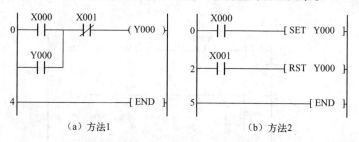

（a）方法1　　　　　　　　　　　（b）方法2

图 9-9　电动机启保停控制梯形图一

若要改为启动优先，则梯形图如图 9-10 所示。

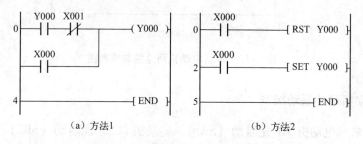

（a）方法1　　　　　　　　　　　（b）方法2

图 9-10　电动机启保停控制梯形图二

如图 9-10（a）所示的方法 1，停止按钮 X001 放在了自锁回路里面，这样除非启动按钮 X000 断开，否则停止按钮 X001 将不起作用。如图 9-10（b）所示的方法 2 利用 PLC 采用扫描执行的工作原理，将 SET 指令放在后面，以达到启动优先的作用。

2. 单台电动机两地控制

1）控制要求　按下地点 1 的启动按钮 SB1 或地点 2 的启动按钮 SB2 均可启动电动机，按下地点 1 的停止按钮 SB3 或地点 2 的停止按钮 SB4 均可使电动机停止运行。

2）I/O 分配　X0：SB1。X1：SB2。X2：SB3（常开）。X3：SB4（常开）。Y0：电动机（接触器）。

3）梯形图设计　如图 9-11 所示，方法 1 采用传统指令进行控制，将启动按钮 X000、X001 并联，停止按钮 X002、X003 串联以达到控制目的；方法 2 采用 SET 指令、RST 指令分别控制启动、停止，而且停止按钮全部采用常开触点，区别于方法 1 的常闭触点；方法 3 采用 MC 指令来进行控制，利用停止按钮 X002、X003 的常闭触点串联控制停止，一旦两个按钮中有任何一个断开，主控失效，电动机停止运行，启动控制仍然与方法 1、方法 2 相同。

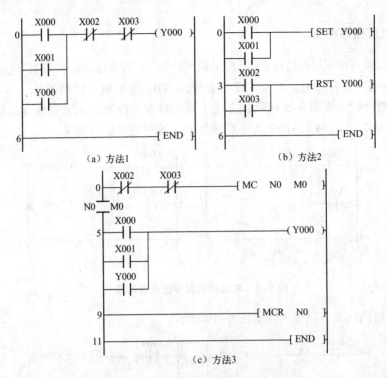

图 9-11 单台电动机两地控制梯形图

3. 两台电动机顺序联动控制

1) 控制要求 电动机 M1 先启动（SB1），电动机 M2 才能启动（SB2）。

2) I/O 分配 X0：电动机 M1 启动按钮（SB1）。X1：电动机 M2 启动按钮（SB2）。X2：电动机 M1 停止按钮（SB3）。X3：电动机 M2 停止按钮（SB4）。Y0：电动机 M1（接触器 1）。Y1：电动机 M2（接触器 2）。

3) 梯形图设计 如图 9-12 所示，方法 1 将 Y000 的常开触点串联在 Y001 的控制回路中，因此如果 Y000 不得电，Y001 也就不能得电运行，从而实现顺序控制的目的；方法 2 采用 SET、RST 指令进行控制，同样将 Y000 的常开触点串联在 Y001 的控制回路中，实现顺序控制。

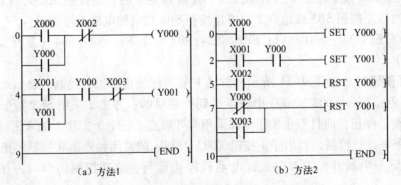

图 9-12 两台电动机顺序联动控制梯形图

4. 定时器的应用

1）得电延时定时器　如图9-13所示，X000的常开触点闭合后，定时器T0开始计时，辅助继电器M0实现自锁，延时2s后，T0的常开触点闭合，Y000输出，实现得电延时。

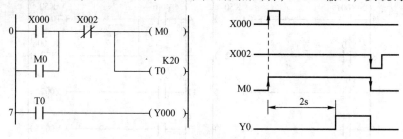

图9-13　得电延时定时器

2）失电延时定时器　如图9-14所示，X000的常开触点闭合后，Y000得电并实现自锁，X000断电后，X000的常闭触点闭合，驱动定时器T0，T0开始计时，10s后，T0动作，T0的常闭触点断开，Y000失电，从而达到失电延时的控制目的。

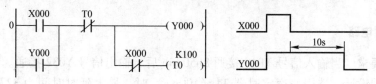

图9-14　失电延时定时器

5. 3台电动机顺序启动控制

1）控制要求　电动机M1启动5s后电动机M2启动，电动机M2启动5s后，电动机M3启动；按下停止按钮时，电动机无条件全部停止运行。

2）I/O分配　X1：启动按钮。X0：停止按钮。Y1：电动机M1。Y2：电动机M2。Y3：电动机M3。

3）梯形图设计　如图9-15所示，按下启动按钮，X001的常开触点闭合，Y001得电并实现自锁，M1开始运行，同时驱动定时器T0，延时5s之后，T0的常开触点闭合，Y002得电并自锁，M2开始运行，同时驱动定时器T1，延时5s之后，T1的常开触点闭合，Y003得电并自锁，M3开始运行，顺序启动结束；按下停止按钮，X000的常闭触点断开，Y001断电，同时切断了Y002、Y003，3台电动机同时停止运行。

6. 报警电路

1）控制要求　当报警继电器K为ON时，报警灯闪烁，蜂鸣器叫；当报警响应按钮SB1被按下时，报警灯常亮，蜂鸣器停叫；当报警灯测试按钮SB2被按下时，报警灯亮。

2）I/O分配　X000：K。X001：SB1。X002：SB2。Y030：报警灯。Y031：蜂鸣器。

3）梯形图设计　如图9-16所示，当K动作后，X000的常开触点闭合，驱动振荡电路进行工作，Y030驱动报警灯闪烁，同时Y031驱动蜂鸣器工作；按下按钮SB1，X001的常开触点闭合，通过M100驱动报警灯常亮，蜂鸣器断电；按下按钮SB2，X002的常开触点闭合，Y030驱动报警灯常亮。

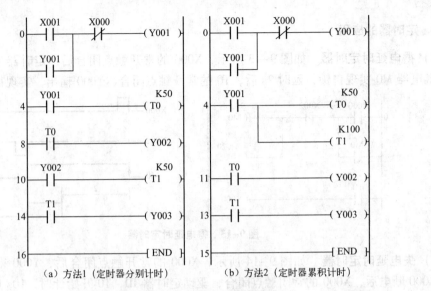

(a) 方法1（定时器分别计时）　　　(b) 方法2（定时器累积计时）

图 9-15　3 台电动机顺序启动控制梯形图

7. 长延时电路

1）控制要求　当输入信号 X010 接通 8h50min 后，输出信号 Y032 接通。

2）梯形图设计　选用普通定时器 T1（100ms）时，最大延时时间为 3276.7s < 1h，所以采用定时器与计数器联合编程的方法解决长时间定时的控制要求。编程时，先计小时后计分。如图 9-17 所示，用 T1 作为 1min 延时定时器，用 C1 计数 60 次完成 1h 延时，用 C2 完成 50min 延时，用 C3 完成 8h 延时。

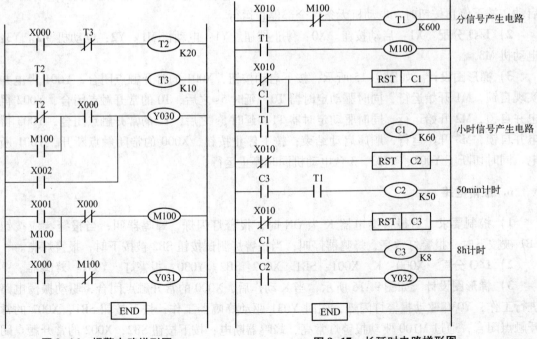

图 9-16　报警电路梯形图　　　　　　图 9-17　长延时电路梯形图

9.3　顺序控制设计方法

对流程作业的自动化控制系统而言，一般都包含若干个状态（也就是工序），当条件满足时，系统能够从一种状态转移到另一种状态，我们把这种控制称为顺序控制。对应的系统则称为顺序控制系统或流程控制系统。

9.3.1　设计步骤

1. 作出状态流程图

首先根据工艺要求作出系统的状态流程图。我们还是来分析一下电动机循环正反转控制的例子，其控制要求为：电动机正转 3s，暂停 2s，反转 3s，暂停 2s，如此循环 5 个周期，然后自动停止；运行中，可按停止按钮停止，热继电器动作也应停止。从控制要求可以知道，电动机循环正反转控制实际上是一个顺序控制，整个控制过程可分为如下 6 个工序（也称阶段）：复位、正转、暂停、反转、暂停、计数。每个阶段又分别完成如下的工作（也称动作）：初始复位、停止复位、热保护复位，正转、延时，暂停、延时，反转、延时，暂停、延时，计数。各个阶段之间只要条件成立就可以过渡（也称转移）到下一个阶段。因此，可以很容易地画出电动机循环正反转控制状态流程图，如图 9-18（a）所示。

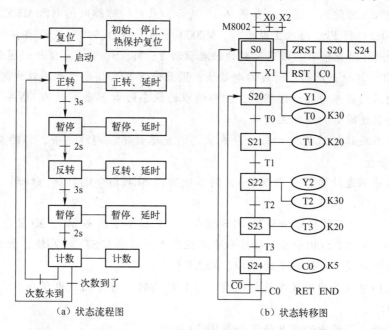

（a）状态流程图　　　　　　　　（b）状态转移图

图 9-18　电动机循环正反转控制状态流程图和状态转移图

2. 编制状态转移图

然后可以根据状态流程图编制顺序控制程序（这里以状态转移图为例）：一是将状态流程图中的每一个工序（或阶段）用 PLC 的一个状态继电器来替代，二是将状态流程图中每个阶段要完成的工作（或动作）用 PLC 的线圈指令或功能指令来替代，三是将状态流程图中各个阶段之间的转移条件用 PLC 的触点或电路块来替代，四是状态流程图中的箭头方向就是 PLC 状态转移图中的转移方向。

这里继续分析电动机循环正反转控制的例子，编制其状态转移图的具体步骤如下。

（1）将整个控制过程按控制要求分解，其中的每一个工序都对应一个状态（即步），并分配状态继电器。电动机循环正反转控制的状态继电器的分配如下：复位→S0，正转→S20，暂停→S21，反转→S22，暂停→S23，计数→S24。

（2）搞清楚每个状态的功能、作用。状态的功能是通过 PLC 驱动各种负载来完成的，负载可由状态元件直接驱动，也可由其他软触点的逻辑组合驱动。

（3）找出每个状态的转移条件和方向，即在什么条件下将下一个状态"激活"。状态的转移条件可以是单一的触点，也可以是多个触点的串、并联电路的组合。

（4）状态流程图中的箭头方向就是状态转移图中的转移方向。根据控制要求或工艺要求编制状态转移图，如图 9-18（b）所示。

9.3.2 编程注意事项

编制步进顺序控制程序时，需要注意以下问题。

☺ 与 STL 步进触点相连的触点应使用 LD 或 LDI 指令。

☺ 初始状态可由其他状态驱动，但运行开始时，必须用其他方法预先作好驱动，否则状态流程不可能向下进行。如图 9-19 所示，采用特殊辅助继电器 M8002 驱动状态继电器 S0，这样 PLC 每次上电运行，M8002 导通一个扫描周期，S0 会被驱动。

☺ STL 触点可以直接驱动或通过别的触点驱动 Y、M、S、T 等元件的线圈和应用指令。

☺ 由于 CPU 只执行活动步对应的电路块，因此使用 STL 指令时允许双线圈输出。

☺ 在步的活动状态的转移过程中，相邻两步的状态继电器会同时为 ON 一个扫描周期，可能会引发瞬时的双线圈问题。

☺ 并行流程或选择流程中的每一分支状态的支路数不能超过 8 条，总的支路数不能超过 16 条。

☺ 若为顺序不连续转移（即跳转），则不能使用 SET 指令进行状态转移，应改用 OUT 指令进行状态转移。

☺ STL 触点右边不能紧跟着使用 MPS 指令。STL 指令不能与 MC、MCR 指令一起使用。在 FOR、NEXT 结构中及子程序和中断程序中，不能有 STL 程序块，但 STL 程序块中可允许使用最多 4 级嵌套的 FOR、NEXT 指令。

☺ 需要在停电恢复后继续维持停电前的运行状态时，可使用断电保持状态继电器 S500 ～ S899。

☺ 状态的动作与输出的重复使用如图 9-20 所示。

☺ 状态编号不可重复使用。

☺ 如果状态触点接通，则与其相连的电路动作；如果状态触点断开，则与其相连的电路停止工作。

☺ 在不同状态之间，允许对输出元件重复输出，但对同一状态内不允许双重输出。

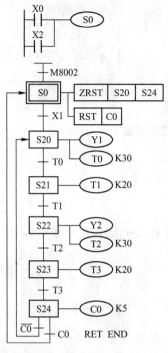

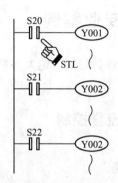

图 9-19　用 M8002 驱动 S0　　　　图 9-20　状态的动作与输出的重复使用

☺ 定时器的重复使用如图 9-21 所示。定时器线圈与输出线圈一样，也可对在不同状态中的同一软元件编程，但在相邻状态中不能编程。如果在相邻状态中编程，则工序转移时定时器线圈不能断开，定时器当前值不能复位。

☺ 输出的互锁如图 9-22 所示。在状态转移过程中，由于在瞬间（1 个扫描周期），两个相邻的状态会同时接通，因此为了避免不能同时接通的一对输出同时接通，必须设置外部硬接线互锁或软件互锁。

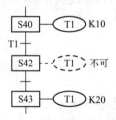

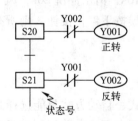

图 9-21　定时器的重复使用　　　　图 9-22　输出的互锁

☺ 输出的错误驱动方法如图 9-23 所示，在状态内的母线将 LD 或 LDI 指令写入后，对不需要触点的驱动就不能再编程，需要按如图 9-24 所示的方式进行变形，将有触点程序放在最后或插入常闭触点。

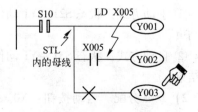

图 9-23　输出的错误驱动方法

191

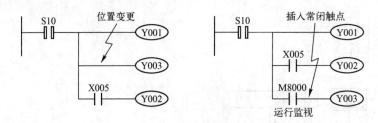

图 9-24 输出的正确驱动方法

9.4 编程专业案例

实际工程中遇到的信号绝大多数是数字信号，下面我们结合几个专业案例介绍如何根据工控要求完成设计。

9.4.1 洗车流程控制

1. 控制要求

（1）若方式选择开关置于手动方式，当按下启动按钮启动后，则按下列手动洗车流程执行。

① 执行泡沫清洗（用 Y1 驱动）。

② 按下清水冲洗按钮，则执行清水冲洗（用 Y0 驱动）。

③ 按下风干按钮，则执行风干（用 Y2 驱动）。

④ 按下结束按钮，则结束洗车。

（2）若方式选择开关置于自动方式，当按下启动按钮启动后，则按自动洗车流程执行。其中，泡沫清洗 10s，清水冲洗 20s，风干 5s，结束后回到待洗状态。

（3）任何时候按下停止按钮，则所有输出复位，停止洗车。

2. 设计过程

1）功能分析

（1）手动方式、自动方式只能选择其一，因此使用选择分支来做。

（2）依控制要求可将电路规划为两种功能，而每种功能有三种依按钮或设定时间而顺序执行的状态。

① 手动方式：状态 S21→Y1 动作，状态 S22→Y0 动作，状态 S23→Y2 动作，状态 S24→结束。

② 自动方式：状态 S31→Y1 动作，状态 S32→Y0 动作，状态 S33→Y2 动作，状态 S24→结束。

2）I/O 分配 启动按钮：X0。方式选择开关：X1。停止按钮：X2。清水冲洗按钮：X3。风干按钮：X4。结束按钮：X5。清水冲洗驱动：Y0。泡沫清洗驱动：Y1。风干机驱动：Y2。

3）程序设计 洗车流程控制状态转移图如图 9-25 所示。

4）程序分析 按下启动按钮，X0 动作，驱动状态继电器 S20，设置 M0，可暂存启动按钮状态，避免一直按住按钮。如果按下 X1，则进入右侧的自动洗车流程；如果 X1 不动作，则执行左侧的手动洗车流程。

下面以自动洗车流程为例介绍：首先由 S31 驱动 Y1，进入泡沫清洗程序，延时 10s 后，进入 S32，驱动 Y0，进入清水冲洗程序，冲洗 20s 后，进入 S33，驱动 Y2，进入风干程序，5s 后，风干结束，进入 S24，洗车流程结束。

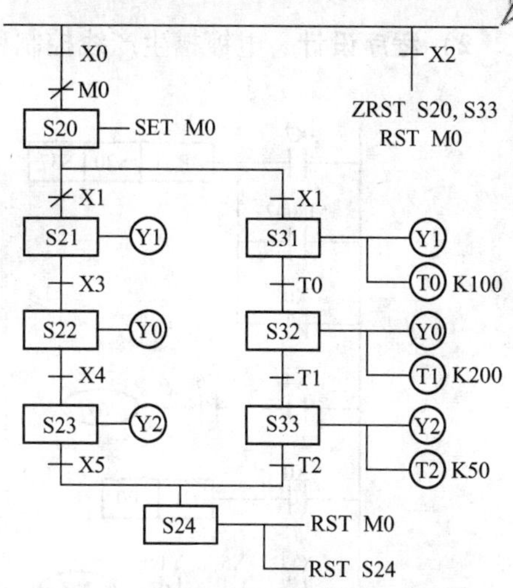

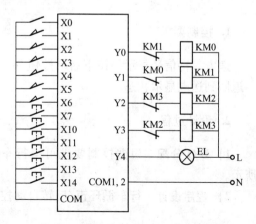

图 9-25 洗车流程控制状态转移图

9.4.2 电镀槽生产线控制

下面用步进指令设计一个电镀槽生产线控制程序。

1. 控制要求

具有手动和自动控制功能：手动时，各动作能分别操作；自动时，按下启动按钮后，从原点开始运行一周回到原点，如图 9-26 所示。在图 9-26 中，SQ1 ～ SQ4 为行车进退限位开关，SQ5、SQ6 为吊钩上、下限位开关。

2. 设计过程

1）I/O 分配 X0：自动/手动转换。X1：右限位。X2：第 2 槽限位。X3：第 3 槽限位。X4：左限位。X5：上限位。X6：下限位。X7：停止。X10：自动启动。X11：手动向上。X12：手动向下。X13：手动向右。X14：手动向左。Y0：吊钩上。Y1：吊钩下。Y2：行车右行。Y3：行车左行。Y4：原点指示。

电镀槽生产线控制 I/O 接线图如图 9-27 所示。

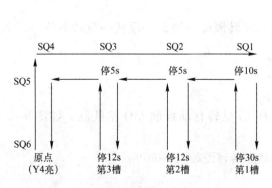

图 9-26 电镀槽生产线控制示意图

图 9-27 电镀槽生产线控制 I/O 接线图

2）程序设计 电镀槽生产线控制程序如图 9-28 所示。

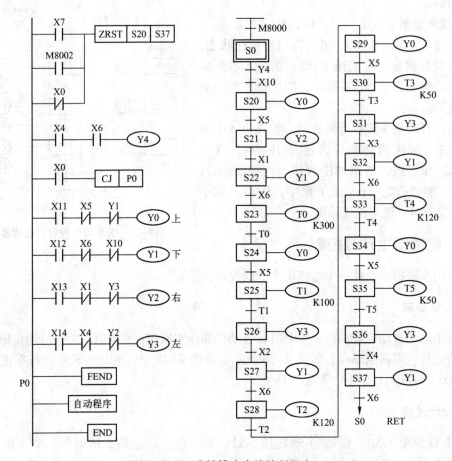

图 9-28 电镀槽生产线控制程序

9.4.3 行车循环正/反转自动控制

1. 控制要求

送电等待信号显示→按下启动按钮→正转→正转限位→停 5s→反转→反转限位→停 7s
→返回到送电显示状态。

2. 设计过程

1）I/O 分配 根据控制要求可得行车循环正/反转自动控制 I/O 接线图，如图 9-29
所示。

2）程序设计 行车循环正/反转自动控制状态转移图如图 9-30 所示。

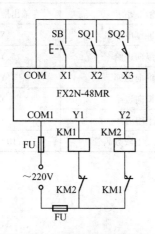

**图 9-29　行车循环正/反转自动
控制 I/O 接线图**

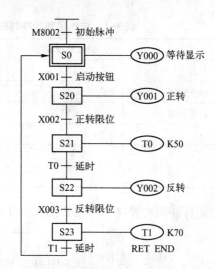

**图 9-30　行车循环正/反转自动
控制状态转移图**

9.4.4　纺织用刺针冲刺机控制

1. 控制要求

设计一台纺织用刺针冲刺机部分电路。要求在一个正三棱的针体的三面上分别冲出 3 个刺，分别有冲刺（由电动机 M 控制）、纵向前进（由电动机 M1 通过正向脉冲来实现步进）、横向 60°旋转（由电动机 M2 通过正向脉冲来实现步进）、重复冲刺等工序，如图 9-31 所示。

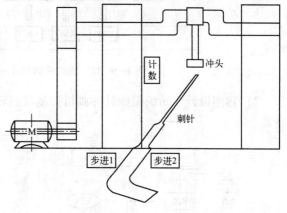

图 9-31　纺织用刺针冲刺机控制示意图

（1）启动后，工作指示灯 EL 亮，电动机 M 启动，通过皮带带动曲轴旋转，实现上下的往复运动，实现冲刺，计数器为 0。

（2）当每冲完 1 次返回时，给电动机 M1 发出一个脉宽为 0.5s 的正向脉冲，使刺针纵向进给一次，同时显示 1、2、3 计数。

（3）当冲完 3 次返回时，给电动机 M1 发出两个周期为 1.0s 的反向脉冲，使刺针纵向退回原位，计数器归零。

（4）当刺针纵向退回原位时，给电动机 M2 发出一个脉宽为 0.5s 的正向脉冲，使刺针顺时针旋转 60°。

（5）再重复（2）、（3）、（4）步。

（6）当完成两次大循环（电动机 M2 使刺针两次横向旋转 60°）后，系统结束，返回初始状态，等待下一次启动。

2. 设计过程

1）I/O 分配　根据控制要求编制 PLC 的 I/O 地址表，如表 9-1 所示。

表 9-1 纺织用刺针冲刺机控制 PLC 的 I/O 地址表

输入设备	输入地址编号	输出设备	输出地址编号
SQ1 计数	X2	KM1 冲刺电动机	Y0
SB1 停止按钮	X0	KM2 纵向进给	Y1
SB2 启动按钮	X1	KM3 纵向退回	Y2
		KM4 横向进给	Y3
		EL 工作指示	Y4
		abcdefg 七段数码管	Y10～Y16

纺织用刺针冲刺机控制 I/O 接线图如图 9-32 所示。

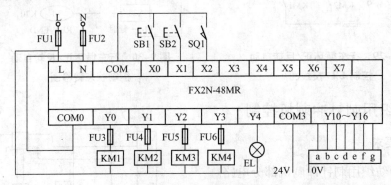

图 9-32 纺织用刺针冲刺机控制 I/O 接线图

2）程序设计 纺织用刺针冲刺机控制状态转移图如图 9-33 所示。

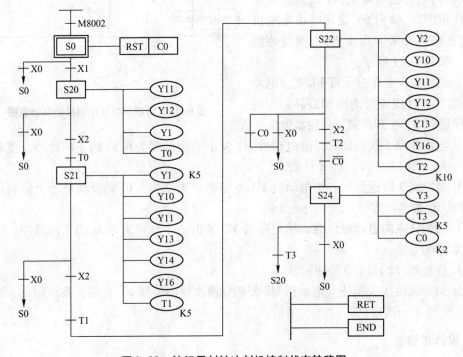

图 9-33 纺织用刺针冲刺机控制状态转移图

9.5　实践拓展：如何处理常开、常闭输入信号

在实际的工程控制中，输入信号随着元器件的不同可以分成两大类：常开输入信号和常闭输入信号。如果输入的是常开信号，那么 PLC 的输入端子处于断开状态；如果输入的是常闭信号，那么 PLC 的输入端子处于接通状态，相应的软触点会动作（常开触点闭合，常闭触点打开）。因此，对于同一个控制程序采用不同的输入方式需要作出相应的调整。

继电器控制电路中，启动按钮 PB1 用常开按钮，停止按钮 PB2 用常闭按钮。当在接入 PLC 时，PB1 用常开按钮，PB2 也用常开按钮，如图 9-34 所示，则在梯形图设计时，X001 用常开触点，X002 用常闭触点。

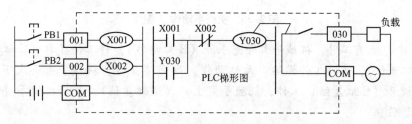

图 9-34　常开输入信号编程过程

当在接入 PLC 时，PB1 用常开按钮，PB2 用常闭按钮，如图 9-35 所示，则在梯形图设计时，X001 用常开触点，X002 也应用常开触点 。

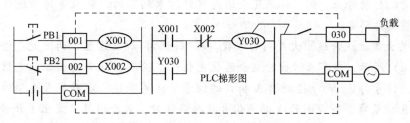

图 9-35　常闭输入信号编程过程

由此我们可以得到结论，如果输入信号采用的是常开信号，那么 PLC 程序不需要作调整；如果输入信号采用的是常闭信号，那么 PLC 内部相应的软触点的状态要翻转。

 思考与练习

（1）设计 3 分频、6 分频功能的梯形图。

（2）设计机械手控制程序。要求进行功能分析、元件分配、绘制顺序功能图、将顺序功能图转换为步进梯形图，然后将程序录入计算机并下载到 PLC，进行最后的调试。机械手动作示意图如图 9-36 所示。

控制要求如下。

① 工件的补充使用人工控制，可直接将工件放在 D 点（LS0 动）。

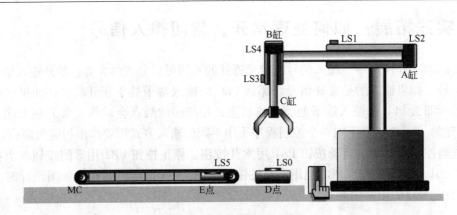

图 9-36　机械手动作示意图

　　② 只要 D 点有工件，机械手臂即先下降（B 缸动作），将工件抓取（C 缸动作）后上升（B 缸复位），再将工件搬运（A 缸动作）到 E 点上方，机械手臂再次下降（B 缸动作）后放开（C 缸复位）工件，机械手臂上升（B 缸复位），最后机械手臂再回到原点（A 缸复位）。

　　③ A、B、C 缸均为单作用气缸，使用电磁控制。

　　④ C 缸在抓取或放开工件后，都需有 1s 的间隔，机械手臂才能动作。

　　⑤ 当 E 点有工件且 B 缸已上升到 LS4 时，传送带电动机转动以运走工件，经 2s 后传送带电动机自动停止。若工件未完全运走（计时未到）时，则应等待传送带电动机停止后才能将工件移走。

　　（3）某大厦欲统计进出大厦内的人数，在唯一的门廊里设置了两个光电检测器，如图 9-37（a）所示，当有人进出时就会遮住光信号，检测器就会输出 1 状态信号，光不被遮住时，信号为 0。两个检测器 A 和 B 的信号变化的顺序将能确定人走动的方向：设以检测器 A 为基准，当检测器 A 的光信号被人遮住时，若检测器 B 发出上升沿信号，则可以认为有人进入大厦；若检测器 B 发出下降沿信号，则可以认为有人走出大厦，如图 9-37（b）所示。当检测器 A 和 B 都检测到信号时，计数器只能减少一个数字；当检测器 A 或 B 只有其中一个检测到信号时，不能认为有人出入；或者在一个检测器的信号状态不改变时，另一个检测器的信号状态连续变化几次，也不能认为有人出入了大厦，如图 9-37（c）所示。

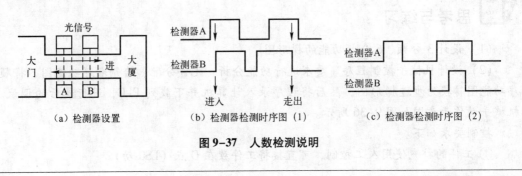

（a）检测器设置　　　（b）检测器检测时序图（1）　　　（c）检测器检测时序图（2）

图 9-37　人数检测说明

用 PLC 实现上述控制要求，设计一段程序，统计出大厦内现有人数，达到限定人数（如 500 人）时发出报警信号。

（4）某抢答比赛，儿童二人参赛且其中任一人按钮可抢得，学生一人组队，教授二人参赛且二人同时按钮才能抢得。主持人宣布开始后方可按抢答按钮。主持人台设复位按钮，抢得及违例由各分台灯指示。有人抢得时有幸运彩球转动，违例时有警报声。设计抢答器电路。

（5）某机床主轴由电动机 M1 带动，润滑泵由电动机 M2 带动。控制要求如下。

① 主轴必须在油泵启动之后才能运转。

② 主轴能够实现正转、反转，并能单独停车。

③ 主轴和油泵启动后，照明灯 HL 点亮；主轴和油泵停车后，照明灯 HL 熄灭。

试编制梯形图。

（6）试根据下述控制要求编制梯形图：有 3 台电动机 M1、M2、M3，要求相隔 5s 顺序启动，各运行 10s 停车，循环往复。

第 10 章　模拟量控制系统梯形图设计

现代工业控制早已不再局限于电路的通断控制（即数字量控制），工业之中存有大量的模拟量需要进行处理，如直流电动机的调速、变频器的控制等。由于 PLC 本质上仍然是一种工业控制计算机，只能够处理数字量信息，无法直接处理模拟量信息，因此，必须通过外设硬件将模拟量转换成数字量然后送入 PLC 进行处理；同样，需要输出模拟量信号时，也必须借助外设进行转换。本章详细介绍模拟量控制系统的硬件需求及设计方法。

10.1　模拟量控制硬件

FX 系列 PLC 常用的模拟量控制设备有模拟量扩展板（FX1N-2AD-BD、FX1N-1DA-BD）、普通模拟量输入模块（FX2N-2AD、FX2N-4AD、FX2NC-4AD、FX2N-8AD）、模拟量输出模块（FX2N-2DA、FX2N-4DA、FX2NC-4DA）、模拟量 I/O 混合模块（FX0N-3A）、温度传感器用输入模块（FX2N-4AD-PT、FX2N-4AD-TC、FX2N-8AD）、温度调节模块（FX2N-2LC）等。FX3U 系列 PLC 仍然支持 FX2N 系列 PLC 的扩展模块，我们仍然以 FX2N 系列 PLC 的扩展模块为例进行讲述。

1. FX2N-4AD 输入模块

1) FX2N-4AD 的技术指标　FX2N-4AD 输入模块为 4 通道 12 位 A/D 转换模块，其技术指标如表 10-1 所示。

表 10-1　FX2N-4AD 的技术指标

技术指标	电压输入	电流输入
	4 通道模拟量输入。通过输入端子变换可选电压或电流输入	
模拟量输入范围	DC -10～10V（输入电阻 200kΩ）绝对最大输入 ±15V	DC -20～20mA（输入电阻 250Ω）绝对最大输入 ±32mA
数字量输出范围	带符号位的 16 位二进制数（有效数值 11 位）。数值范围为 -2048～2047	
分辨率	5mV(10V×1/2000)	20μA（20mA×1/1000）
综合精确度	±1%（在 -10～10V 范围）	±1%（在 -20～20mA 范围）
转换速度	每通道 15ms（高速转换方式时为每通道 6ms）	
隔离方式	模拟量与数字量间用光隔离，从基本单元来的电源经 DC/DC 转换器隔离，各输入端子间不隔离	
模拟量用电源	DC 24V ±10%，55mA	
占用 I/O 点数	程序上为 8 点（作为输入或输出点计算），由 PLC 供电的消耗功率为 5V、30mA	

2）FX2N-4AD 接线　FX2N-4AD 接线图如图 10-1 所示。

☺ FX2N-4AD 通过双绞屏蔽电缆来连接，电缆应远离电源线或其他可能产生电气干扰的电线，如图 10-1 中①处所示。

☺ 如果输入有电压波动，或在外部接线中有电气干扰，可以接一个平滑电容器（0.1 ～ 0.47μF/25V），如图 10-1 中②处所示。

☺ 如果使用电流输入，则须连接 V + 和 I + 端子，如图 10-1 中③处所示。

☺ 如果存在过多的电气干扰，需将电缆屏蔽层与 FG 端连接，并连接到 FX2N-4AD 的接地端，如图 10-1 中④处所示。

☺ 连接 FX2N-4AD 的接地端与主单元的接地端。可行的话，在主单元使用 3 级接地，如图 10-1 中⑤处所示。

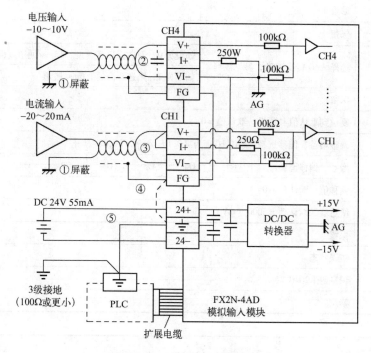

图 10-1　FX2N-4AD 接线图

3）缓冲存储器设置　FX2N-4AD 共有 32 个缓冲存储器（BFM），每个 BFM 均为 16 位，BFM 分配表如表 10-2 所示。

表 10-2　FX2N-4AD 的 BFM 分配表

BFM	内容	
＊#0	通道初始化，默认值 = H0000	
＊#1	通道 1	
＊#2	通道 2	平均值采样次数（1～4096），用于得到平均结果，默认值为 8（正常速度，高速操作可选择 1）
＊#3	通道 3	
＊#4	通道 4	

续表

BFM		内容							
#5	通道 1	这些缓冲区为输入的平均值							
#6	通道 2								
#7	通道 3								
#8	通道 4								
#9	通道 1	这些缓冲区为输入的当前值							
#10	通道 2								
#11	通道 3								
#12	通道 4								
#13、#14	保留								
#15	选择 A/D 转换速度，参见注释	如设为 0，则选择正常速度，15ms/通道（默认）							
		如设为 1，则选择高速，6ms/通道							
#16～#19	保留								
＊#20	复位到默认值和预设。默认值 = 0								
＊#21	调整增益、偏移选择。(b1,b0) 为 (0,1) 允许，(1,0) 禁止								
＊#22	增益、偏移调整	G4	O4	G3	O3	G2	O2	G1	O1
＊#23	偏移值，默认值 = 0								
＊#24	增益值，默认值 = 5000（mV）								
#25～#28	保留								
#29	错误状态								
#30	识别码 K2010								
#31	禁用								

　　说明　带＊号的缓冲存储器（BFM）可以使用 TO 指令由 PLC 写入。不带＊号的缓冲存储器的数据可以使用 FROM 指令读入 PLC。

　　在从模拟特殊功能模块读出数据前，确保这些设置已经送入模拟特殊功能模块，否则，将使用模块里面以前保存的数值。BFM 提供了利用软件调整偏移和增益的手段。

　　☺偏移（截距）：当数字输出为 0 时的模拟输入值。

　　☺增益（斜率）：当数字输出为 1000 时的模拟输入值。

【实例 10-1】 FX2N-4AD 基本程序

　　要求：FX2N-4AD 连接在特殊功能模块的 0 号位置，通道 CH1 和 CH2 用作电压输入，平均采样次数设为 4，并且用 PLC 的数据寄存器 D0 和 D1 接收输入的数字值。

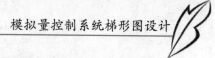

FX2N-4AD 基本程序如图 10-2 所示。

```
     M8002
0   ┤├                          ┤FROM  K0    K30    D4     K1├
                                ┤CMP   K2010 D4     M0├        确认ID号程序
     M1
17  ┤├                          ┤TOP   K0    K0     K3300  K1├  CH1、CH2通
                                                              道为电压输入
                                ┤TOP   K0    K1     K4     K2├  采样次数
                                ┤FROM  K0    K29    K4M10  K1├  读操作状态
     M10   M20
    ┤/├───┤/├                   ┤FROM  K0    K5     D0     K2├  读入模拟数据
```

图 10-2　FX2N-4AD 基本程序

如图 10-2 所示，PLC 上电运行后，辅助继电器 M8002 动作，将 FX2N-4AD 信息读入数据寄存器 D4；辅助继电器 M1 闭合之后，将系统工作需要的信息写入模块。

2. 温度输入模块

1）FX2N-4AD-PT 的技术指标　FX2N-4AD-PT 为 4 通道温度输入模块，其技术指标如表 10-3 所示。

表 10-3　FX2N-4AD-PT 的技术指标

项目	摄氏度（℃）	华氏度（℉）
模拟量输入信号	PT100 传感器（100W），3 线，4 通道	
传感器电流	PT100 传感器 100W 时 1mA	
补偿范围	−100～600℃	−148～1112 ℉
数字输出	−1000～6000	−1480～11120
	12 位转换（11 个数据位 +1 个符号位）	
最小分辨率	0.2～0.3℃	0.36～0.54 ℉
整体精度	满量程的 ±1%	
转换速度	15ms	
电源	主单元提供 5V/30mA 直流，外部提供 24V/50mA 直流	
占用 I/O 点数	占用 8 个点，可分配为输入或输出	
适用 PLC	FX1N、FX2N、FX2NC	

2）FX2N-4AD-PT 接线　FX2N-4AD-PT 接线图如图 10-3 所示。

☺ FX2N-4AD-PT 应使用 PT100 传感器的电缆或双绞屏蔽电缆作为模拟输入电缆，并且和电源线或其他可能产生电气干扰的电线隔开。

☺ 可以采用压降补偿的方式来提高传感器的精度。如果存在电气干扰，将电缆屏蔽层与外壳地线端子（FG）连接到 FX2N-4AD-PT 的接地端和主单元的接地端。如果可行，可在主单元使用 3 级接地。

☺ FX2N-4AD-PT 可以使用 PLC 的外部或内部的 24V 电源。

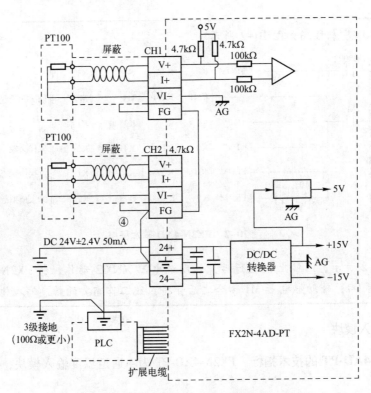

图 10-3　FX2N-4AD-PT 接线图

3）缓冲存储器设置　FX2N-4AD-PT 的 BFM 分配表如表 10-4 所示。

表 10-4　FX2N-4AD-PT 的 BFM 分配表

BFM	内容
＊#1～#4	CH1～CH4 的平均温度值的采样次数（1～4096），默认值＝8
＊#5～#8	CH1～CH4 在 0.1℃ 单位下的平均温度
＊#9～#12	CH1～CH4 在 0.1℃ 单位下的当前温度
＊#13～#16	CH1～CH4 在 0.1 ℉ 单位下的平均温度
＊#17～#20	CH1～CH4 在 0.1 ℉ 单位下的当前温度
＊#21～#27	保留
＊#28	数字范围错误锁存
#29	错误状态
#30	识别码 K2040
#31	保留

　　　　平均温度值的采样次数被分配给 BFM#1～#4，只有 1～4096 的范围是有效的，溢出的值将被忽略，默认值为 8。

　　最近转换的一些可读值被平均后，给出一个平均后的可读值，平均数据保存在 BFM #5～#8 和 BFM#13～#16 中。

BFM#9 ～#12 和 BFM#17 ～#20 保存输入数据的当前值，这个数值以 0.1℃ 或 0.1 °F 为单位，不过可用的分辨率为 0.2 ～ 0.3℃ 或 0.36 ～ 0.54 °F。

【实例 10-2】 FX2N-4AD-PT 设置程序

　　要求：FX2N-4AD-PT 占用特殊模块 0 的位置（即紧靠 PLC），平均采样次数是 4，输入通道 CH1 ～ CH4 以℃表示的平均温度值分别保存在数据寄存器 D10 ～ D13 中。

　　FX2N-4AD-PT 设置程序如图 10-4 所示。

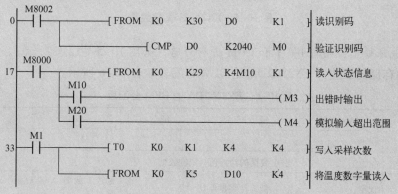

图 10-4　FX2N-4AD-PT 设置程序

　　如图 10-4 所示，PLC 上电运行后，辅助继电器 M8002 动作，将 FX2N-4AD-PT 信息读入数据寄存器 D0；辅助继电器 M8000 闭合，用于校验错误信息；辅助继电器 M1 闭合之后，将系统工作需要的信息写入模块。

3. FX2N-2DA 输出模块

1）FX2N-2DA 的技术指标　FX2N-2D 的技术指标如表 10-5 所示。

表 10-5　FX2N-2DA 的技术指标

项目	输出电压	输出电流
模拟量输出范围	DC 0～10V, DC 0～5V	4～20mA
数字输入	12 位	
分辨率	5mV（10V×1/ 2000）	20μA（20mA×1/1000）
总体精度	满量程 1%	
转换速度	4ms/通道	
电源	主单元提供 5V/30mA 和 24V/85mA	
占用 I/O 点数	占用 8 个 I/O 点，可分配为输入或输出	
适用 PLC	FX1N、FX2N、FX2NC	

2）FX2N-2DA 接线　FX2N-2DA 接线图如图 10-5 所示。

☺ 当电压输出存在波动或有大量噪声时，在图 10-5 中①处连接 0.1 ～ 0.47mF 25V DC 的电容。

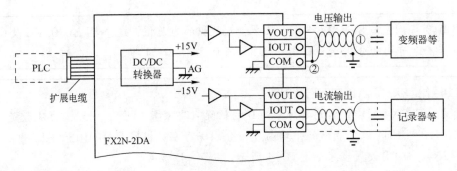

图 10-5　FX2N-2DA 接线图

☺ 对于电压输出，须将 IOUT 和 COM 进行短路，如图 10-5 中②处所示。

3）缓冲存储器设置　FX2N-2DA 的 BFM 分配表如表 10-6 所示。

表 10-6　FX2N-2DA 的 BFM 分配表

BFM	b15～b8	b7～b3	b2	b1	b0
#0～#15	保留				
#16	保留	输出数据的当前值（8 位数据）			
#17	保留	D/A 低 8 位数据保持		通道 1 的 D/A 转换开始	通道 2 的 D/A 转换开始
#18 或更大	保留				

【实例 10-3】 FX2N-2DA 应用实例

要求：若 FX2N-2DA 接在 2 号模块位置，CH1 设定为电压输出，CH2 设定为电流输出，并要求当 PLC 从 RUN 转为 STOP 状态后，最后的输出值保持不变。试编制程序。

根据题目要求编制程序如，图 10-6 所示。

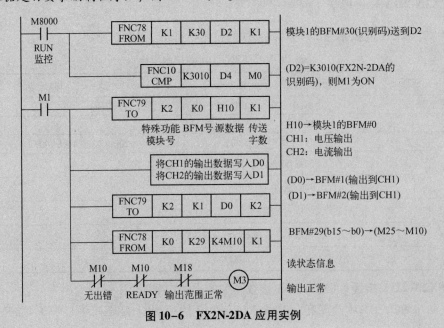

图 10-6　FX2N-2DA 应用实例

【实例 10-4】 FX2N-4DA 应用实例

　　FX2N-4DA 性能与 FX2N-2DA 相同，唯一不同之处在于输出通道变成了 4 通道。

　　要求：FX2N-4DA 编号为 1 号，现要将 FX2N-48MR 中数据寄存器 D10、D11、D12、D13 中的数据通过 FX2N-4DA 的 4 个通道输出出去，并要求 CH1、CH2 设定为电压输出（-10 ～ 10V），CH3 、CH4 通道设定为电流输出（0 ～ 20mA），并且 FX2N-48MR 从 RUN 转为 STOP 状态后，CH1、CH2 的输出值保持不变，CH3 、CH4 的输出值回零。试编制实现这一要求的 PLC 程序。

　　根据题目要求得到梯形图，如图 10-7 所示。其中，为通道 CH1、CH2 传送数据的寄存器 D10、D11 的取值范围是 -2000 ～ 2000；为通道 CH3、CH4 传送数据的寄存器 D12、D13 的取值范围是 0 ～ 1000。

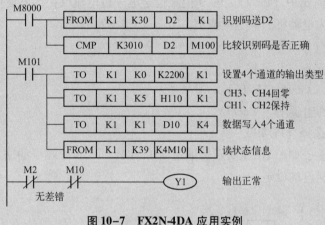

图 10-7　FX2N-4DA 应用实例

4. 变频器介绍

　　由于交流电动机调速的最佳方案是进行变频调速，因此变频器应用范围越来越广泛。

　　1）变频器的基本构成　现在使用的变频器基本都是交 - 直 - 交的工作原理，即先将交流电通过整流器转换成直流电，然后通过逆变器再变换成我们需要的不同频率的交流电，如图 10-8 所示。

　　2）变频器的调速原理　因为三相异步电动机的转速公式为

$$n = \frac{60f}{p}(1-s)$$

式中，f 为电源频率，单位为 Hz；p 为电动机极对数；s 为电动机转差率。从公式可知，改变电源频率即可实现调速。

　　异步电动机的变频调速必须按照一定的规律同时改变其定子电压和频率，即必

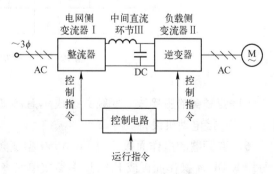

图 10-8　交 - 直 - 交变频器的基本构成

须通过变频器获得电压和频率均可调节的供电电源。

3）变频器的额定值和频率指标

（1）输入侧的额定值：输入电压 U_{1N}、输入电流 I_{1N}。

（2）输出侧的额定值：输出电压 U_{2N}、输出电流 I_{2N}、输出容量（kVA）S_N、配用电动机容量（kW）P_N、过载能力 S_N 与 U_{2N}、I_{2N} 的关系为 $S_N = U_{2N}I_{2N}$。

（3）频率指标：频率范围、频率精度、频率分辨率。

4）变频器的基本参数

（1）输出频率范围（Pr. 1、Pr. 2、Pr. 18），Pr. 1 为上限频率。

（2）多段速度运行（Pr. 4、Pr. 5、Pr. 6、Pr. 24 ~ Pr. 27）。

（3）加减速时间（Pr. 7、Pr. 8、Pr. 20）。

（4）电子过电流保护（Pr. 9）。Pr. 9 用来设定电子过电流保护的电流值，以防止电动机过热，故一般设定为电动机的额定电流值。

（5）启动频率（Pr. 13）。

（6）适用负荷选择（Pr. 14）。

（7）点动运行（Pr. 15、Pr. 16）。

（8）参数写入禁止选择（Pr. 77）。

（9）操作模式选择（Pr. 79）。

七段速度对应端子如图 10-9 所示。通过 RH、RM、RL 3 个端子的输入电平信号的高低组合可以实现七段速度的设定。

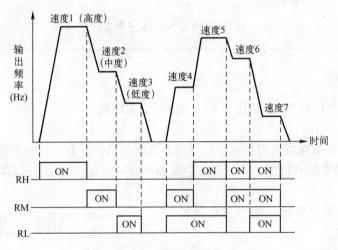

图 10-9　七段制速度对应端子

5）变频器的主接线　变频器接线示意图如图 10-10 所示。其中，R、S、T 接三相电；U、V、W 接电动机设备。

6）变频器的操作面板　以 FR-A540 型变频器为例进行说明。FR-A540 型变频器一般需通过 FR-DU04 操作面板或 FR-PU04 参数单元来操作（总称为 PU 操作）。操作面板各按键的功能如表 10-7 所示。

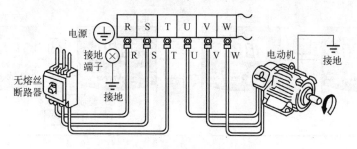

图 10-10　变频器接线示意图

表 10-7　操作面板各按键的功能

按键	说明
MODE	可用于选择操作模式或设定模式
SET	用于确定频率和参数的设定
▲／▼	用于连续提高或降低运行频率。按下这个键可改变频率 在设定模式中按下此键，则可连续设定参数
FWD	用于给出正转指令
REV	用于给出反转指令
STOP/RESET	用于停止运行 用于保护功能动作输出停止时复位变频器（用于主要故障）

7）变频器的基本操作

（1）PU 显示模式：在 PU 模式下，按 MODE 键可改变 PU 显示模式，其操作如图 10-11所示。

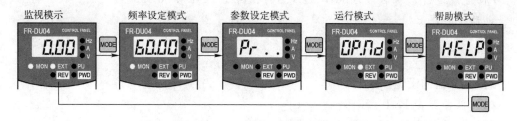

图 10-11　改变 PU 显示模式的操作

（2）监视模式：在监视模式下，按 SET 键可改变监视类型，其操作如图 10-12所示。

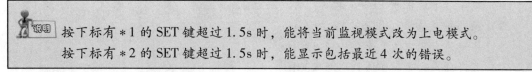

　按下标有＊1 的 SET 键超过 1.5s 时，能将当前监视模式改为上电模式。
　按下标有＊2 的 SET 键超过 1.5s 时，能显示包括最近 4 次的错误。

（3）频率设定模式：在频率设定模式下，可改变设定频率，其操作如图 10-13 所示（将目前频率 60Hz 设为 50Hz）。

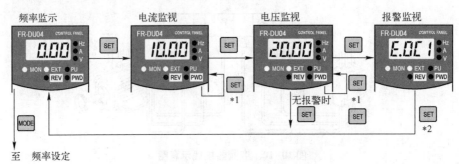

图 10-12　改变监视类型的操作

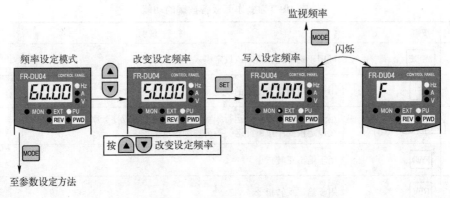

图 10-13　改变设定频率的操作

【实例 10-5】变频器多段调速实例

1. 控制要求

用 PLC、变频器设计一个电动机的三速运行的控制系统，按下启动按钮后，电动机以 20Hz 速度运行，5s 后转为 30Hz 速度运行，再过 5s 转为 30Hz 速度运行，按下停止按钮，电动机即停止。

2. 设计过程

1）变频器的设定参数

（1）上限频率 Pr. 1 = 50Hz。

（2）下限频率 Pr. 2 = 0Hz。

（3）基底频率 Pr. 3 = 50Hz。

（4）加速时间 Pr. 7 = 2s。

（5）减速时间 Pr. 8 = 2s。

（6）电子过电流保护 Pr. 9 = 电动机的额定电流。

（7）操作模式选择（组合）Pr. 79 = 3。

（8）多段速度设定（1速）Pr. 4 = 20Hz。

（9）多段速度设定（2速）Pr. 5 = 30Hz。

（10）多段速度设定（3速）Pr. 6 = 45Hz。

2）I/O 分配　根据系统的控制要求、设计思路和变频器的设定参数，PLC 的 I/O 分配如下所述。

X0：停止（复位）按钮。X1：启动按钮。Y0：运行信号（STF）。Y1：1 速（RL）。Y2：2 速（RM）。Y3：3 速（RH）。Y4：复位（RES）。

由此得到系统 I/O 接线图，如图 10-14 所示。

3）程序设计　根据控制要求可以得到状态转移图，如图 10-15 所示。

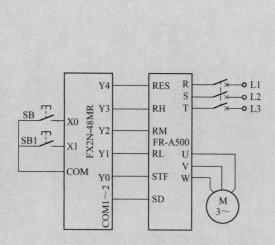

图 10-14　系统 I/O 接线图

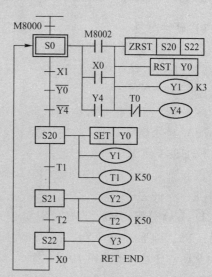

图 10-15　变频器多段调速状态转移图

4）程序分析　如图 10-15 所示，PLC 上电运行后，按下按钮 X1，状态继电器 S20 动作，驱动 Y0、Y1、T1 动作，电动机开始运行，变频器 RL 端子得到信号，电动机进入低速运行状态；T1 延时 5s 后，状态继电器 S21 动作，驱动 Y2、T2 动作，变频器 RM 端子得到信号，电动机进入中速运行状态；T2 延时 5s 后，状态继电器 S22 动作，驱动 Y3 动作，变频器 RH 端子得到信号，电动机进入高速运行状态。

10.2　模拟量开环控制系统

开环控制系统是被控对象的输出（被控制量）对控制器的输出没有影响的系统。在这种控制系统中，不依赖将被控制量返送回来以形成任何闭环回路。

【实例 10-6】开环程序设计实例

1. 控制要求

（1）通过两个 12V 可调开关电源装置分别给 4 A/D 的 CH1、CH2 通道输入两个模拟电压（0～10V），并且改变通道的输入电压值。

(2) 当 CH1 通道的电压小于 CH2 通道的电压时，输出指示灯 L1 亮。

(3) 当 CH1 通道的电压比 CH2 通道的电压大 1V 时，输出指示灯 L2 亮。

(4) 当 CH1 通道的电压比 CH2 通道的电压大 2V 时，输出指示灯 L3 亮。

(5) 当 CH1 通道的电压比 CH2 通道的电压大 3V 时，输出指示灯 L4 亮。

(6) 当 CH1 通道和 CH2 通道的电压都大于 5V 时，输出指示灯 L5 亮。

2. 设计过程

1) 硬件配置

(1) PLC1 台（FX2N-48MR）。

(2) FX2N-4AD 模块 1 个。

(3) 指示灯 5 个。

(4) 12V 可调开关电源 2 个。

(5) 按钮模块 1 块。

(6) 24V 电源 1 个。

(7) 计算机 1 台（已安装 GPP 软件）。

(8) 导线若干。

2) I/O 分配 X0：启动。X1：停止。Y0：L1 指示灯。Y1：L2 指示灯。Y2：L3 指示灯。Y3：L4 指示灯。Y4：L5 指示灯。

系统 I/O 接线图如图 10-16 所示。

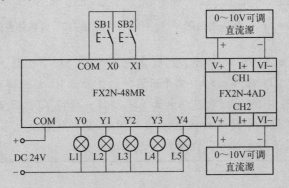

图 10-16 系统 I/O 接线图

3) 程序设计 系统梯形图如图 10-17 所示。

3. 程序调试

(1) 插入移入的内容，编写好偏移和增益调整程序写入 PLC，将 FX2N-4AD 的 CH1、CH2 通道的偏移和增益调整为 0V 和 10V。

(2) 按图 10-17 编制程序，并写入 PLC，连接好 FX2N-4AD 的 24V 电源。

(3) 按图 10-16 接好 PLC 的 I/O 电路和 FX2N-4AD 的模拟输入信号。

(4) 运行程序，调整输入电压，监视 CH1、CH2 通道对应的数字量变化情况。模拟量与数字量对应的关系如表 10-8 所示。

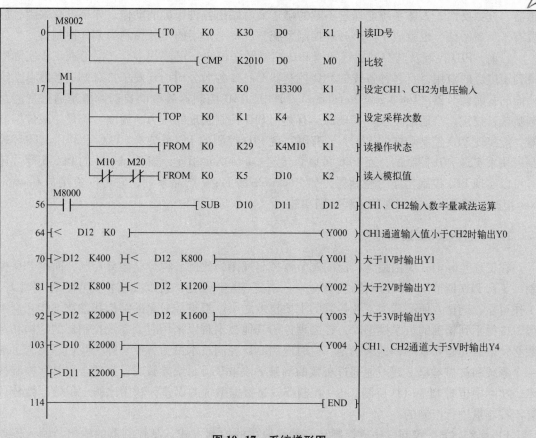

图 10-17　系统梯形图

（5）如果改变输入电压，数字量没有发生变化或显示为 0，应首先检查模块编号是否正确；如果正确，检查 FX2N-4AD 与 PLC 连接的通信线及模拟输入电路，直到正确为止。

（6）按控制要求输入电压，观察指示灯的动作情况，若动作不正确，检查系统程序和输出电路。

表 10-8　模拟量与数字量对应的关系

模拟量	1V	2V	3V	4V	5V	6V	7V	8V	9V	10V
数字量	200	400	600	800	1000	1200	1400	1600	1800	2000

10.3　模拟量闭环控制系统

闭环控制系统是系统被控对象的输出会返送回来影响控制器的输出，形成一个或多个闭环的系统。闭环控制系统有正反馈和负反馈；若反馈信号与系统给定值信号相反，则称为负反馈；若极性相同，则称为正反馈，一般闭环控制系统均采用负反馈，又称负反馈控制系统。闭环控制系统的例子很多。例如，人就是一个具有负反馈的闭环控制系统，眼睛便是传感器，充当反馈，人体系统能通过不断的修正最后做出各种正确的动作；如果没有眼睛，就没有了反馈回路，也就成了一个开环控制系统。PLC 中常用的闭环控制为 PID 控制。

目前，PID 控制及其控制器或智能 PID 控制器（仪表）已经很多，产品已在工程实际中得到了广泛的应用，有各种各样的 PID 控制器产品，各大公司均开发了具有 PID 参数自整定功能的智能调节器（Intelligent Regulator）。其中，PID 控制器参数的自动调整是通过智能化调整或自校正、自适应算法来实现的。有利用 PID 控制实现的压力、温度、流量、液位控制器，能实现 PID 控制功能的 PLC，还有可实现 PID 控制的 PC 系统等。PLC 是利用其闭环控制模块来实现 PID 控制的，而 PLC 可以直接与 ControlNet 相连，如 Rockwell 的 PLC-5 等。还有可以实现 PID 控制功能的控制器，如 Rockwell 的 Logix 产品系列，它可以直接与 Control-Net 相连，利用网络来实现其远程控制功能。

1. PID 控制的原理和特点

在工程实际中，应用最为广泛的调节器控制规律为比例、积分、微分控制，简称 PID 控制，又称 PID 调节。PID 控制器问世至今已有近 70 年历史，它以其结构简单、稳定性好、工作可靠、调整方便而成为工业控制的主要技术之一。当被控对象的结构和参数不能完全掌握，或得不到精确的数学模型时，控制理论的其他技术难以采用时，系统控制器的结构和参数必须依靠经验和现场调试来确定，这时应用 PID 控制技术最为方便。即当我们不完全了解一个系统和被控对象，或不能通过有效的测量手段来获得系统参数时，最适合用 PID 控制技术。实际中也有 PI 和 PD 控制。PID 控制器就是根据系统的误差，利用比例、积分、微分计算出控制量进行控制的。

1）比例（P）控制 比例控制是一种最简单的控制方式，其控制器的输出与输入误差信号成比例关系。当仅有比例控制时，系统输出存在稳态误差（Steady-state Error）。

比例调节作用：按比例反应系统的误差，系统一旦出现了误差，比例调节立即产生调节作用用以减小误差。比例作用大，可以加快调节，减小误差，但是过大的比例，使系统的稳定性下降，甚至造成系统的不稳定。

2）积分（I）控制 在积分控制中，控制器的输出与输入误差信号的积分成正比关系。对一个自动控制系统，如果在进入稳态后存在稳态误差，则称这个控制系统是有稳态误差的或简称有差系统（System with Steady-state Error）。为了消除稳态误差，在控制器中必须引入积分项。积分项对误差的影响取决于时间，随着时间的增加，积分项会增大。这样，即便误差很小，积分项也会随着时间的增加而加大，它推动控制器的输出增大使稳态误差进一步减小，直到等于零。因此，比例 + 积分（PI）控制器，可以使系统在进入稳态后无稳态误差。

积分调节作用：使系统消除稳态误差，提高无差度。因为有误差，积分调节就进行，直至无差，积分调节停止，积分调节输出一个常值。积分作用的强弱取决于积分时间常数 T_i，T_i 越小，积分作用就越强；反之 T_i 大，则积分作用弱。加入积分调节可使系统稳定性下降，动态响应变慢。积分作用常与另两种调节规律结合，组成 PI 控制器或 PID 控制器。

3）微分（D）控制 在微分控制中，控制器的输出与输入误差信号的微分（即误差的变化率）成正比关系。自动控制系统在克服误差的调节过程中可能会出现振荡甚至失稳。其原因是由于存在有较大惯性组件（环节）或有滞后组件，具有抑制误差的作用，其变化总是落后于误差的变化。解决的办法是使抑制误差的作用的变化超前，即在误差接近零时，抑制误差的作用就应该是零。这就是说，在控制器中仅引入比例项往往是不够的，比例项的作用仅是放大误差的幅值，而目前需要增加的是微分项，它能预测误差变化的趋势，这样，具有比例＋微分的控制器，就能够提前使抑制误差的控制作用等于零，甚至为负值，从而避免了被控量的严重超调。所以，对有较大惯性或滞后的被控对象，比例＋微分（PD）控制器能改善系统在调节过程中的动态特性。

微分调节作用：微分作用反映系统误差信号的变化率，具有预见性，能预见误差变化的趋势，所以能产生超前的控制作用，在误差还没有形成之前，已被微分调节作用消除，因此可以改善系统的动态性能。在微分时间选择合适的情况下，可以减少超调，减少调节时间。微分作用对噪声干扰有放大作用，因此过强的加微分调节，对系统抗干扰不利。此外，微分反应的是变化率，而当输入没有变化时，微分作用输出为零。微分作用不能单独使用，需要与另外两种调节规律相结合，组成 PD 控制器或 PID 控制器。

2. PID 控制器的参数整定

PID 控制器的参数整定是控制系统设计的核心内容。根据被控过程的特性确定 PID 控制器的比例系数、积分时间和微分时间的大小。PID 控制器参数整定的方法很多，概括起来有两大类。一是理论计算整定法。它主要依据系统的数学模型，经过理论计算确定控制器参数。这种方法所得到的计算数据未必可以直接用，还必须通过工程实际进行调整和修改。二是工程整定方法。它主要依赖工程经验，直接在控制系统的试验中进行，且方法简单、易于掌握，在工程实际中被广泛采用。

10.4　编程专业案例

模拟量控制属于 PLC 控制的高级应用，在工控中有着广泛的应用。下面结合恒压供水系统和工业洗衣机控制系统讲述如何进行模拟量的处理。

10.4.1　恒压供水系统

1. 控制要求

要求：设计一个 PID 控制的恒压供水系统。

（1）共有两台水泵，按要求一台运行，一台备用，自动运行时水泵运行累计 100h 轮换一次，手动时不切换。

（2）两台水泵分别由 M1、M2 电动机拖动，电动机同步转速为 3000r/min，由 KM1、KM2 控制。

（3）切换后启动和停电后启动须 5s 报警，运行异常可自动切换到备用泵，并报警。

（4）PLC 采用 PID 调节指令。

（5）变频器（使用三菱 FR-A540）采用 PLC 的特殊功能单元 FX0N-3A 的模拟输出，调节电动机的转速。

（6）水压为 0 ～ 10kg 可调，通过触摸屏（使用三菱 F940）输入调节。

（7）触摸屏可以显示设定水压、实际水压、水泵的运行时间、转速、报警信号等。

（8）变频器的其余参数自行设定。

2. 设计过程

1）变频器的设定参数

（1）上限频率 Pr. 1 = 50Hz。

（2）下限频率 Pr. 2 = 30Hz。

（3）基底频率 Pr. 3 = 50Hz。

（4）加速时间 Pr. 7 = 3s。

2）I/O 分配

（1）触摸屏输入。M500：自动启动。M100：手动 1 号泵。M101：手动 2 号泵。M102：停止。M103：运行时间复位。M104：清除报警。D500：水压设定。

（2）触摸屏输出。Y0：1 号泵运行指示。Y1：2 号泵运行指示。T20：1 号泵故障。T21：2 号泵故障。D101：当前水压。D502：泵累计运行的时间。D102：电动机的转速。

（3）PLC 输入。X1：1 号泵水流开关。X2：2 号泵水流开关。X3：过压保护。

（4）PLC 输出。Y0：KM1。Y1：KM2。Y4：报警器。Y10：变频器 STF。

3）触摸屏画面制作 根据控制要求及 I/O 分配，按如图 10-19 所示制作触摸屏画面。

4）PLC 程序设计 恒压供水系统梯形图如图 10-20 所示。

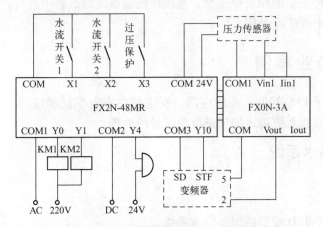

图 10-18 恒压供水系统 I/O 接线图

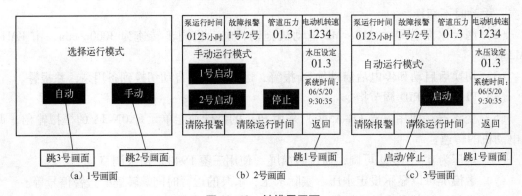

图 10-19 触摸屏画面

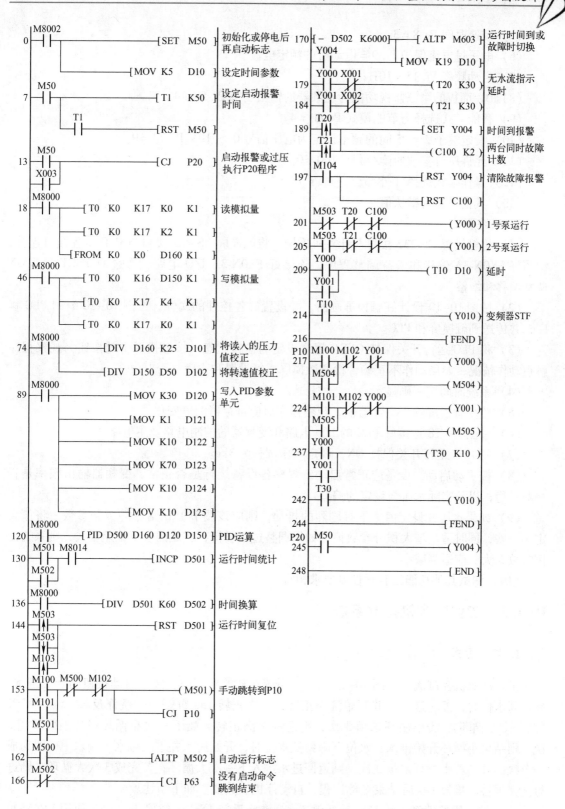

图 10-20　恒压供水系统梯形图

（5）减速时间 Pr. 8 = 3s。

（6）电子过电流保护 Pr. 9 = 电动机的额定电流。

（7）启动频率 Pr. 13 = 10Hz。

（8）DU 面板的第三监视功能为变频器的输出功率 Pr. 5 = 14。

（9）智能模式选择为节能模式 Pr. 60 = 4。

（10）设定端子 2～5 间的频率设定为电压信号 0～10V Pr. 73 = 0。

（11）允许所有参数的读/写 Pr. 160 = 0。

（12）操作模式选择（外部运行）Pr. 79 = 2。

（13）其他设置为默认值。

3）系统调试

（1）将触摸屏 RS-232 接口与计算机连接，将触摸屏 RS-422 接口与 PLC 编程接口连接，编写好 FX0N-3A 偏移和增益调整程序，连接好 FX0N-3A I/O 电路，通过 OFFSET 和 GAIN 调整偏移和增益。

（2）按图 10-19 设计好触摸屏画面，并设置好各控件的属性，按图 10-20 编制 PLC 程序，并传送到触摸屏和 PLC。

（3）将 PLC 运行开关保持 OFF，程序设定为监视状态，按触摸屏上的按钮，观察程序触点动作情况，如果动作不正确，检查触摸屏属性设置和程序是否对应。

（4）系统时间应正确显示。

（5）改变触摸屏输入寄存器值，观察程序对应寄存器的值变化。

（6）按图 10-18 连接好 PLC 的 I/O 电路和变频器的控制电路及主电路。

（7）将 PLC 运行开关保持 ON，设定水压调整为 3kg。

（8）按手动启动，设备应正常启动，观察各设备运行是否正常，变频器输出频率是否相对平稳，以及实际水压与设定的偏差。

（9）如果水压在设定值上下有剧烈的抖动，则应该调节 PID 指令的微分参数，将值设定小一些，同时适当增大积分参数值。如果调整过于缓慢，水压的上下偏差很大，则系统比例常数太大，应适当减小。

（10）测试其他功能是否跟控制要求相符。

10.4.2 工业洗衣机控制系统

1. 控制要求

工业洗衣机控制流程如图 10-21 所示。系统在初始状态时，按下启动按钮则开始进水；到达高水位时，停止进水，并开始洗涤正转；洗涤正转 15s 暂停 3s，洗涤反转 15s 暂停 3s（为一个小循环）。若小循环未满 3 次，则返回洗涤正转开始下一次小循环；若小循环满 3 次，则结束小循环开始排水，水位下降到低水位时，开始脱水并继续排水，脱水 10s 即完成一个次循环。若大循环未满 3 次，则返回进水进入下一次大循环；若完成 3 次大循环，则进行洗完报警，报警 10s 后结束全部过程，自动停机。其要求如下所述。

（1）洗衣机的洗涤正转 15s → 暂停 3s → 洗涤反转 15s → 暂停 3s，要求使用 FR-A540 变频器的程序运行功能实现。

（2）用变频器驱动电动机，洗涤和脱水时的变频器输出频率为 50Hz，其加减速时间根据实际情况设定。

2. 设计过程

1）变频器设计　Pr. 201 ～ Pr. 230 为程序运行参数，每 10 个参数为一组，即 Pr. 201 ～ Pr. 210 为第 1 组，Pr. 211 ～ Pr. 220 为第 2 组，Pr. 221 ～ Pr. 230 为第 3 组。每个参数必须设定旋转方向（0 表示停止，1 表示正转，2 表示反转）、运行频率（0 ～ 400、9999）、开始时间（00 ～ 99：00 ～ 59）。Pr. 231 用来设定开始程序运行的基准时钟，其设定范围如表 10-9 所示。

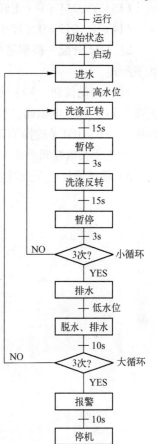

图 10-21　工业洗衣机控制流程

表 10-9　Pr. 200 的功能

设定值	功能	Pr. 231 的设定范围
0	选择 min/s 时间单位，电压监视	最大 99min59s
1	选择 h/min 时间单位，电压监视	最大 99h59min
2	选择 min/s 时间单位，基准时间监视	最大 99min59s
3	选择 h/min 时间单位，基准时间监视	最大 99h59min

变频器程序运行时，除设定上述参数外，还必须通过变频器的控制端子来控制。RH 用于选择第 1 组程序运行参数，RM 用于选择第 2 组程序运行参数，RL 用于选择第 3 组程序运行参数；STR 用于复位基准时钟，即基准时钟置 0；STF 用于选择程序运行开始信号。

若设定 Pr. 76 = 3，则 SU 为所选择的程序运行组运行完成时输出信号；IPF 为第 3 组运行时输出信号；OL 为第 2 组运行时输出信号；FU 为第 1 组运行时输出信号。

根据控制要求，变频器的具体设定参数如下所述。

（1）上限频率 Pr. 1 = 50Hz。

（2）下限频率 Pr. 2 = 0Hz。

（3）基底频率 Pr. 3 = 50Hz。

（4）加速时间 Pr. 7 = 3s。

（5）减速时间 Pr. 8 = 3s。

（6）电子过电流保护 Pr. 9 = 电动机的额定电流。

（7）操作模式选择（程序运行）Pr. 79 = 5。

（8）Pr. 200 = 2（选择 min/s 为时间单位，基准时间监视）。

（9）Pr. 201 = 1（正转），50（运行频率），0：00（0min0s 开始正转运行）。

（10）Pr. 202 = 0（停止），00（运行频率），0：12（0min12s 开始停）。

（11）Pr. 203 = 2（反转），50（运行频率），0：18（0min18s 开始反转运行）。

（12）Pr. 204 = 0（停止），00（运行频率），0：30（0min30s 开始停）。

（13）Pr. 211 = 1（正转），50（运行频率），0：00（0min0s 开始正转运行）。

（14）Pr. 212 = 0（停止），00（运行频率），0：7（0min7s 开始停）。

2）I/O 分配 根据系统的控制要求、设计思路和变频器的设定参数，PLC 的 I/O 分配如下所述。

X0：启动按钮。X1：停止。X2：高水位。X3：低水位。Y0：进水电磁阀。Y1：排水电磁阀。Y2：脱水电磁阀。Y3：报警指示。Y4：STF（变频器运行）。Y5：RH（选择第 1 组程序）。Y6：RM（选择第 2 组程序）。

工业洗衣机控制系统 I/O 接线图如图 10-22 所示。

3）程序设计 工业洗衣机控制系统状态转移图如图 10-23 所示。

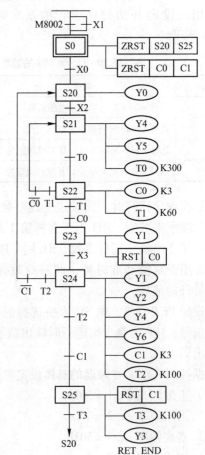

图 10-22 工业洗衣机控制系统 I/O 接线图　　图 10-23 工业洗衣机控制系统状态转移图

10.5 实践拓展：如何设置参数

1. 常规 PID 参数设置指南

启动 PID 参数自整定程序，可自动计算 PID 参数，自整定成功率为 95%。少数自整定不成功的系统可按以下方法设置 PID 参数。

1）P 参数设置　如果不能肯定比例调节系数 P 应为多少，可以先把 P 参数设置大些（如 30%），以避免开机出现超调和振荡，运行后视响应情况再逐步调小，以加强比例作用的效果，提高系统响应的快速性，以既能快速响应，又不出现超调或振荡为最佳。

2）I 参数设置　如果不能肯定积分时间参数 I 应为多少，可以先把 I 参数设置得大些（如 1800），（I > 3600 时，积分作用去除）系统投运后先把 P 参数调好，而后再把 I 参数逐步往小调，观察系统响应，以系统能快速消除静差进入稳态，而不出现超调或振荡为最佳。

3）D 参数设置　如果不能肯定微分时间参数 D 应为多少，可以先把 D 参数设置为 0，即去除微分作用，系统投运后先调好 P 参数和 I 参数，P、I 确定后，再逐步增大 D 参数，加微分作用，以改善系统响应的快速性，以系统不出现振荡为最佳（多数系统可不加微分作用）。

2. 如何设定增益、偏移

模数/数模转换模块在使用时，一般采用系统默认设定值，在设定值无法满足需要时，才进行增益、偏移的设定。

1）增益设定　增益是指模数/数模转换时，模拟值与数字值之间的对应关系，如图 10-24 所示。增益决定了校正线的角度或斜率，由数字值 1000 标志。

（1）小增益：读取数字值间隔大。

（2）零增益：默认为 5V 或 20mA。

（3）大增益：读取数字值间隔小。

2）偏移设定　偏移是指模拟值为 0 时，所对应的数字值的情况，如图 10-25 所示。

（1）负偏移：数字值为 0 时模拟值为负。

（2）零偏移：数字值等于 0 时模拟值等于 0。

（3）正偏移：数字值为 0 时模拟值为正。

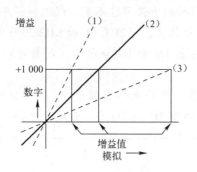

图 10-24　增益示意图

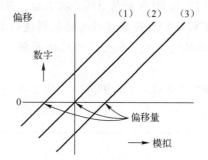

图 10-25　偏移示意图

偏移是校正线的位置，由数字值 0 标志。

偏移和增益可以独立或一起设置。合理的偏移范围是 −5 ～ 5V 或 −20 ～ 20mA。而合理的增益范围是 1 ～ 15V 或 4 ～ 32mA。增益和偏移都可以用 PLC 程序调整。增益/偏移调整程序如图 10-26 所示。

调整增益/偏移时，应该将增益/偏移 BFM#21 的位 b1、b0 设置为 0、1，以允许调整。一旦调整完毕，这些位元件应该设置为 1、0，以防止进一步的变化。

```
    X000
0 ──┤├──────────────────────────[ SET   M0  ]  调整开始
    M0
2 ──┤├───────┬────────[ TOP  K0  K0   H0    K1 ]  初始化通道
             │
             ├────────[ TOP  K0  K21  K1    K1 ]  允许增益/偏移调整
             │
             ├────────[ TOP  K0  K22  K0    K1 ]  调整增益/偏移复位
             │                                 K10
             └────────────────────────────────( T0 )
    T0
33 ─┤├───────┬────────[ TOP  K0  K23  K0    K1 ]  偏移
             │
             ├────────[ TOP  K0  K24  K2500 K1 ]  增益
             │
             ├────────[ TOP  K0  K22  H3    K1 ]  调整CH1通道
             │                                 K10
             └────────────────────────────────( T1 )
    T1
64 ─┤├───────┬──────────────────────[ RST   M0 ]  调整结束
             │
             └────────[ TOP  K0  K21  K2    K1 ]  增益/偏移调整禁止

75 ─────────────────────────────────────[ END ]
```

图 10-26 增益/偏移调整程序

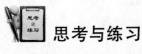

思考与练习

（1）FX 系列 PLC 常用的模拟量控制硬件有哪些？

（2）FX2N-4AD 的 BFM 有哪些设定？

（3）FX2N-4DA 的 BFM 有哪些设定？

（4）简述变频器的工作原理。

（5）FX2N-2DA 接在 1 号模块位置，CH1 设定为电流输出，CH2 设定为电压输出，并要求当 PLC 从 RUN 转为 STOP 状态后，最后的输出值保持不变。试编制程序。

（6）FX2N-4AD 连接在特殊功能模块的 1 号位置，通道 CH1 和 CH2 用作电流输入，平均采样次数设为 5，并且用 PLC 的数据寄存器 D0 和 D1 接收输入的数字值。试编制程序。

（7）FX2N-4AD-PT 占用特殊模块 2 的位置，平均采样次数是 6，输入通道 CH1 ～ CH4 以℃表示的平均温度值分别保存在数据寄存器 D1 ～ D4 中。试编制程序。

第 11 章 三菱 FX 系列 PLC 通信功能

PLC 除用于单机控制系统外，还能与其他 PLC、计算机或可编程设备（如变频器、打印机、机器人等）连接，构成数据交换的通信网络，实现网络控制与管理系统。

通过本章的学习使读者了解有关数字通信的基本知识和基本实现方法。重点让学生了解 FX 系列 PLC 的 N:N 链接通信、双机并行链接通信、计算机链接通信、无协议通信及其应用。

11.1 PLC 通信的基础知识

PLC 通信是指 PLC 与计算机、PLC 与 PLC、PLC 与现场设备或远程 I/O 口之间的信息交换。无论是计算机还是 PLC 都属于数字设备，它们之间交换的数据都是 0 或 1。很显然，PLC 通信属于数据通信。

1. 数据通信系统构成

PLC 网络中的任何设备之间的通信，都是使数据由一台设备的端口（信息发送设备）发出，经过信息传输通道（信道）传输到另一台设备的端口（信息接收设备）进行接收。一般通信系统由信息发送设备、信息接收设备和信息通道构成，基于该通信系统硬件的信息传送、交换和处理则依靠通信协议和通信软件的指挥、协调和运作。数据通信系统的构成框图如图 11-1 所示。

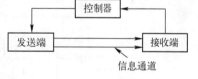

图 11-1　数据通信系统的构成框图

PLC 与计算机除了作为信息发送与接收设备外，也是系统的控制设备。为确保信息发送和接收的正确性和一致性，控制设备必须按照通信协议和通信软件的要求对信息发送和接收过程进行协调。

信息通道是数据传输的通道。选用何种信道媒介应视通信系统的设备构成不同及在速度、安全、抗干扰性等方面的要求的不同而确定。PLC 数据通信系统一般采用有线信道。

通信软件是人与通信系统之间的一个接口，使用者可以通过通信软件了解整个通信系统的运作情况，进而对通信系统进行各种控制和管理。

2. 数据通信方式及传输速率

1）并行通信　并行通信是指以字节或字为单位，同时将多个数据在多个并行信道上同时进行传输的方式，如图 11-2 所示。

并行通信传输时，传送几位数据需要几根线。传输速率较高，但是硬件成本也较高。

2）串行通信 串行通信是指以二进制的位（bit）为单位，对数据一位一位地顺序成串传送的通信传输方式。图 11-3 是 8 位数据串行通信传输的示意图。

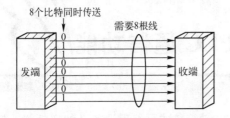

图 11-2 8 位数据并行通信传输的示意图

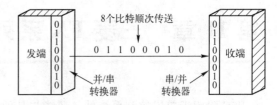

图 11-3 8 位数据串行通信传输示意图

串行通信时，无论传送多少位数据，只需要一根数据线即可，硬件成本较低，但是需要并/串转换器和串/并转换器配合工作。

串行通信按照传送方式又可以分成异步串行通信、同步串行通信两种。

（1）异步串行通信。所谓异步通信，是指数据传送以字符为单位，字符与字符间的传送是完全异步的，位与位之间的传送基本上是同步的。异步串行通信的特点可以概括为：

☺ 以字符为单位传送信息。

☺ 相邻两个字符间的间隔是任意长的。

☺ 因为一个字符中的比特位长度有限，所以需要的接收时钟和发送时钟只要相近就可以。

异步方式特点简单来说就是：字符间异步，字符内部各位同步。

异步串行通信的数据传送格式如图 11-4 所示，每个字符（每帧信息）由四个部分组成。

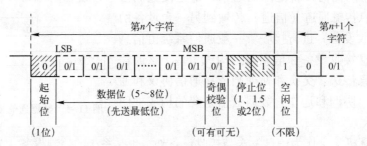

图 11-4 异步串行通信的数据传送格式

☺ 1 位起始位：规定为逻辑 0。

☺ 5～8 位数据位：即要传送的有效信息。

☺ 1 位奇偶校验位：1 位逻辑 0 或逻辑 1，双方可以约定采用奇校验、偶校验或无校验位。

☺ 停止位：1 位、1.5 位或 2 位逻辑 1，表示字符的结束。停止位的宽度也是由双方预先约定的。

（2）同步串行通信。所谓同步通信，是指数据传送以数据块（一组字符）为单位，字符与字符之间、字符内部的位与位之间都同步。同步串行通信的特点可以概括为：

☺ 以数据块为单位传送信息。

☺ 在一个数据块（信息帧）内，字符与字符间无间隔。

☺ 因为一次传输的数据块包含的数据较多，所以接收时钟与发送时钟严格同步，通常
　要有同步时钟。

同步串行通信的数据传送格式如图 11-5 所示，每个数据块（信息帧）由三个部分
组成。

图 11-5　同步串行通信的数据传送格式

☺ 2 个同步字符作为一个数据块（信息帧）的起始标志。

☺ n 个连续传送的数据。

☺ 2 个字节循环冗余校验码（CRC）。

3）单工与双工通信　按照信息在设备间的传输方向，串行通信还可分为单工与双工通信。双工通信又分为半双工和全双工两种方式。

双工通信方式的信息可以沿两个方向传送，每一个站既可发送数据，也可接收数据。

☺ 半双工方式用同一组线接收和发送数据，通信的双方在同一时刻只能发送数据或只
　能接收数据。

☺ 全双工方式中，数据的发送和接收分别由两根或两组不同的数据线传送，通信的双
　方都能在同一时刻接收和发送信息。

4）传输速率　在串行通信中，用波特率来描述数据的传输速率。波特率即每秒传送的二进制位数，其符号为 bit/s（bits per second，bps）。常用的标准传输速率为 300 ～ 38400bit/s 等。不同的串行通信网络的传输速率差别极大，有的只有数百 bps，高速串行通信网络的传输速率可达 1Gbit/s。

3. 串行通信接口标准

1）RS-232C 接口标准

（1）RS-232C 的电气特性。RS-232C 采用负逻辑，典型的 RS-232C 信号在正、负电平之间摆动，在发送数据时，发送端驱动器输出的正电平为 5 ～ 15V，负电平为 -15 ～ -5V。当无数据传输时，线上为 TTL 电平。从开始传送数据到结束，线上电平从 TTL 电平到 RS-232C 电平再返回 TTL 电平。传送距离最大约为 15m，最高速率为 20kbit/s，只能进行一对一的通信。

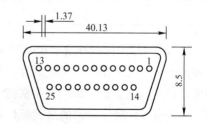

图 11-6　RS-232C 的标准接口

（2）RS-232C 的标准接口。RS-232C 的标准接口如图 11-6 所示，共有 25 根线，包括 4 根数据线、12 根控制线、3 根定时线、6 根备用和未定义线。

25 针 D 型连接器的引脚定义表如表 11-1 所示。

表 11-1 25 针 D 型连接器的引脚定义表

RS-232C 引脚	名称	说明
1	保护地	设备外壳接地
2(3)	发送数据	发送方将数据传给 Modem
3(2)	接收数据	Modem 发送数据给发送方
4(7)	请求发送	在半双工时控制发送方的开和关
5(8)	允许发送	Modem 允许发送
6(6)	数据终端准备好	Modem 已经准备好
7(5)	信号地	信号公共地
8(1)	载波信号检测	Modem 正在接收另一端送来的数据
9	未定义	
10	未定义	
11	未定义	
12	接收信号检测（2）	在第二信道检测到信号
13	允许发送（2）	第二信道允许发送
14	发送数据（2）	第二信道发送数据
15	发送方定时	为 Modem 提供发送方的定时信号
16	接收数据（2）	第二信道接收数据
17	接收方定时	为接口和终端提供定时
18	未定义	
19	请求发送（2）	连接第二信道的发送方
20(4)	数据终端准备好	数据终端已做好准备
21	未定义	
22(9)	振铃指示	表明另一端有进行传输连接的请求
23	数据率选择	选择两个同步数据率
24	发送方定时	为接口和终端提供定时
25	未定义	

2）RS-422A 接口标准 RS-422A 采用平衡驱动、差分接收电路，取消了信号地线。其引脚数由 RS-232C 的 25 个增加到了 37 个，因而比 RS-232C 多了 10 种新功能。与 RS-232C 的单端收发方式相比，RS-422A 在抗干扰性方面得到了明显的增强。RS-422A 在最大传输速率（10Mbit/s）时，允许的最大通信距离为 12m；传输速率为 100kbit/s 时，最大通信距离为 1200m，一台驱动器可以连接 10 台接收器。

3）RS-485 接口标准 RS-485 与 RS-422A 的区别仅在于：RS-485 的工作方式是半双工；只有一对平衡差分信号线，不能同时发送和接收；RS-422A 为全双工，两对平衡差分信号线分别用于发送和接收。RS-485 与 RS-422A 一样，都采用差动收发的方式，而且输出阻抗低，无接地回路，所以它的抗干扰性好，传输速率可以达到 10Mbit/s。

11.2 PLC 与 PLC 之间的通信

按照传输方式，PLC 与 PLC 之间的通信可以分成 N:N 链接通信、双机并行链接通信两种，下面分别介绍这两种方式。

1. N:N 链接通信

N:N 链接通信用于最多 8 台 FX 系列 PLC 的辅助继电器和数据寄存器之间的数据的自动交换，其中一台为主机，其余的为从机。

N:N 网络中的每一台 PLC 都在其辅助继电器区和数据寄存器区分配有一块用于共享的数据区，这些辅助继电器和数据寄存器如表 11-2 和表 11-3 所示。

表 11-2　N:N 网络链接时相关的辅助继电器

动作	特殊辅助继电器	名称	说明	响应形式
只写	M8038	N:N 网络参数设置	用于 N:N 网络参数设置	主站、从站
只读	M8063	网络参数错误	主站参数错误，置 ON	主站、从站
只读	M8183	主站通信错误	主站通信错误，置 ON[1]	从站
只读	M8184～M8190[2]	从站通信错误	从站通信错误，置 ON[1]	主站、从站
只读	M8191	数据通信	当与其他站通信，置 ON	主站、从站

注：①表示在本站中出现的通信错误数，不能在 CPU 出错状态、程序出错状态和停止状态下记录；②表示与从站号一致，例如，1 号从站为 M8184，2 号从站为 M8185，3 号从站为 M8186。

表 11-3　N:N 网络链接时相关的数据寄存器

动作	特殊数据寄存器	名称	说明	响应形式
只读	D8173	站号	存储从站的站号	主站、从站
只读	D8174	从站总数	存储从站总数	主站、从站
只读	D8175	刷新范围	存储刷新范围	主站、从站
只写	D8176	设置站号	设置本站号	主站、从站
只写	D8177	设置从站总数	设置从站总数	主站
只写	D8178	设置刷新范围	设置刷新范围	主站
只写	D8179	设置重试次数	设置重试次数	主站
只写	D8180	超时设定	设置命令超时	主站
只读	D8201	当前网络扫描时间	存储当前网络扫描时间	主站、从站
只读	D8202	最大网络扫描时间	存储最大网络扫描时间	主站、从站
只读	D8203	主站通信错误数	主站中通信错误数[1]	从站
只读	D8204～D8210[2]	从站通信错误数	从站中通信错误数[1]	主站、从站
只读	D8211	主站通信错误码	主站中通信错误码	从站
只读	D8212～D8218[2]	从站通信错误码	从站中通信错误码	主站、从站

注：①表示在本站中出现的通信错误数，不能在 CPU 出错状态、程序出错状态和停止状态下记录；② 表示与从站号一致，例如，1 号从站为 D8204、D8212，2 号从站为 D8205、D8213，3 号从站为 D8206、D8214。

N∶N 网络数据传输示意图如图 11-7 所示。

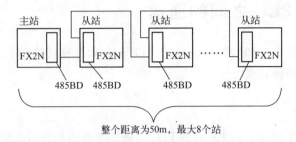

整个距离为50m，最大8个站

图 11-7　N∶N 网络数据传输示意图

1）N∶N 网络的通信设置

（1）工作站号设置（D8176）。D8176 的设置范围为 0～7，主站应设置为 0，从站设置为 1～7。

（2）从站总数设置（D8177）。D8177 用于在主站中设置从站总数，从站中不用设置，设置范围为 0～7，默认值为 7。

（3）刷新范围（模式）设置（D8178）。刷新范围是指在设置的模式下主站与从站共享的辅助继电器和数据寄存器的范围。

D8178 对应的 N∶N 网络的三种刷新模式如表 11-4 所示。

表 11-4　N∶N 网络的三种刷新模式

元件类型	刷新范围		
	模式 0	模式 1	模式 2
	FX0N、FX1S、FX1N、FX2N 和 FX2NC、FX3U	FX1N、FX2N 和 FX2NC、FX3U	FX1N、FX2N 和 FX2NC、FX3U
位元件（M）	0 点	32 点	64 点
字元件（D）	4 点	4 点	8 点

表 11-5 是三种刷新模式对应的 PLC 中辅助继电器和数据寄存器的刷新范围，这些辅助继电器和数据寄存器供各站的 PLC 共享。

表 11-5　三种刷新模式对应的 PLC 中辅助继电器和数据寄存器的刷新范围

站号	刷新范围					
	模式 0		模式 1		模式 2	
	位元件	4 点字元件	32 点位元件	4 点字元件	64 点位元件	8 点字元件
1	—	D10～D13	M1064～M1095	D10～D13	M1064～M1127	D10～D17
2	—	D20～D23	M1128～M1159	D20～D23	M1128～M1191	D20～D27
3	—	D30～D33	M1192～M1223	D30～D33	M1192～M1255	D30～D37
4	—	D40～D43	M1256～M1287	D40～D43	M1256～M1319	D40～D47
5	—	D50～D53	M1320～M1351	D50～D53	M1320～M1383	D50～D57
6	—	D60～D63	M1384～M1415	D60～D63	M1384～M1447	D60～D67
7	—	D70～D73	M1448～M1479	D70～D73	M1448～M1511	D70～D77

（4）重试次数设置（D8179）。D8179 用于设置重试次数，设置范围为 0 ～ 10（默认值为 3），该设置仅用于主站。当通信出错时，主站就会根据设置的次数自动重试通信。

（5）通信超时时间设置（D8180）。D8180 用于设置通信超时时间，设置范围为 5 ～ 255（默认值为 5），该值乘以 10ms 就是通信超时时间。该设置限定了主站与从站之间的通信时间。

2）N:N 网络通信举例

【实例 11-1】 编制 N:N 网络参数的主站设置程序

设置要求：将 PLC 设置为主站，从站数目设置为 2 个，采用模式 1 刷新，通信重试次数设置为 3 次，通信超时设置为 40ms。

按照设置要求进行设置，得到梯形图如图 11-8 所示。M8038 动作之后，5 条 MOV 指令开始执行，D8176 值为 0，设置为主站；D8177 值为 2，从站数目设置为 2；D8178 值为 1，采用模式 1 进行刷新；D8179 值为 3，通信重试次数设置为 3 次；D8180 值为 4，通信超时设置为 40ms。

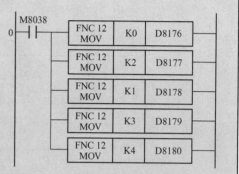

图 11-8　N:N 网络参数的主站设置程序

【实例 11-2】 有 3 台 FX3U 系列 PLC 通过 N:N 并行通信网络交换数据，设计其通信程序。该网络的系统配置如图 11-9 所示。

该并行网络的初始化设置程序的要求如下。

（1）刷新范围：32 点位元件和 4 点字元件（模式 1）。

（2）重试次数：3 次。

（3）通信超时：50ms。

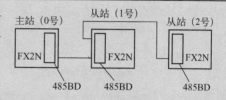

图 11-9　1:2 PLC 并行网络的系统配置

设计满足上述通信要求的通信程序，首先应对主站、从站 1 和从站 2 的通信参数进行设置，如表 11-6 所示。

表 11-6　主站、从站 1 和从站 2 的通信参数设置

通信参数	主站	从站 1	从站 2	说明
D8176	K0	K1	K2	站号
D8177	K2			从站总数：2 个
D8178	K1			刷新范围：模式 1
D8179	K3			重试次数：3 次（默认）
D8180	K5			通信超时：50ms（默认）

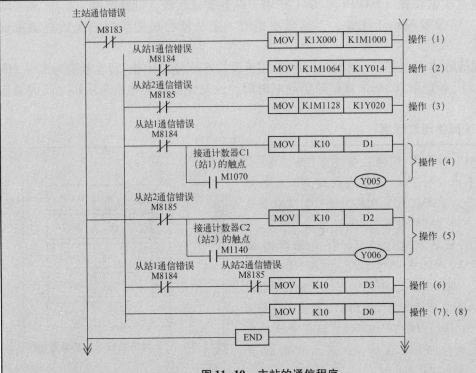

图 11-10　主站的通信程序

图 11-10、图 11-11 和图 11-12 分别是主站、从站 1 和从站 2 的通信程序。

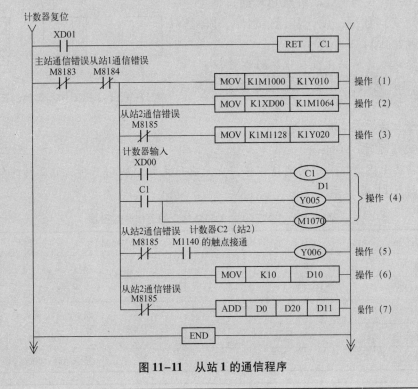

图 11-11　从站 1 的通信程序

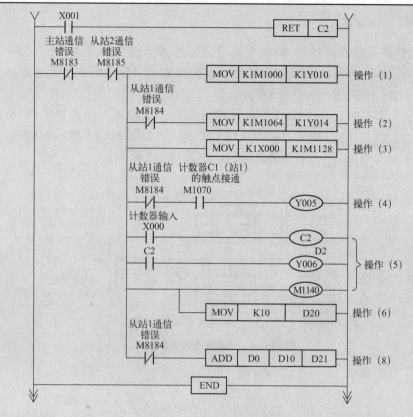

图 11-12 从站 2 的通信程序

该并行网络的通信操作如下。

(1) 通过 M1000 ～ M1003, 用主站的 X000 ～ X003 来控制 1 号从站的 Y010 ～ Y013。

(2) 通过 M1064 ～ M1067, 用 1 号从站的 X000 ～ X003 来控制 2 号从站的 Y014 ～ Y017。

(3) 通过 M1128 ～ M1131, 用 2 号从站的 X000 ～ X003 来控制主站的 Y020 ～ Y023。

(4) 主站的数据寄存器 D1 为 1 号从站的计数器 C1 提供设定值。C1 的触点状态由 M1070 映射到主站的输出点 Y005。

(5) 主站的数据寄存器 D2 为 2 号从站的计数器 C2 提供设定值。C2 的触点状态由 M1140 映射到主站的输出点 Y006。

(6) 1 号从站 D10 的值和 2 号从站 D20 的值在主站相加, 运算结果存放到主站的 D3 中。

(7) 主站 D0 的值和 2 号从站 D20 的值在 1 号从站相加, 运算结果存放到 1 号从站的 D11 中。

(8) 主站 D0 的值和 1 号从站 D10 的值在 2 号从站相加, 运算结果存放到 2 号从站的 D21 中。

2. 双机并行链接通信

双机并行链接通信是指使用 RS-485 通信适配器或功能扩展板连接两台 FX 系列 PLC

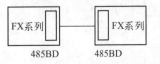

图 11-13 双机并行链接通信

（即 1:1 方式）以实现两台 PLC 之间的信息自动交换，如图 11-13 所示。

1:1 并行链接通信有一般模式和高速模式两种：M8162 = OFF 时，为一般模式通信，如图 11-14 所示；M8162 = ON 时，为高速模式通信，如图 11-15 所示。

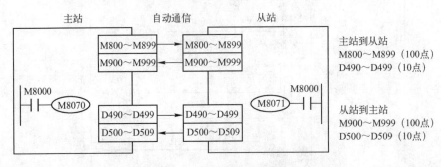

图 11-14 一般模式通信示意图

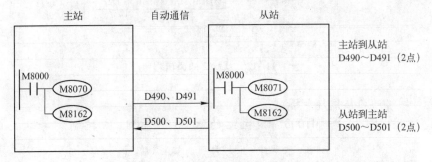

图 11-15 高速模式通信示意图

主站、从站分别由 M8070 和 M8071 继电器设置：M8070 = ON 时，该 PLC 被设置为主站；M8071 = ON 时，该 PLC 被设置为从站。

【实例 11-3】 两台 FX3U 系列 PLC 通过 1:1 并行链接通信网络交换数据，设计其一般模式的通信程序。

通信操作要求如下。

（1）主站 X000 ～ X007 的 ON/OFF 状态通过 M800 ～ M807 输出到从站的 Y000 ～ Y007。

（2）当主站的计算结果（D0 + D2）≤100 时，从站的 Y010 变为 ON。

（3）从站 M0 ～ M7 的 ON/OFF 状态通过 M900 ～ M907 输出到主站的 Y000 ～ Y007。

（4）从站 D10 的值用于设置主站的定时器（T0）值。

图 11-16（a）为主站设置，分别完成了 X000 ～ X007 状态的输入、（D0 + D2）运算、状态输出及定时器操作设置。图 11-16（b）为从站设置，分别完成了输出设置、比

较操作及定时器的定时时间设置等操作。

设置主站与从站的程序如图 11-16 所示。

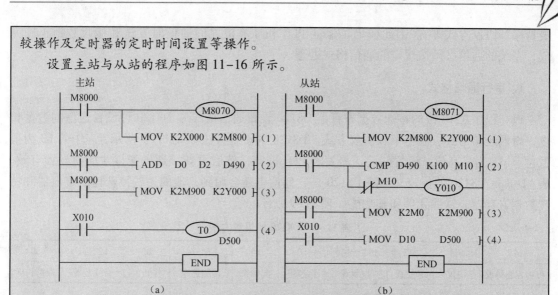

图 11-16　1:1 并行链接一般模式通信程序

【实例 11-4】两台 FX3U 系列 PLC 通过 1:1 并行链接通信网络交换数据，设计其高速模式的通信程序。

通信操作要求如下所述。

（1）当主站的计算结果≤100 时，从站的 Y010 变为 ON。

（2）从站 D10 的值用于设置主站的定时器（T0）值。

设置结果如图 11-17 所示。在图 11-17（a）中，M8070 被设置为 1，为主站；在图 11-17（b）中，M8071 被设置为 1，为从站。M8162 被设置为 1，进入并行链接高速通信模式，其余设置参照实例 11-3。

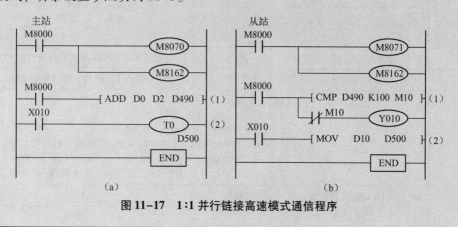

图 11-17　1:1 并行链接高速模式通信程序

11.3　计算机链接通信与无协议通信

通信格式决定了计算机链接通信和无协议通信的通信设置（数据长度、奇偶校验形式、波特率和协议方式等）。因此，为了保证 PLC 和计算机之间通信时发送和接收数据正确完成，系统的通信必须按规定的通信格式处理。

1. 串行通信格式

PLC 程序对 16 位的特殊数据寄存器 D8120 设置通信格式：D8120 可设置通信的数据长度、奇偶校验形式、波特率和协议方式。D8120 的设置方法如表 11-7 所示，表中的 b0 为最低位，b15 为最高位。设置好后，需关闭 PLC 电源，然后重新接通电源，才能使设置有效。表 11-8 是 D8120 的位定义。除 D8120 外，通信中还会用到其他的一些特殊辅助继电器和特殊数据寄存器，这些元件和其功能如表 11-9 所示。

表 11-7 D8120 的设置方法

b15	b14	b13	b12～b10	b9	b8	b7～b4	b3	b2、b1	b0
传输控制协议	协议	和检查	控制线	结束符	起始符	传输速率	停止位	奇偶校验	数据长度

表 11-8 D8120 的位定义

位号	意义	内容	
		0(OFF)	1(ON)
b0	数据长度	7 位	8 位
b1 b2	奇偶校验	(b2,b1) (0,0)：无奇偶校验 (0,1)：奇校验 (1,1)：偶校验	
b3	停止位	1 位	2 位
b4 b5 b6 b7	传输速率（bps）	(b7,b6,b5,b4) (0,0,1,1)：300 (0,1,0,0)：600 (0,1,0,1)：1200 (0,1,1,0)：2400	(b7,b6,b5,b4) (0,1,1,1)：4800 (1,0,0,0)：9600 (1,0,0,1)：19200
b8[1]	起始标志字符	无	起始字符在 D8124 中，默认值为 STX(02H)
b9[1]	结束标志字符	无	结束字符在 D8125 中，默认值为 ETX(03H)
b10 b11 b12	控制线	(b12,b11,b10) (0,0,0)：无应用 <RS-232C 接口> (0,0,1)：终端适配器 <RS-232C 接口> (0,1,0)：转换适配器 <RS-232C 接口>（FX2N V2.0 及以上） (0,1,1)：普通格式 1 <RS-232C 接口>，<RS-485（422）接口>[3] (1,0,1)：普通格式 2 <RS-232C 接口>（仅用于 FX、FX2C）	
	b11 DTR 检查（控制线）	发送和接收	接收
	b12 控制线形式 II	无	H/W
b13[2]	和检查	和检查码不附加	和检查码自动附加
b14[2]	协议	无协议	专用协议
b15	传输控制协议	协议格式 1	协议格式 4

注：①当使用计算机链接通信时，确认将其设置为 0；②当使用无协议通信时，确认将其设置为 0；③当采用 RS-485（422）接口时，控制线按此设置；当不用控制线操作时，通信控制线也同样设置。

表 11-9　特殊辅助继电器和特殊数据寄存器

特殊辅助继电器	功能描述	特殊数据寄存器	功能描述
M8121	数据发送延时（RS 命令）	D8120	通信格式（RS 命令、计算机链接）
M8122	数据发送标志（RS 命令）	D8121	站号设置（计算机链接）
M8123	完成接收标志（RS 命令）	D8122	未发送数据数（RS 命令）
M8124	载波检测标志（RS 命令）	D8123	接收的数据数（RS 命令）
M8126	全局标志（计算机链接）	D8124	起始字符（初始值为 STX，RS 命令）
M8127	请求式握手标志（计算机链接）	D8125	结束字符（初始值为 ETX，RS 命令）
M8128	请求式出错标志（计算机链接）	D8127	请求式起始元件号寄存器（计算机链接）
M8129	请求式字/字节转换（计算机链接），超时判断标志（RS 命令）	D8128	请求式数据长度寄存器（计算机链接）
M8161	8/16 位转换标志（RS 命令）	D8129	数据网络的超时定时器设定值（RS 命令和计算机链接，单位为 10ms，为 0 时表示 100ms）

【实例 11-5】根据表 11-10 所列参数对特殊数据寄存器 D8120 进行设置，编制参数设置程序。

表 11-10　实例 11-5 参数

数据长度	奇偶校验	停止位	传输速率	起始标志字符	结束标志字符	DTR 检查	协议	传输控制协议
7 位	偶校验	2 位	9600bps	无	无	接收	无协议	格式 1

根据要求设置参数，如图 11-18 所示。

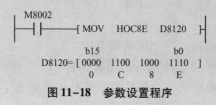

图 11-18　参数设置程序

2. 计算机链接通信

计算机链接通信可以用于一台计算机与一台配有 RS-232C 通信接口的 PLC 通信，如图 11-19 所示。计算机也可以通过 RS-485 通信网络与最多 16 台 PLC 通信，如图 11-20 所示。

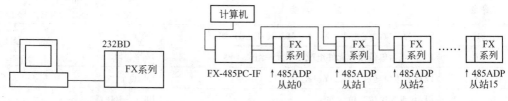

图 11-19　一台计算机与一台 PLC　　　　图 11-20　计算机与多台 PLC 链接通信
链接通信

RS-485 网络与计算机的 RS-232C 通信接口之间需要使用 FX-485PC-IF 转换器。

1）计算机与 PLC 链接数据流的传输格式 计算机和 PLC 之间数据交换和传输（也称数据流）有三种形式：计算机从 PLC 读数据、计算机向 PLC 写数据和 PLC 向计算机写数据。数据传输格式如表 11-11 所示。

表 11-11 数据传输格式

控制代码	PLC 站号	PLC 标识号	命令	报文等待时间	数据字符	校验和代码	控制代码 CR/LF

表 11-11 所示的计算机链接通信协议中各组成部分的意义说明如下。

（1）控制代码：如表 11-12 所示。

表 11-12 控制代码

信号	代码	功能描述	信号	代码	功描述
STX	02H	报文开始	LF	0AH	换行
ETX	03H	报文结束	CL	0CH	清除
EOT	04H	发送结束	CR	0DH	回车
ENQ	05H	请求	NAK	15H	不能确认
ACK	06H	确认			

PLC 接收到单独的控制代码 EOT（发送结束）和 CL（清除）时，将初始化传输过程，此时 PLC 不会作出响应。在以下几种情况时，PLC 将会初始化传输过程。

☺ 电源接通。

☺ 数据通信正常完成。

☺ 接收到发送结束（EOT）信号或清除（CL）信号。

☺ 接收到控制代码 NAK。

☺ 计算机发送命令报文后超过了超时检测时间。

（2）PLC 站号：PLC 站号决定计算机访问哪一台 PLC，同一网络中各 PLC 的站号不能重复，否则将会出错。但不要求网络中各站的站号是连续的数字。在 FX 系列中，用特殊数据寄存器 D8121 来设置站号，设置范围为 00H ～ 0FH。

（3）PLC 标识号：PLC 标识号用于识别 MELSECNET（Ⅱ）或 MELSECNET/B 网络中的 CPU，用两个 ASCII 字符来表示。

（4）命令：如表 11-13 所示。

表 11-13 计算机链接通信中的命令

命令	功能	一次更新可处理的点数 （FX2N、FX2NC、FX3U、FX1N）
BR	以点为单位读位元件（X、Y、M、S、T、C）组	256 点
WR	以 16 点为单位读位元件组或读字元件组	32 字, 512 点
BW	以点为单位写位元件（Y、M、S、T、C）组	160 点
WW	以 16 点为单位写位元件组	10 字, 160 点
	写字元件（D、T、C）组	64 点

续表

命令	功能	一次更新可处理的点数 （FX2N、FX2NC、FX3U、FX1N）
BT	对多个位元件分别置位/复位（强制 ON/OFF）	20 点
WT	以 16 点为单位对位元件置位/复位（强制 ON/OFF）	10 字，160 点
	以字元件为单位，向 D、T、C 写入数据	10 字
RR	远程控制 PLC 启动	
RS	远程控制 PLC 停机	
PC	读 PLC 的型号代码	
GW	置位/复位所有连接的 PLC 的全局标志	1 点
—	PLC 发送请求式报文，无命令，只能用于 1 对 1 系统	最多 64 字
TT	返回式测试功能，字符从计算机发出，又直接返回到计算机	254 个字符

（5）报文等待时间：报文等待时间用于决定当 PLC 接收到从计算机发送过来的数据后，需要等待的最少时间，然后才能向计算机发送数据。

（6）数据字符：数据字符即所需发送的数据报文信息，其字符个数由实际情况决定。

（7）校验和代码：校验和代码用于校验接收到的信息中数据是否正确。

（8）控制代码 CR/LF：D8120 的 b15 位设置为 1 时，选择控制协议格式 4，PLC 在报文末尾加上控制代码 CR/LF（回车换行符）。

2）计算机从 PLC 读数据　计算机从 PLC 读数据的过程分为 A、B、C 三部分，如图 11-21 所示。

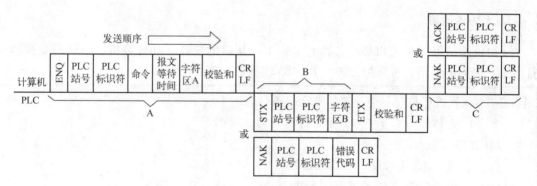

图 11-21　计算机从 PLC 读数据的数据传输格式

（1）计算机向 PLC 发送读数据命令报文，以控制代码 ENQ 开始（图 11-21 中 A 部分），后面是计算机要发送的数据，数据按从左至右的顺序发送。

（2）PLC 接收到计算机的命令后，向计算机发送计算机要求读取的数据，该报文以控制代码 STX 开始（图 11-21 中 B 部分）。

（3）计算机接收到从 PLC 读取的数据后，向 PLC 发送确认报文，该报文以 ACK 开始（图 11-21 中 C 部分），表示数据已收到。

（4）若计算机向 PLC 发送的读数据命令有错误（如命令格式不正确或 PLC 站号不符等），或者在通信过程中产生错误，PLC 将向计算机发送有错误代码的报文，即图 11-21 中

B 部分以 NAK 开始的报文，通过错误代码告诉计算机产生通信错误可能的原因。计算机接收到 PLC 发来的有错误的报文时，向 PLC 发送无法确认的报文，即图 11-21 中 C 部分以 NAK 开始的报文。

3）计算机向 PLC 写数据 计算机向 PLC 写数据的过程分为 A、B 两部分，如图 11-22 所示。

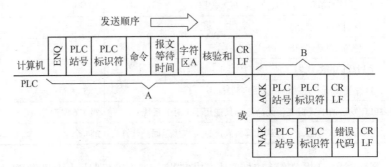

图 11-22 计算机向 PLC 写数据的数据传输格式

（1）计算机首先向 PLC 发送写数据命令（图 11-22 中 A 部分）。

（2）PLC 接收到写数据命令后，执行相应的操作，执行完成后向计算机发送确认信号，即图 11-22 中 B 部分以 ACK 开始的报文，表示写数据操作已完成。

（3）若计算机发送的写数据命令有错误，或者在通信过程中出现了错误，PLC 将向计算机发送图 11-22 中 B 部分以 NAK 开始的报文，通过错误代码告诉计算机产生通信错误可能的原因。

3. 无协议通信

无协议通信可以实现 PLC 与各种有 RS-232C 接口的设备（如计算机、条形码阅读器和打印机）之间的通信，可采用无协议 RS-485 转换器实现。

【实例 11-6】 PLC 与三菱变频器的无协议通信应用实例

要求：使 PLC 与三菱变频器能够进行无协议通信。

1）系统配置

（1）三菱 PLC：FX2N + FX2N-485-BD。

（2）三菱变频器：A500 系列、E500 系列、F500 系列、F700 系列。

（3）两者之间通过网线连接（网线的 RJ 插头和变频器的 PU 插座连接），使用两对导线连接，即将变频器的 SDA 与 PLC 通信板（FX2N + FX2N-485-BD）的 RDA 连接，变频器的 SDB 与 PLC 通信板（FX2N + FX2N-485-BD）的 RDB 连接，变频器的 RDA 与 PLC 通信板（FX2N + FX2N-485-BD）的 SDA 连接，变频器的 RDB 与 PLC 通信板（FX2N + FX2N-485-BD）的 SDB 连接，变频器的 SG 与 PLC 通信板（FX2N + FX2N-485-BD）的 SG 连接。

2）变频器的设置 变频器的设置如表 11-14 所示。说明，对于 122 号参数，一定要设成 9999，否则，当通信结束以后且通信校验互锁时间到时变频器会产生报警并且停止（E.PUE）。79 号参数要设成 1，即 PU 操作模式。每次参数初始化设置完以后，需要复位变频器。如果改变与通信相关的参数后，变频器没有复位，通信将不能进行。

3）PLC 的设置　PLC 与变频器无协议通信格式设置如表 11-15 所示。

表 11-14　变频器的设置

参数号	名称	设定值	说明
117	站号	0	设定变频器站号为 0
118	通信速率	96	设定波特率为 9600bps
119	数据长度及停止位长	11	设定停止位长为 2 位，数据长为 7 位
120	奇偶校验有/无	2	设定为偶校验
121	通信再试次数	9999	即使发生通信错误，变频器也不停止
122	通信校验时间间隔	9999	通信校验终止
123	等待时间设定	9999	用通信数据设定
124	CR、LF 有/无选择	0	选择无 CR、LF

表 11-15　PLC 与变频器
无协议通信格式设置

数据长度	7 位
奇偶校验	偶校验
停止位	2 位
传输速率	9600bps
起始标志字符	无
结束标志字符	无
和检查	无
协议	无协议

4）控制要求

（1）当 M10 接通一次以后变频器进入正转状态。

（2）当 M11 接通一次以后变频器进入停止状态。

（3）当 M12 接通一次以后变频器进入反转状态。

（4）当 M13 接通一次以后读取变频器的运行频率（D700）。

（5）当 M14 接通一次以后写入变频器的运行频率（D700）。

5）PLC 程序　PLC 与变频器进行通信时的 PLC 程序如下。

```
0    LD                     M8002
1    MOV          H0C8E              D8120
6    FMOV         K0                 D500              K10
13   BMOV         D500        D600         K10
20   ZRST         D203        D211
25   SET                     M8161
27   LD                      M8000
28   MOV          H05                D200
33   MOV          H30                D201
38   MOV          H30                D202
43   AND <=       Z0                 D20
48   ADD          D21                D201Z0            D21
55   INC                     Z0
58   LD                      M8000
59   ASCI         D21                D206Z1            K2
66   LD                      M8000
67   RS     D200        K12     D500         K10
76   LDP                     M10
78   ORP                     M11
80   ORP                     M12
```

82	MOV	H46		D203	
87	MOV	H41		D204	
92	MOV	H30		D205	
97	MOV	H30		D206	
102	RST	RST		Z0	
105	MOV	K6		D20	
110	MOV	K2		Z1	
115	RST	D21			
118	LDP	M10			
120	MOV	H32		D207	
125	LDP	M11			
127	MOV	H30		D207	
132	LDP	M12			
134	MOV	H34		D207	
139	LDP	M13			
141	MOV	H36		D203	
146	MOV	H46		D204	
151	MOV	H30		D205	
156	RST	Z0			
159	MOV	K4		D20	
164	MOV	K0		Z1	
169	RST	D21			
172	LDP	M14			
174	MOV	H45		D203	
179	MOV	H44		D204	
184	MOV	H30		D205	
189	ASCI	D400	D206		K4
196	RST	Z0			
199	MOV	K8		D20	
204	MOV	K4		Z1	
209	RST	D21			
212	LDF	M10			
214	ORF	M11			
216	ORF	M12			
218	ORF	M13			
220	ORF	M14			
222	FMOV	K0	D500	K10	
229	BMOV	D500	D600	K10	
236	SET	M8122			
238	LD	M8123			
239	BMOV	D500	D600	K10	
246	RST	M8123			
248	LD	M8000			
249	HEX	D603	D700		K4
256	END				

11.4　MELSECNET 网络

MELSECNET 网络是三菱公司的 MELSEC PLC 组成的工业控制网络。MELSECNET 网络采用环形网络结构，在数据通信中有主环和辅环两路通信链路，两者互为冗余。MELSEC-NET 网络结构如图 11-23 所示。

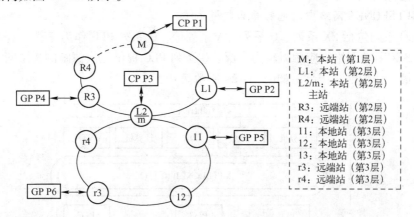

图 11-23　MELSECNET 网络结构

1. MELSECNET 网络特点

☺ 具有构成多层数据通信系统的能力，允许在同一层次内由本地站与远程 I/O 站混合组成。

☺ 数据通信可以使用抗噪声干扰能力强的光纤电缆，也可以使用经济的同轴电缆。

☺ 数据通信有两个环路，两个环路均可作为主环路，但在一个数据通信系统中，仅允许有一个主环路；系统还具有电源瞬间断电的校正功能，保证了数据通信的可靠性。

☺ 传输速度较高，这保证了通过 MELSECNET 网络的公共数据通信，所有站均可利用公共的 1024 个通信继电器（B）和 1024 个 16 位通信寄存器（W）。

☺ 使用编程器 A6GPPE、A6PHPE、A6HGPE，可以将控制程序由主控站向从站下装（Download），也可将控制程序由从站向主控站上装（Upload），还可以在监测屏幕上检查通信的状态。

☺ 若将一个无程序（Program Less）的监测系统与 MELSECNET 网络相连，则可在彩色屏幕画面上采集通信数据，进行数据管理。

☺ 标准系统备有 RS-232C 接口和 RS-422 计算机通信接口，而且还可以再装入 RS-422 接口，构成 1:32 的多点通信。

2. MELSECNET 网络性能简介

MELSECNET 高速数据通信系统的传输速章为 1.25Mbps，其主控站通过光缆或同轴电缆可与 64 个本地站或远程 I/O 站进行数据通信，而每个从站又可以作为第 3 层数据通信系统的主控站，与这一层的 64 个从站或远程 I/O 站进行数据通信。

MELSECNET 网络具有以下功能。

☺ 回送功能。

☺ 通信监测功能。

☺ 测试功能。

☺ 对分散的从站进行集中管理。

☺ 在所有站之间分享通信数据。

☺ 在 MELSECNET 网络中做色彩画面监视系统。

三菱 PLC 系列包括 FX 系列、Q 系列、A 系列等，Q 系列 PLC 作为三菱 PLC 系列高端产品，在 MELSECNET 网络中应用得较为广泛。Q 系列 PLC 提供层次清晰的 3 层网络，针对各种用途提供最合适的网络产品，如图 11-24 所示。

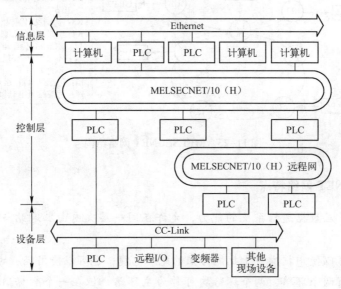

图 11-24 Q 系列 PLC 3 层网络结构示意图

（1）信息层/Ethernet（以太网）是网络系统中最高层，主要是在 PLC、设备控制器及生产管理用 PC 之间传输生产管理信息、质量管理信息及设备的运转情况等数据。信息层使用最普遍的 Ethernet。它不仅能够连接 Windows 系统的 PC、UNIX 系统的工作站等，而且还能连接各种 FA 设备。Q 系列 PLC 系列的 Ethernet 模块具有日益普及的因特网电子邮件收发功能，使用户无论在世界的任何地方都可以方便地收/发生产信息邮件，构筑远程监视管理系统。同时，利用因特网的 FTP 服务器功能及 MELSEC 专用协议可以很容易地实现程序的上传/下载和信息的传输。

（2）控制层/MELSECNET/10（H）是整个网络系统的中间层，是 PLC、CNC 等控制设备之间方便且高速地进行处理数据互传的控制网络。作为 MELSEC 控制网络的 MELSEC-NET/10，以它良好的实时性、简单的网络设定、无程序的网络数据共享概念，以及冗余回路等特点获得了很高的市场评价。而 MELSECNET/H 不仅继承了 MELSECNET/10 优秀的特点，还使网络的实时性更好，数据容量更大，进一步适应市场的需要。但目前 MELSEC-NET/H 只有 Q 系列 PLC 才可使用。

（3）设备层/现场总线 CC-Link 是把 PLC 等控制设备和传感器及驱动设备连接起来的现

场网络，为整个网络系统最底层的网络。采用 CC-Link 现场总线连接，布线数量大大减少，提高了系统的可维护性。而且，不只是 ON/OFF 等开关量的数据，还可连接 ID 系统、条形码阅读器、变频器、人机界面等智能化设备，从完成各种数据的通信，到终端生产信息的管理均可实现，加上对机器动作状态的集中管理，使维修保养的工作效率也大有提高。在 Q 系列 PLC 中使用，CC-Link 的功能更好，而且使用更简便。

在三菱的 PLC 网络中进行通信时，不会感觉到有网络种类的差别和间断，可进行跨网络间的数据通信和程序的远程监控、修改、调试等工作，而无须考虑网络的层次和类型。

MELSECNET/H 和 CC-Link 使用循环通信的方式，周期性自动地收发信息，不需要专门的数据通信程序，只需简单的参数设置即可。MELSECNET/H 和 CC-Link 是使用广播方式进行循环通信发送和接收的，这样就可做到网络上的数据共享。

对于 Q 系列 PLC 使用的 Ethernet、MELSECNET/H、CC-Link 网络，可以在 GX Developer 软件画面上设置网络参数及各种功能，简单方便。

另外，Q 系列 PLC 除了拥有上面所提到的网络之外，还可支持 PROFIBUS、Modbus、DeviceNet、ASi 等其他厂商的网络，还可进行 RS-232/RS-422/RS-485 等串行通信，支持通过数据专线、电话线进行数据传送等多种通信方式。

11.5 专业案例：PLC 与变频器的 RS-485 通信

1. 控制要求

PLC 与变频器通过 RS-485 通信，其控制要求如下所述。

（1）利用变频器的数据代码表（如表 11-16 所示），进行通信操作。

（2）使用触摸屏，通过 PLC 的 RS-485 总线控制变频器正转、反转、停止。

（3）使用触摸屏，通过 PLC 的 RS-485 总线在运行中直接修改变频器的运行频率。

表 11-16 变频器的数据代码表

操作指令	指令代码	数据内容
正转	HFA	H02
反转	HFA	H04
停止	HFA	H00
运行频率写入	HED	H0000～H2EE0

2. 设计过程

1）硬件配置

（1）PLC 1 台（FX2N-48MR）。

（2）变频器 1 台（FR-A540-1.5K）。

（3）FX2N-485-BD 通信板 1 块（配通信线若干）。

（4）触摸屏（F940）。

（5）三相笼型异步电动机 1 台（Y-112-0.55）。

（6）控制台 1 个。

（7）按钮开关 5 个。

（8）指示灯 3 个。

（9）电工常用工具 1 套。

（10）连接导线若干。

2）系统接线 根据控制要求，系统接线图如图 11-25 所示。

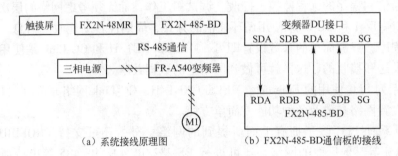

（a）系统接线原理图   （b）FX2N-485-BD 通信板的接线

图 11-25 系统接线图

3）I/O 分配 M0：正转按钮。M1：反转按钮。M2：停止按钮。M3：手动加速。M4：手动减速。Y0：正转指示。Y1：反转指示。Y2：停止指示。

4）触摸屏画面制作 按如图 11-26 所示制作触摸屏画面。

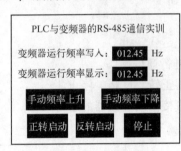

图 11-26 触摸屏画面

5）数据传输格式 一般按照通信请求→站号→指令代码→数据内容→校验码的格式进行传输。其中，数据内容可多可少，也可以没有；校验码是求站号、指令代码、数据内容的 ASCII 码的总和，然后取其低 2 位的 ASCII 码。

6）通信格式设置 通信格式是通过特殊数据寄存器 D8120 来设置的，根据控制要求，其通信格式设置如下所述。

（1）数据长度设为 8 位，即 D8120 的 b0 = 1。

（2）奇偶校验设为偶校验，即 D8120 的 b1 = 1，b2 = 1。

（3）停止位设为 2 位，即 D8120 的 b3 = 1。

（4）传输速率设为 19200bps，即 D8120 的 b4 = b7 = 1，b5 = b6 = 0。

（5）D8120 的其他各位均设为 0。

因此，通信格式设置为 D8120 = 9FH。

7）变频器的设置 根据上述的通信格式设置，变频器必须设置如下参数。

（1）操作模式选择（PU 运行）Pr. 79 = 1。

（2）站号 Pr. 117 = 0（设定范围为 0 ～ 31，共 32 个站）。

（3）通信速率 Pr. 118 = 192（即 19200bps，要与 PLC 的传输速率相一致）。

（4）数据长度及停止位长 Pr. 119 = 1（即数据长为 8 位，停止位长为 2 位，要与 PLC 的设置相一致）。

（5）奇偶校验有/无 Pr. 120 = 2（即偶校验，要与 PLC 的设置相一致）。

（6）通信再试次数 Pr. 121 = 1（数据接收错误后允许再试的次数，设定范围为 0 ～ 10，9999）。

（7）通信校验时间间隔 Pr. 122 = 9999（即无通信时，不报警，设定范围为 0、0.1 ～ 999.8、9999）。

（8）等待时间设定 Pr. 123 = 20（设定数据传输到变频器的响应时间，设定范围为 0 ～ 150、9999）。

（9）CR、LF 有/无选择 Pr. 124 = 0（即无 CR、LF）。

（10）其他参数按出厂值设置。

> 说明　注意：变频器参数设置完后或改变与通信有关的参数后，变频器都必须停机复位，否则无法运行。

8）程序设计　根据通信及控制要求，其梯形图程序由以下几个部分组成。

（1）手动加减速程序如图 11-27 所示。

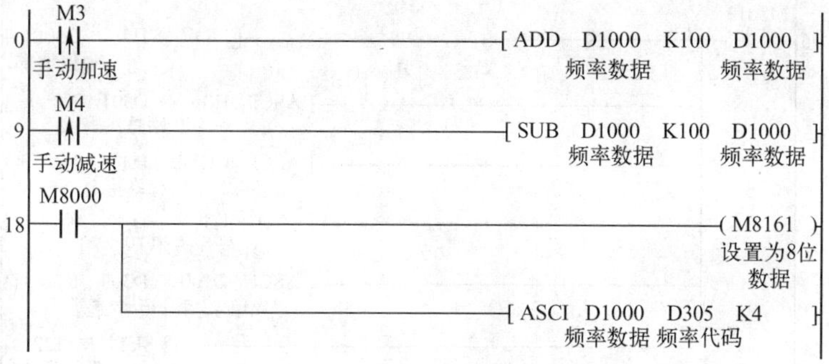

图 11-27　手动加减速程序

（2）通信初始化设置程序如图 11-28 所示。

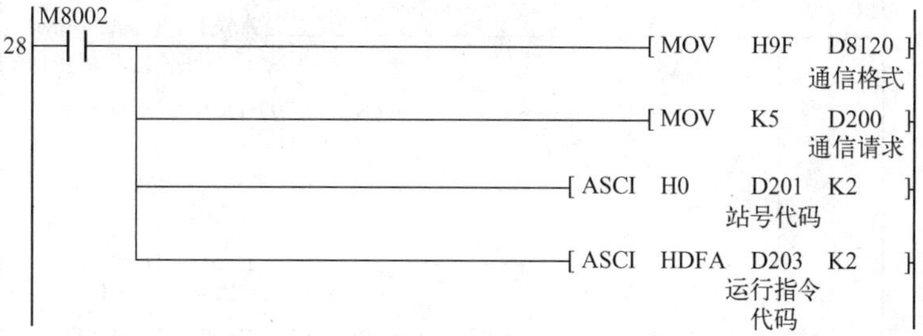

图 11-28　通信初始化设置程序

（3）变频器运行程序如图 11-29 所示。

（4）发送频率代码的程序如图 11-30 所示。

（5）子程序如图 11-31 所示。

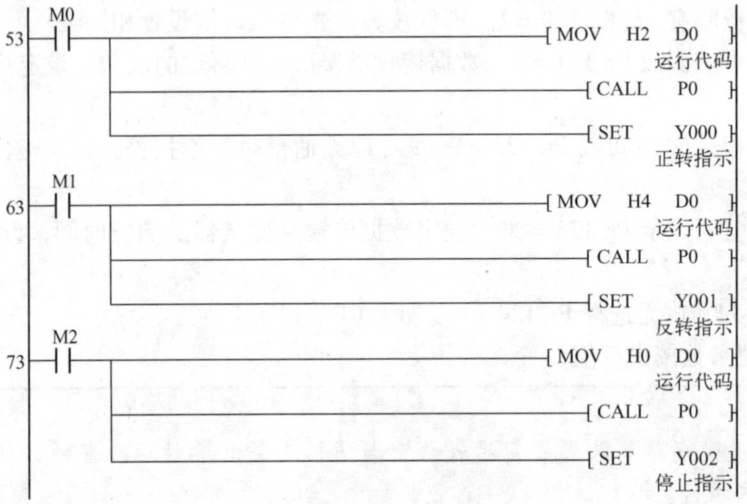

图 11-29 变频器运行程序

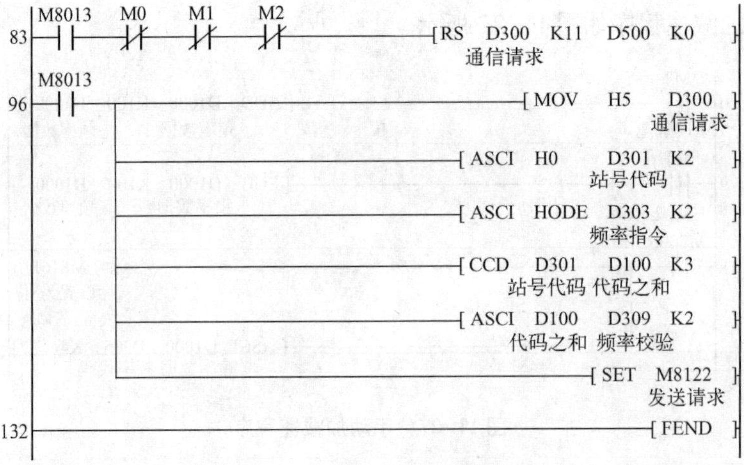

图 11-30 发送频率代码的程序

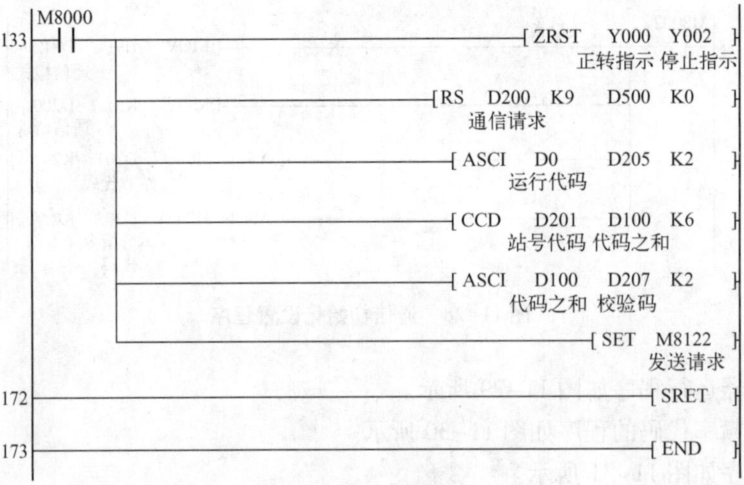

图 11-31 子程序

11.6 实践拓展：如何保护程序

PLC 的用户程序大多存放在用锂电池作为后备电源的 RAM 中，在规定的时间内（一般五年以内），更换锂电池。更换锂电池一定要在规定的短时间内迅速更换（一般 10s 以内）。一般情况下，这种存储方式是非常安全的。

但是，在有强烈干扰的环境下，RAM 中的用户程序也有可能被改写或冲掉，当然这是很罕见的。保护 RAM 中用户程序的锂电池电压降低后如果没有及时更换电池，RAM 中的用户程序也会丢失。对可靠性要求特别高的系统，可以在用户程序调试好后，将它写入断电后不用锂电池保护程序也不会丢失的 EPROM 或 EEPROM。将程序写入 EPROM 需要价格较贵的专用写入器，一般选用可用编程器写入程序的 EEPROM，在系统运行时应对 EEPROM 加上写保护，以防止它被干扰或人为改写。

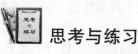
思考与练习

（1）通信分为几种形式？

（2）常用的串口通信标准有哪几种？

（3）简述 MELSECNET 网络的特点和性能。

（4）用 N:N 方式实现将 PLC 设置为主站，从站数目设置为 3 个，采用模式 2 刷新，通信重试次数设置为 4 次，通信超时设置为 50ms。

（5）两台 FX3U 系列 PLC 通过 1:1 并行链接通信网络交换数据，设计其高速模式的通信程序。要求如下。

① 当主站的计算结果≤50 时，从站的 Y001 变为 ON。

② 从站 D10 的值用于设置主站的定时器（T0）值。

第 12 章　PLC 系统可靠性、抗干扰设计

随着科学技术的发展，PLC 在工业控制中的应用越来越广泛。由于 PLC 是专门为工业生产环境而设计的，控制装置厂家在硬件和软件上都采用了大量的抗干扰措施，所以一般不需要采取特别的抗干扰措施就可以直接在工业环境中使用。但随着工业规模的不断扩大，自动化程度的加深，在强电磁场、强腐蚀、高粉尘、高低温剧烈变化等恶劣环境下应用 PLC 的广泛性加强，以及用户对 PLC 控制系统运行可靠性要求的进一步提高，都要求我们必须对 PLC 控制系统的抗电磁干扰、安装运行环境、冗余设计和软件抗干扰等作进一步的研究。因此，探讨 PLC 控制系统的可靠性设计具有十分重要的现实意义。

本章详细分析生产实际中常见的干扰类别，分析影响系统可靠性的原因及针对干扰采取的相应措施等。

12.1　PLC 控制系统的可靠性

12.1.1　PLC 控制系统可靠性概述

PLC 控制系统的可靠性通常用平均故障间隔时间来衡量。它表示系统从发生故障进行修理到下一次发生故障的时间间隔的平均值。

PLC 装置本身是非常可靠的，而 PLC 控制系统的干扰主要是外部环节和硬件配置不当引起的。一是电源侧的工频干扰，它由电源进入 PLC 装置，造成系统工作不正常；二是线路传输中的静电或磁场耦合干扰，以及周围高频电源的辐射干扰，静电耦合发生在信号线与电源线之间的寄生电容上，磁场耦合发生在长布线中线间的寄生互感上，高频辐射发生在高频交变磁场与信号间的寄生电容上；三是 PLC 控制系统的接地系统不当引起的干扰。

除此之外，如果输入给 PLC 的开关量信号出现错误，模拟量信号出现较大偏差，PLC 输出口控制的执行机构没有按要求动作，这些都可能使控制过程出错，造成无法挽回的经济损失。

导致现场输入给 PLC 信号出错的主要原因有以下几种。

☺ 传输信号线短路或断路（由于机械拉扯、线路自身老化、连接处松脱等），当传输信号线出故障时，现场信号无法传送给 PLC，造成控制出错。

☺ 机械触点抖动，现场触点虽然只闭合一次，PLC 却认为闭合了多次，虽然硬件加了滤波电路，软件增加微分指令，但由于 PLC 扫描周期太短，仍可能在计数、累加、移位等指令中出错，出现错误控制结果。

☺ 现场变送器、机械开关自身出故障，如触点接触不良，变送器反映现场非电量偏差较大或不能正常工作等，这些故障同样会使控制系统不能正常工作。

导致执行机构出错的主要原因有以下 3 种。

☺ 控制负载的接触不能可靠动作，虽然 PLC 发出了动作指令，但执行机构并没按要求动作。

☺ 控制变频器启动，由于变频器自身故障，变频器所带电动机并没按要求工作。

☺ 各种电动阀、电磁阀该开的没能打开，该关的没能关到位，由于执行机构没能按 PLC 的控制要求动作，使系统无法正常工作，降低了系统的可靠性。

要提高整个控制系统的可靠性，必须提高输入信号的可靠性和执行机构动作的准确性；否则，PLC 应能及时发现问题，用声光等报警办法提示给操作人员，尽快排除故障，让系统安全、可靠、正确地工作。

1. 输入信号可靠性研究

要提高现场输入给 PLC 信号的可靠性，首先要选择可靠性较高的变送器和各种开关，防止各种原因引起传输信号线短路、断路或接触不良；其次在程序设计时增加滤波程序，增加输入信号的可信性。

数字信号滤波可采用如下程序设计方法，在现场输入触点后加一个定时器，定时时间根据触点抖动情况和系统要的响应速度确定，一般在几十毫秒，这样可保证触点确实稳定闭合后，才有其他响应。

模拟信号滤波可采用如下程序设计方法：对现场模拟信号连续采样 3 次，采样间隔由 A/D 转换速度和该模拟信号变化速率决定，3 次采样数据分别存放在数据寄存器 DT10、DT11、DT12 中，当最后一次采样结束后利用数据比较指令、数据交换指令、数据段比较指令去掉最大值和最小值，保留中间值作为本次采样结果存放在数据寄存器 DT0 中。在实际应用之中，视具体情况还可以增加采样的次数，以达到较好的效果。

提高读入 PLC 现场信号的可靠性，还可利用控制系统自身特点，利用信号之间关系来判断信号的可信程度。例如，进行液位控制，由于储罐的尺寸是已知的，进液或出液的阀门开度和压力是已知的，在一定时间里罐内液体变化高度大约在什么范围是知道的，如果这时液位计送给 PLC 的数据和估算液位高度相差较大，则判断可能是液位计故障，通过故障报警系统通知操作人员检查该液位计。又如，各储罐有上、下液位极限保护，当开关动作时发出信号给 PLC，这个信号是否真实可靠，在程序设计时我们将这信号和该罐液位计信号对比，如果液位计读数也在极限位置，说明该信号是真实的；如果液位计读数不在极限位置，判断可能是液位极限开关故障或传送信号线路故障，同样通过报警系统通知操作人员处理该故障。由于在程序设计时采用了上述方法，大大提高了输入信号的可靠性。

2. 执行机构可靠性研究

当现场的信号准确地输入给 PLC 后，PLC 执行程序，将结果通过执行机构对现场装置进行调节、控制。我们需要研究怎样保证执行机构按控制要求工作，当执行机构没有按要求工作时，怎样才能发现故障。

当负载由接触器控制时，启动或停止这类负载转为对接触器线圈控制，启动时接触器是否可靠吸合，停止时接触器是否可靠释放，这是我们关心的。我们设计了如下程序来判断接触器是否可靠动作。X0 为接触器动作条件，Y0 为控制线圈输出，X1 为引回到 PLC 输入端的接触器辅助常开触点，定时器定时时间大于接触器动作时间。R0 为设定的故障位，R0 为 ON 表示有故障，作报警处理；R0 为 OFF 表示无故障。故障具有记忆功能，由故障复位按钮清除。当开启或关闭电动阀门时，根据阀门开启、关闭时间不同设置延时时间，经过延时检测开到位或关到位信号，如果这些信号不能按时准确返回给 PLC，说明阀可能有故障，作阀故障报警处理。程序设计如下所述：X2 为阀门开启条件，Y1 为控制阀动作输出，定时器定时时间大于阀开启到位时间，X3 为阀到位返回信号，R1 为阀故障位。另外，一般的开关输出都有中间继电器，比较重要的控制可以使用中间继电器的其他辅助触点向 PLC 反馈动作信息。

3. 设计完善的故障报警系统

在自动控制系统的设计中，可以通过设计故障报警系统的方式提高可靠性，如可以采用三级故障显示报警系统。

一级故障显示设置在控制现场各控制柜面板上，用指示灯指示设备正常运行和故障情况。当设备正常运行时，对应指示灯亮，当该设备运行有故障时，指示灯以 1Hz 的频率闪烁。为防止指示灯损坏不能正确反映设备工作情况，专门设置了故障复位灯测试按钮。系统运行任何时间持续按该按钮 3s，所有指示灯应全部点亮，如果这时有指示灯不亮，则说明该指示灯已坏，应立即更换。该按钮复位后，指示灯仍按原工作状态显示设备工作状态。

二级故障显示设置在中心控制室大屏幕监视器上。当设备出现故障时，有文字显示故障类型，工艺流程图上对应的设备闪烁，历史事件表中将记录该故障。

三级故障显示设置在中心控制室信号箱内。当设备出现故障时，信号箱将用声光报警方式提示工作人员，及时处理故障。在处理故障时，又将故障进行分类，有些故障是要求系统停止运行的，但有些故障对系统工作影响不大，系统可带故障运行，故障可在运行中排除，这样就大大减少整个系统停止运行时间，提高系统可靠性运行水平。

12.1.2　系统环境条件及安装设计

1. 系统环境条件设计

每种 PLC 都有自己的环境技术条件，用户在选用时，特别是在设计控制系统时，对环境条件要给予充分的考虑。

1）温度的影响　PLC 及其外部电路都是由半导体集成电路（IC）、晶体管、电阻、电容等元器件构成的，温度的变化将直接影响这些元器件的可靠性和寿命。例如，温度每升高 10℃，电阻值会增加 1%，而电容的寿命会缩短一半；相反，如果温度偏低，模拟回路精度将降低，回路的安全系数将变小。特别在温度急剧变化时会导致电子元器件热胀冷缩或结露，引起电子元器件的特性恶化。因此，温度高于 55℃ 时必须设置风扇或冷风机等进行降温，如果温度过低则应设置加热器等。

2）湿度的影响　湿度过大的环境可使金属表面生锈引起内部元器件的恶化，印制电路板会由于高压和高浪涌电压而引起短路；极干燥的环境下，绝缘物体上可能带静电，特别是 MOS 集成电路会由于静电感应而损坏。若环境湿度过大，则应把控制柜箱设计成密封型，并放入吸湿剂（如硅胶等材料）。

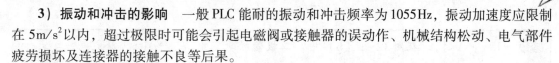

3）振动和冲击的影响　一般 PLC 能耐的振动和冲击频率为 1055Hz，振动加速度应限制在 5m/s² 以内，超过极限时可能会引起电磁阀或接触器的误动作、机械结构松动、电气部件疲劳损坏及连接器的接触不良等后果。

4）周围空气的影响　周围空气中不能有尘埃、导电性粉末、腐蚀性气体、水分、有机溶剂和盐分等，否则会引起不良后果。例如，尘埃可引起接触部分的接触不良，导电性粉末可引起绝缘性能变差、短路等。

2. 系统安装设计

1）控制柜箱体的设计　进行控制柜箱体设计时，必须考虑柜箱体内电气元器件的温升变化。可根据下式求得并由此确定柜箱体的结构尺寸。

$$t = \frac{P}{K_1 S + K_2 V}$$

式中，t 为温升；P 为装设的元器件产生的总损耗（W）；K_1 约为 6（由柜箱体结构材料决定的系数）；K_2 约为 20（由空气比热决定的系数）；V 为柜箱体的体积（m³）；S 为柜箱体的散热面积（m²）。

为了利用气流加强散热，可开设通风孔。通风孔位置要对准发热元器件，且进风口的位置要低于出风口的位置。通风孔的形式可采用冲制式百叶窗式等。

2）PLC 安装的注意事项　在柜箱内安装 PLC 时，要充分考虑抗干扰性、便于操作性、易维护性、耐环境性等问题，要注意以下事项。

☺ 不要在装有高压部件的控制柜内安装 PLC。

☺ 离开动力线 200mm 以上。

☺ PLC 与安装面之间的安装板要接地。

☺ 各单元通风口向上安装，使通风散热良好。

☺ 空间要充分，PLC 上下要留 50mm 的空间。

☺ 避免把 PLC 放在热量大的装置（如加热器、变压器、大功率电阻等）或其他会辐射大量热能的设备的正上方。

12.1.3　I/O 配线设计

1. 输入信号的抗干扰设计

输入设备的输入信号的线间干扰（差模干扰）用输入模块的滤波器可以使其衰减，然而，输入信号线与地间的共模干扰在控制器内部回路产生的电位差仍会引起控制器误动作。因此，为了抗共模干扰，控制器要良好接地。

【实例 12-1】输入信号的抗干扰设计实例

　　当输入信号源为感性元器件，输出负载的负载特性为感性元器件时，为了防止反冲感应电动势或浪涌电流损坏模块，对于交流输入信号在负载两端并联电容 C 和电阻 R，对于直流输入信号并联续流二极管 VD，如图 12-1 所示。在图 12-1（a）中，R、C 的参数一般选择为 120Ω + 0.1μF（当负荷容量 <10V·A 时）或 47Ω + 0.471μF（当负荷

容量 >10V·A 时)。在图 12-1（b）中，二极管的额定电流选为 1A，额定电压要大于电源电压的 3 倍。对于感应电压的干扰，采用输入电压直流化或输入端并接浪涌吸收器的方法抑制。

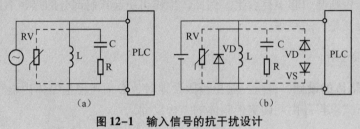

图 12-1　输入信号的抗干扰设计

2. 输出信号的抗干扰设计

在输出为感性负载的场合，如电磁接触器等触点的开合会产生电弧和反电动势，从而对输出信号产生干扰，抑制输出信号干扰的措施如实例 12-2 所示。

【实例 12-2】输出信号的抗干扰设计实例

输出信号的抗干扰设计如图 12-2 所示。交流感性负载的场合，在负载两端并联 RC 浪涌吸收器或压敏电阻，如图 12-2 所示。如果是交流 100V、220V 电压而功率为 400VA 左右时，RC 浪涌吸收器的 R、C 的参数分别为 47Ω、0.47μF。RC 越靠近负载，其抗干扰效果越好。若用压敏电阻，则其额定电压应大于 1.3 倍的电源峰值电压。

直流感性负载的场合，在负载两端并联续流二极管 VD 或压敏电阻或稳压二极管 VS 或 RC 浪涌吸收器等，如图 12-2（b）所示。二极管要靠近负载，二极管的反向耐压应是负载电压的 4 倍以上。若用压敏电阻，则其额定电压应大于 1.3 倍的电源电压。若用稳压二极管，则其电压、电流应大于电源电压和负载电流。

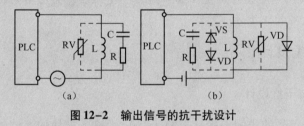

图 12-2　输出信号的抗干扰设计

 注意上述感性负载浪涌电压抑制措施都会使负载断开动作延迟。

控制器触点开关量输出的场合，不管控制器本身有无抗干扰措施都应采用抗干扰措施，如图 12-3 所示，图（a）为交流输出形式，图（b）为直流输出形式。

3. 浪涌吸收器的应用

交流接触器的触点在开闭时会产生电弧干扰，可在触点两端并联 RC 浪涌吸收器，效果

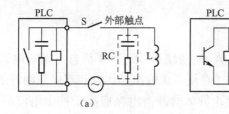

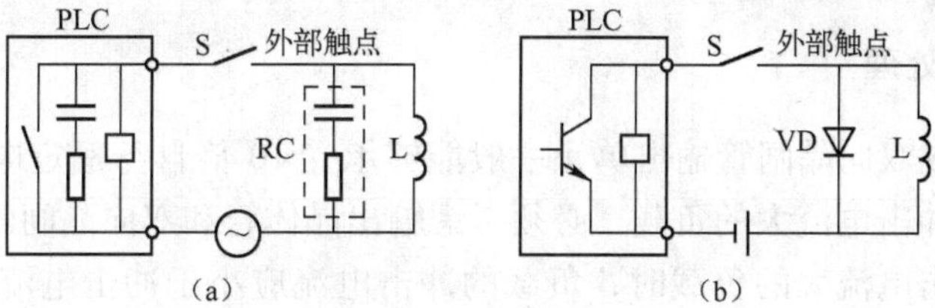

图 12-3　外部触点输出时抗干扰设计

较好。需要注意的是，触点断开时，通过 RC 浪涌吸收器会有一定的漏电流产生；大容量负载（如电动机或变压器）开关干扰时，可在线间采用 RC 浪涌吸收器，如图 12-4 所示。

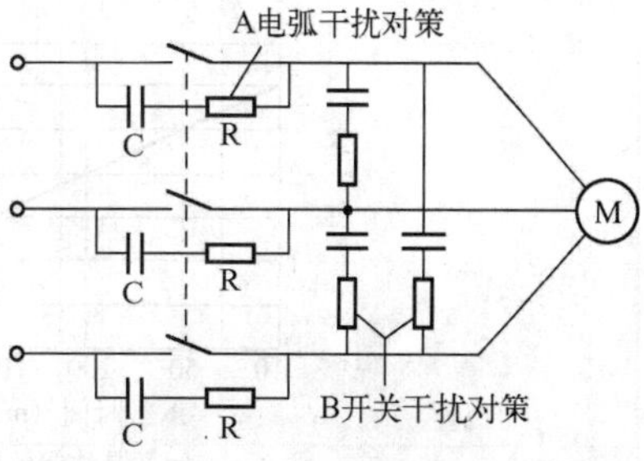

图 12-4　浪涌吸收器的应用

4. 抑制输入感应电动势干扰的措施

一般感应电动势是通过输入信号线间的寄生电容、输入信号线与其他线间的寄生电容和与其他线（特别是大电流线）的电耦合所产生的。抑制输入感应电动势干扰有三种措施，如图 12-5 所示。图 12-5（a）为输入电压的直流化，在感应电压大的场合尽量改交流输入为直流输入；图 12-5（b）为在输入端并联 RC 浪涌吸收器；图 12-5（c）为在长距离配线和大电流的场合感应电压大，可用继电器转换。

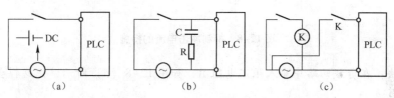

图 12-5　抑制输入感应电动势干扰的措施

5. I/O 信号漏电流的处理

当输入信号源为晶体管或光电开关输出类型时，当输出元器件为双向晶闸管或晶体管输出而外部负载又很小时，会因为这类输出元器件在关断时有较大的漏电流，使输入电路和外部负载电路不能关断，导致输入与输出信号错误。使用时注意，漏电流小于 1.3mA 时一般没有问题，如果大于 1.3mA，为防止信号错误接通的发生，可在 PLC 的相应输入端并联一个泄放电阻以降低输入阻抗减少漏电流的影响，如图 12-6（a）所示。

对于晶体管或晶闸管输出型 PLC，其输出接上负载后，由于输出漏电流会造成设备的误动作，为了防止这种情况可在输出负载两端并联旁路电阻，如图 12-6（b）所示。

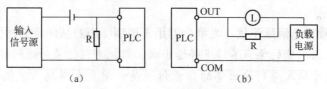

图 12-6　I/O 信号漏电流的处理

6. 冲击电流的处理

PLC 内晶体管或双向晶闸管输出单元一般能够承受 10 倍自身额定电流的浪涌电流。若连接类似白炽灯等冲击电流大的负载，必须考虑输出晶体管和双向晶闸管的安全性。使用反复通断电动机等冲击电流大的负载时，负载的冲击电流应小于冲击电流耐量值的 50%。晶体管、晶闸管输出的冲击电流耐量值曲线如图 12-7 所示。抑制冲击电流的措施有以下两种，如图 12-8 所示。

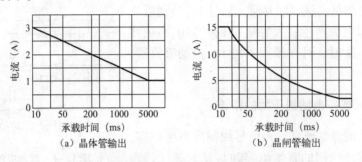

(a) 晶体管输出 (b) 晶闸管输出

图 12-7 晶体管、晶闸管输出的冲击电流耐量值曲线

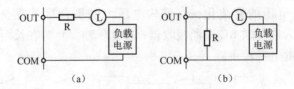

图 12-8 抑制冲击电流的措施

☺ 串联法：在负载回路中串入限流电阻 R，如图 12-8（a）所示，但这样会降低负载的工作电流。

☺ 并联法：允许平时有少量电流（约额定电流的 1/3）经电源及电阻 R 流过负载，从而限制启动电流的冲击幅度，如图 12-8（b）所示。

7. I/O 信号采用光隔离措施的抗干扰设计

为了抑制外部噪声对 PLC 控制系统的干扰，在 PLC 控制系统中引入光耦合器是行之有效的方法。光耦合器由输入端的发光元件和输出端的受光元件组成，利用光传送信息，使输入与输出在电气上完全隔离。光耦合器体积小、使用简便，视现场干扰情况的不同可组成各种不同的抑制干扰线路。

1）用于 I/O 的隔离 光耦合器用于 I/O 的隔离线路简单，由于避免形成地环路，而输入与输出的接地点也可以任意选择，这种隔离的作用不仅可以用在数字电路中，也可以用在线性（模拟）电路中。

2）用于减少噪声与消除干扰 光耦合器用于抑制噪声是从两个方面体现的。

☺ 一方面是使输入端的噪声不传送给输出端，只把有用信号传送到输出端。

☺ 另一方面由于输入端到输出端的信号传送是利用光来实现的，极间电容很小，绝缘电阻很大，因而输出端的信号与噪声也不会反馈到输入端。

使用光耦合器时，注意频率不能太高，用于低电压时，其传输距离以 100m 以内为宜。

8. 外部配线设计

外部配线设计关系到 PLC 设备能否稳定运行，尤其是远距离传送信号时容易出现信号误差，设计时应遵循以下规定。

1）线缆选择

☺ 使用多芯信号电缆时，要避免 I/O 线和其他控制线共用同一电缆。

☺ 如果各接线架是平行的，则各接线架之间至少相隔 300mm。

☺ 当控制系统要求 400V、10A 或 220V、20A 的电源容量时，I/O 线与电源线的间距不能小于 300mm。若在设备连接点外，I/O 线与电源线不可避免地敷设在同一电缆沟内时，则必须用接地的金属板将它们相互屏蔽，接地电阻要小于 100Ω。

☺ 大型 PLC 的 CPU 机架和扩展机架可以水平安装或垂直安装。当垂直安装时，CPU 机架的位置要在扩展机架的上面；当水平安装时，CPU 机架的位置要在左边且走线槽，不应从二者之间穿过。CPU 机架和扩展机架之间及各扩展机架之间要留有 70 ~ 120mm 的距离以便于走线和冷却。

☺ 交流 I/O 信号与直流 I/O 信号分别使用各自的电缆。

☺ 30m 以上的长距离配线时，输入信号与输出信号分别使用各自的电缆。

☺ 集成电路或晶体管设备的 I/O 信号线必须使用屏蔽电缆，屏蔽电缆的处理如图 12-9 所示。屏蔽层在 I/O 侧悬空，而在控制侧接地。

☺ 模拟量 I/O 信号线较长时，应采用不易受干扰的 4 ~ 20mA 电流信号传输方式。

☺ 模拟量信号线和数字传输线分开布线，并分别采用屏蔽线屏蔽层接地。

☺ 远距离配线有干扰或敷设电缆有困难时，应采用远程 I/O 的控制系统。

2）配线距离要求

☺ 30m 以下的短距离配线，直流和交流 I/O 信号不要使用同一电缆，如果不得不使用同一配线管时，直流 I/O 信号线要使用屏蔽线，屏蔽层接地。

☺ 30 ~ 300m 的中距离配线，不管直流还是交流 I/O 信号，都不能使用同一电缆。输入信号线一定要屏蔽。

☺ 300m 以上的长距离配线，建议用中间继电器转换信号或使用远程 I/O 通道。

3）双绞线的使用　由于双绞线在 PLC 控制系统中大量运用，现将它的使用作简要分析。双绞线又称双股绞合线，用于双线传输通道中，其中一根传送信号或供电，另一根作为返回通道。采用双绞线的目的是使其相邻两个扭节的感应电动势大小相等方向相反，使得总的感应电动势为零。双绞线单位长度内的绞合次数越多抗干扰效果越好。

使用双绞线时应注意两点。

☺ 双绞线应尽量采用如图 12-10（a）所示的接地方式一端接地。如图 12-10（b）所示的接地方式为两端接地，因有地环路存在，会削弱双绞线的抗干扰效果，所以应避免使用。

☺ 两组扭节节距相等的双绞线不能平行敷设，否则它们相互之间的磁耦合并不能减弱，如图 12-10（c）所示。它们的感应电流会同相迭加，所以应采用如图 12-10（d）所示的双绞线的扭节节距不等的配线方式。

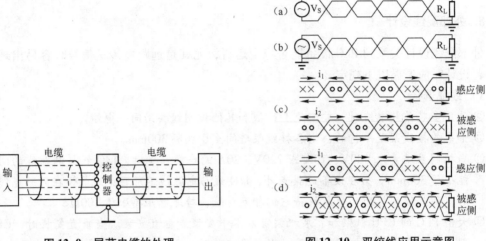

图 12-9　屏蔽电缆的处理　　　　图 12-10　双绞线应用示意图

需要注意的是，在双绞线的最尽头，两端仍要保持扭绞形状，否则影响抗干扰效果。屏蔽双绞线具有双重抗干扰性能，屏蔽层对外来的干扰电场具有防护作用，双绞线对外来的干扰磁场具有消除作用。在使用屏蔽线时，屏蔽层应良好接地，信号返回线只在一端接地；信号线中间有接头时，屏蔽层应牢固连接并进行绝缘处理，避免多点接地。屏蔽层不接地会产生寄生耦合作用，由于屏蔽层的面积较大，增大了寄生耦合电容，使得这种干扰比不带屏蔽层的导线产生的干扰还严重。

12.1.4　接地系统设计

接地技术起源于强电技术，强电由于电压高、功率大，容易危及人身安全，为此需要把电网的零线和各种电气设备的外壳通过导线接地，使之与大地等电位以保人身安全。电子设备的接地目的是抑制干扰。良好正确的接地，可以消除或降低各种形式的干扰，从而保证电子设备或控制系统可靠稳定地工作；但不合理或不良的接地将会使电子设备或控制系统受到干扰破坏。接地可分为两大类：安全接地和信号接地。安全接地通常与大地等电位，而信号接地却不一定与大地等电位。在很多情况下，安全接地点不适合用作信号接地点，因为这样会使噪声问题更加复杂化。

接地电阻是指接地电流经接地体注入大地时在土壤中以电流场形式向远处扩散时所遇到的土壤电阻。它属于分布电阻，由接地导线的电阻、接地体的电阻和大地的杂散电阻三个部分组成。接地体的电阻应小于 2Ω。常用的接地体有铜板、金属棒、镀锌圆钢等。一般接地装置的接地电阻不宜超过 10Ω。

1. PLC 控制系统接地的意义

PLC 控制系统良好的接地可以减少 PLC 控制柜与大地之间电位差所引起的噪声，可以抑制混入电源和 I/O 信号线的干扰，可以防止由漏电流产生的感应电压等。由此可见，良好的接地可以有效地防止系统干扰误动作，提高系统的工作可靠性。

2. PLC 控制系统接地的方法

PLC 控制系统接地的方法如图 12–11 所示。其中，图 12–11（a）为控制系统和其他设备独立接地，这种接地方法最好；如果做不到每个设备独立接地，可使用如图 12–11（b）所示的并联接地方法；但不允许使用如图 12–11（c）所示的串联接地方法，特别是应避免与电动机、变压器等动力设备串联接地。

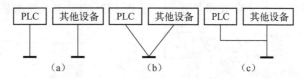

图 12–11　PLC 控制系统接地的方法

接地时还应注意以下 4 点。

☺ 接地线应尽量短且截面积大于 2mm^2，以接地电阻小于 10Ω 为宜。

☺ 接地点应尽量靠近，PLC 接地线的长度应在 20m 以内。

☺ 控制器的接地线与电源线或动力线分开，不能避开时应垂直交叉。

☺ LG 端是噪声滤波器中性端子，通常不要求接地；但是当电气干扰严重时或为了防止电击，应将 LG 端与 GR 端短接后接地。

12.1.5　供电系统设计

1. 使用滤波器

使用滤波器代替隔离变压器在一定的频率范围内也有一定的抗电网干扰作用，但要选择好滤波器的频率范围较困难。为此，常用方法是既使用滤波器又使用隔离变压器。注意隔离变压器的一次侧和二次侧连接线要用双绞线，且一、二次侧要分隔开连接，方法如图 12–12 所示。

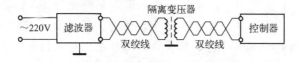

图 12–12　滤波器和隔离变压器的接线

2. 采用分离供电系统

应将 PLC 的 I/O 通道和其他设备的供电分离开来以抑制电网的干扰。供电系统的设计直接影响到控制系统的可靠性，因此在设计供电系统时应考虑下列因素：电源系统的抗干扰性、失电时不破坏 PLC 程序和数据控制系统、不允许断电的场合供电电源的冗余等。考虑到上述对电源的要求，在进行供电系统设计中主要可以采用下述几种方案。

1）采用隔离变压器的供电系统　PLC 与 I/O 及其他设备分别用各自的隔离变压器供电

并与主回路电源分开，以减少电网与大地的噪声，如图 12-13 所示。这样，当 I/O 回路失电时不会影响 PLC 的供电。应该注意的是，各个变压器的二次绕组的屏蔽层接地点应分别接入各绕组电路的地，最后再根据系统的需要选择必要而合适的公共接地点接地，以达到最佳的屏蔽效果。为 PLC 供电的绝缘变压器的副边采用非接地方式，双绞线截面以大于 $2mm^2$ 为宜。

2）采用 UPS 的供电系统 不间断电源（UPS）是计算机的有效保护装置，平时处于充电状态，当输入电源失电时 UPS 能自动切换到输出状态继续向系统供电。根据 UPS 的容量不同，在电源掉电之后可继续向 PLC 供电 10 ～ 30min。因此，对于重要的 PLC 控制系统，在供电系统中配置 UPS 是十分有效和必要的。采用 UPS 的供电系统如图 12-14 所示。

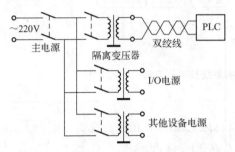

图 12-13 采用隔离变压器的供电系统

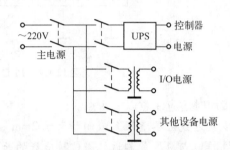

图 12-14 采用 UPS 的供电系统

3）双路供电系统 在重要的 PLC 控制系统中，为了提高系统工作的可靠性，如条件允许供电系统的交流侧可采用双电源系统。双路电源最好引自不同的变电站，当一路电源出现故障时可自动切换到另一路电源供电。

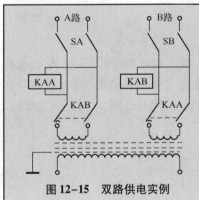

图 12-15 双路供电实例

【实例 12-3】 双路供电实例

如图 12-15 所示，KAA、KAB 是欠电压继电器保护控制回路，假设先合上开关 SA，令 A 路供电，则由于 B 路 KAA 没有吸合，继电器 KAB 处于失电状态，因此其常开触点 KAB 闭合完成 A 路供电控制；然后合上开关 SB，这样 B 路处于备用状态，一旦 A 路电压降低到规定值，欠电压保护继电器 KAA 动作，其常开触点闭合使 B 路开始供电，同时触点 KAB 断开。由 B 路切换到 A 路供电的工作原理与此相同。

12.1.6 冗余控制

在现代工业的各个行业中，大中型的控制系统使用模块化的 PLC 产品已司空见惯。由于 PLC 技术和功能的不断完善，以及高可靠性、高稳定性、广泛的行业应用加上近年来加入的新元素——总线控制和网络通信功能，使 PLC 具有良好的发展前景和广阔的应用前途。PLC 控制器作为系统控制中心，可采集控制系统所需的全部工况信号，实时控制相关的设备动作，监视生产过程参数和设备运行状态；当危险工况出现时，及时发出报警，当极限工况出现时，联锁保护设备，保障生产过程和人员的安全。

在实际生产过程中，一些工业装置或生产线往往要求每天 24h 连续生产运行而不能停顿，在这种条件下即使可靠性再高的 PLC 也不能保障。因此，冗余控制成了一种满足连续生产要求、提高系统可用性的有效手段。

冗余控制的概念，严格来讲是采用一定或成倍量的设备或元器件的方式组成控制系统来参加控制，当某一设备或元器件发生故障而损坏时，它可以通过硬件、软件或人为方式，相互切换作为后备设备或元器件，替代因故障而损坏的设备或元器件，保证系统正常工作，使控制设备因意外而导致的停机损失降到最低。

提到冗余，这里还有一个概念——同步。冗余系统的两个或多个处理器之间要经常比较各自的状态，根据一定的规则以决定系统是否工作在正常的状态，这种状态比较和系统可靠性的判定被称作同步。

1. 冗余控制的类型

冗余控制在工控领域中根据不同的产品和客户不同的需求有多种多样，采用的方式也不尽相同，具体可以分成以下几类。

1）处理器冗余 处理器冗余是指在控制系统中处理器采用一用一备或一用多备的方式，在主处理器发生故障时，备用处理器自动投入运行（称故障切换或系统切换），直接接管控制，维持系统正常运行。处理器冗余可采用硬、软冗余方式实现。

（1）硬冗余是指采用两套处理器和热备模块同时工作，但两套的工作方式不同，一套（主处理器）处于正常的直接工作状态，系统有输入也有输出，另一套（从处理器）也通电工作，也同时接收输入信号，也参加数据处理和运算，与直接运行的那套不同的是不输出信号，两套之间采用硬件互联方式进行处理器的故障切换。系统除了成双使用的处理器外，一般还使用一套或两套热备模块，或者叫双机单元。热备模块主要负责主、从处理器之间的数据高速传送，一旦发生主处理器故障失效，马上将系统控制权切换至从处理器，实现了自动切换工作。从处理器变成主处理器对程序进行同步扫描，切换时从断点处开始扫描，保持系统正常工作。

处理器的同步机理多为定时同步或事件同步，其同步周期不尽相同，事件同步的周期稍短。一般系统切换时间都能达到毫秒级，几十至几百毫秒（取决于处理器中程序扫描周期和产品性能，例如，罗克韦尔（AB）公司 Control Logix PLC 的切换时间小于 100ms）。这样的冗余系统在发生故障切换时所有的 I/O 点还没有来得及反应，切换已经完成，因而不会丢失数据，所有的外设正常工作不受影响，保证生产正常运行，系统相对更稳定、更安全，但成本较高。

关于热备模块的使用，不同公司的产品有不同的特点。有的热备模块使用一个，两个处理器插在同一个底版（框架）上，如欧姆龙公司的 CSID 和 CVMID。有的热备模块使用两个，那么它们分属于两套底版（框架），两个热备模块之间一般采用特殊的电缆或光纤通信，保证数据传输的同步，如罗克韦尔公司的 Control Logix 系统和 PLC5 系统。但也有例外，例如，西门子公司的 S7-400H 可以把两套系统（电源、处理器、热备模块、通信模块）插在同一个底版（框架）上，但实质上是完全隔离的两个底版（框架），只是为了节省空间和成本。

（2）软冗余方式是指处理器成双使用，其中一个正常运行，一个处于备用状态。通过事先在处理器程序中编制主/从处理器程序（处理器心跳检测）和主/从处理器数据交换程序来实时监控、判断主/从处理器的工作状况，当主处理器故障失效时，采用软件方式将主处理器切换至备用的处理器，从而从处理器转换成主处理器接替正常的系统控制。简单地用通信电缆把两个 PLC 处理器模块连接起来，称为热备程序。从 PLC 处理器模块定时发消息查询主 PLC 处理器模块的状态信息，确定主/从处理器的判别位并实时监控。一旦主 PLC 处理器模块响应超时或存在致命的故障，则程序启动主/从切换部分（或子程序）将主/从处理器的判别位更换，数据更新，使从 PLC 处理器模块切换接替主 PLC 处理器模块维持系统正常工作。使用软件实现冗余的思路有很多，这只是其中一种。这种冗余的方式不受硬件和系统软件的限制，切换速度主要取决于程序的大小、程序扫描周期的长短、编程技巧及处理器的品质，通常较硬冗余慢，但成本较低。

2）通信冗余　通信冗余也可采用硬、软冗余方式实现。通信冗余简单地可分为单模块双电缆方式和两套单模块单电缆双工方式。两者均可以实现通信冗余。

（1）硬冗余是两个通信网络同时进行数据传送和数据比较，实际起作用的是其中一个通信网络，另一个通信网络作为后备。而通信模块则实时监控两个通信网络的通信质量。当当前网络的数据发送包数和接收包数之差达到一定差值或发送的故障率、接收的故障率达到一定值时，通信模块会将当前的通信网络进行切换，由后备接替工作，成为当前的通信网络，原故障通信网络会报警提示工作人员处理。这种网络切换主要是由冗余通信模块处理的。

（2）软冗余实际上是由两套单网组成的，由处理器程序去监控两套通信模块的状态和网络通信质量，在处理器中限定当前工作通信模块和后备通信模块。当检测到切换故障（一般为通信模块状态故障位置、网络数据传送超时、数据收发率差值大于某一界定值等）时，由处理器中程序改变当前工作通信模块和后备通信模块的限定位（值），使通信网络发生切换，同时给出报警信息和描述，通知工作人员进行处理。

3）I/O 冗余　I/O 冗余是指对同一个外设输入或输出点采用两个或以上的 I/O 点与其相对应，它们同时工作（同时输入、输出），当其中一个发生故障时，外设不受任何影响。相对于处理器冗余和通信冗余，通常较少使用 I/O 冗余，I/O 冗余在成本上会增加较多甚至翻倍。

但在一些重要的应用场合，使用 I/O 冗余的也不少。几乎所有的分布式控制系统（DCS）均可以实现 I/O 冗余。部分 DCS 采用冷冗余方式，如需要把失效模块的配线端子拆下来，安装到此设备用模块上去。一般这种模块都是支持热插拔的。在实施上，模拟量 I/O 冗余比较容易实现，只要在外设接线上进行设计即可。也有部分模拟量 I/O 从成本方面考虑，在 PLC 侧仍然采用单点的模拟量 I/O 点，外设部分信号使用配电器，使单个信号分配为多路 I/O 到外设，但这不能算作 PLC I/O 冗余。这样的应用以电压型信号居多。开关量 I/O 冗余的实施要在系统组态和 PLC 编程方面作适当的考虑（如错开寻址方式等）。一般 I/O 实现了冗余的系统，处理器往往是硬冗余的，在输出数据备份方面要作考虑。

I/O 冗余最常用的为 1:1 冗余，而其他方式（如 1:1:1 表决系统）在一些工艺要求较高、停机造成损失大的系统中也有采用。例如，安全监控系统、火电厂的锅炉液位保护和汽轮机保护系统、石化行业的 ESD 系统都采用 1:1:1 表决系统的方式。1:1:1 表决系统的方式可实现一用两备或三取二投票表决等特殊功能。

4）电源冗余　电源冗余是指采用两块或多块电源模块给 PLC 作为冗余供电。在电源模块的数量和容量上，各个厂家有各自的规定。电源冗余通常有两种方式。

☺ 通过专用的电源电缆和冗余电源框架适配器模块连接到系统底版（框架）上，对系统进行冗余供电，两个电源模块同时工作，其中任何一个故障时另一个电源模块仍能保持系统正常供电，电源模块通过信号线将模块的当前状态信息送到系统进行实时检测，及时通知相关人员对故障模块进行维护维修，这种称为框架外冗余供电方式。

☺ 在 PLC 的框架中插入两块或两块以上的电源模块，电源之间通过电源冗余通信电缆相连，相互交换状态信息，直接对 PLC 进行冗余供电，这种称为框架内冗余供电方式。

电源冗余只针对系统中的供电电源模块作后备处理，成本较低，一般应用在供电质量不稳定的场合，两个电源模块的来电分别取自两个不同的供电电源，这样避免了由于供电电源故障使系统停电。

I/O 冗余、电源冗余大多数属于硬冗余范畴，而处理器冗余、通信冗余（网络冗余）既可采用硬冗余实现，也可采用软冗余实现。一般，硬冗余和软冗余相比，硬冗余投入较大，冗余实现和系统维护相对简单，系统性能较可靠，系统的切换速度会较快，适用于生产工艺要求较高、反应速度较快的装置和生产线；软冗余投入的成本比硬冗余小，软冗余不需要特殊的冗余模块或软件支持，但在冗余实现和系统维护方面比较烦琐，并且一般的软冗余切换的速度稍慢，系统性能主要取决于编程水平和所选硬件的品质，这类冗余方式比较适用于工艺流程要求不太高、反应速度较慢、开停要求不严的装置和生产线。

2. 冗余控制的具体方式

1）PLC 并列运行　PLC 并列运行是 I/O 分别连接到控制内容完全相同的两台 PLC 上实现复用，当某一台 PLC 出现故障时，由主 PLC 或人为切换到另一台 PLC 使系统继续工作，从而保证系统运行的可靠性。

> **【实例 12-4】** PLC 并列运行实例
>
> 　　如图 12-16 所示，当 1 号机的 X0 闭合时，1 号机执行控制任务；如果 1 号机出现故障就切换到 2 号机，这时 2 号机的 X0 闭合，由 2 号机执行控制任务。
>
>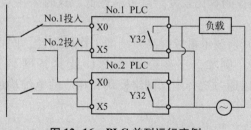
>
> **图 12-16　PLC 并列运行实例**

必须指出的是，PLC 并列运行方案仅适用于 I/O 点数比较少、布线容易的小规模控制系统。对于大规模控制系统，由于 I/O 点数多，电缆配线复杂，同时控制系统成本几乎是成倍增加的，因而限制了它的应用。

2）双机双工热/后备控制系统　双机双工热/后备控制系统是两个完全相同的 CPU 同时参与运算的模式。一个 CPU 进行控制，另一个 CPU 虽然参与运算但处于后备状态。这种冗余系统的典型产品有欧姆龙公司的 C2000HCVM1D、三菱公司的 Q4ARCPU 等。三菱公司的 QnA 系列的 Q4ARCPU 系统是专门对要求冗余和扩展处理控制而设计的系统。最为典型的配置结构是采用双 CPU 系统与双电源系统两类冗余，如图 12-17 所示，图（a）为双 CPU 系统，图（b）为双电源系统。

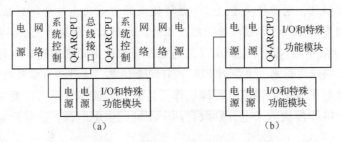

图 12-17　双机双工热/后备控制系统

Q4ARCPU 的双 CPU 系统给出了 PLC 的热/备用操作，当热 CPU 处于正常条件时，所有 I/O 模块都由热 CPU 控制。在此期间，备用 CPU 不执行它的程序，但是复制热 CPU 的内部设备数据，即数据跟踪。一旦热 CPU 出现异常，备用 CPU 就根据数据跟踪得到的最新数据立即接管系统的控制功能，以保证系统的正常运行。出现故障的 CPU 模块则可卸下维修或更换而不影响系统的运行。

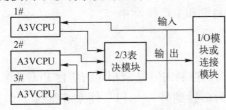

图 12-18　A3VTS 表决式冗余系统原理图

3）表决式冗余系统　表决式冗余系统原理图如图 12-18 所示。在该系统中，3 个 CPU 同时接收外部数据的输入，而对外部输出的控制则由 2/3 表决模块依据 3 个 CPU 的并行输出状态表决来决定。这种系统的典型产品为三菱公司的 A3VTS 系统。

4）与继电器控制盘并用　在旧系统改造的场合，原有的继电器控制盘最好不要拆除，保留原来功能以作为后备系统使用。对于新建项目，就不必采用此方案，因为小规模控制系统中的 PLC 造价可做到和继电器控制盘相当，因此以采用 PLC 并列运行方案为好；对于大中规模的控制系统，由于继电器控制盘比较复杂且可靠性低，这时采用双机双工热/后备控制系统方案为好。

5）网络冗余　采用冗余技术可以提高系统的工作可靠性，同样，利用冗余技术也可以提高网络工作的可靠性。例如，三菱公司的 PLC 就具备网络冗余功能，三菱公司的 MELSECNET 总线系统可以通过选择附加网络模块和相应的电缆构成双总线系统，大大提高了网络工作的可靠性。

12.2　干扰源及抗干扰设计

随着科学技术的发展，PLC 在工业控制中的应用越来越广泛。PLC 控制系统的抗干扰能力是关系到整个系统可靠运行的关键。自动化系统中所使用的各种类型 PLC，有的集中安装在控制室中，有的安装在生产现场和各设备上，它们大多处在强电电路和强电设备所形成的恶劣电磁环境中。要提高 PLC 控制系统可靠性，一方面要求 PLC 生产厂家提高设备的抗干

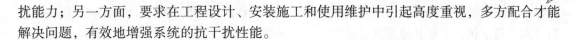

扰能力；另一方面，要求在工程设计、安装施工和使用维护中引起高度重视，多方配合才能解决问题，有效地增强系统的抗干扰性能。

12.2.1　干扰源

影响 PLC 控制系统的干扰源与一般影响工业控制设备的干扰源一样，大都产生在电流或电压剧烈变化的部位，这些电荷剧烈移动的部位就是噪声源，即干扰源。

干扰（噪声）类型通常按噪声产生的原因、噪声干扰模式和噪声的波形和性质的不同划分。其中，按噪声产生的原因不同，分为放电噪声、浪涌噪声、高频振荡噪声等；按噪声的波形和性质不同，分为持续噪声、偶发噪声等；按噪声干扰模式不同，分为共模干扰和差模干扰。

共模干扰和差模干扰是一种比较常用的分类方法。共模干扰是信号对地的电位差，主要由电网串入、地电位差及空间电磁辐射在信号线上感应的共态（同方向）电压迭加所形成。共模电压有时较大，特别是采用隔离性能差的配电器供电室，变送器输出信号的共模电压普遍较高，有的可高达 130V 以上。共模电压通过不对称电路可转换成差模电压，直接影响测控信号，造成元器件损坏，这就是一些系统 I/O 模块损坏率较高的主要原因。这种共模干扰可为直流，也可为交流。差模干扰是指作用于信号两极间的干扰电压，主要由空间电磁场在信号间耦合感应及由不平衡电路转换共模干扰所形成的电压，直接迭加在信号上，直接影响测量与控制精度。

1. 来自空间的辐射干扰

空间的辐射电磁干扰（EMI）主要是由电力网络、电气设备的暂态过程、雷电、无线电广播、电视、雷达、高频感应加热设备等产生的，通常称为辐射干扰，其分布极为复杂。若 PLC 系统置于射频场内，就会受到辐射干扰，其影响主要通过两条路径：一是直接对 PLC 内部的辐射，由电路感应产生干扰；二是对 PLC 通信内网络的辐射，由通信线路的感应引入干扰。辐射干扰与现场设备布置及设备所产生的电磁场大小，特别是频率有关，一般通过设置屏蔽电缆和 PLC 局部屏蔽及高压泄放元件进行保护。

2. 来自系统外引线的干扰

来自系统外引线的干扰主要通过电源和信号线引入，通常称为传导干扰。这种干扰在我国工业现场较严重。来自电源的干扰实践证明，因电源引入的干扰造成 PLC 控制系统故障的情况很多，一般需要更换隔离性能更高的 PLC 电源，问题才得到解决。

1）来自电源的干扰　PLC 系统的正常供电电源均由电网供电。由于电网覆盖范围广，它将受到所有空间电磁干扰而在线路上感应电压和电流。尤其是电网内部的变化，如开关操作浪涌、大型电力设备启停、交直流传动装置引起的谐波、电网短路暂态冲击等，都通过输电线路传到 PLC 电源原边。PLC 电源通常采用隔离电源，但其机构及制造工艺因素使其隔离性并不理想。实际上，由于分布参数特别是分布电容的存在，绝对隔离是不可能的。

2）来自信号线的干扰　与 PLC 控制系统连接的各类信号传输线，除了传输有效的各类信息之外，总会有外部干扰信号侵入。此干扰主要有两种途径：一是通过变送器供电电源或共用信号仪表的供电电源串入的电网干扰，这往往被忽视；二是信号线受空间电磁辐射感应的干扰，即信号线上的外部感应干扰，这是很严重的。由信号线引入干扰会引起 I/O 信号工作异常和测量精度大大降低，严重时将引起元器件损伤。对于隔离性能差的系统，还将导致信号间互相干扰，引起共地系统总线回流，造成逻辑数据变化、误动和死机。PLC 控制系统因信号线引入干扰造成 I/O 模块损坏数相当严重，由此引起系统故障的情况也很多。

3. 来自接地系统混乱时的干扰

接地是提高电子设备电磁兼容性（EMC）的有效手段之一。正确的接地，既能抑制电磁干扰的影响，又能抑制设备向外发出干扰；而错误的接地，反而会引入严重的干扰信号，使 PLC 系统无法正常工作。

PLC 控制系统的地线包括系统地、屏蔽地、交流地和保护地等。接地系统混乱对 PLC 系统的干扰主要是各个接地点电位分布不均，不同接地点间存在地电位差，引起地环路电流，影响系统正常工作。例如，电缆屏蔽层必须一点接地，如果电缆屏蔽层两端 A、B 都接地，就存在地电位差，有电流流过屏蔽层，当发生异常状态（如雷击）时，地线电流将更大。

此外，屏蔽层、接地线和大地有可能构成闭合环路，在变化磁场的作用下，屏蔽层内有时会出现感应电流，通过屏蔽层与芯线之间的耦合，干扰信号回路。若系统地与其他接地处理混乱，所产生的地环流就可能在地线上产生不等电位分布，影响 PLC 内逻辑电路和模拟电路的正常工作。PLC 工作的逻辑电压干扰容限较低，逻辑地电位的分布干扰容易影响 PLC 的逻辑运算和数据存储，造成数据混乱、程序跑飞或死机。模拟地电位的分布将导致测量精度下降，引起对信号测控的严重失真和误动作。

4. 来自 PLC 系统内部的干扰

来自 PLC 系统内部的干扰主要由系统内部元器件及电路间的相互电磁辐射产生，如逻辑电路相互辐射及其对模拟电路的影响、模拟地与逻辑地的相互影响及元器件间的相互不匹配使用等。这都属于 PLC 制造厂家对系统内部进行电磁兼容性设计的内容，比较复杂，作为应用部门是无法改变的，可不必过多考虑，但要选择应用广泛或经过考验的系统。

12.2.2 PLC 控制系统工程应用的抗干扰设计

干扰的形成需要同时具备三要素，即干扰源、耦合通道和对干扰敏感的受扰体。为了保证系统在工业电磁环境中免受或降低内外电磁干扰，必须从设计阶段开始便采取三个方面的措施：抑制干扰源、切断或衰减电磁干扰的传播途径、提高装置和系统的抗干扰能力。这三点就是抑制电磁干扰的基本原则。

PLC 控制系统的抗干扰是一个系统工程，要求制造单位设计生产出具有较强抗干扰能力的产品，有赖于使用部门在工程设计、安装施工和运行维护中予以全面考虑，并结合具体情况进行综合设计，这样才能保证系统的电磁兼容性和运行可靠性。进行具体工程的抗干扰设计时，应注意以下两个方面。

☺ 设备选型：在选择设备时，首先要选择有较高抗干扰能力的产品，其包括了电磁兼容性，尤其是抗外部干扰能力，如采用使用浮地技术、隔离性能好的 PLC 系统；其次还应了解生产厂家给出的抗干扰指标，如共模抑制比、差模抑制比、耐压能力，以及允许在多大电场强度和多高频率的磁场强度环境中工作；另外是考查其在类似工作中的应用情况。

> ☺说明　在选择国外进口产品时要注意，我国采用 220V 高内阻电网制式，而欧美地区采用 110V 低内阻电网。由于我国电网内阻大，零点电位漂移大，地电位变化大，工业企业现场的电磁干扰至少要比欧美地区高 4 倍以上，对系统抗干扰性能要求更高，在国外能正常工作的 PLC 产品在国内工业现场就不一定能可靠运行，这就要在采用国外产品时按我国的标准（GB/T13926）合理选择。

☺综合抗干扰设计：主要考虑来自系统外部的几种抑制措施，例如，对 PLC 系统及外引线进行屏蔽以防空间辐射电磁干扰；对外引线进行隔离、滤波，特别是电力动力电缆，分层布置，以防通过外引线引入传导电磁干扰；正确设计接地点和接地装置，完善接地系统；另外，还必须利用软件手段，进一步提高系统的安全可靠性。

1. 硬件抗干扰措施

1）采用性能优良的电源　抑制电网引入的干扰，在 PLC 控制系统中，电源占有极重要的地位。电网干扰串入 PLC 控制系统主要通过 PLC 系统的供电电源（如 CPU 电源、I/O 电源等）、变送器的供电电源和与 PLC 系统具有直接电气连接的仪表的供电电源等耦合进入。现在，对于 PLC 系统的供电电源，一般都采用隔离性能较好的电源；而对于变送器的供电电源和与 PLC 系统有直接电气连接的仪表的供电电源，并没受到足够的重视，虽然采取了一定的隔离措施，但普遍还不够，主要是使用的隔离变压器分布参数大，抑制干扰能力差，经电源耦合而串入共模干扰、差模干扰。所以，对于变送器和共用信号仪表供电，应选择分布电容小、抑制带大（如采用多次隔离和屏蔽及漏感技术）的配电器，以降低 PLC 系统的干扰。

此外，为保证电网馈点不中断，可采用在线式 UPS 供电，提高供电的安全可靠性。并且 UPS 还具有较强的干扰隔离性能，是一种 PLC 控制系统的理想电源。

2）I/O 保护　输入通道中的检测信号一般较弱，传输距离可能较长。检测现场干扰严重和电路构成往往模数混杂等因素，使输入通道成为 PLC 系统中最主要的干扰进入通道。在输出通道中，功率驱动部分和驱动对象也可能产生较严重的电气噪声，并通过输出通道耦合作用进入系统。I/O 保护措施如下。

☺采用数字传感器。采用频率敏感器件或由敏感参量 R、L、C 构成的振荡器等方法使传统的模拟传感器数字化，多数情况下其输出为 TTL 电平的脉冲量，而脉冲量抗干扰能力强。

☺对 I/O 通道进行电气隔离。用于隔离的主要器件有隔离放大器、隔离变压器、纵向扼流圈和光耦合器等，其中应用最多的是光耦合器。利用光耦合把两个电路的地环隔开，两个电路即拥有各自的地电位基准，它们相互独立而不会造成干扰。

☺模拟量的 I/O 可采用 V/F、F/V 转换器。V/F（电压/频率）转换过程是对输入信号的时间积分，因而能对噪声或变化的输入信号进行平滑，所以抗干扰能力强。

3）电缆的选择和敷设　为了降低动力电缆辐射电磁干扰，尤其是变频装置馈电电缆，可以考虑采用铜带铠装屏蔽电力电缆，从而降低动力线产生的电磁干扰。不同类型的信号分别由不同电缆传输，信号电缆应按传输信号种类分层敷设，严禁用同一电缆的不同导线同时传送动力电源和信号，避免信号线与动力电缆靠近平行敷设，以降低电磁干扰。

4）正确选择接地点　接地的目的通常有两个，即安全和抑制干扰。完善的接地系统是 PLC 控制系统抗电磁干扰的重要措施之一。系统接地方式有浮地方式、直接接地方式和电容接地方式三种。

对 PLC 控制系统而言，它属高速低电平控制装置，应采用直接接地方式。由于信号电缆分布电容和输入装置滤波等的影响，装置之间的信号交换频率一般都低于 1MHz，所以 PLC 控制系统接地线采用并联一点接地和串联一点接地方式。集中布置的 PLC 系统适合采用并联一点接地方式，各装置的柜体中心接地点以单独的接地线引向接地极。如果装置间距较大，则应采用串联一点接地方式。用一根大截面铜母线（或绝缘电缆）连接各装置的柜体中心接地点，然后将接地母线直接连接接地极。接地线采用截面大于 $22mm^2$ 的铜导线，总母线使用截面大于 $60mm^2$ 的铜排。接地极的接地电阻小于 2Ω，接地极最好埋在距建筑物 $10\sim15m$ 处，而且 PLC 系统接地点必须与强电设备接地点相距 10m 以上。信号源接地时，屏蔽层应在信号侧接地；信号源不接地时，屏蔽层应在 PLC 侧接地；信号线中间有接头时，屏蔽层应牢固连接并进行绝缘处理，一定要避免多点接地；多个测点信号的屏蔽双绞线与多芯对绞总屏电缆连接时，各屏蔽层应相互连接好，并经绝缘处理，选择适当的接地处单点接点。

5）PLC 自身的改进　PLC 电路板的抗干扰措施如下：选用脉动小、稳定性好的直流电源，连接导线用铜导线，以减小压降；选用性能好的芯片，如满足抗冲击、振动、温度变化等特殊要求；对不使用的集成电路端子应妥善处理，通常接地或接高电平使其处于某种稳定状态；在设计电路板时，尽量避免平行走线，在有互感的线路中间要置一根地线，起隔离作用；每块印制电路板的入口处安装一个几十皮法的小体积、大容量的钽电容作为滤波器；印制电路板的电源地线最好设计成网状结构，以降低芯片所在支路的地线瞬时干扰；电源正极、负极的走线应尽量靠近。

整机的抗干扰措施如下：在生产现场安装的 PLC 应用金属盒屏蔽安装，并妥善接地；置于操作台上的 PLC 要固定在铜板上，并用绝缘层与操作台隔离，铜板应可靠接地。

2. 软件抗干扰措施

在 PLC 控制系统中，除采用硬件措施提高系统的抗干扰能力外，在软件设计中还可以采用数字滤波和软件容错等重要的经济有效方法，进一步提高系统的可靠性。

1）提高 I/O 信号的可靠性

☺ 开关型传感器信号的去抖动措施如实例 12-5 所示。当按钮作为输入信号时，则不可避免地会产生抖动；输入信号是继电器时，有时会产生瞬间跳动，将会引起系统误动。

【实例 12-5】去抖动程序实例

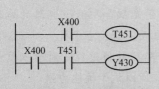
图 12-19　去抖动程序实例

去抖动程序实例如图 12-19 所示。定时时间根据触点抖动情况和系统要求的响应速度而定，以保证触点稳定断开（闭合）才执行。在如图 12-19 所示的程序中，只有 X400 闭合时间超过定时器 T451 的定时时长，Y430 才能输出，由此可以有效地消除抖动干扰。

☺ 对于较低信噪比的模拟信号，常因现场瞬时干扰而产生较大波动。若直接使用这些瞬时采样值进行计算控制，则给系统的可靠运行带来隐患。为此，在软件设计方面常常采用数字滤波技术，现场的模拟量信号经 A/D 转换后变为离散的数字量信号，然后将这些数据存入 PLC，利用数字滤波程序对其进行处理，滤去噪声信号，获得所需的有用信号进行系统控制。数字滤波过程如图 12-20 所示。工程上的数字滤波方法很多，如平均值滤波法、中间值滤波法、惯性滤波法等。

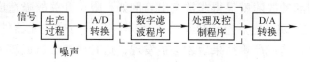

图 12-20　数字滤波过程

☺使用指令冗余。在尽可能短的周期内将数据重复输出，受干扰影响的设备在还没有来得及响应时正确的信息又来到了，这样就可以及时防止误动作的产生。

2）信息的恢复与保护　偶发性故障条件出现不破坏 PLC 内部的信息，一旦故障条件消失就可恢复正常，继续原来的工作。所以，PLC 在检测到故障条件时，立即把现状态存入存储器，软件配合对存储器进行封闭，禁止对存储器的任何操作，以防存储器信息被冲掉。这样，一旦检测到外界环境正常后，便可恢复到故障发生前的状态，继续原来的程序工作。

3）设置互锁功能　在系统功能表上，有时并不出现对互锁功能的具体描述，但为了系统的可靠性，在硬件设计和编程中必须加以考虑，并应互相配合，因为单纯在 PLC 内部逻辑上的互锁，往往在外电路发生故障时失去了作用。例如，对电动机正转、反转接触器互锁，仅在梯形图中用软件来实现是不够的，因为大功率电动机有时会出现因接触器主触点"烧死"而在线圈断电后主电路仍不断开的故障，这时 PLC 输出继电器为断电状态，常闭触点闭合，若给出反转控制命令，则反转接触器就会通电而造成三相电源短路事故。解决这一问题的办法是将两个接触器的常闭辅助触点互相串接在对方的线圈控制回路中，这样就可起到较完善的保护作用。

【实例 12-6】互锁程序实例

互锁程序实例如图 12-21 所示。在图 12-21（a）中，SB1 为电动机正转启动按钮，SB2 为反转启动按钮，将反转启动按钮的 X401 的常闭触点与正转输出继电器 Y430 的线圈串联，将正转启动按钮的 X400 的常闭触点与反转输出继电器 Y431 的线圈串联，以保证 Y430 和 Y431 不会同时为 1 状态。在图 12-21（b）中，因为复合按钮的常闭触点总是先断开，常开触点才闭合，经过一段延迟，而接触器的辅助触点也是常开触点先断开，然后常闭触点才闭合，反转接触器线圈才能得电，因而不会发生瞬间短路故障。

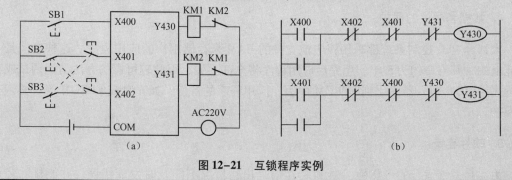

图 12-21　互锁程序实例

3. 故障检测程序的设计

PLC 本身的可靠性和可维修性是非常高的，在 CPU 监控程序或操作系统中有较完整的自诊断程序，出现故障很快就能发现和解决。然而 PLC 外接的 I/O 元器件，如限位开关、电磁阀、接触器等引起的故障就显得非常突出。例如，限位开关故障造成机械顶死，接触器主触点"烧死"造成线圈断电后电动机运转不停等，又因为这些元器件出现故障时 PLC 不会自动停机，所以常常造成严重后果后才会被发现，这时往往会造成较大的经济损失，而查找故障原因也费时费力。为了避免上述情况的发生，可通过软件程序设计加强 PLC 控制系统故障检测的范围和能力，以提高整个系统的可靠性，常用的方法有以下两种。

1）时间故障检测法 无"看门狗"指令的 PLC 可设计超节拍保护程序，如实例 12-7 所示。

【**实例 12-7**】超节拍保护程序实例

超节拍保护程序实例如图 12-22 所示。控制系统工作循环中各工步的运行有严格的时间规定，以这些时间为参数，在要检测的工步动作开始的同时启动一个定时器。定时器的时间设定值比正常情况下该动作要持续的时间长 25%。当某工步动作时间超过规定时间，并达到对应的定时器预置时间还未转入下一个工步动作时，定时器发出故障信号，停止正常工作循环程序，启动报警及显示程序。

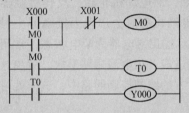

图 12-22 超节拍保护程序实例

在图 12-22 中，X000 为工步动作启动信号，X001 为动作完成信号，Y000 为报警或停机信号。当 X000 = 1 时，工步动作启动，定时器 T0 开始计时。若在规定时间内监控对象未发出动作完成信号，则判断为故障，接通 Y000 发出报警信号；若在规定时间内完成动作，则 X001 切断 M0，将定时器清零，为下一次循环做好准备。

2）逻辑错误检测法 在 PLC 控制系统正常的情况下，各 I/O 信号和中间记忆装置之间存在着逻辑关系，一旦出现异常逻辑关系，必定是控制系统出现了故障，因此可以事先编好一些常见故障的异常逻辑程序加进用户程序中。当这种逻辑关系实现状态为 1 时，就必然出现了相应的设备故障，即可将异常逻辑关系的状态输出作为故障信号，用来实现报警、停机等控制。

4. 数据和程序的保护

大部分 PLC 控制系统都采用锂电池支持的 RAM 来存储用户的应用程序。这种电池是不可充电的，其寿命约为 5 年，用完后应用程序将全部丢失，因此较可靠的办法是把调试成功的程序用 ROM 写入器固化到 EPROM 中去。应用程序的备份，如光盘或 EPROM 等，必须小心保护。

5. 软件容错

为提高系统运行的可靠性，使 PLC 在信号出错情况下能及时发现错误，并能排除错误的影响继续工作，在程序编制中可采用软件容错技术。

（1）程序复执技术：在程序执行过程中，一旦发现现场故障或错误，就重新执行被干扰的先行指令若干次，若复执成功则说明为干扰，否则输出软件失败或报警。

（2）对死循环作处理：死循环主要通过程序判断出是由主要故障造成的还是由次要故障造成的，然后分别作出停机和相应子程序处理。

（3）软件延时：对重要的开关量输入信号或易形成抖动的检测或控制回路，可采用软件延时 20ms，对同一信号多次读取结果一致才确认有效，这样可消除偶发干扰的影响。

（4）在目前现场设备信号不完全可靠的情况下，对于非严重影响设备运行的故障信号，在程序中采取不同时间的判断，以防止输入接点的抖动而产生"伪报警"。若延时后信号仍不消失，则再执行相应动作。

（5）充分利用信号间的组合逻辑关系构成条件判断，即使个别信号出现错误时，系统也不会因错误判断而影响其正常的逻辑功能。

12.3　静电预防

在我们生活的周围环境和身体上都带有不同程度的静电，静电积累到一定程度就会发生放电。静电对电子元器件的影响主要表现在吸附尘埃、降低绝缘、放电产生焦耳热效应、电磁场干扰等，从而造成电子元器件的损坏。仅美国每年因静电对电子工业造成的损失就高达数百亿美元。又由于静电对电子产品的损害具有隐蔽性、潜在性、随机性和复杂性等，所以必须给予重视。

1. 静电的危害

静电的危害主要有以下三种类型。

1）火灾和爆炸　火灾和爆炸是静电最大的危害。静电电量虽然不大，但因其电压很高而容易发生放电，产生静电火花。在具有可燃性液体的作业场所，如油品装运场所等，可能由静电火花引起火灾；在具有爆炸性粉尘或爆炸性气体、蒸气的场所，如有煤粉、面粉、铝粉、氢气等的场所，可能由静电火花引起爆炸。

2）电击　静电造成的电击可能发生在人体接近带静电物质的时候，也可能发生在带电荷的人体接近接地体的时候，此刻人体所带静电可高达上万伏。静电电击的严重程度与带静电体储存的能量有关，能量越大，电击越严重；带静电体的电容越大或电压越高，则电击越严重。在生产工艺过程中产生的静电能量很小，所以由此引起的电击不会直接使人致命，但人体可能因电击坠落、摔倒，引起二次事故。此外，电击还能引起工作人员精神紧张，影响工作。

3）妨碍生产　静电会妨碍生产或降低产品质量。在纺织行业，静电使纤维缠结，吸附尘土，降低纺织品质量；在印刷行业，静电使纸线不齐，不能分开，影响印刷速度和印刷质量；在感光胶片行业，静电火花使胶片感光，降低胶片质量；在粉体加工行业，静电使粉体吸附于设备上，影响粉体的过滤和输送；静电还可能引起电子元器件的误动作，干扰无线电通信等。

2. 防静电措施

静电引起火灾和爆炸的必要条件如下所述。

☺ 静电的存在。

☺ 静电已达到放电的程度。

☺ 危险场所的存在。

☺ 可燃性物质的引燃能量很大或浓度已达到爆炸的极限。

因此，必须针对上述的基本条件采取减少静电的产生、引导和消散静电的存在、防止静电放电、控制可燃性物质或危险性混合物的浓度等有效的措施，以防止静电危害的发生。消除静电危害的措施大致有接地法、泄漏法、中和法、工艺控制法。

1）接地法 接地法是消除静电危害最简单的方法。接地主要用来消除导电体上的静电，不宜用来消除绝缘体上的静电。如果绝缘体上带有静电，将绝缘体直接接地反而容易发生火花放电。在有火灾和爆炸危险的场所，为了避免静电火花造成事故，应采取下列接地措施。

☺ 凡用来加工、储存、运输各种易燃液体、气体和粉体的设备、储存池、储存缸、产品输送设备、封闭的运输装置、排注设备、混合器、过滤器、干燥器、升华器、吸附器等都必须接地。如果袋形过滤器由纺织品类似物品制成，则可以用金属丝穿缝并予以接地。

☺ 厂区及车间的氧气、乙炔等管道必须连接成一个连续的整体，并予以接地。其他所有能产生静电的管道和设备，如空气压缩机、通风装置和空气管道，特别是局部排风的空气管道，都必须连接成连续的整体，并予以接地。若管道由非导电材料制成，则应在管外或管内绕以金属丝，并将金属丝接地。非导电管道上的金属接头也必须接地。

☺ 注油漏斗、浮动缸顶、工作站台等辅助设备或工具均应接地。

☺ 汽车油槽应带金属链条，链条的上端和油槽车底盘相连，另一端与大地接触。

☺ 在某些危险性较大的场所，为了使转轴可靠接地，可采用导电性润滑油或采用滑环、碳刷接地的方法。静电接地装置应当连接牢靠，并有足够的机械强度，可以同其他目的接地用一套接地装置。

2）泄漏法 采取增湿措施和采用抗静电添加剂，促使静电电荷从绝缘体上自行消散，这种方法称为泄漏法。

☺ 增湿。增湿就是提高空气的湿度。湿度对静电泄漏的影响很大。湿度增加，绝缘体表面电阻大大减小，导电性增强，加速静电泄漏。空气相对湿度如果保持在 70% 左右，可以防止静电的大量积累。

☺ 加抗静电添加剂。抗静电添加剂是特制的辅助剂，有的添加剂加入产生静电的绝缘材料以后，能增强材料的吸湿性或离子性，从而增强导电性能，加速静电泄漏；有的添加剂本身具有较好的导电性。

☺ 采用导电材料。对于易产生静电的机械零件，尽可能采用导电材料制作。在绝缘材料制成的容器内层，衬以导电层或金属网络，并予以接地；采用导电橡胶代替普通橡胶等，都会加速静电电荷的泄漏。

3）中和法　中和法是消除静电危害的重要措施。静电中和法是在静电电荷密集的地方设法产生带电离子，将该处静电电荷中和掉。静电中和法可用来消除绝缘体上的静电。可运用感应中和器、高压中和器、放射线中和器等装置消除静电危害。

4）工艺控制法　前面说到的增湿就是一种从工艺上消除静电危害的措施。不过，增湿不是控制静电的产生，而是加速静电电荷的泄漏，避免静电电荷积累到危险程度。在工艺上，还可以采用适当措施，限制静电的产生，控制静电电荷的积累。例如，用齿轮传动代替皮带传动，减少摩擦；降低液体、气体或粉尘物质的流速，限制静电的产生；保持传动带的正常拉力，防止打滑；灌注液体的管道通到容器底部或紧贴侧壁，避免液体冲击和飞溅等。

还有不属于以上四项措施的其他措施，例如，为了防止人体带上静电造成危害，工作人员可以穿抗静电工作服和工作鞋；采取通风、除尘等措施也有利于防止静电危害。

12.4　实践拓展：PLC 常见故障处理方法

一般来说，PLC 发生故障的可能性较小，大部分故障原因是接线松了，或者线接错了，或者继电器有故障等，也有 PLC 模块烧毁的情况，这时只能将 PLC 模块换掉。更换 PLC 模块时，一定要断电操作，否则，容易把好的模块烧毁，也可能会牵连到 PLC 处理器。如果确定是 PLC 故障，则按照以下方法处理。

（1）插上编程器，并将开关打到 RUN 位置，然后按下列步骤进行操作。

（2）如果 PLC 停止在某些输出被激励的地方，一般是处于中间状态，则查找引起下一步操作发生的信号（输入、定时器等），编程器会显示那个信号的 ON/OFF 状态。

（3）如果是输入信号问题，则将编程器显示的状态与输入模块的 LED 指示灯作比较。如果结果不一致，则更换输入模块。如果发现在扩展框架上有多个模块要更换，那么在更换模块之前，应先检查 I/O 扩展电缆和它的连接情况。

（4）如果输入状态与输入模块的 LED 指示灯一致，就要比较一下 LED 指示灯与输入装置（按钮、限位开关等）的状态。如果二者不同，则测量一下输入模块，若发现有问题，则需要更换 I/O 装置、现场接线或电源；否则，要更换输入模块。

（5）如果线圈没有输出或输出与线圈的状态不同，则用编程器检查输出的驱动逻辑，并检查程序清单。检查应从右到左进行，找出第一个不接通的触点。如果没有通的是输入，则按第（2）步和第（3）步检查该输入点；如果是线圈，则按第（4）步和第（5）步检查。

（6）如果信号是定时器，而且停在小于最大值的非零值上，则要更换 CPU 模块。

（7）如果该信号控制一个计数器，则首先检查控制复位的逻辑，然后是计数器信号，按上述第（2）步至第（5）步进行。

有一种简单的方法可以迅速判断是 PLC 故障还是电气设备的故障，就是采用短路法：将外连设备状态输入线断开，用一条导线将输入端口和公共线相连，这意味着给 PLC 一个接通的信号，如果 PLC 有显示，则 PLC 正常；反之为 PLC 故障。

思考与练习

（1）在有强烈干扰的环境下，可以采取什么样的可靠性措施？

（2）电缆的屏蔽层应该怎样接地？

（3）I/O 配线应该如何处理才能达到抗干扰的目的？

（4）供电系统如何提高可靠性？

（5）冗余控制有几种类型？

（6）防静电措施有哪几种方法？

第13章 基本控制实例

学习 PLC 的目的，最终是要把它应用到实际工程控制中去。对初学者来讲，往往不清楚如何着手设计一个控制系统；遇到了实际工程问题，需要采用 PLC 控制时，往往不知所措。本章主要结合一些工程实际基本控制实例，讲解和分析 PLC 控制系统的设计步骤、硬件选择、I/O 接口电路的设计、软件设计等知识，为进一步设计实际工程打下坚实基础。

13.1 工业机械手设计

工业机械手是近代自动控制领域中出现的一项新技术，并已成为现代机械制造生产系统中的一个重要组成部分，这种新技术发展很快，逐渐成为一门新兴的学科——机械手工程。机械手涉及力学、机械学、电气液压技术、自动控制技术、传感器技术和计算机技术等科学领域，是一门跨学科综合技术。

13.1.1 系统需求分析

1. 机械手的组成

工业机械手由执行机构、驱动机构和控制机构三个部分组成。常见的工业机械手根据手臂的动作形态，按坐标形式大致可以分为直角坐标型机械手、圆柱坐标型机械手、球坐标（极坐标）型机械手和多关节型机械手四种。其中，圆柱坐标型机械手结构简单紧凑，定位精度较高，占地面积小，因此本设计采用圆柱坐标型。图 13-1 是机械手搬运物品示意图，图中机械手的任务是将传送带 A 上的物品搬运到传送带 B 上。

在圆柱坐标型机械手的基本方案选定后，本设计用 3 个自由度就能完成所要求的机械手搬运作业，即手臂伸缩、手臂回转、手臂升降 3 个主要运动。手臂、立柱、手腕的运动均计为工业机械手的自由度，而手指的夹放动作不能改变被夹取工件的方位，故不计为自由度。

本设计机械手主要由 3 个大部件和 4 个气缸组成。

☺手部：采用一个直线气缸，通过机构运动实现手抓的夹放动作。

☺臂部：采用一个直线气缸来实现手臂伸缩运动。

☺机身：采用一个直线气缸和一个回转气缸来实现手臂升降和回转。

2. 机械手的动作流程

机械手动作流程示意图如图 13-2 所示。

机械手从原点开始动作，接到动作命令后，机械手主臂开始下降并张开夹爪；下降到下限位置时，下降动作停止；然后主臂开始伸出，到达工件的夹取位置时夹取工件；夹住工件

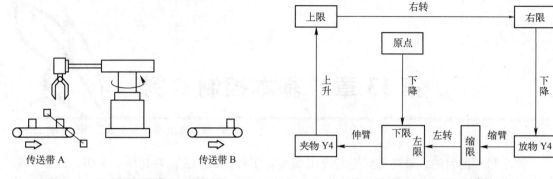

图 13-1　机械手搬运物品示意图　　　　图 13-2　机械手动作流程示意图

后主臂开始上升，上升到上限位置时，上升动作结束；然后主臂右转，转到右限位置时，右转动作停止；然后开始下降，下降到下限位置时，夹爪放开工件，把工件放到传送带 B 上；然后缩回主臂，缩到极限位置时开始左转，转到极限位置时，主臂又开始伸出去抓取工件，进入下一个循环。

13.1.2　系统硬件设计

由机械手动作流程可知，系统共需要 21 个输入点、9 个输出点，因此选择三菱 FX2N-48M 型 PLC，并由此可得到机械手 PLC 的 I/O 地址表，如表 13-1 所示。

表 13-1　机械手 PLC 的 I/O 地址表

输入设备	代号	输入地址编号	输入设备	代号	输入地址编号	输出设备	代号	输出地址编号
下限磁性开关	SQ1	X0	单步左转	SB4	X13	下降电磁阀	1DT	Y1
上限磁性开关	SQ2	X1	单步右转	SB5	X14	伸臂电磁阀	2DT	Y2
右限磁性开关	SQ3	X2	单步夹合	SB6	X15	右转电磁阀	4DT	Y3
左限磁性开关	SQ4	X3	单步张爪	SB7	X16	张爪电磁阀	5DT	Y4
缩限磁性开关	SQ5	X4	单步伸臂	SB8	X17	传送带 A	MA	Y5
伸限磁性开关	SQ6	X5	开始	SB0	X20	传送带 B	MB	Y6
光电开关	SQ7	X6	手动单步	SA2	X21	缩臂电磁阀	3DT	Y7
自动循环	SA1	X7	回原点	SA3	X22	报警器		Y10
停机	SB1	X10	接近开关	SQ8	X23	原点指示灯	EL	Y11
单步上升	SB2	X11	单步缩臂	SB9	X24			
单步下降	SB3	X12						

机械手 I/O 接线图如图 13-3 所示。

13.1.3　系统软件设计

机械手基本程序包括回原点程序、手动单步程序和自动循环程序，如图 13-3 所示。

把旋钮置于回原点程序模式，X22 接通，按下开始按钮，当满足 X1、X3、X4 闭合，并且 Y4 使夹爪闭合时，Y11 就会驱动指示灯亮，在控制面板上显示出。再把旋钮置于手动单步程序模式，则 X21 接通，其常闭触点打开，程序不跳转（CJ 为跳转指令，如果 X21 的常闭触点闭合，则 CJ 指令驱动，跳转到 P0 处），执行手动单步程序，之后，由于 X7 的常闭触点闭合，当执行 CJ 指令时，跳转到 P1 所指的结束位置。如果把旋钮置于自动循环程序模

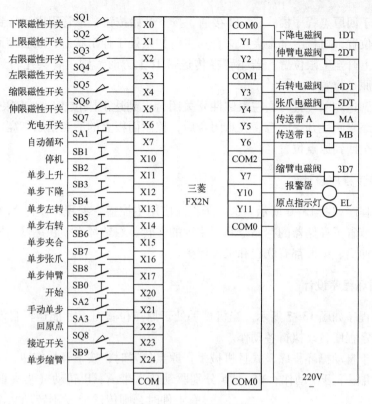

图 13-3　机械手 I/O 接线图

式，则 X22 的常闭触点闭合，X7 的常闭触点打开，程序执行时跳过手动单步程序，直接执行自动循环程序。

1. 回原点程序设计

回原点程序如图 13-5 所示。用 S10 ～ S13 作为回零操作元件。应注意，当 S10 ～ S13 用作回零操作时，在最后状态中在自我复位前应使特殊继电器 M8043 置 1。

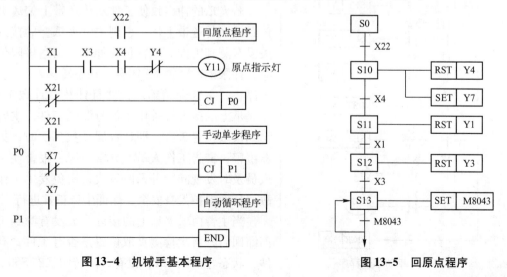

图 13-4　机械手基本程序　　　　　**图 13-5　回原点程序**

把旋钮置于回原点程序模式，X22 接通，按下开始按钮，不管程序运行到哪，不管机械手现在在什么位置，机械手都会夹爪夹合；主臂如果处于伸出状态，就会缩回；若主臂在下方，则主臂会上升至上限位置；若主臂在传送带 B 上方时，则主臂会左转到左限位置。各部分都会回到原点位置。

当机械手到达左限位置时，左限磁性开关闭合；到达上限位置时，上限磁性开关闭合；主臂缩回时，缩限磁性开关闭合；夹爪闭合后，控制面板上的原点指示灯亮，则说明机械手各部分已经完全回到原点位置。

2. 手动单步程序设计

手动单步程序如图 13-6 所示。这一子程序应用主控指令编程，使得 X21 同时控制多个输出的触点，节省了存储器的存储空间。主臂的左转、右转都必须在主臂缩回的状态下才能动作；主臂的伸出、缩回都有联锁和限位保护。

3. 自动循环程序设计

自动循环程序如图 13-7 所示。当机械手处于原点位置时，才能运行自动循环程序，机械手才能按预定程序自动执行各动作。

当旋钮置于自动循环程序模式且机械手在原点位置时，按下开始按钮，X20 接通，状态转移到 S20，机械手开始动作，Y5、Y6 分别驱动传送带 A、B 转动（当夹取工件的位置已有工件时，则传送带 A 不转动），Y1 驱动主臂下降，Y4 驱动夹爪张开，准备夹取工件，当到达下限位置时，下限磁性开关 X0 接通；当工件在夹取位置时，状态转移到 S21，而 S20 自动复位，S21 驱动 Y2 置位，驱动主臂向工件方向伸出，当夹爪到达工件时，接近开关 X23 接通；状态转移到 S22，主臂伸出停止且夹爪夹取工件，延时半秒使夹取动作充分完成，半秒后 T1 接通。

若夹爪的伸出致使工件从传送带上偏离夹取位置或从传送带上落下，则主臂夹爪上的接近开关没有测到工件，主臂仍在伸出，到达极限位置时，伸限磁性开关 X5 闭合，状态转移到 S50，伸出停止，主臂开始缩回，并且计数器计数 1 次，当夹爪上的接近开关由于没有测到工件，主臂伸出到极限位置 3 次，即计数器计数 3 次时，报警器报警，警告工作人员有异常情况。报警使工作人员及时发现问题并及时解决，避免发生工作事故，从而保护人身安全，保证生产正常进行。

当主臂由于夹爪上的接近开关没有测到工件而缩回后，再次检测夹取位置是否有工件，有工件，状态转回到 S21；没有，则转回状态 S50。

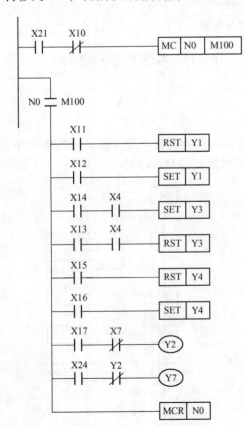

图 13-6 手动单步程序

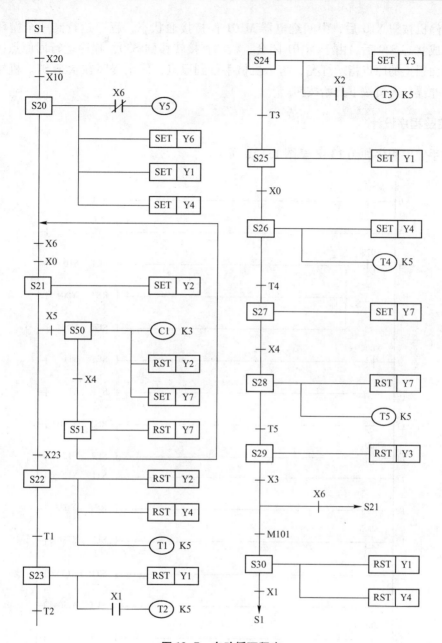

图 13-7 自动循环程序

当夹爪正常夹到工件后，半秒后 T1 接通；状态转移到 S23，主臂开始上升，当主臂上升到上限位置时，上限磁性开关 X1 闭合，半秒后 T2 接通；状态转移到 S24，立柱开始右转并带动主臂右转，到达右限位置时，右限磁性开关 X2 闭合，半秒后 T3 接通；状态转移到 S25，主臂开始下降，到达下限位置时，下限磁性开关 X0 闭合；状态转移到 S26，夹爪张开，放开工件，将工件放到传送带 B 上，半秒后 T4 接通；状态转移到 S27，主臂开始缩回，到达极限位置时，缩限磁性开关 X4 闭合；状态转移到 S28，回缩结束，半秒后 T5 接通；状态转移到 S29，主臂开始左转，到达左限位置时，左限磁性开关 X3 闭合，当夹取工件位置有工件时，即 X6 动作时，状态转回到 S21，主臂又一次伸出去夹取工件，进入下一个循环。

按下停机按钮 X10 后，中间继电器 M101 保持接通状态，程序运行到一个循环结束位置，即完成状态 S29 后，由于 M101 闭合，状态直接转移到 S30，程序运行回原点，到原点后，控制面板上的原点指示灯亮，指示机械手已到原点，停止程序在状态 S1。机械手也不动作，除非操作人员按下开始按钮。

4. 完整程序设计

机械手完整程序如图 13-8 至图 13-10 所示。

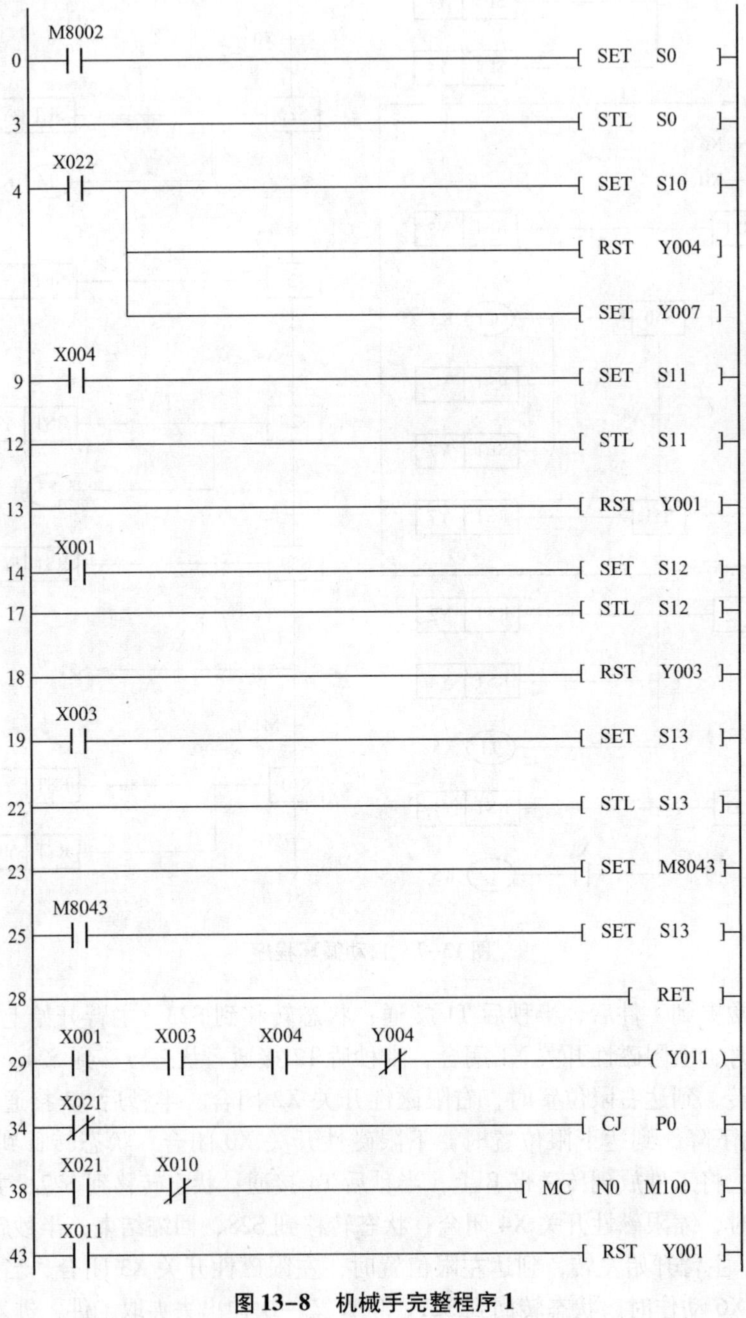

图 13-8　机械手完整程序 1

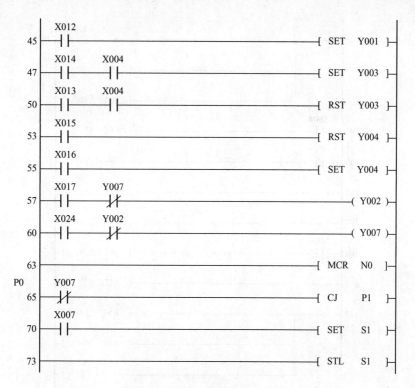

图 13-8 机械手完整程序 1（续）

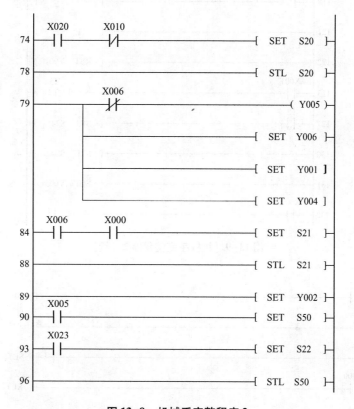

图 13-9 机械手完整程序 2

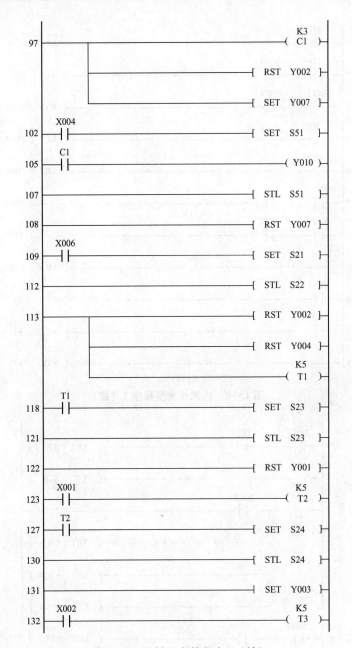

图 13-9 机械手完整程序 2（续）

图 13-10 机械手完整程序 3

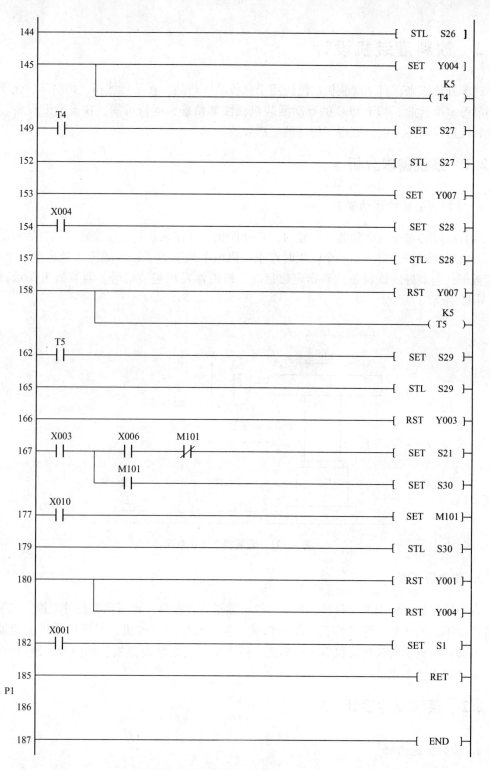

图 13-10 机械手完整程序 3 (续)

13.2 饮料灌装机设计

改革开放以来，自动灌装机广泛应用于化妆品、药品、食品、饮料、奶制品、化学品及家用品等多个行业。基于 PLC 的自动灌装机，性能精确，运行可靠，在改造旧设备、生产线及替代进口产品方面，取得了很好的经济效益。

13.2.1 系统需求分析

1. 饮料灌装机的运动要求

饮料瓶随传送带运动到灌装位置时，自动停止，并注入饮料，注完定量饮料后自动停止注入；饮料瓶随传送带运动一个间距时停止，机械手放上盖子；再随传送带运动一个间距，压紧盖子；当灌好的饮料瓶达到指定数目时，蜂鸣器发出包装信号。灌装机工作示意图如图 13-11 所示。

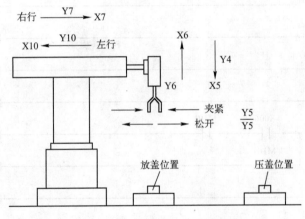

图 13-11 灌装机工作示意图

2. 传送带要求

皮带输送机可输送的物料种类繁多，既可输送各种散料，也可输送各种纸箱、包装袋等单件重量不大的件货，用途广泛，结构形式多样，有槽型皮带机、平型皮带机、爬坡皮带机、侧倾皮带机、转弯皮带机等多种形式。传送带上还可增设推板、侧挡板、裙边等附件，能满足各种工艺要求。

13.2.2 系统硬件设计

1. 动力传送选择

电动机的同步转速一般有 3000r/min、1500r/min、1000r/min、750r/min 等几种。一般来说，电动机的同步转速越高，磁极对数越少，外轮廓尺寸越小，价格越低；反之，转速越低，外轮廓尺寸越大，价格越高。当工作机转速高时，选用高速电动机比较经济；但若工作机转速较低也选用高速电动机，则这时总传动比增大，会导致传动装置的结构复杂，造价也高。所以，在确定电动机转速时，应全面分析，权衡选用。

$$异步电动机转子转速 = 磁场转速 \times (1 - 转差率)$$

$$磁场转速 = 3000 \div 磁极对数$$

一般的，异步电动机的转差率，空载时为 $0.004 \sim 0.007$，额定负载时（中小型电动机）为 $0.01 \sim 0.07$。在本设计中根据饮料灌装机的要求，其同步速度为 1000 r/min 即可。

根据灌装流水线的要求，采用拨盘、槽轮机构来实现传送带的间歇运动。槽轮机构示意图如图 13–12 所示。最终确定传送带轮的直径 D 为 260mm，槽轮转 1/4 周饮料瓶移动一个间距，两个相邻饮料瓶间的距离为 $\frac{1}{4}\pi D$。

选定电动机的同步转速为 1000r/min，实际转速大约为 $930 \sim 980$r/min，槽轮转速大约为 5rad/min，两者传动比 $i = 200$，选用带传动及蜗轮、蜗杆传动来实现。动力传送机构示意图如图 13–13 所示。

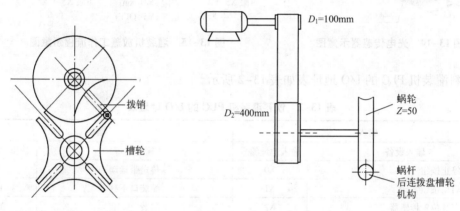

| 图 13–12　槽轮机构示意图 | 图 13–13　动力传送机构示意图 |

2. 传感器选择

光电传感器是采用光电元件作为检测元件的传感器。它首先把被测量物的变化转换成光信号的变化，然后借助光电元件进一步将光信号转换成电信号。光电传感器一般由光源、光学通路和光电元件三个部分组成。光电检测方法具有精度高、反应快、非接触等优点，而且可测参数多，传感器的结构简单，形式灵活多样，因此光电传感器在检测和控制中应用非常广泛。本设计采用的是遮断型的光电传感器 HG-GF41-ZNKB，如图 13–14 所示。

3. 行程开关选择

行程开关又称限位开关或位置开关。它是一种根据运动部件的行程位置而切换电路工作状态的控制电器。行程开关的动作原理与控制按钮相似。在机床设备中，事先将行程开关根据工艺要求安装在一定的行程位置上，在运行过程中，装在部件上的撞块压下行程开关顶杆，使行程开关的触点动作而实现电路的切换，达到控制运动部件行程位置的目的。本设计选用 LX10-31/32 型号的行程开关。

4. I/O 分配

灌装机放盖工作流程示意图如图 13-15 所示。

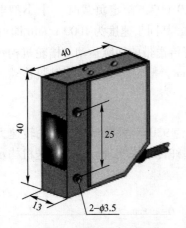

图 13-14　光电传感器示意图

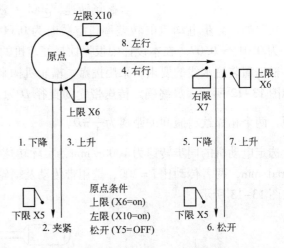

图 13-15　灌装机放盖工作流程示意图

饮料灌装机 PLC 的 I/O 地址表如表 13-2 所示。

表 13-2　饮料灌装机 PLC 的 I/O 地址表

输入		输出	
输入设备	输入地址编号	输出设备	输出地址编号
停止按钮	X0	传送带运动	Y0
启动按钮	X1	灌装口下移	Y1
灌装位置传感器	X2	灌装	Y2
灌装口下移到位行程开关	X3	灌装口上移	Y3
灌装口上移到位行程开关	X4	机械手下降	Y4
机械手下限行程开关	X5	夹紧	Y5
机械手上限行程开关	X6	机械手上升	Y6
机械手右限行程开关	X7	机械手右行	Y7
机械手左限行程开关	X10	机械手左行	Y10
放盖位置传感器	X11	压头下移	Y11
压盖位置传感器	X12	压头压紧	Y12
压头下限行程开关	X13	压头上移	Y13
压头初始位置行程开关	X14	蜂鸣器报警	Y14
传感器	X15		

13.2.3　系统软件设计

1. 灌装程序设计

灌装程序如图 13-16 所示。饮料瓶随传送带运动到指位置 1 时停止，光电传感器 X2 检测到饮料瓶的存在，发出可以灌装信号，灌装机的灌装口下移，到指定位置 2 时，行程开关 X3 发出停止信号，灌装口停止下移，开始灌装，同时定时器 T0 开始计时，到设定时间后，饮料灌装完毕，定时器的延时断开触点断开停止灌装，延时闭合触点闭合灌装口上移，到指定位置 3 时，行程开关 X4 发出停止信号，灌装口停止上移，传送带带着饮料瓶重新开始运动。

传感器 X2 用来检查饮料瓶是否到位，行程开关 X3 用来确定灌装口下移的位置及发出开始灌装的命令，行程开关 X4 用来确定饮料灌装完毕后灌装口上移的位置。

2. 放盖程序设计

放盖程序如图 13-17 所示。灌入饮料的饮料瓶随传送带移动一个间距后停止，传感器 X11 检测到饮料瓶的存在，发出放盖信号，机械手下降，到指定位置触动行程开关 X5，机械手停止下降，取盖夹紧，定时器 T1 延时 10s 后，机械手上升，到指定位置触动行程开关 X6，机械手停止上升开始右行，到指定位置触动行程开关 X7，机械手停止右行开始下降，到指定位置触动行程开关 X5，机械手松开放盖，定时器 T2 延时 10s 后，机械手上升→左行→回到原点。

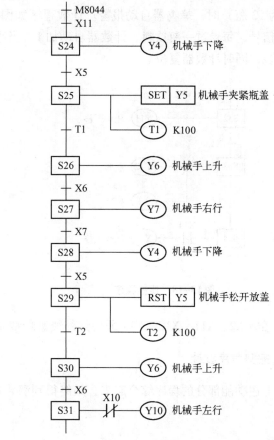

图 13-16　灌装程序　　　　　图 13-17　放盖程序

传感器 X11 用来检查灌装好的饮料瓶是否到位，行程开关 X5 用来确定机械手下降的位置，行程开关 X6 用来确定机械手上升的位置，行程开关 X7 用来确定机械手右行的位置，行程开关 X10 用来确定机械手左行的位置。定时器 T1、T2 是为了保证机械手能可靠地夹紧或放开瓶盖。

3. 压盖程序设计

压盖程序如图 13-18 所示。放好盖的饮料瓶随传送带移动一个间距后，自动停止，传感器 X12 检测到饮料瓶的存在，压盖装置的压头下移，到指定位置触动行程开关 X13，压头停止下移，压头保持位置压紧瓶盖，同时定时器 T3 开始计时，2s 后压头回到原位。

传感器 X12 用来检查放好盖的饮料瓶是否到位，行程开关 X13 用来确定压头下移到设定位置。压头停止下移后用定时器 T3 来控制压头 2s 后才开始复位，主要是为了确保饮料瓶压盖合格。行程开关 X14 用来限定压头的初始位置。

4. 计数程序设计

为了方便包装，该生产线设计了自动报警装置。当进入包装区的饮料瓶达到规定数目（一般为 12 瓶）时，蜂鸣器自动报警。计数程序如图 13-19 所示。传感器 X15 用来提供计数输入信号，每走过一瓶饮料，计数器自动加 1，当达到规定数目时，蜂鸣器报警提醒包装人员包装，同时计数器复位。

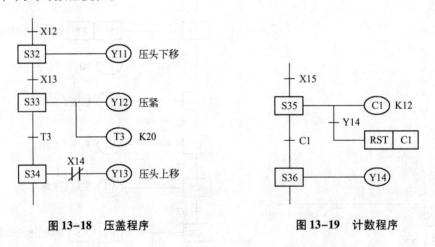

图 13-18　压盖程序　　　　　　　图 13-19　计数程序

传感器 X2、X11、X12、X15 采用红外线遮断型光电传感器。

5. 完整程序设计

将上述功能部分的程序综合起来，最终得到灌装机完整程序，如图 13-20 所示。

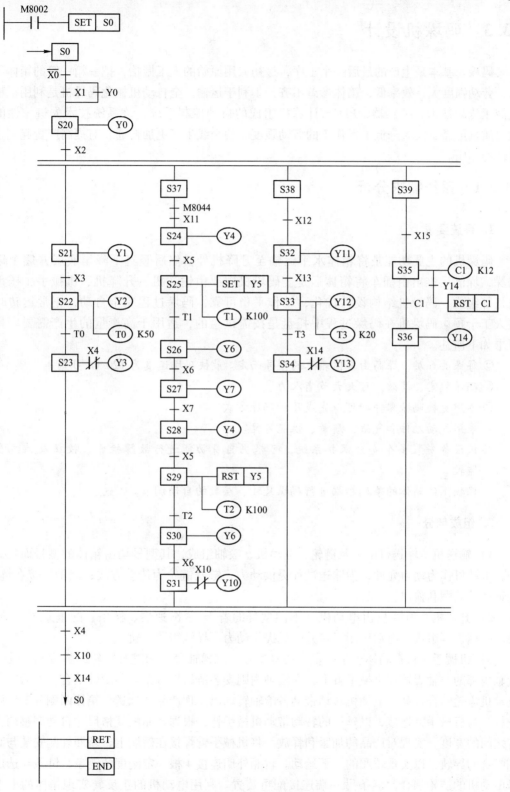

图 13-20 灌装机完整程序

13.3　码垛机设计

码垛，基本是生产的最后一个工序，最初采用原始的人工搬抬，把一箱一箱的箱体码起来，劳动强度大，效率低，箱体参差不齐，不利于运输。全自动机械化码垛机是利用机械及气液压传动技术、传感器、PLC、计算机组成的自动控制系统，该系统技术先进，性能稳定，质量可靠，大大降低了操作工的劳动强度，使全线生产更加畅通，对提高产量起到了关键性的作用。

13.3.1　系统需求分析

1. 系统要求

码垛机的主要功能是将箱体水平运输至升降机处，然后竖直下降至底层并逐个进行码垛，垛满后推出由插车将箱体运走。码垛机主要由输送机、升降机、机械手、托盘输送机等组成。码垛机结构设计优化，动作平稳可靠，码垛过程完全自动，正常运转时无须人工干预。码垛机在码垛过程中托盘是按需供给的，适用于高产量的生产需要。具体要求如下所述。

☺ 每垛共 6 层，垛高由具体箱体的型号而定。最快码垛速度为 120 台/小时。

☺ 码垛稳定、高效，可大大节省人力。

☺ 不用更换码垛零件即可以完成几种码垛方式。

☺ 采用气动元件和气缸，质量、性能可靠。

☺ 该设备安装多个安全保护系统，可根据自身功能进行故障检索、校正及系统自动监控。

☺ 根据下线箱体的条码扫描进行码垛尺寸、层数的自动调节。

2. 组成部分

1）输送机　输送机由链及链轮、电动机、滚轴组成，其型号均由箱体的型号而定。其中，电动机作为动力元件，为输送过程提供动力；链及链轮为传动方式；滚轴连接在链上，保证产品的顺利输出。

2）升降机　升降机由电动机（不同型号的若干）、减速器、链条、配重系统、导轨、轿厢、挡板等组成。电动机用于对升降机提供动力。导轨用凹导轨。

3）机械手　根据箱体载重确定电动机型号、阶梯轴尺寸和链及链轮的强度及尺寸。把滚轴内部的心轴焊接在机械手臂上，在滚轴内则安装链齿用链条与各滚轴啮合，然后链条与电动机齿轮啮合，利用电动机转动带动各滚轴转动以实现产品的运送。箱体两侧各安装两根丝杠，与机械手臂连接，以丝杠的转动带动机械手臂，根据产品的规格尺寸自动调整两只手臂之间的宽度，实现对产品的加紧和释放。将机械手臂焊接在轿厢上，轿厢外侧安装与高架相配合的导轨，以实现轿厢的上下运动。轿厢外侧连接 4 根一定刚度的链条，链条与选定型号电动机的链轮啮合，链条另一端连接配重装置。利用电动机的正反转实现箱体的上下动作。根据高架的高度在轿厢上安装位置传感器，以测定轿厢下降一定高度后自动停止。各电动机的输入与控制的 PLC 连接，编程控制各电动机的启动、停止与正反转，实现轿厢的上下和机械手臂的夹紧与释放。

4）托盘输送机　气缸的型号由托盘及支架的重量确定，支架系统由滚轴、丝杠、电动机构成，通过电动机带动丝杠运转从而带动支架的加紧与松放，用气缸带动支架系统的上下动作达到托盘的输送。各电动机的启动及气缸的运动均由 PLC 控制系统控制。

13.3.2　系统硬件设计

1. 动力控制部分选择

根据要求所选择的电气元器件共分为以下四类。

（1）输送电动机 M1、自动调宽电动机 M3、机械手滚筒电动机 M4、升降机 M5、箱体输出电动机 M7、托盘机械手电动机 M8。

（2）推正装置气源电动机 M2。

（3）光电传感器 SQ1、压力传感器 SQ3 和 SQ5、位置传感器 SQ6。

（4）推正装置三位四通换向阀 YV21 和 YV22、安全保护装置二位三通换向阀 YV41 和 YV42、卸料装置三位四通换向阀 YV71 和 YV72、托盘提升装置三位四通换向阀 YV81 和 YV82。

2. 位置传感器选择

根据要求码垛机每次码垛箱体 6 个，码垛的层数不同，升降机下行的位置也不同，所以采用位置传感器控制升降机的位置。选择合适的卸料装置卸料后，当箱体上行到高层原位时选用限位开关，控制升降机停止在原位，等待下一次码垛。直线位置传感器以电感式位移传感器最为常用，工作原理比较简单，且满足码垛机上下运动的要求。

3. 限位开关选择

限位开关主要用于检测工作机械位置，发出命令以控制其运动或行程，它利用生产机械运动部件碰压而使触点动作。常用的限位开关有 LX19、LX13、LX32、LX33 等，新型 SE3 系列限位元开关的额定工作电压为 500 V，其机械电气寿命比常规限位开关更长，所以选用 SE3 限位开关。

4. PLC 选择及 I/O 分配

根据码垛机工作过程可知，PLC 控制系统的输入信号共有 8 个，其中启动、停止按钮各 1 个，传感器信号输入模拟量共 5 个，限位开关 1 个。PLC 控制系统的输出信号有 17 个。因此，控制系统选用 FX2N-40M-001 型 PLC，I/O 点数各为 20 个，可以满足要求且留有一定的裕量。

将输入信号、输出信号按各自的功能类型分配并与 PLC 的 I/O 点一一对应，编排地址。码垛机 PLC 的 I/O 地址表如表 13-3 所示。

码垛机 I/O 接线图如图 13-21 所示。

表 13-3 码垛机 PLC 的 I/O 地址表

输入			输出		
输入设备代号	输入地址编号	功能说明	输出设备代号	输出地址编号	功能说明
SB1	X0	启动	KM3	Y5	箱体送入
扫描信号	X1	判断箱体	KM4	Y6	升降机下降
SQ1	X2	光电信号	KM5	Y7	机械手放松
SQ3	X3	压力信号	YV71	Y10	卸料气缸推出
SQ5	X4	压力信号	KM6	Y11	升降机上升
SQ6	X5	位移信号	KM7	Y12	机械手夹紧
SB3	X6	上升停止	YV72	Y13	卸料气缸返回
SB2	X7	停止	YV81	Y14	托盘提升
输出			KM8	Y15	机械手夹紧
输出设备代号	输出地址编号	功能说明	KM9	Y16	箱体输出
KM1	Y0	机械手原位	KM10	Y17	托盘送入
KM2	Y2	自动调整宽度	YV82	Y20	托盘下降
YV21	Y3	气缸推正	KM11	Y21	机械手放松
YV22	Y4	推正返回			

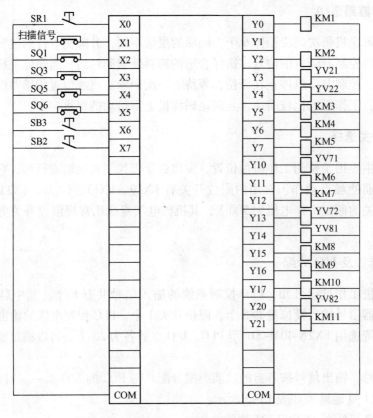

图 13-21 PLC 外部接线原理图

13.3.3 系统软件设计

由于整个生产线工作过程是顺序动作的，每一步工艺均是在前一步动作完成的基础上再进行下一步操作的，所以控制程序采用步进顺序控制指令方法编程，此外机械设备必须要在原位状态下才能启动。码垛机工作原理框图如图 13-22 所示。

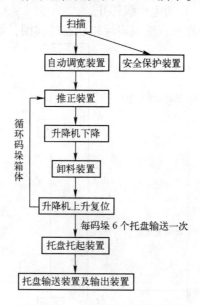

图 13-22 码垛机工作原理框图

生产线控制启动前要求如下。

（1）先将气泵启动，待压力达到整定值后，分别在气阀的两头加上 24V 电压，观察各气动装置、输送机、升降机、托盘输送机等电动机运转是否正常。

（2）检查各部分接口电路连线是否正常。

（3）码垛机控制柜上电，启动安全保护装置。

用 PLC 控制码垛机的动作要求如下。

（1）机械手处于原点位置，按下启动按钮 SB1，码垛机自动控制启动。

（2）箱体到达包装线被扫描仪扫描并发出信号时，机械手根据箱体大小在时间量的控制下自动调整宽度。

（3）箱体到达将要被送入机械手时，光电开关 SQ1 感测到箱体的位置发出信号，推正装置气缸推出。

（4）箱体正位后触发压力传感器 SQ3 发出信号，推正装置气缸返回，同时电动机动作将箱体送入。

（5）箱体到达适当位置时，触发压力传感器 SQ5，停止输送，升降机下降。

（6）位移传感器 SQ6 发出信号，下降结束，卸料装置的机械手和气缸放松、推出。

（7）在时间量的控制下，卸料装置的机械手和气缸返回原位自动停止，同时升降机上升，当压下位置开关 SE3 时停止，等待下次扫描信号，与此同时计数器计数。

（8）当计数累积为 6 时，计数器动作，托盘气动提升装置上升，机械手在时间量的控制下夹紧。

（9）在时间量的控制下上升到一定位置时，动作结束，箱体输出电动机及托盘输送装置动作。

（10）在时间量的控制下动作停止，托盘气动提升装置返回。

（11）在时间量的控制下，动作结束，机械手放松。

（12）在时间量的控制下，动作结束，等待下次信号。

（13）按下停止按钮 SB2，自动生产线停止。

根据码垛机的组成和工作原理，编制码垛机状态转移图，如图 13-23 所示。

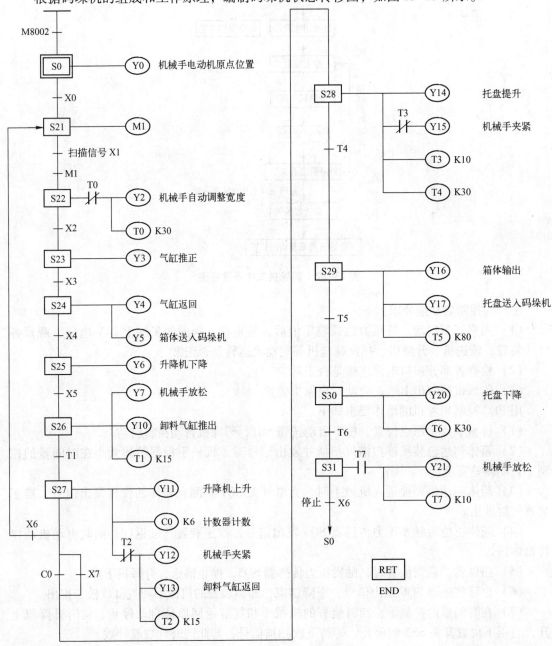

图 13-23　码垛机状态转移图

13.4　某机车厂抬车机控制系统设计

13.4.1　系统需求分析

某机车厂准备改造原有的抬车机系统，4 台一组，要求每组抬车机运动速度为 2.4mm/s，运动过程中 4 台机器高度误差不得超过 3mm，最大抬升高度为 1700mm，每台最大起重重量为 20t。

13.4.2　系统硬件设计

1. 电动机选择

考虑到成本问题，放弃伺服电动机方案，采用普通三相交流笼型异步电动机作为拖动电动机。经过计算，最终选用 2.2kW 四极电动机，转速约为 1400rad/min，配以 1∶120 的减速箱，丝杠螺距为 12mm。

2. 速度检测

由于运动精度要求较高，普通三相交流笼型异步电动机本身存在较大的转速误差，无法满足控制要求。因此，必须实时检测、调整电动机的运行速度，从而形成闭环控制，才能满足控制要求。为此，特加工了 4 个码数为 144 的码盘作为速度检测元件安装在丝杠上，这样丝杠每旋转一圈，通过光电开关产生 144 个脉冲信号，只要 4 个码盘的脉冲信号数量误差不超过 144/4 个，抬车机的高度误差就不会超过 3mm。

3. 变频器调速

控制过程中需要通过脉冲数量反映出的转速差值实时调整电动机的转速，最方便实现的调速方案是采用变频器调速。由于变频器的外部信号端口只能接收电压或电流等模拟量，因此需要利用 D/A 转换模块将脉冲数量转换成电压或电流信号。

出于成本考虑，将 4 台抬车机电动机中的 1 号电动机作为基准电动机，采用工频定频控制，其余 3 台采用变频器控制。由于需要 3 路模拟信号输出，因此选用三菱 FX2N-4DA 模块。

4. I/O 分配

由于起重吨位较大，出于生产安全考虑加装了一些保护报警措施。抬车机控制系统 PLC 的 I/O 地址表如表 13-4 所示。

表 13-4　抬车机控制系统 PLC 的 I/O 地址表

输入地址编号	输入设备代号	动作功能	输出地址编号	输出设备代号	动作功能
X1	SQ1-6	1 号码盘	Y4	HL5	1 号故障报警
X2	SQ2-6	2 号码盘	Y5	HL6	2 号故障报警

输入地址编号	代号输出设备	动作功能	输出地址编号	输出设备代号	动作功能
X3	SQ3-6	3 号码盘	Y6	HL7	3 号故障报警
X4	SQ4-6	4 号码盘	Y7	HL8	4 号故障报警
X10	SB0	复位	Y10	KM1	1 号正转上升
X13	SQ1-1	1 号上限位	Y11	KM2	1 号反转下降
X14	SQ1-2	1 号下限位	Y20	U2-STF	2 号正转上升
X17	SQ1-5	1 号防倾斜	Y21	U2-STR	2 号反转下降
X23	SQ2-1	2 号上限位	Y30	U3-STF	3 号正转上升
X24	SQ2-2	2 号下限位	Y31	U3-STR	3 号反转下降
X27	SQ2-5	2 号防倾斜	Y40	U4-STF	4 号正转上升
X33	SQ3-1	3 号上限位	Y41	U4-STR	4 号反转下降
X34	SQ3-2	3 号下限位			
X37	SQ3-5	3 号防倾斜			
X43	SQ4-1	4 号上限位			
X44	SQ4-2	4 号下限位			
X47	SQ4-5	4 号防倾斜			
X20	SB1	上升启动			
X30	SB2	下降启动			

13.4.3　系统软件设计

抬车机控制系统程序如图 13-24 至图 13-27 所示。

1. 报警监视程序设计

图 13-24 为报警监视程序，分别监视抬车机的上限位、下限位、抬臂倾斜、同步误差超限等故障，并分别报警。

2. FX2N-4DA 设置程序设计

图 13-25 为 FX2N-4DA 设置程序，将输出设置成电流输出，并且修正增益值，具体设置参考第 10 章中相关内容，在此不再赘述。程序中，D24、D34、D44 分别存放输出模拟电压值对应的数值。

3. 计数运算程序设计

图 13-26 为计数运算程序。通过 PLC 的 X1、X2、X3、X4 输入口分别输入 4 台电动机码盘的计数值，由于计数频率较高，普通计数器可能出现计数错误的现象，因此选用 C236 ～ C239 这 4 个高速计数器分别记录 4 台电动机码盘的数值。以第 1 台电动机的计数值作为基

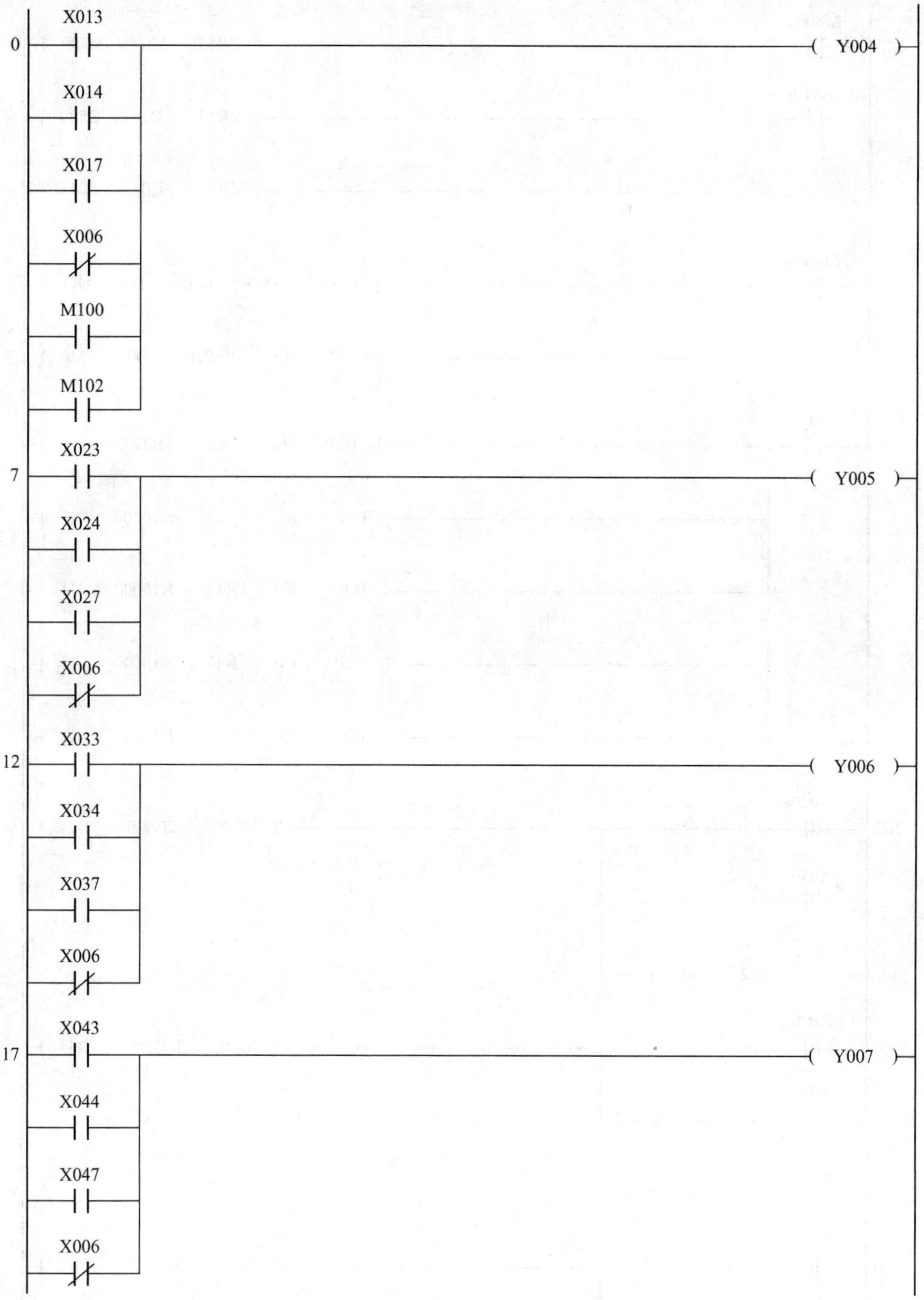

```
     X013
0    ─┤├─────────────────────────────────────────( Y004 )
     X014
     ─┤├─
     X017
     ─┤├─
     X006
     ─┤/├─
     M100
     ─┤├─
     M102
     ─┤├─
     X023
7    ─┤├─────────────────────────────────────────( Y005 )
     X024
     ─┤├─
     X027
     ─┤├─
     X006
     ─┤/├─
     X033
12   ─┤├─────────────────────────────────────────( Y006 )
     X034
     ─┤├─
     X037
     ─┤├─
     X006
     ─┤/├─
     X043
17   ─┤├─────────────────────────────────────────( Y007 )
     X044
     ─┤├─
     X047
     ─┤├─
     X006
     ─┤/├─
```

图 13-24　抬车机控制系统程序 1

准，将记录的其余 3 台电动机的数值进行减法处理，得到实时的转速差值，然后送到模拟量转换数据存储器与预设值进行叠加，最后将计算后的数值通过 D/A 口输出到变频器的外部控制端子，从而调节电动机的转速。

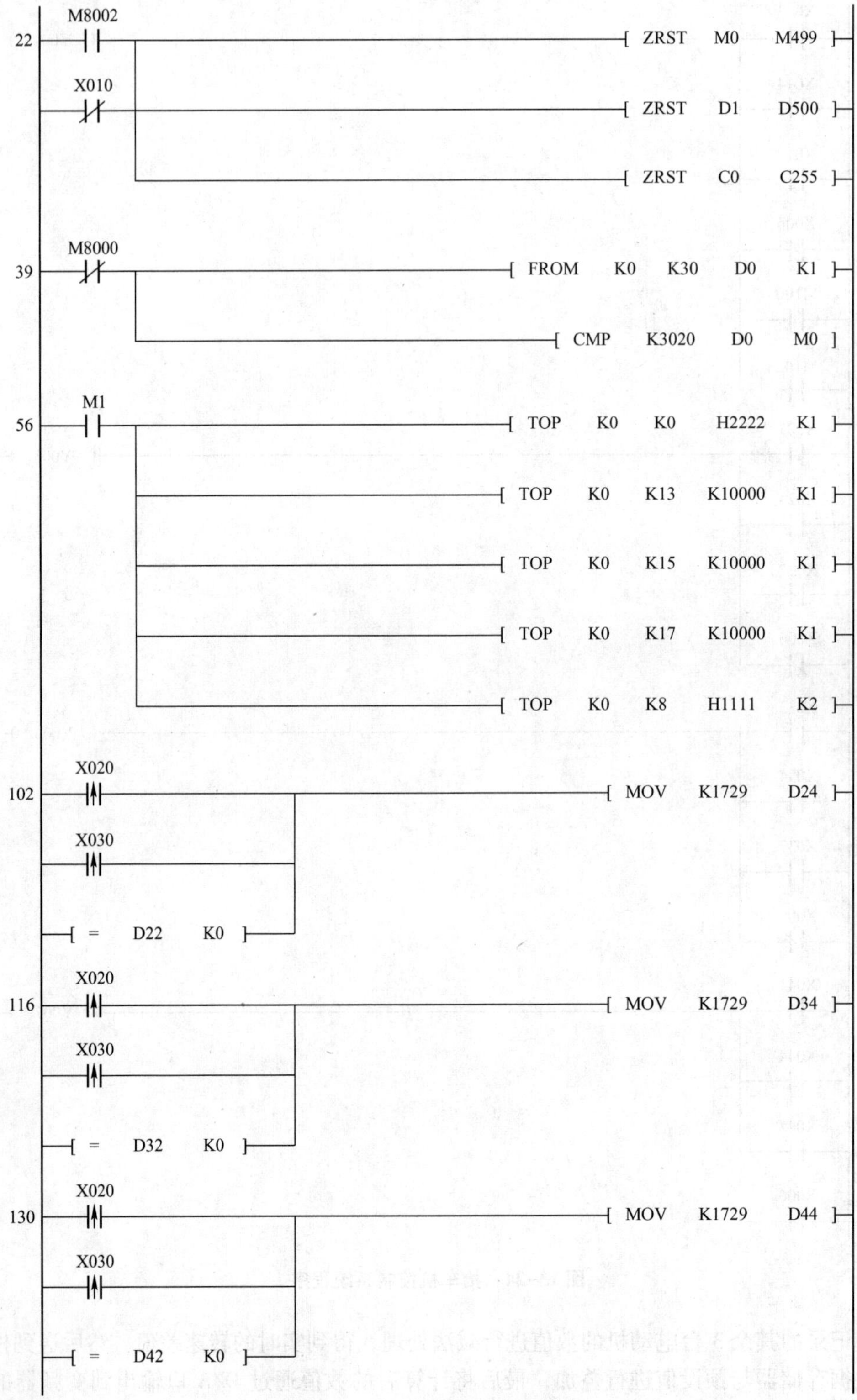

```
     M8002
22   ├─┤ ├──────────────────────────────────────────[ ZRST   M0     M499 ]
     X010
     ├─┤/├──────────────────────────────────────────[ ZRST   D1     D500 ]

                              ─────────────────────────[ ZRST   C0     C255 ]

     M8000
39   ├─┤/├──────────────────────────────────────────[ FROM   K0    K30    D0     K1 ]

                              ─────────────────────────[ CMP    K3020  D0     M0 ]

     M1
56   ├─┤ ├──────────────────────────────────────────[ TOP    K0    K0     H2222  K1 ]

                              ─────────────────────────[ TOP    K0    K13    K10000 K1 ]

                              ─────────────────────────[ TOP    K0    K15    K10000 K1 ]

                              ─────────────────────────[ TOP    K0    K17    K10000 K1 ]

                              ─────────────────────────[ TOP    K0    K8     H1111  K2 ]

     X020
102  ├─↑├────────────────────────────────────────────[ MOV    K1729  D24 ]
     X030
     ├─↑├──────────────┐
                       │
     ┤= D22  K0├───────┘

     X020
116  ├─↑├────────────────────────────────────────────[ MOV    K1729  D34 ]
     X030
     ├─↑├──────────────┐
                       │
     ┤= D32  K0├───────┘

     X020
130  ├─↑├────────────────────────────────────────────[ MOV    K1729  D44 ]
     X030
     ├─↑├──────────────┐
                       │
     ┤= D42  K0├───────┘
```

图 13-25 抬车机控制系统程序 2

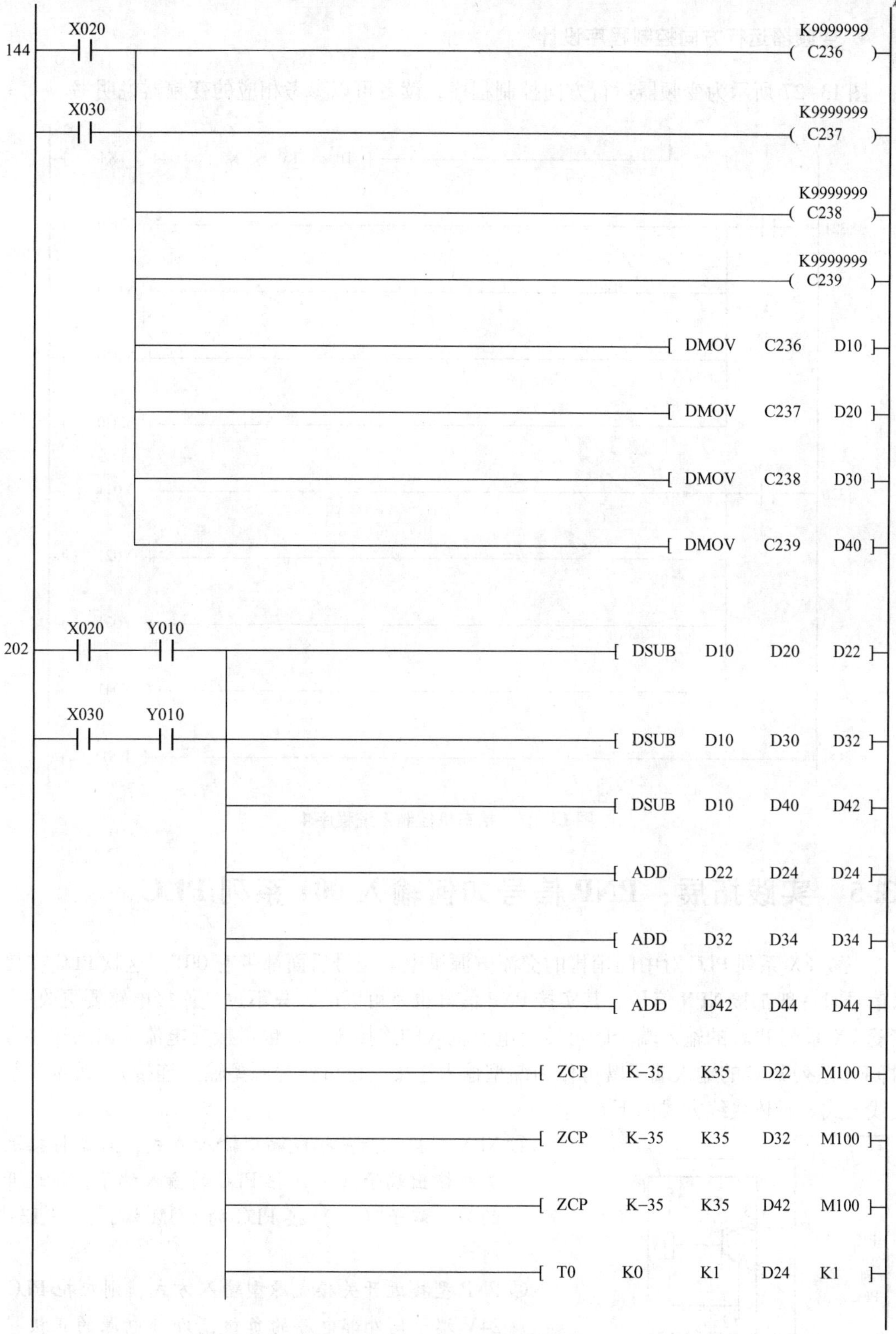

图 13-26 抬车机控制系统程序 3

4. 变频器运行方向控制程序设计

图 13-27 所示为变频器运行方向控制程序，读者可以参考相应的变频器说明书。

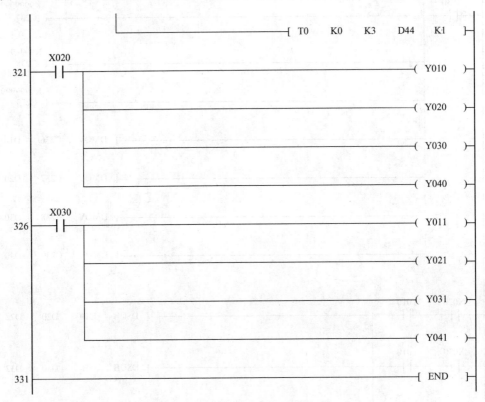

图 13-27　抬车机控制系统程序 4

13.5　实践拓展：PNP 信号如何输入 001 系列 PLC

三菱 FX 系列 PLC 对中国销售的交流电源供电的型号后面都带有 001，这款 PLC 在接输入信号时一般都接 NPN 信号。其实接 PNP 信号也是可以的，只不过是连接电路要更改一下。三菱 FX 系列 PLC 的输入端子既可接受电流输入的连接方式，也可接受电流输出的连接方式（即 FX 系列 PLC 的输入端子既可作为漏型输入连接，也可作为源型输入连接），关键要掌握接线方式。具体接线方式如下。

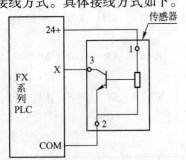

图 13-28　NPN 型传感器接线示意图

☺NPN 型接近开关接成漏型输入方式，只需将接近开关的输出端子（＋）接 PLC 的输入端子，接近开关的另一端子（－）接 PLC 的 COM 端，如图 13-28 所示。

☺PNP 型接近开关接成源型输入方式，则应把 PLC 的 24V 端子接外部电源的负极，外部电源的正极接接近开关的＋端子，接近开关的另一端子（－）则接 PLC 的输入端子，如图 13-29 所示。

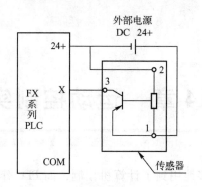

图 13-29　PNP 型传感器接线示意图

 思考与练习

（1）设计冲床控制系统。某冲床工作示意图如图 13-30 所示。在初始状态时，机械手在最左边，X0 接通；冲头在最上面，X3 接通；机械手松开，Y0 断开。按下启动按钮 X4，Y0 接通，工件被夹紧并保持，1s 后，Y1 接通，机械手右行，碰到行程开关 X1 后，将顺序完成以下动作：冲头下行，冲头上行，机械手左行，机械手松开，系统最后返回初始状态。

试设计系统 I/O 接线图并设计程序。

（2）设计钻床控制系统。某专用钻床用来加工圆盘状零件上均匀分布的 6 个孔，操作人员放好工件后，按下启动按钮 X0，Y0 变为 ON，工件被夹紧，夹紧后压力继电器 X1 为 ON，Y1 和 Y3 使两个钻头同时开始工作，钻到由限位开关 X2 和 X4 设定的深度时，Y2 和 Y4 使两个钻头同时上行，升到由限位开关 X3 和 X5 设定的起始位置时停止上行，两个都到位后，Y5 使工件旋转 60°，旋转到位时，X6 为 ON，同时设定值为 3 的计数器 C0 的当前值加 1，旋转结束后，又开始钻第 2 对孔；3 对孔都钻完后，计数器的当前值等于设定值 3，Y6 使工件松开，松开到位时，限位开关 X7 为 ON，系统返回初始状态。

试设计系统 I/O 接线图并设计程序。

（3）设计一个用 PLC 控制的数字电子钟，左边两位为小时（00～23），右边两位为分钟（00～59），中间为两个 LED，模拟秒显示。试设计系统 I/O 接线图并设计程序。

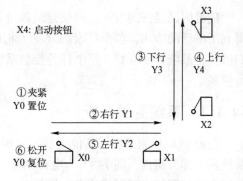

图 13-30　冲床工作示意图

第 14 章　运动控制实例

现代工业控制中越来越多地用到了计算机控制，而 PLC 作为工业控制计算机的衍生产品得到了广泛的应用。由于在与特殊模块配合使用之后能够处理广泛类型的信号，而且响应时间也大大缩短，因此在运动控制中使用 PLC 尤为便利。

14.1　电梯控制系统设计

随着国民经济的发展，高层建筑数量越来越多，电梯作为必不可少的高层建筑配套设施得到了广泛的应用。各个厂家都开发了相应的电梯 PLC 控制系统，工作原理基本相同，我们以三菱系统为例介绍 5 层电梯的控制系统。多层电梯控制原理相同，读者可以根据需要自行扩展。

14.1.1　系统需求分析

电梯 PLC 控制系统和其他类型的电梯控制系统一样，主要由信号控制系统和拖动控制系统两个部分组成。图 14-1 为电梯 PLC 控制系统的基本结构图，主要硬件包括 PLC 主机及扩展、机械系统、轿厢操作盘、厅外呼梯盘、指层器、门机、调速装置与主拖动系统等。系统控制核心为 PLC 主机，操作盘、呼梯盘、井道及安全保护等信号通过 PLC 输入接口送入PLC，通过程序控制向拖动系统发出信号。

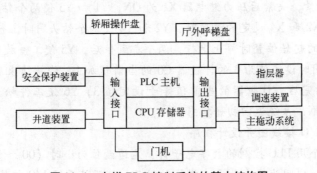

图 14-1　电梯 PLC 控制系统的基本结构图

1. 电梯的主要组成部分

1）曳引部分　曳引部分通常由曳引机和曳引钢丝绳组成。电动机带动曳引机旋转使轿厢上下运动。

2）轿厢和厅门　轿厢由轿架、轿底、轿壁和轿门组成。厅门一般有封闭式、中分式、双折式、双折中分式和直分式等。

3）电气设备及控制装置　电气设备及控制装置由选层器传动及控制柜、轿厢操作盘、厅外呼梯盘、指层器等组成。

4）其他装置

2. 电梯的安全保护装置

1）电磁制动器　装于曳引机轴上，一般采用直流电磁制动器，启动时通电松闸，停层后断电制动。

2）强迫减速开关　分别装于井道的顶部和底部，当轿厢驶过端站换速未减速时，轿厢上的撞块就触动此开关，通过电气传动控制装置，使电动机强迫减速。

3）限位开关　当轿厢经过端站平层位置后仍未停车时，此限位开关立即动作，切断电源并制动，强迫停车。

4）行程极限保护开关　当限位开关不起作用，轿厢经过端站时，此开关动作。

5）急停按钮　装于轿厢操作盘上，发生异常情况时，按此按钮切断电源，电磁制动器制动，电梯紧急停车。

6）厅门开关　每个厅门都装有门锁开关，仅当厅门关上时才允许电梯启动；在运行中若出现厅门开关断开，则电梯立即停车。

7）关门安全开关　常见的是装于轿厢门边的安全触板，在关门过程中，当安全触板碰到乘客时，发出信号，门机停止关门，反向开门，延时重新关门。此外，还有红外线开关等。

8）超载开关　当超载时轿底下降开关动作，电梯不能关门和运行。

9）其他开关　包括安全窗开关、钢带轮的断带开关等。

电梯信号控制基本由 PLC 软件实现。电梯 PLC 信号控制系统图如图 14-2 所示。输入 PLC 的控制信号有运行方式选择（如自动、检修、消防运行方式等）信号、运行控制信号、轿厢内指令信号、层站召唤信号（外指令信号）、安全保护信号、旋转编码器光电脉冲、开关门及限位信号、门区或平层信号等。

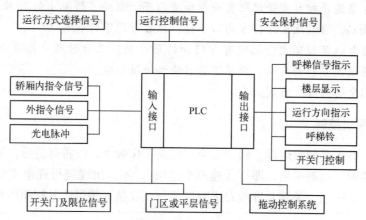

图 14-2　电梯 PLC 信号控制系统图

3. 电梯控制系统可实现的功能

电梯控制系统能够实现的基本功能如下所述。

☺ 一台电动机控制上升和下降。

☺ 各层设上、下召唤按钮（顶层与起始层只设一个）。

☺ 电梯到位后具有手动或自动开门、关门功能。

☺ 电梯内设有楼层指令键、开门按钮、关门按钮、警铃按键、风扇按键及照明按键。

☺ 电梯内外设有方向指示灯及电梯当前楼层显示灯。

☺ 待客自动开门：当电梯在某层停梯待客时，按下层外召唤按钮，应能自动开门迎客。

☺ 自动关门与提前关门：在一般情况下，电梯停站 4 ～ 6s 应能自动关门；在延时时间内，若按下关门按钮，则门将不经延时提前实现关门动作。

☺ 按钮开门：在开关过程中或门关闭后电梯启动前，按下操作盘上的开门按钮，门将打开。

☺ 内指令记忆：当轿厢操作盘上有多个选层指令时，电梯应能按顺序自动停靠，自动确定运行方向。

☺ 自动定向：当轿厢操作盘上选层指令相对于电梯位置具有不同方向时，电梯应能按先入为主的原则，自动确定运行方向。

☺ 呼梯记忆与顺向截停：电梯在运行中应能记忆层外的呼梯信号，对符合运行方向的召唤，应能自动逐一停靠应答。

☺ 自动换向：当电梯完成全部顺向指令后，应能自动换向，应答相反方向的信号。

☺ 自动关门待客：当完成全部轿厢内指令，又无层外呼梯信号时，电梯应自动关门，并在设定时间内自动关闭轿厢照明。

☺ 自动返基站：当电梯设有基站时，电梯在完成全部指令后，自动驶回基站，停机待客。

4. 电梯操作方式

常见的电梯操作方式有如下两种。

☺ 单轿厢下集选是控制室登记所有轿厢和厅门下行召唤，轿厢上行时只应答轿厢召唤，直至最高层，自动改变运行方向为下行，应答厅门下行召唤。

☺ 单轿厢全集选是控制室登记所有厅门和轿厢召唤，上行时顺应答轿厢和厅门上行召唤，直至最高层自动反向，应答下行召唤和轿厢召唤。

本设计采用全集选操作方式。

5. 减速及平层控制

电梯的工作特点是频繁启动、制动，为了提高工作效率、改善舒适感，要求电梯能平滑减速至速度为零时，准确平层，即"无速停车抱闸"，不要出现爬行现象或低速抱闸，即直接停止。要做到这一点，关键是准确发出减速信号，在接近楼层面时按距离精确地自动矫正速度给定曲线。

本设计采用旋转编码器检测轿厢位置，只要电梯一运行，计数器就可以精确地确定走过的距离，达到与减速点相应的预置数时即可发出减速命令。不论哪种方式产生的减速命令，由于负载变化、电网波动、钢丝绳打滑等，都会使减速过程不符合平层技术要求，为此一般在离楼层 100 ～ 200mm 处需设置一个平层矫正器，以确保平层的长期准确性。

14.1.2 系统硬件设计

1. 轿厢楼层位置检测方法

现在工程中进行轿厢楼层检测的主要方法有如下三种。

1）利用干簧管磁感应器或其他位置开关 这种方法直观、简单，但由于每层需使用一个磁感应器，当楼层较高时，会占用 PLC 太多的输入点。因为本设计中楼宇只有 5 层，故本设计采用此法。

2）利用稳态磁保开关 这种方法需对磁保开关的不同状态进行编码，在各种编码方式中适合电梯控制的只有格雷变形码，但它是无权代码，进行运算时需采用 PLC 指令译码，比较麻烦，软件译码也使程序变得庞大。

3）利用旋转编码器 目前，PLC 一般都有高速脉冲输入端或专用计数单元，计数准确，使用方便，因而在电梯 PLC 控制系统中，可用编码器测取电梯运行过程中的准确位置，编码器可直接与 PLC 高速脉冲输入端相连，电源也可利用 PLC 内置 24V 直流电源，硬件连接可谓简单方便，高层电梯可以应用这种方法。

2. 电梯门选择

电梯门有厅门和轿门之分，两门的开启是同步进行的，开关门的动作用一台小电动机驱动即可。门电动机（简称门机）是开关门的动力源，通常采用直流电动机。门电气拖动线路通常由门电动机、开门继电器、关门继电器及电阻分压线路等部分组成，采用他励方式，并用变压调速方式来控制开关门的速度，即控制门电动机转速（r/min）。

3. 门安全保护装置选择

厅门和轿门的开启是同步进行的，为保证乘客的安全，电梯门的入口处必须有安全保护装置。在门上或门框上装有机械的或电子的门探测器，当门探测器发现门区有障碍时便发出信号给控制部分停止关门、重新开门，待障碍消除后，方可关门。通常有光电式保护装置、超声波保护装置和防夹条等。本设计采用光电式保护装置。

将光电装置安装在门上，使光线水平地通过门口，当乘客或物品遮断光线时，就能使门重新打开。光幕，即红外线微扫描探测装置，作为一种光电产品，可以代替机械式安全触板，或将光幕与触板合成为具有双重保护功能的二合一光幕。这已成为电梯界广泛采用的电梯门保护装置。

光幕划分为普通光幕、二合一光幕和三维光幕。普通光幕直接代替机械式安全触板，分为运动型光幕和非运动型光幕。运动型光幕在普通光幕中占据主导地位，也得到了多数厂家的认同。二合一光幕由于具有双重保护功能，即将成为电梯门保护装置的主流。三维光幕在最近数十年才推出，技术还不成熟，需要继续改进。

4. PLC 选择及 I/O 分配

首先，要根据电梯的层数、梯型、控制方式、应用场所，确定 PLC 的输入信号与输出信号的数量。

电梯作为一种多层次、长距离运行的大型设备，在井道、厅外及轿厢内有大量的信号要送入 PLC。现以 5 层 5 站电梯为例介绍其现场信号。

☺ 轿厢内指令按钮 1AN ～ 5AN，共 5 个，用于司机下达各层轿厢内指令。

☺ 厅外召唤按钮 1ASZ ～ 4ASZ、2AXZ ～ 5AXZ，共 8 个，用于厅外乘客发出召唤信号。

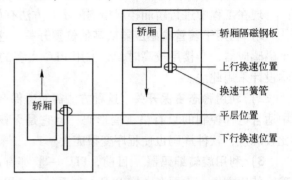

☺ 楼层感应干簧管 1G ～ 5G 安装在井道中每层平层位置附近，在轿厢上安装有隔磁钢板，当电梯上行或下行，隔磁钢板进入干簧管内时，干簧管中的触点动作发出控制信号，如图 14-3 所示。干簧管的作用有两个方面：一是发出电梯减速信号，二是发出楼层指示信号。

图 14-3 楼层感应干簧管示意图

☺ 平层感应干簧管有 SPG、XPG、MQG，共 3 个，安装在轿厢顶部，在井道相应位置上装有隔磁钢板，当钢板同时位于 SPG、XPG 和 MQG 之间时，电梯正好处于平层位置。

☺ 厅门开关 1TMK ～ 5TMK、轿门开关 JMK，共 6 个，分别安装在厅门、轿门上。当它们全部闭合时，说明所有门都已关好，电梯允许运行。

现场输入信号共有 26 个，输出信号共有 22 个，故选择三菱 FX2N-64M 型 PLC，该 PLC 基本单元输入 32 点，输出 32 点，所以能满足要求。各层厅门开关触点串联后输入 X10，只要任何一层门没有关好，X10 就不能动作。

电梯控制系统 PLC 的 I/O 地址表如表 14-1 所示。

表 14-1 电梯控制系统 PLC 的 I/O 地址表

输入设备	输入地址编号	输出设备	输出地址编号
5 层下召唤按钮 5AXZ	X1	5 层位置显示灯 5ZD	Y0
4 层下召唤按钮 4AXZ	X2	4 层位置显示灯 4ZD	Y1
3 层下召唤按钮 3AXZ	X3	3 层位置显示灯 3ZD	Y2
2 层下召唤按钮 2AXZ	X4	2 层位置显示灯 2ZD	Y3
上平层感应干簧管 XPG	X5	1 层位置显示灯 1ZD	Y4
下平层感应干簧管 SPG	X6	1 层上召唤指示灯 1SZD	Y5
门区感应干簧管 MQG	X7	2 层上召唤指示灯 2SZD	Y6
门连锁回路	X10	3 层上召唤指示灯 3SZD	Y7
5 层感应干簧管 5G	X11	4 层上召唤指示灯 4SZD	Y10
4 层感应干簧管 4G	X12	2 层下召唤指示灯 2XZD	Y11
3 层感应干簧管 3G	X13	3 层下召唤指示灯 3XZD	Y12
2 层感应干簧管 2G	X14	4 层下召唤指示灯 4XZD	Y13
1 层感应干簧管 1G	X15	5 层下召唤指示灯 5XZD	Y14
5 层轿厢内指令按钮 5AN	X16	自动开门输出信号	Y15

输入设备	输入地址编号	输出设备	输入地址编号
4 层轿厢内指令按钮 4AN	X17	按钮关门输出信号	Y16
3 层轿厢内指令按钮 3AN	X20	上行接触器 SC	Y17
2 层轿厢内指令按钮 2AN	X21	下行接触器 XC	Y20
1 层轿厢内指令按钮 1AN	X22	快速接触器 KC	Y21
4 层上召唤按钮 4ASZ	X23	慢速接触器 MC	Y22
3 层上召唤按钮 3ASZ	X24	快加速接触器 KJC	Y23
2 层上召唤按钮 2ASZ	X25	第一慢加速接触器 1MJC	Y24
1 层上召唤按钮 1ASZ	X26	第二慢加速接触器 2MJC	Y25
下强迫换速开关 XHK	X27		
上强迫换速开关 SHK	X30		
开门按钮 AKM	X31		
关门按钮 AGM	X32		

电梯控制系统 I/O 接线图如图 14-4 所示。

14.1.3 系统软件设计

系统硬件设计完毕后，就可以进行系统软件设计了。由于电梯要求实现的控制功能比较多，因而程序比较长。下面按不同功能分别分析其程序的原理。

1. 楼层信号控制环节程序设计

楼层信号控制环节程序如图 14-5 所示。楼层信号应连续变化，即电梯运行到使下一层楼层感应器动作之前的任何位置，应一直显示上一层的楼层数。例如，电梯原在 1 层，X15 为 ON、Y4 为 ON，由 I/O 接线图知指示灯 1ZD 亮，显示 "1"；当电梯离开 1 层向上运行时，由于 1G 为 OFF，使 X15 为 OFF，但 Y4 通过自锁维持 ON 状态，故 1ZD 一直亮；当到达 2 层 2G 处时，由于 X14 为 ON，使 Y3 为 ON，2ZD 亮，Y3 常闭触点使 Y4 为 OFF，即此时指示灯 "2" 亮，同时 "1" 熄灭。在其他各层时，情况与此相同，不再一一分析。

2. 轿厢内指令信号控制环节程序设计

轿厢内指令信号控制环节程序如图 14-6 所示。该环节可以实现轿厢内指令的登记及消除。中间继电器 M112 ～ M116 中的一个或几个为 ON 时，表示相应楼层的轿厢内指令被登记，反之则表示相应指令被消除。

本程序对 M112 ～ M116 均采用 S/R 指令编程。从图 14-6 可见，各层的轿厢内指令登记和消除方式都是一样的。现设电梯在 1 层处于停止状态，Y17（SC）为 OFF，Y20（XC）为 OFF，司机按下 2AN、4AN，则 X21 为 ON，X17 为 ON，从而使 M115 为 ON，M113 为 ON，即 2、4 两层的轿厢内指令被登记；当电梯上行到达 2 层的楼层感应器 2G 处时，由楼层信号

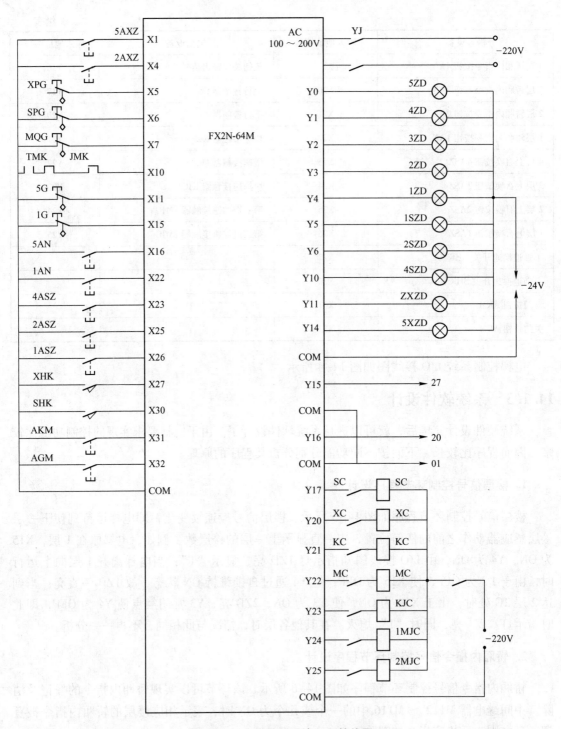

图 14-4 电梯控制系统 I/O 接线图

控制环节知 Y3 为 ON，于是 M115 为 OFF，即 2 层的轿厢内指令被消除，表明该指令已被执行完毕；而 M113 由于其复位端的条件不具备，所以 4 层轿厢内指令仍然保留下来，只有当电梯到达 4 层时，该指令才被消除。

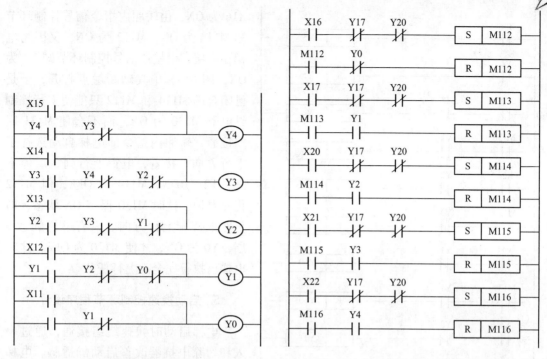

图 14-5　楼层信号控制环节程序　　　　图 14-6　轿厢内指令信号控制环节程序

3. 厅外召唤信号控制环节程序设计

厅外召唤信号控制环节程序如图 14-7 所示。该环节实现厅外召唤信号的登记及消除。它的编程形式与轿厢内指令信号控制环节基本相似，其功能如下。

设电梯在 1 层，2、4 层厅外乘客欲乘梯上行，故分别按下 2ASZ、4ASZ，同时 2 层还有乘客欲下行，按下 2AXZ，于是图 14-7 中 X25 为 ON，X23 为 ON，X4 为 ON，输出继电器 Y6 为 ON，Y10 为 ON，Y11 为 ON，分别使召唤指示灯 2SZD、4SZD、2XZD 亮；司机接到指示信号后操作电梯上行，故 M130 为 ON；当电梯到达 2 层停靠时，Y3 为 ON，故 Y6 为 OFF，2SZD 熄灭。由于 4 层上召唤信号 Y10 仍然处于登记状态，故上行控制信号 M130 此时并不释放（具体在自动选向控制环节中分析）。因此，电梯虽然目前在 2 层，但该层下召唤信号 Y11 仍然不能消除，2XZD 仍然亮。只有当电梯执行完全部上行任务返回到 2 层时，由于 M131 为 ON，Y3 为 ON，2 层下召唤信号 Y11 才被消除。这就实现了只消除与电梯运动方向一致的召唤信号这一控制要求。

4. 自动选向控制环节程序设计

选向就是电梯根据司机下达的轿厢内指令自动地选择合理的运行方向。自动选向控制环节程序如图 14-8 所示。

在图 14-8 中，内部继电器 M130、M131 分别称为上、下行控制中间继电器，它们直接决定着方向输出继电器 Y17、Y20 的 ON 或 OFF 状态，从而控制接触器 SC、XC，即决定着电梯的运行方向。下面分析其选向原理。

设电梯在 1 层，轿厢内乘客欲前往 3 层和 5 层，故司机按下 3AN、5AN、X20 为 ON，

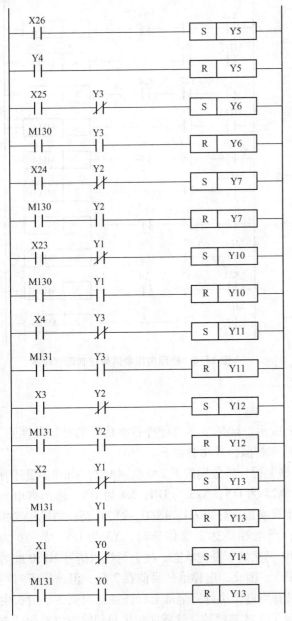

图 14-7　厅外召唤信号控制环节程序

X16 为 ON，由轿厢内指令信号控制环节知 M114 为 ON，M112 为 ON，又因为电梯在 1 层，由楼层信号控制环节知 Y4 为 ON，图 14-8 中其动断触点打开，于是已闭合的 M114 和 M112 只能使上行控制继电器 M130 为 ON，而不会使 M131 回路接通，轿厢内指令即电梯自动选择了上行方向。接着，电梯上行到 3 层停下来，Y2 为 ON，M114 为 OFF，但 M112 仍然登记，这时 M130 保持 ON 状态，即仍然维持着上行方向。只有电梯到达 5 层，Y0 为 ON，才使 M130 为 OFF，这时电梯已执行完全部上行任务。

5. 启动换速控制环节程序设计

电梯启动时快速绕组接通，通过串入和切除电抗器改善启动舒适感。电梯运行到达目的层站的换速点时，应将快速绕组回路断开，同时接通慢速绕组回路，使电梯慢速运行。换速点就是楼层感应干簧管所安置的位置。

实现启动控制程序如图 14-9 所示。换速控制程序如图 14-10 所示。

在图 14-9、图 14-10 中，当电梯选择了运行方向后，M130（M131）为 ON，Y17（Y20）为 ON，司机操作使轿、厅门关闭，若各层门均关好，则 X10 为 ON，于是运行中间继电器 M143 为 ON，有下述过程。

M143 为 ON→Y21 为 ON（KC 动作，快速绕组回路接通）→T0 开始计时，T0

为 ON→Y23 为 ON（KJC 动作，切除启动电抗器 XQ）。

显然，在 T0 延时的过程中，电动机是串入 XQ 进行降压起动的。

当电梯运行到有轿厢内指令的那一层换速点时，由图 14-11 可知，换速中间继电器 M134 为 ON，发出换速信号。例如，有 3 层轿厢内指令登记，Y2 为 ON，只有当电梯运行到 3 层时，M114 为 ON，这时 M134 为 ON，发出换速命令，于是有下述换速过程。

M134 为 ON→M143 为 OFF→Y21 为 OFF（快速绕组回路断开）→Y22 为 ON（MC 动作，慢速绕组回路接通）→T1 开始计时，T1 为 ON→Y24 为 ON（1MJC 动作，切除电阻 R）→T2 开始

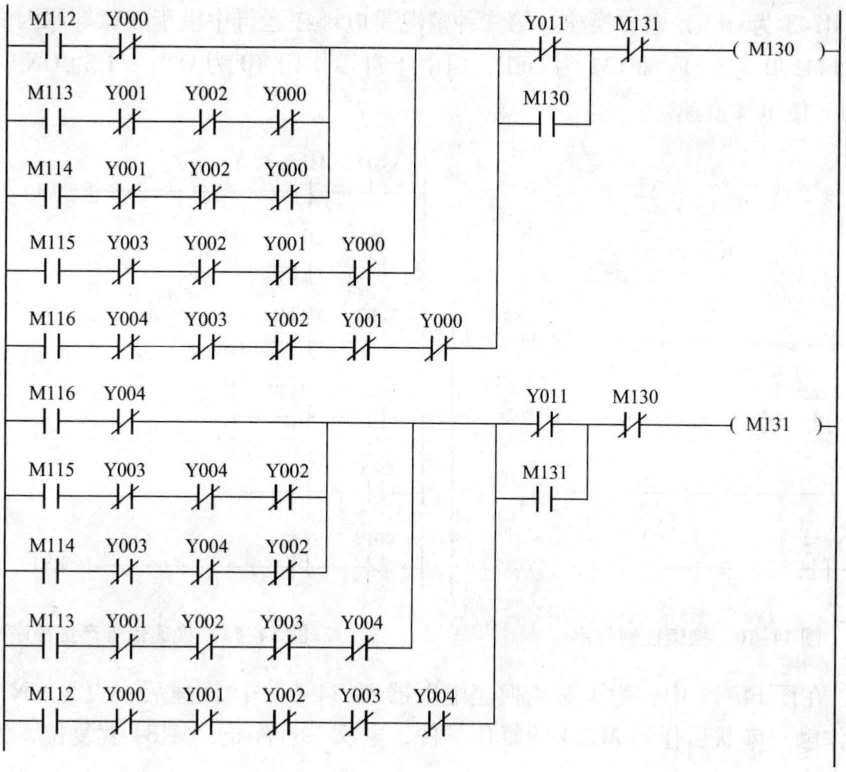

图 14-8　自动选向控制环节程序

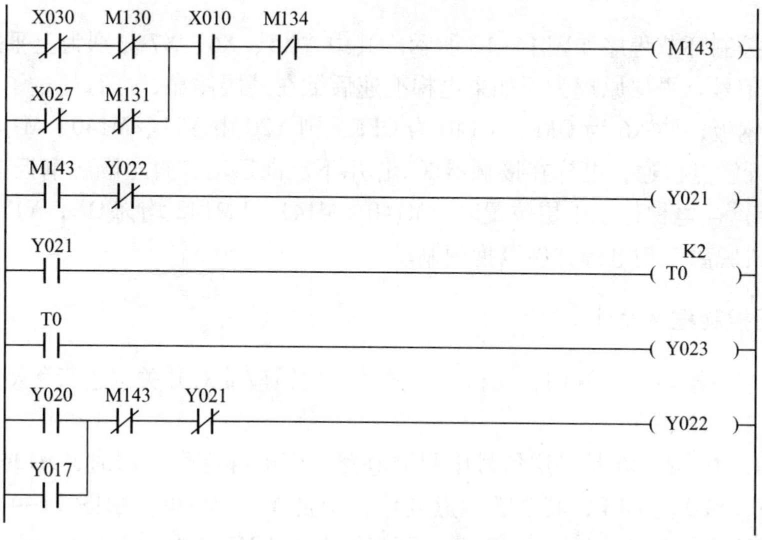

图 14-9　实现启动控制程序

计时，T2 为 ON→Y25 为 ON（2MJC 动作,切除电抗器 XJ）。

　　除此之外，还有两种情况会使电梯强迫换速。第一种情况是端站强迫换速。例如，电梯上行（M130 为 ON）到最高层还没有正常换速，会碰撞上强迫换速开关 SHK，则 X30 为

ON，于是 M143 为 OFF，电梯换速。第二种情况是电梯在运行中由于故障等原因失去方向控制信号，即 M130 为 OFF，M131 为 OFF，但由于自锁作用 T0 为 ON，T1 为 ON 时，也会因 M143 为 OFF 使电梯换速。

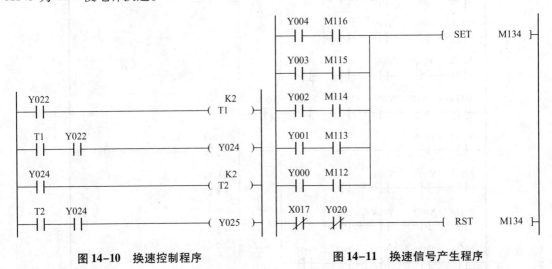

图 14-10　换速控制程序　　　　　图 14-11　换速信号产生程序

另外，在图 14-11 中，为了避免换速继电器 M134 在一次换速后一直为 ON，故用 Y17 和 Y20 动作触点串联后作为 M134 的复位条件，电梯一旦停止，M134 就复位，为电梯下次运行做好准备。

6. 电梯平层控制环节程序设计

电梯平层控制环节程序如图 14-12 所示。其中，X5、X6、X7 分别为上平层信号、下平层信号和门区信号。平层原理为：如果电梯换速后欲在某层停靠，上行超过了平层位置，则 SPG 离开隔磁钢板，使 X6 为 OFF，M140 为 OFF，则 Y20 由 Y21、M140、M143 的动断触点和 M142 的常开触点接通，电梯在接触器 XC 作用下反向运动，直至隔磁钢板重新进入 SPG，使 M140 为 ON。当电梯位于平层位置时，M140、M141 和 M142 均为 ON，Y17、Y20 均变为 OFF，即电动机脱离三相电源并施以抱闸制动。

7. 开关门控制程序设计

电梯在某层平层后自动开门，司机按下开关门按钮应能对开关门进行手动操作。开关门控制程序如图 14-13 所示。

在图 14-13 中，M136 是平层信号中间继电器，当电梯完全平层时，M136 为 ON，紧接着 Y17 为 OFF，Y20 为 OFF，其动断触点复位，于是 Y15 为 ON。由图 14-4 可知，Y15 为 ON 意味着 27 号线与 01 号线接通，因此，开门继电器 KMJ 得电，电梯自动开门。X31 是开门按钮输入，用于当门关好后重新使其打开；X32 是关门按钮输入，当司机按下 AGM 时，X32 为 ON，Y16 为 ON。

以上七个部分介绍了可实现各主要功能控制环节的程序，将这些程序合并起来，就构成了电梯 PLC 控制系统程序的主要部分，除此以外，完整的程序还应该包括检修、消防、有/无司机转换的功能环节。其余部分由读者根据实际情况酌情设计。

```
X006
─┤ ├──────────────────────( M140 )

X007
─┤ ├──────────────────────( M141 )

X005
─┤ ├──────────────────────( M142 )

 M143  M130            Y020
─┤ ├──┤ ├──────────────┤/├──( Y017 )
 M141  Y022  Y017
─┤ ├──┤ ├──┤ ├─
 Y021  M142  M143  M140
─┤ ├──┤ ├──┤ ├──┤ ├─

 M143  M430            Y017
─┤ ├──┤ ├──────────────┤/├──( Y020 )
 M141  Y022  Y020
─┤ ├──┤ ├──┤ ├─
 Y021  M140  M143  M142
─┤ ├──┤ ├──┤ ├──┤ ├─
```

```
 Y022  Y021  M142  M140  M141
─┤/├──┤/├──┤ ├──┤ ├──┤ ├──[ SET   M136 ]
 Y017
─┤ ├─

 X010
─┤/├──────────────────────[ RST   M136 ]

 M136  Y017  Y020  Y016
─┤ ├──┤ ├──┤/├──┤/├─────────( Y015 )
 X031
─┤ ├─

 X032  Y024
─┤ ├──┤/├──────────────────( Y016 )
```

图 14-12　电梯平层控制环节程序　　　　　　图 14-13　开关门控制程序

14.2　电镀流水线控制系统设计

中央控制全自动电镀流水线，采用的是直线式电镀自动线，即把各工艺槽排成一条直线，在它的上空用带有特殊吊钩的电动行车来传送工件。由于车速得以提高，缩短了完成一个作业循环的运行时间，提高了吊运工作效率。

14.2.1　系统需求分析

1. 机械结构

电镀专用行车采用远距离控制，起吊重量在 500kg 以下，起重物品是有待进行电镀或表面处理的各种产品零件。根据电镀加工工艺的要求，电镀专用行车的动作流程图如图 14-14 所示，图中分别为去油槽、清洗槽、酸洗槽、清洗槽、预镀铜槽、清洗槽、镀铜槽、清洗槽、镀镍（铬）槽、清洗槽、原位槽。实际生产中，电镀槽的数量由电镀工艺要求决定，电镀的种类越多，槽的数量越多。

☺ 去油工位：具有电热升温的碱性洗涤液，用于去除工件表面的油污。大约需要浸泡 5min。安装有可控温度的加热器。

☺ 清洗工位：是清水洗涤，清洗工件表面从上一个工位带来的残留液体。不需要浸泡，在此工位清洗一下即可。

☺ 酸洗工位：液体用稀硫酸调制而成，用来去除工件表面的锈迹。大约需要浸泡 5min。

☺ 清洗工位：是清水洗涤，清洗工件表面从上一个工位带来的残留液体。不需要浸泡，

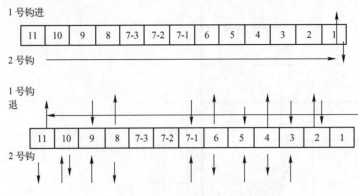

图 14-14 电镀专用行车的动作流程图

在此工位清洗一下即可。

☺ 预镀铜工位：盛有硫酸铜液体的工位镀槽，在该工位要对工件进行预镀铜处理。大约需要浸泡 5min。

☺ 清洗工位：是清水洗涤，清洗工件表面从上一个工位带来的残留液体。不需要浸泡，在此工位清洗一下即可。

☺ 镀铜（亮镀铜）工位：盛有硫酸铜液体的工位镀槽，具有铜极板，由电镀电源供电，电压、电流连续可调，在该工位要对工件进行亮镀铜处理。大约需要浸泡 15min。具有可调温度的加热器。由于该工位时间较长（是其他工位的 3 倍），所以该工位平均分为三个相同的部分 7-1、7-2、7-3。

☺ 清洗工位：是清水洗涤，清洗工件表面从上一个工位带来的残留液体。不需要浸泡，在此工位清洗一下即可。

☺ 镀镍（铬）工位：液体用稀硫酸调制而成，具有镍（铬）极板，由电镀电源供电，电压、电流连续可调。具有可调温度的加热器。

☺ 清洗工位：是清水洗涤，清洗工件表面从上一个工位带来的残留液体。不需要浸泡，在此工位清洗一下即可。

☺ 原位：用于装卸挂件。

电镀专用行车的结构图如图 14-15 所示。电镀专用行车的电动机与吊钩电动机装在一个密封的有机玻璃盒子内，在盒子下方，有 4 个小轮来支撑行车的水平运动。图 14-15 中只画了 1 号钩的运动结构图，1 号钩在滑轮机构下方，通过一系列传动来拉动钢丝绳从而实现升降控制。2 号钩的运动结构图与 1 号钩的正好对称，其运动原理也是一样的，因此略过。在行车箱一旁，安有两个铁片，用于在工位处接触行程开关，使行车停止来完成此工位的工艺。

2. 工作过程

整个设备工作过程如下。

（1）整个过程要用变频调速器来实现启动时的平稳加速。一台行车沿导轨行走，带动 1 号、2 号两个调钩来实现动作，即有 3 台电动机——行车电动机、1 号钩电动机、2 号钩电动机。

（2）行车归位——按下启动按钮，无论行车在任何位置都要进行空钩动作，将两钩放

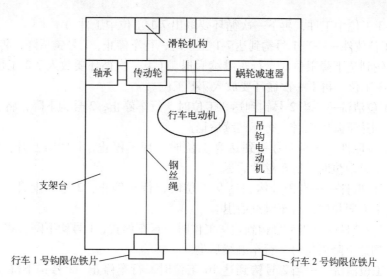

图 14–15　电镀专用行车的结构图

置最低位置，行车回到原位停止。

（3）行车送件——2 号钩挂上挂件后，系统启动，2 号钩上升到达上升限位，行车快速向 1 工位前进，中途不停止，当 1 号钩到达 1 工位时，行车停止，1 号钩上升，将 1 工位的工件取出，当 1 号钩到达上升限位时，停止上升，行车继续前进。

（4）2 号钩放料——当 2 号钩到达 1 工位时，行车停止，2 号钩下降，将工件放入 1 工位，当 2 号钩到达下降限位时，行车反向行走——准备单循环。

（5）2 工位清洗——当 1 号钩再次到达 2 工位时，行车停止，1 号钩下降（到达下降限位）→上升（到达上升限位），行车继续后退。

（6）3 工位取件——当 2 号钩到达 3 工位时，行车停止，2 号钩上升，将工件取出，当 2 号钩到达上升限位时，行车继续后退。

（7）3 工位放件——当 1 号钩到达 3 工位时，行车停止，1 号钩下降，将工件放入 3 工位，当 1 号钩到达下降限位时，行车继续后退。

（8）4 工位清洗——当 2 号钩到达 4 工位时，行车停止，2 号钩下降，将工件放入 4 工位，当 2 号钩到达下降限位时，行车继续后退。

（9）4 工位取件——当 1 号钩到达 4 工位时，行车停止，1 号钩上升，将工件取出，当 1 号钩到达上升限位时，行车继续后退。

（10）5 工位取件——当 2 号钩到达 5 工位时，行车停止，2 号钩上升，将工件取出，当 2 号钩到达上升限位时，行车继续后退。

（11）5 工位放件——当 1 号钩到达 5 工位时，行车停止，1 号钩下降，将工件放入 5 工位，当 1 号钩到达下降限位时，行车继续后退。

（12）6 工位清洗——当 2 号钩到达 6 工位时，行车停止，2 号钩下降，将工件放入 6 工位，当 2 号钩到达下降限位时，行车继续后退。

（13）6 工位取件——当 1 号钩到达 6 工位时，行车停止，1 号钩上升，将工件取出，当 1 号钩到达上升限位时，行车继续后退。

（14）7 工位取件——当 2 号钩到达 7-1 工位时，行车停止，2 号钩上升，将工件取出，当 2 号钩到达上升限位时，行车继续后退。（下一次循环要取出 7-2 工位中工件，再下一次循环要取出 7-3 工位中工件，再下一次循环要取出 7-1 工位中工件。）

（15）7 工位放件——当 1 号钩到达 7-1 工位时，行车停止，1 号钩下降，将工件放入 7-1 工位，当 1 号钩到达下降限位时，行车继续后退。（下一次循环要放入 7-2 工位，再下一次循环要放入 7-3 工位，再下一次循环要放入 7-1 工位。）

（16）8 工位清洗——当 2 号钩到达 8 工位时，行车停止，2 号钩下降，将工件放入 8 工位，当 2 号钩到达下降限位时，行车继续后退。

（17）8 工位取件——当 1 号钩到达 8 工位时，行车停止，1 号钩上升，将工件取出，当 1 号钩到达上升限位时，行车继续后退。

（18）9 工位取件——当 2 号钩到达 9 工位时，行车停止，2 号钩上升，将工件取出，当 2 号钩到达上升限位时，行车继续后退。

（19）9 工位放件——当 1 号钩到达 9 工位时，行车停止，1 号钩下降，将工件放入 9 工位，当 1 号钩到达下降限位时，行车继续后退。

（20）10 工位清洗——当 2 号钩到达 10 工位时，行车停止，2 号钩下降（到达下降限位）→上升（到达上升限位），行车继续后退。

（21）11 工位原位装卸挂件——当 2 号钩到达 11 工位时，行车停止，2 号钩下降（到达下降限位），卸下成品，装上被镀品。该动作时间由实际情况而定，一般为 20s，20s 后（或者重新启动后）系统执行第（3）步——进入循环。

（22）停止——按下停止按钮，系统完成一次小循环回到原位。等待下一次循环，具有记忆性，接上一步骤开始。

14.2.2 系统硬件设计

1. 电动机拖动设计

行车的前后运动由三相交流异步电动机拖动，根据电镀专用行车的起吊重量，选用一台电动机进行拖动，用变频调速器来实现启动时的平稳加速。

主电路拖动控制系统如图 14-16 所示。其中，行车的前进和后退用与变频器连接的电动机 M1 来控制，两对吊钩的上升和下降控制分别通过两台电动机 M2、M3 的正转、反转来控制。

用变频器直接控制电动机 M1，来实现行车的平稳前进和后退，以及平稳的启动和停止；接触器 KM1、KM2 控制 1 号钩电动机 M2 的正转、反转，实现吊钩的上升和下降；接触器 KM3、KM4 控制 2 号钩电动机 M3 的正转、反转，实现吊钩的上升和下降。

2. 恒温电路设计

在全自动电镀流水线中，电镀与去油工位都需要在特定的温度下来实现工位所要完成的工艺，这就需一个恒温电路来控制这些工位完成特定工艺所需的条件。需要加热的工位主要有 3 个。去油工位：需要加热到 60℃。镀铜工位：盛有硫酸铜液体的工位镀槽，具有铜极板，由电镀电源供电，电压、电流连续可调，在该工位要对工件进行亮镀铜处理。镀镍（铬）工位：液体用稀硫酸调制而成，具有镍（铬）极板，由电镀电源供电，电压、电流连续可调，在该工位对工件进行镀镍（铬）处理。

在恒温电镀中，根据温度控制的要求，在实现恒温的要求上，用 3 个可调温度的加热器

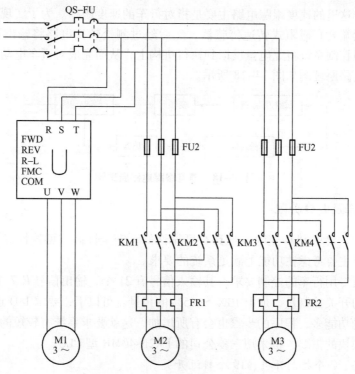

图 14-16 主电路拖动控制系统

来实现加热温度的控制与调节。恒温电路图如图 14-17 所示。在图 14-17 中，RDO 为热电阻感温元件，JRC 为电加热槽，ZK 为转换开关，DJB 为温度调节器。感温元件（如温包、电接点玻璃水银温度计及铂电阻温度计等）在溶液温度达到或低于整定值时，仪表自动发出指令，经中间继电器控制主电路接触器，使之断开或闭合，从而使加热器切断或接通电源，达到自动控制溶液温度的目的。

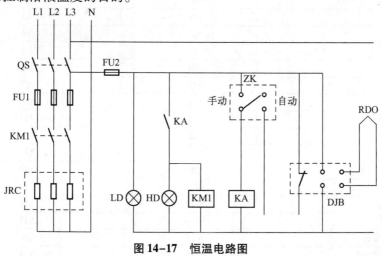

图 14-17 恒温电路图

3. 速度跟踪电路设计

在本设计的全自动电镀流水线中，主要的运行设备就是行车，通过行车的进退来实现电镀工艺。所以，这里的速度跟踪电路主要是指对行车的速度跟踪。为了实现此功能，在行车电动机的输出轮端装有磁阻式转速传感器，然后经过测量转换电路将输出量转换为电量信号，再通过反馈控制系统将此电量反馈到执行机构上，从而完成对行车电动机的速度跟踪。

速度跟踪电路原理图如图 14-18 所示。

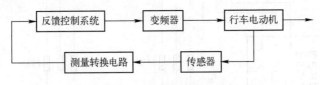

图 14-18　速度跟踪电路原理图

4. PLC 选择及 I/O 分配

在本设计中，要求 PLC 控制系统具有可靠性好、安全性高、可控性好、性价比高等特点，PLC 的选择主要考虑在功能上满足系统的要求。

根据该电镀专用行车的控制要求，其输入信号有 21 个，输出信号有 7 个。实际使用时，系统的输入都为开关控制量，加上 10% ~ 15% 的裕量就可以了，要求 I/O 点为 40 ~ 48 点。因为所要实现的功能多，程序的步骤也会有所增加，这就要求系统有较短的响应速度，并无其他特殊控制模块的需要，拟采用三菱公司的 FX2N-40MR 型 PLC。

☺ 输入设备：2 个控制开关、19 个接近开关。

☺ 输出设备：4 个交流接触器、2 个变频器方向控制信号。

电镀流水线控制系统 PLC 的 I/O 地址表如表 14-2 所示。

表 14-2　电镀流水线控制系统 PLC 的 I/O 地址表

输入设备	输入设备代号	输入地址编号
启动按钮	SB1	X0
停止/复位按钮	SB2	X1
1 工位接近开关	SJ1	X3
2 工位接近开关	SJ2	X4
3 工位接近开关	SJ3	X5
4 工位接近开关	SJ4	X6
5 工位接近开关	SJ5	X7
6 工位接近开关	SJ6	X10
7-1 工位接近开关	SJ7	X11
7-2 工位接近开关	SJ8	X12
7-3 工位接近开关	SJ9	X13
8 工位接近开关	SJ10	X14
9 工位接近开关	SJ11	X15
10 工位接近开关	SJ12	X16
11 工位接近开关	SJ13	X17
1 号钩上升限位接近开关	SJ14	X20
1 号钩下降限位接近开关	SJ15	X21
2 号钩上升限位接近开关	SJ16	X22
2 号钩下降限位接近开关	SJ17	X23
行车后退限位接近开关	SJ18	X24

输入设备	输入设备代号	输入地址编号
行车前进限位接近开关	SJ19	X25
输出设备	输出设备代号	输出地址编号
1号钩电动机正转（工件上）	KM1	Y0
1号钩电动机反转（工件下）	KM2	Y1
2号钩电动机正转（工件上）	KM3	Y2
2号钩电动机反转（工件下）	KM4	Y3
接变频器行车电动机正转（行车前进）	UFWD	Y6
接变频器行车电动机反转（行车后退）	UREV	Y5

电镀流水线控制系统 I/O 接线图如图 14-19 所示。

14.2.3 系统软件设计

电镀流水线采用专用行车，行车架上装有可升降的吊钩，行车和吊钩各由一台电动机拖动，行车的进退和吊钩的升降均由相应的限位开关 SJ 定位，编制程序如下。

（1）行车在停止状态下，将工件放在原位（11 工位）处，按下启动按钮 SB1，X0 闭合，M6 得电动作，Y6 得电动作，从而行车前进。

（2）当行车前进到 11 工位时，X17 的常闭触点断开，常开触点闭合，T2 清零，行车停止前进，Y2 得电动作，2 号钩上升，上升到上升限位，X22 动作，上升停止，C1 动作，行车继续前进。

（3）当行车前进到前进限位时，X25 动作，C1 清零，C0、C29、C30、C31 得电，行车停止前进，Y5 得电动作，行车开始后退，同时 C0 动作，M0 得电动作，其中 C29、C30、C31 分别控制吊钩在 7-1、7-2、7-3 时的升降动作。

（4）当行车 1 号钩后退到 1 工位时，X3 动作，M30 得电动作，行车停止后退，C0 清零，同时 Y0 得电动作，1 号钩上升，上升到上升限位，X20 动作，停止上升，M2 得电动作，Y5 得电动作，行车继续后退。

（5）当行车 2 号钩后退到 1 工位时，C2 动作，M4 得电动作，M31 得电动作，行车停止后退，同时 Y3 得电动作，2 号钩下降，将工件放到 1 工位槽中，下降到下降限位，X23 动作，M31 失电，行车继续后退。

（6）当行车 1 号钩后退到 2 工位时，X4 动作，M30 得电动作，行车停止后退，C2 清零，同时 Y1 得电动作，1 号钩下降，将工件放到清

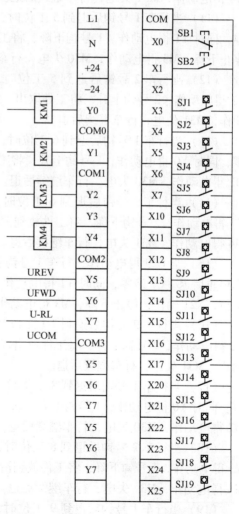

图 14-19 电镀流水线控制系统 I/O 接线图

水槽中，下降到下降限位，X21 动作，T0 得电，1s 后 Y0 得电动作，1 号钩上升，将工件取出，上升到上升限位，X20 动作，M2 得电动作，M30 失电，行车继续后退。

（7）当行车 1 号钩后退到 3 工位时，X5 动作，M30 得电动作，行车停止后退，T0 清零，C3 清零，同时 Y1 得电动作，1 号钩下降，将工件放到酸洗槽中，下降到下降限位，X21 动作，停止下降，M3 得电动作，M30 失电，行车继续后退。

（8）当行车 2 号钩后退到 3 工位时，C4 动作，M31 得电动作，行车停止后退，同时 Y2 得电动作，2 号钩上升，将工件取出，上升到上升限位，X22 动作，停止上升，M5 得电动作，M31 失电，行车继续后退。

（9）当行车 1 号钩后退到 4 工位时，X6 动作，M30 得电动作，行车停止后退，C4 清零，同时 Y0 得电动作，1 号钩上升，将工件取出，上升到上升限位，X20 动作，停止上升，M2 得电动作，M30 失电，行车继续后退。

（10）当行车 2 号钩后退到 4 工位时，C5 动作，M31 得电动作，行车停止后退，同时 Y3 得电动作，2 号钩下降，将工件放到清水槽中，下降到下降限位，X23 动作，停止下降，M4 得电动作，M31 失电，行车继续后退。

（11）当行车 1 号钩后退到 5 工位时，X7 动作，M30 得电动作，行车停止后退，C5 清零，同时 Y1 得电动作，1 号钩下降，将工件放到预镀铜槽中，下降到下降限位，X21 动作，停止下降，M3 得电动作，M30 失电，行车继续后退。

（12）当行车 2 号钩后退到 5 工位时，C6 动作，M31 得电动作，行车停止后退，同时 Y2 得电动作，2 号钩上升，将工件取出，上升到上升限位，X22 动作，停止上升，M5 得电动作，M31 失电，行车继续后退。

（13）当行车 1 号钩后退到 6 工位时，X10 动作，M30 得电动作，行车停止后退，C6 清零，同时 Y0 得电动作，1 号钩上升，将工件取出，上升到上升限位，X20 动作，停止上升，M2 得电动作，M30 失电，行车继续后退。

（14）当行车 2 号钩后退到 6 工位时，C7 动作，M31 得电动作，行车停止后退，同时 Y3 得电动作，2 号钩下降，将工件放到清水槽中，下降到下降限位，X23 动作，停止下降，M4 得电动作，M31 失电，行车继续后退。

（15）当 C29 得电动作，行车 1 号钩后退到 7-1 工位时，X11 动作，M30 得电动作，行车停止后退，C7 清零，同时 Y1 得电动作，1 号钩下降，将工件放到镀铜槽中，下降到下降限位，X21 动作，停止下降，M3 得电动作，M30 失电，行车继续后退。

（16）当行车 2 号钩后退到 7-1 工位时，C8 动作，M31 得电动作，行车停止后退，同时 Y2 得电动作，2 号钩上升，将工件取出，上升到上升限位，X22 动作，停止上升，M5 得电动作，M31 失电，行车继续后退。

（17）当行车 1 号钩后退到 8 工位时，X14 动作，M30 得电动作，行车停止后退，C8 清零，同时 Y0 得电动作，1 号钩上升，将工件取出，上升到上升限位，X20 动作，停止上升，M2 得电动作，M30 失电，行车继续后退。

（18）当行车 2 号钩后退到 8 工位时，C11 动作，M31 得电动作，行车停止后退，同时 Y3 得电动作，2 号钩下降，将工件放到清水槽中，下降到下降限位，X23 动作，停止下降，M4 得电动作，M31 失电，行车继续后退。

（19）当行车 1 号钩后退到 9 工位时，X15 动作，M30 得电动作，行车停止后退，C11 清零，同时 Y1 得电动作，1 号钩下降，将工件放到镀镍（铬）槽中，下降到下降限位，

X21 动作，停止下降，M3 得电动作，M30 失电，行车继续后退。

（20）当行车 2 号钩后退到 9 工位时，C12 动作，M31 得电动作，行车停止后退，同时 Y2 得电动作，2 号钩上升，将工件取出，上升到上升限位，X22 动作，停止上升，M5 得电动作，M31 失电，行车继续后退。

（21）当行车 2 号钩后退到 10 工位时，X16 动作，直到 C13 动作，M31 得电动作，行车停止后退，同时 Y3 得电动作，2 号钩下降，将工件放到清水槽中，下降到下降限位，X23 动作，停止下降，T1 得电，1s 后，Y2 得电动作，2 号钩上升，将工件取出，上升到上升限位，X22 动作，停止上升，M5 得电动作，M33 得电动作，M31 失电，行车继续后退。

（22）当行车 2 号钩后退到 11 工位时，T1 清零，C13 清零，C14 动作，M31 得电动作，行车停止后退，同时 Y3 得电动作，2 号钩下降，将工件放到清水槽中，下降到下降限位，X23 动作，停止下降，M4 得电动作，M31 失电，行车继续后退。

（23）当行车后退到后退限位处，X24 动作，Y5 失电，行车停止后退，C14 和 C1 清零，M0 失电，T2 得电开始计时，将已经加工好的工件拿出来，将需要加工的工件再次放到原位槽中，20s 后 T2 通电，Y6 得电动作，行车继续前进，开始循环。

（24）按下停止/复位按钮 SB2，M1 得电动作，行车停止前进，当行车没有碰到任何接近开关时，行车继续后退，直到碰到任何一个接近开关时，1 号钩和 2 号钩都下降，然后行车后退到后退限位处，后退停止，一切都停止，直到按下启动按钮 X0，设备才能再次运行。

电镀流水线控制系统程序如图 14-20 至图 14-23 所示。

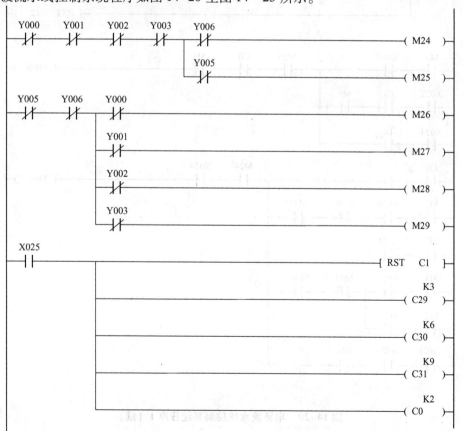

图 14-20　电镀流水线控制系统程序 1

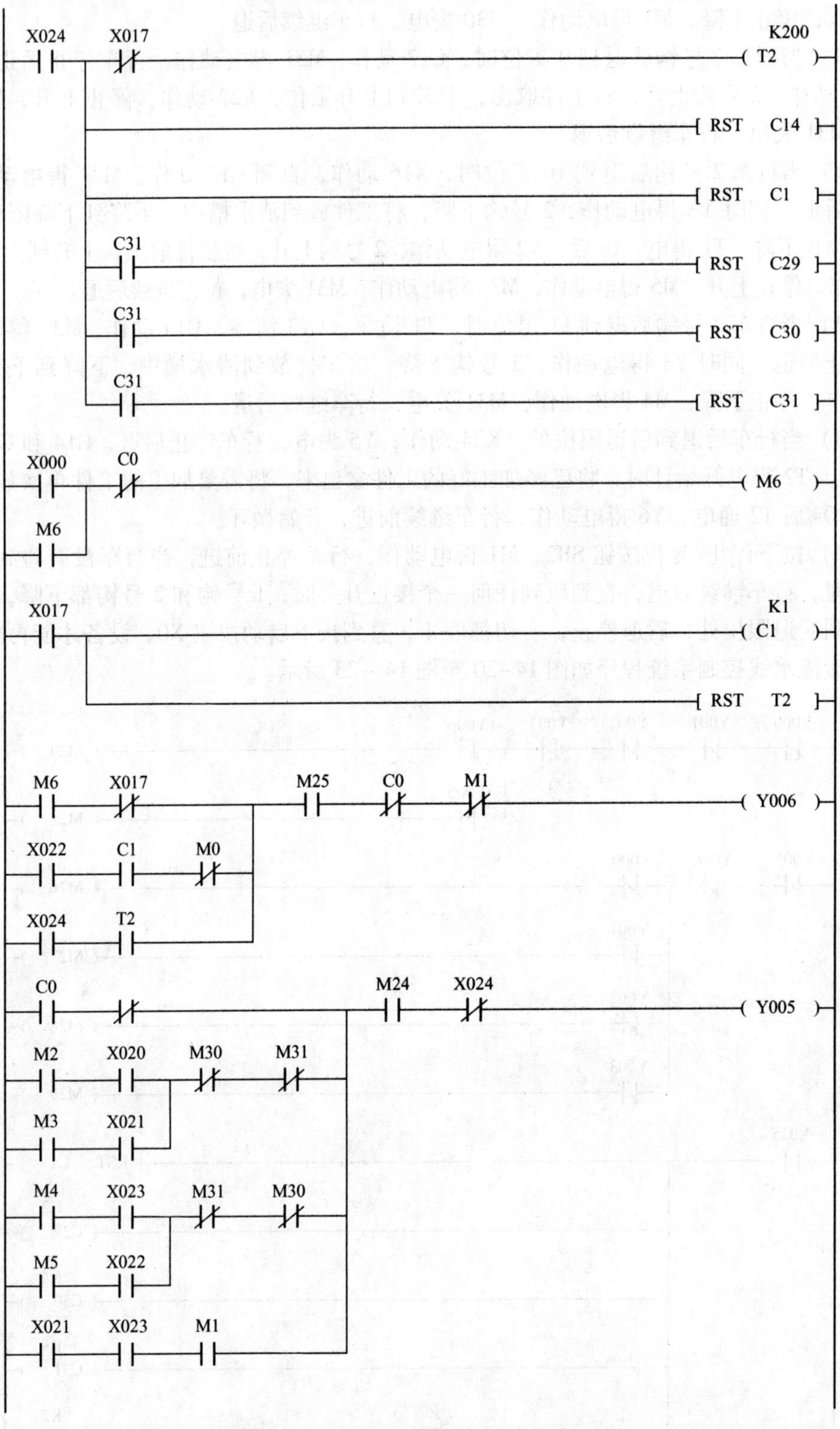

图 14-20 电镀流水线控制系统程序 1（续）

图 14-21　电镀流水线控制系统程序 2

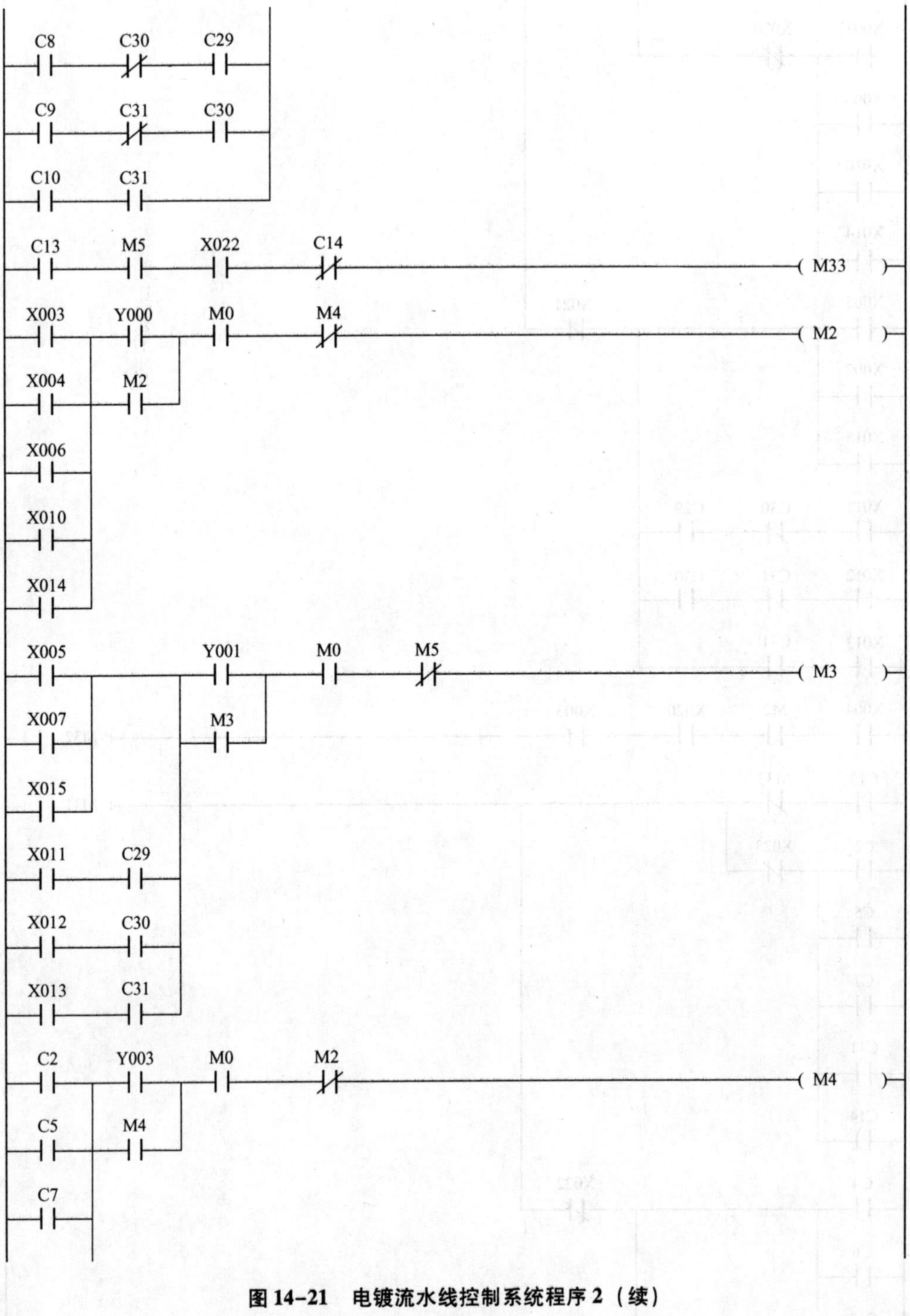

图 14-21 电镀流水线控制系统程序 2（续）

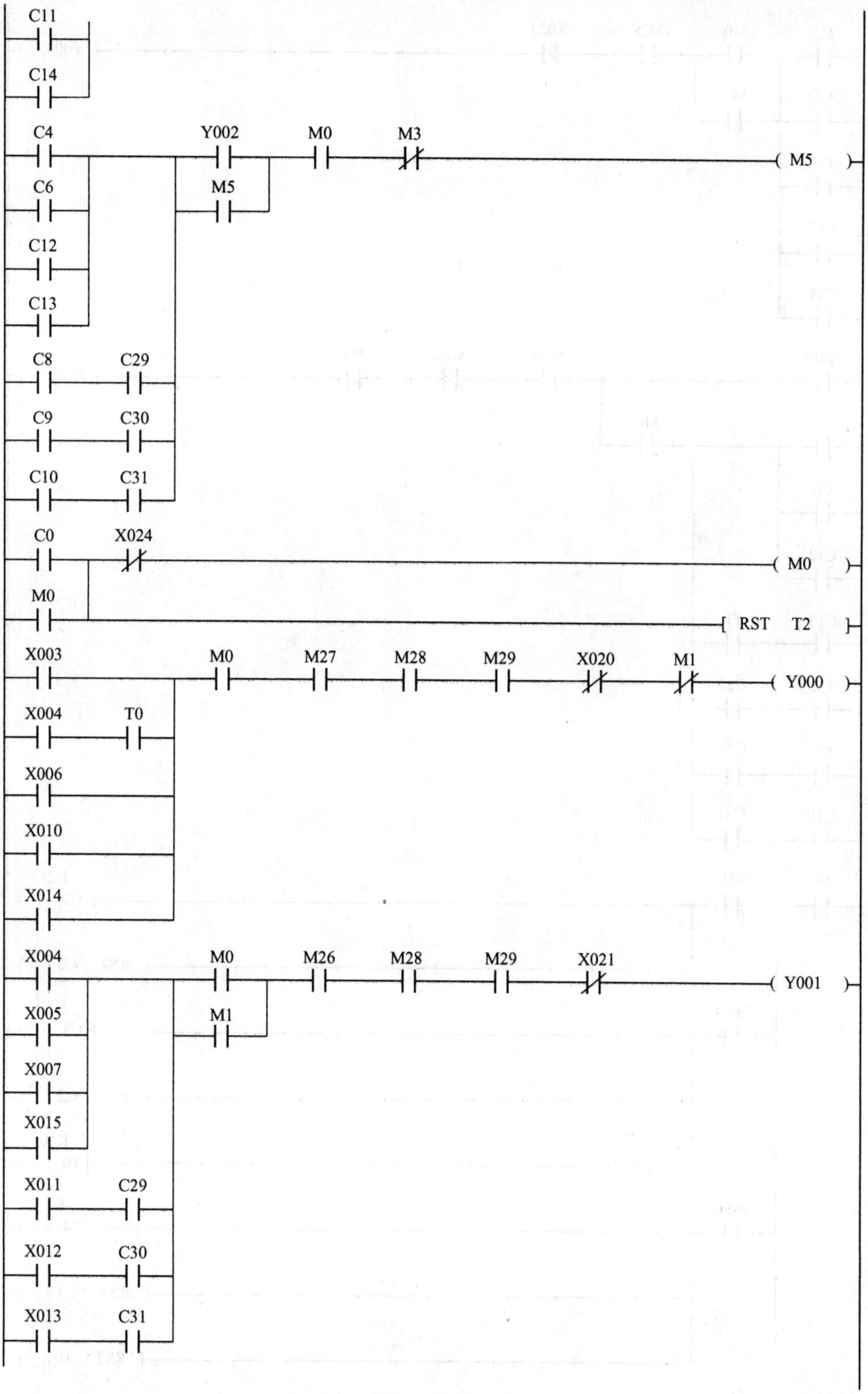

图 14-22 电镀流水线控制系统程序 3

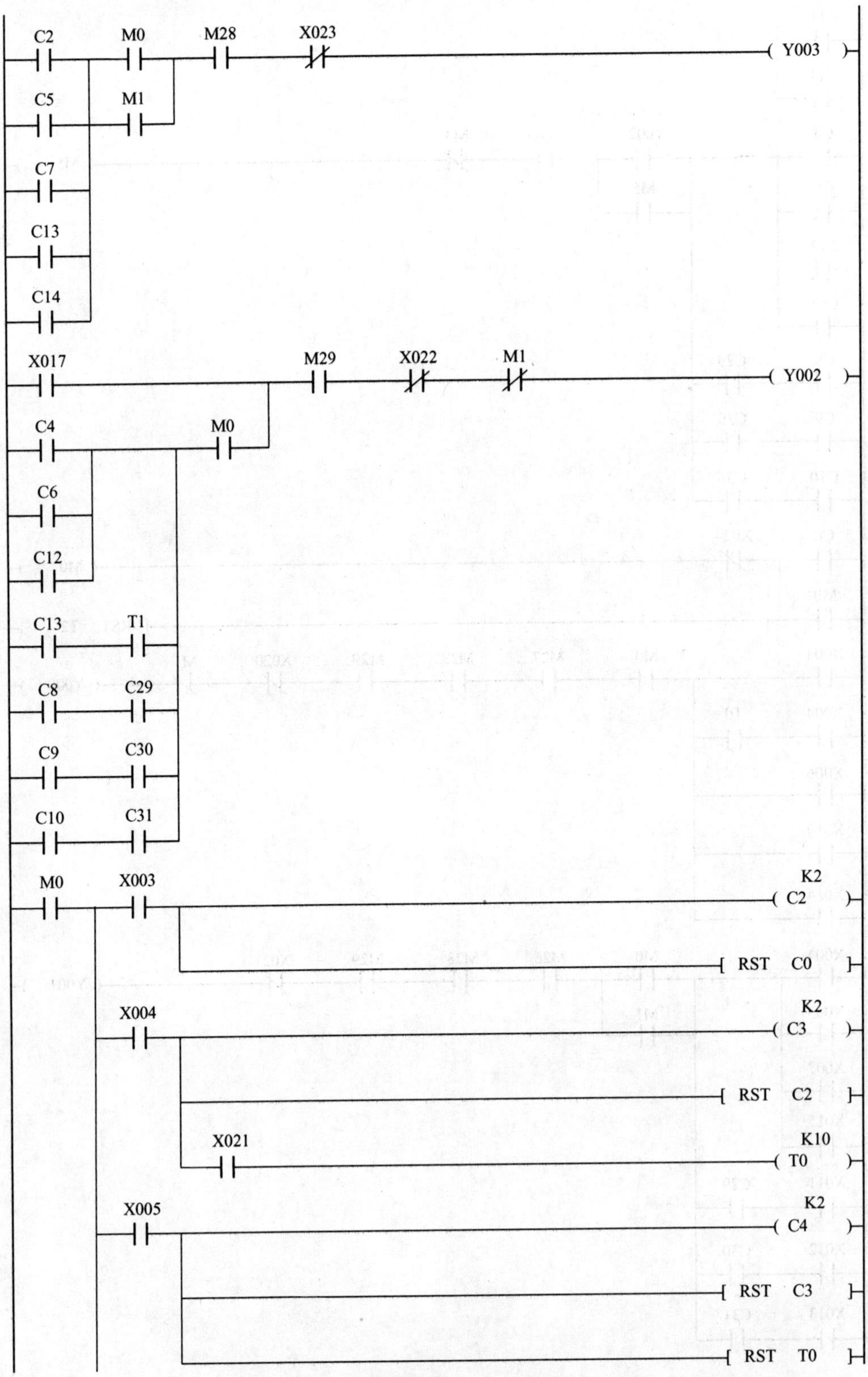

图 14-22 电镀流水线控制系统程序 3（续）

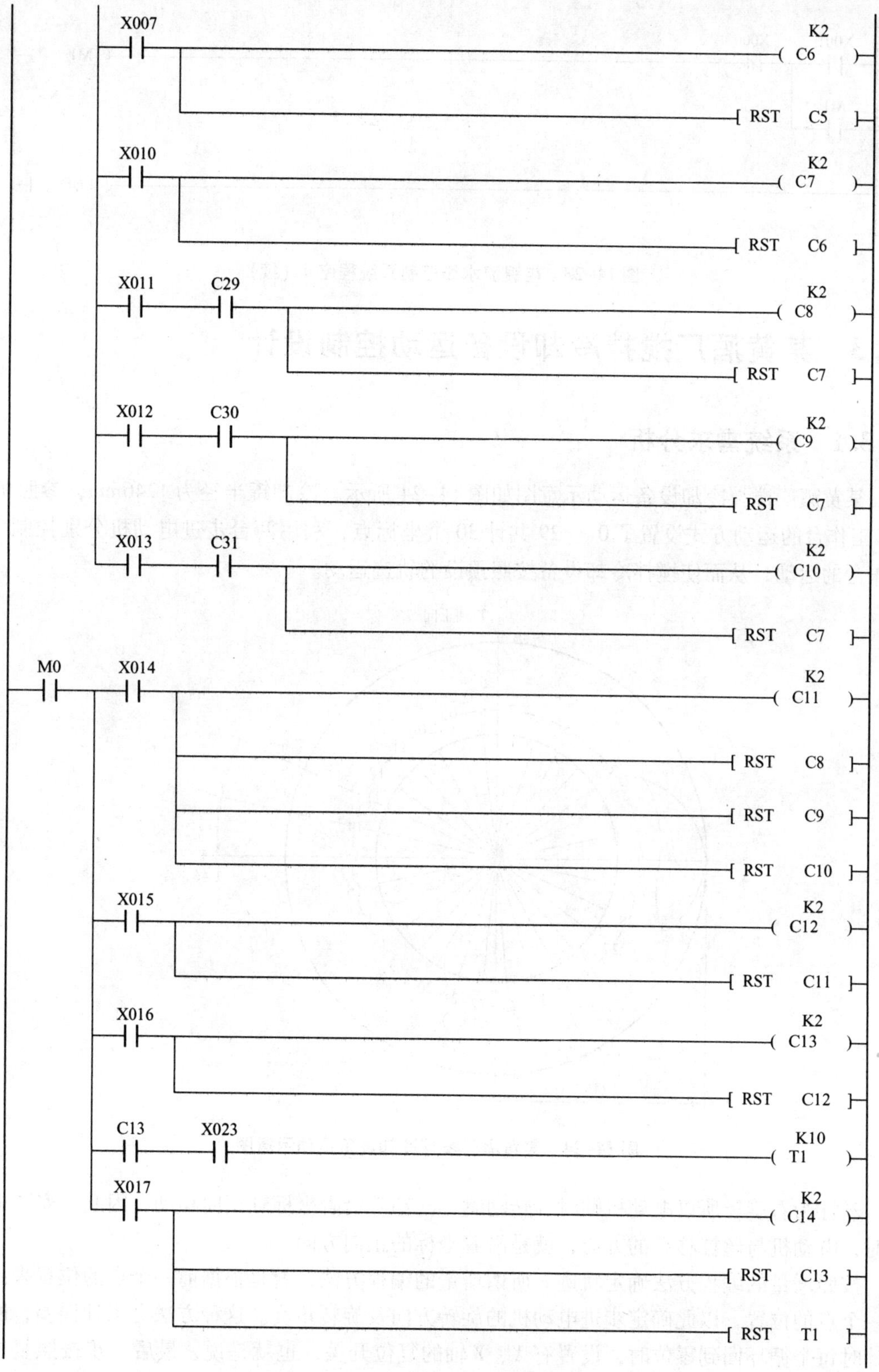

图 14-23　电镀流水线控制系统程序 4

```
   X001   X000
 ──┤├──┬──┤/├────────────────────────────────( M1 )──┤
   M1   │
 ──┤├───┘

 ──────────────────────────────────────────────[ END ]──┤
```

图 14-23 电镀流水线控制系统程序 4（续）

14.3 某黄酒厂搅拌冷却设备运动控制设计

14.3.1 系统需求分析

某黄酒厂搅拌冷却设备运动示意图如图 14-24 所示。冷却罐半径为 1246mm，参照机床 *X-Y* 工作台的运动方式设置了 0 ～ 29 共计 30 个坐标点，利用两台步进电动机分别控制 *X-Y* 工作台的运动，从而使搅拌冷却设备按照预设的轨迹运动。

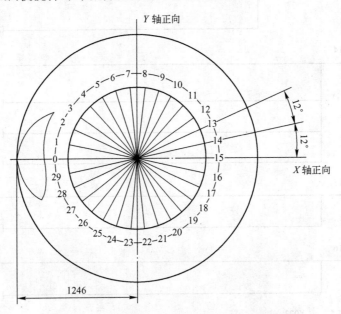

图 14-24 某黄酒厂搅拌冷却设备运动示意图

丝杠为右旋，所以电动机顺时针转动时，冷却管沿着坐标轴正向移动，因此，安装电动机时，电动机与丝杠移动的方向，就是沿着坐标的正向方向。

按照增量的编程方法确定轨迹。所谓增量的编程方法，就是根据前一个点的位置来确定下一个点的位置，以此确定步进电动机的旋转方向及旋转角度。这种方法有累计误差，所以设计时每个循环回到零位时，设置有 *X*、*Y* 轴的复位开关，也就是说，最后一步按照复位开关的位置来确定步进电动机的工作状态。

由此得到步进电动机运动轨迹表，如表 14-3 所示。

表 14-3 步进电动机运动轨迹表

序号	X 向步进电动机		Y 向步进电动机	
	转向	增量 ΔX（mm）	转向	增量 ΔY（mm）
0～1	顺时针	15.84	顺时针	150.74
1～2	顺时针	46.84	顺时针	144.15
2～3	顺时针	75.78	顺时针	131.26
3～4	顺时针	101.42	顺时针	112.64
4～5	顺时针	122.62	顺时针	89.09
5～6	顺时针	138.46	顺时针	61.65
6～7	顺时针	148.25	顺时针	31.52
7～8	顺时针	151.57	停止	0
8～9	顺时针	148.25	逆时针	-31.52
9～10	顺时针	138.46	逆时针	-61.65
10～11	顺时针	122.62	逆时针	-89.09
11～12	顺时针	101.42	逆时针	-112.64
12～13	顺时针	75.78	逆时针	-131.26
13～14	顺时针	46.84	逆时针	-144.15
14～15	顺时针	15.84	逆时针	-150.74
15～16	逆时针	-15.84	逆时针	-150.74
16～17	逆时针	-46.84	逆时针	-144.15
17～18	逆时针	-75.78	逆时针	-131.26
18～19	逆时针	-101.42	逆时针	-112.64
19～20	逆时针	-122.62	逆时针	-89.09
20～21	逆时针	-138.46	逆时针	-61.65
21～22	逆时针	-148.25	逆时针	-31.52
22～23	逆时针	-151.57	停止	0
23～24	逆时针	-148.25	顺时针	31.52
24～25	逆时针	-138.46	顺时针	61.65
25～26	逆时针	-122.62	顺时针	89.09

序号	X 向步进电动机		Y 向步进电动机	
	转向	增量 ΔX（mm）	转向	增量 ΔY（mm）
26～27	逆时针	− 101.42	顺时针	112.64
27～28	逆时针	− 75.78	顺时针	131.26
28～29	逆时针	− 46.84	顺时针	144.15
29～0	逆时针	− 15.84	顺时针	150.74

运动轨迹线顺序作如下设计：0→1→2→3→4→5→6→7→8→9→10→11→12→13→14→15→16→17→18→19→20→21→22→23→24→25→26→27→28→29→0→15→15→0，以此循环。考虑到步进电动机会出现丢步的问题，在程序里使 29 ～ 0 这一步的设定值（D578、D658）大于表 14-3 中的数值，依靠零点限位控制运动步长。

丝杠的螺距为 5mm，步进电动机步距角为 0.72°，因此可以计算出步进电动机每运动一步，丝杠运动 0.01mm。步进电动机运动参数放置在数据寄存器 D520 ～ D672 中。

14.3.2 系统硬件设计

考虑到实际工作中需要手动调节搅拌冷却设备的位置，特设置了 4 个按钮分别手动调整 X、Y 轴的运动。搅拌冷却设备运动控制 PLC 的 I/O 地址表如表 14-4 所示。

表 14-4 搅拌冷却设备运动控制 PLC 的 I/O 地址表

输入地址编号	输入设备	输出地址编号	输出设备
X0	启动	Y0	X 轴脉冲
X1	停止	Y1	Y 轴脉冲
X2	手动调整允许（自锁按钮）	Y2	X 轴方向（OFF 反转）
X4	手动 X 轴 +	Y3	Y 轴方向（OFF 反转）
X5	手动 X 轴 −		
X6	手动 Y 轴 +		
X7	手动 Y 轴 −		
X10	X 轴零点		
X11	Y 轴零点		

14.3.3 系统软件设计

搅拌冷却设备运动控制程序如图 14-25 至图 14-27 所示。

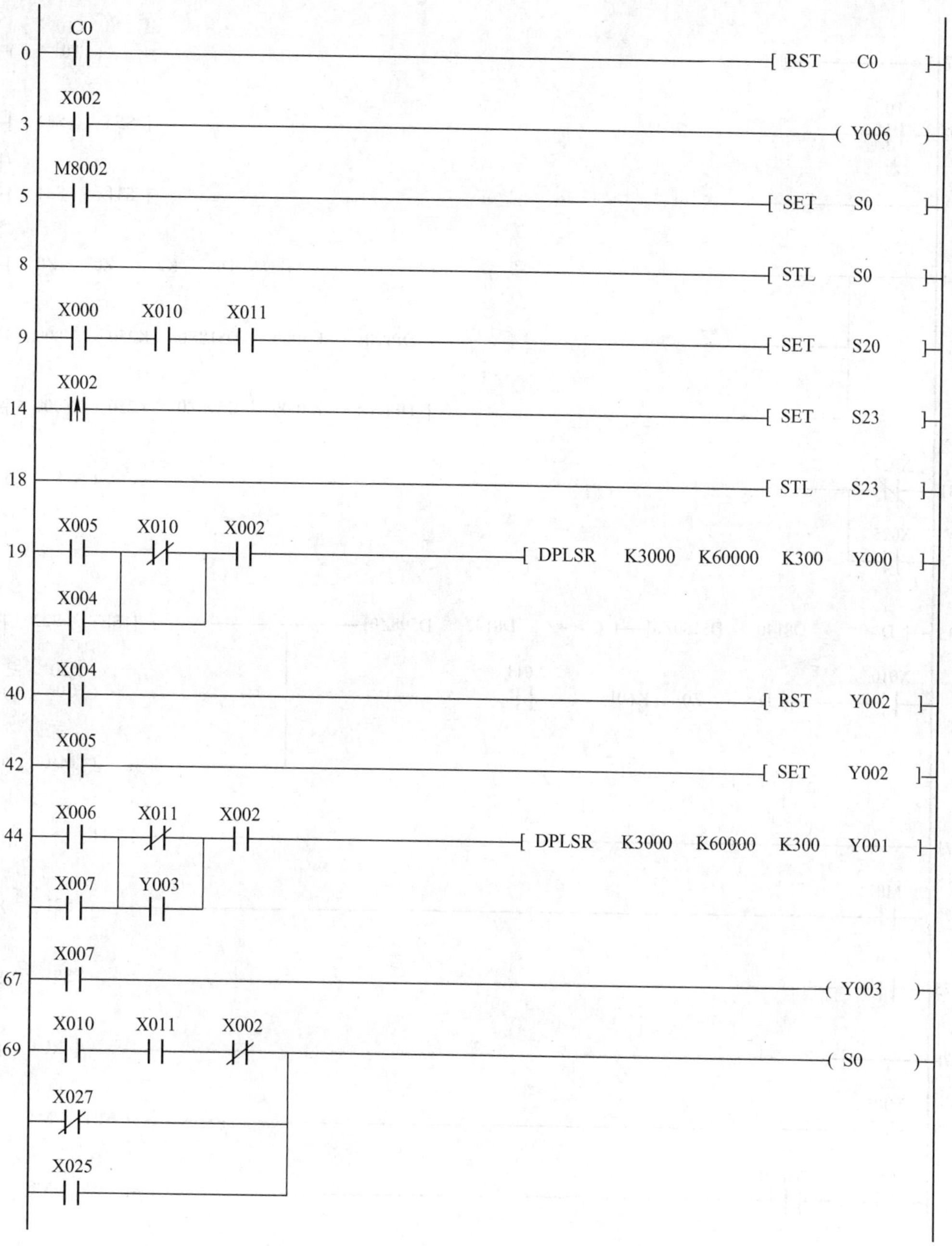

图 14-25 搅拌冷却设备运动控制程序 1

使用 PLSR 指令控制步进电动机的工作脉冲时需要注意，在 FX2N 系列 PLC 中，PLSR 指令只能针对 Y0、Y1 输出，而且最多只能有两条同时执行，而本程序内需要用到自动、手动共 4 条指令，因此利用步进顺控指令的选择性分支编程，保证同一时刻最多只有两条指令执行，否则会出现运算错误。

步进电动机高速启动需要延时启动，在本程序中选择延时时间为 300ms，时间选择不宜太短，否则会引起步进电动机无法启动产生啸叫的现象。另外，PLSR 指令的最小执行脉冲

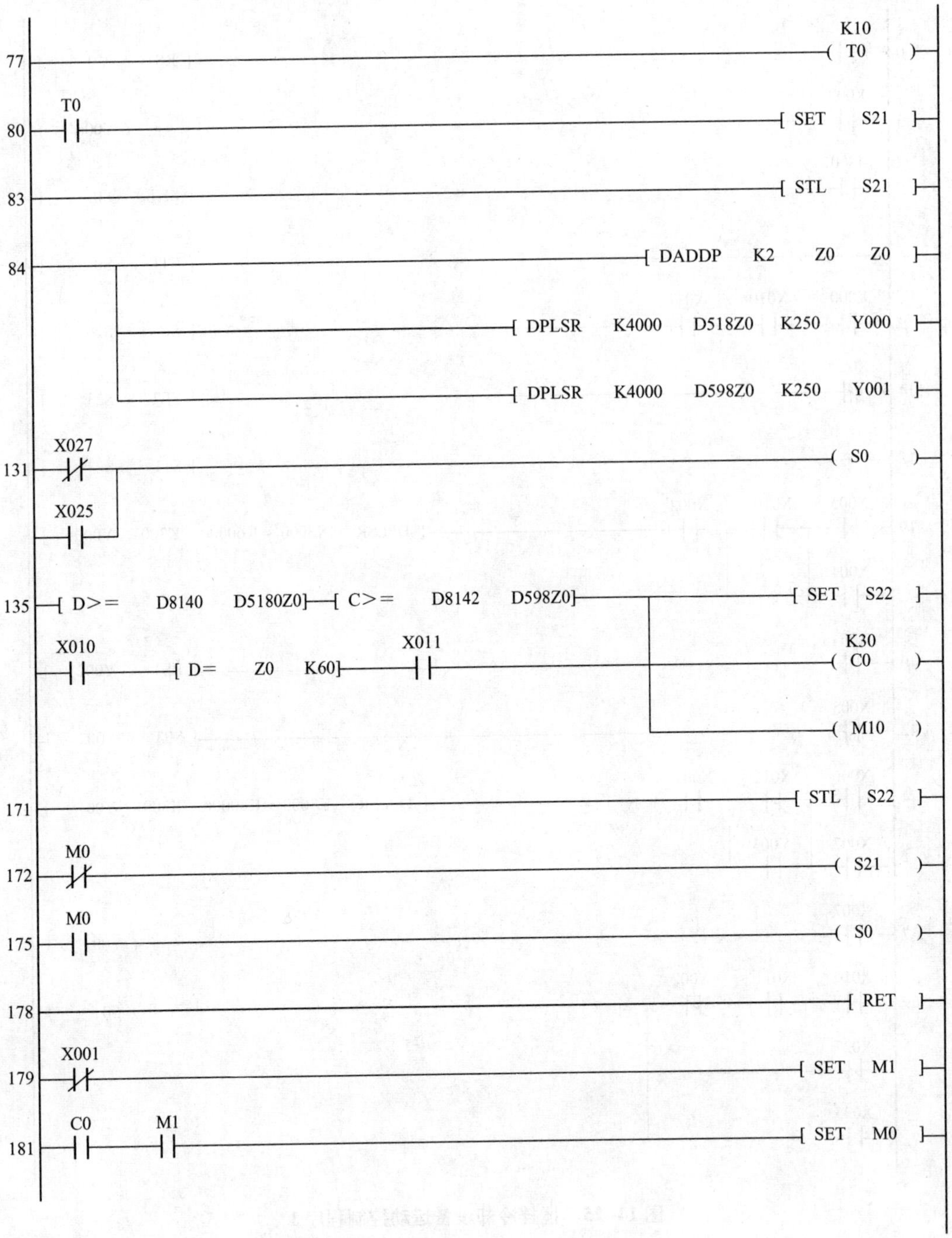

图 14-26 搅拌冷却设备运动控制程序 2

数和启动延时时间有关，延时时间越长，最小执行脉冲数越大，这点读者需要注意，否则会出现指令不输出的现象。

步进电动机不宜应用在高频场合，一般建议运行速度低于 600rad/min，否则极易出现丢步的问题。

D8140 ～ D8143 分别存放了两条 PLSR 指令输出的脉冲数，由于步进电动机响应速度低

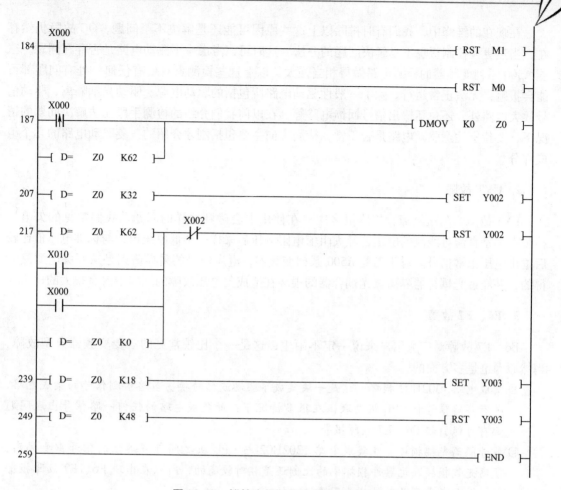

图 14-27　搅拌冷却设备运动控制程序 3

于 PLC 的运行速度，因此可能会出现实际工作时步进电动机多转几个脉冲的现象。

14.4　实践拓展：三菱变频器常见故障及处理方法

三菱变频器目前在市场上用量最多的是 A500 系列及 E500 系列。A500 系列为通用型变频器，适合在高启动转矩和高动态响应的场合使用。而 E500 系列则适合在功能要求简单、对动态性能要求较低的场合使用，且价格较有优势。本节就三菱变频器的一些常见故障及相应处理办法作简单介绍。

1. OC1、OC3 故障

三菱变频器出现 OC（过电流）故障很多时候会是以下 3 个方面原因造成的（现以 A500 系列变频器为例）。

☺ 参数设置不当引起的，如时间设置过短。

☺ 外部因素引起的，如电动机绕组短路，包括相间短路、对地短路等。

☺ 变频器硬件故障引起的，如霍尔传感器损坏、IGBT 模块损坏等。

在现在的维修中，我们有时排除以上这些原因可能还是解决不了问题，OC 故障仍然存在，当然更换控制板也不是解决问题的办法，这时可以考虑一下驱动电路是否存在问题。三菱 A500 系列变频器的检测电路做得相当强大，以上这些检测点只要有任何一处有问题都可能会报警，无法正常运行。除了一般性驱动电路所包括的驱动电源、驱动光耦隔离、驱动信号放大电路外，还包括输出信号回馈电路等。在以前我们介绍的检测手段无法解决问题的情况下，要特别注意驱动电路是否正常，检测方向主要包括刚才介绍的三菱驱动电路的几个组成部分。

2. UVT 故障

UVT 故障为欠压故障，相信很多用户在使用中会碰到这样的问题。我们常见的欠电压检测点都是直流母线侧的电压，经大阻值电阻分压后采样一个低电压值，与标准电压值比较后输出电压正常信号。对于三菱 A500 系列变频器，电压信号的采样值则是从开关电源侧取得的，并经过光耦合器隔离。光耦合器的损坏在造成欠电压故障的原因中占有很大的比重。

3. E6、E7 故障

E6、E7 故障对广大用户来说一定不陌生，这是一个比较常见的三菱变频器典型故障，当然原因也是多方面的。

☺ 集成电路 1302H02 损坏。这是一块集成了驱动波形转换、多路检测信号的集成电路，并有多路信号和 CPU 板关联，在很多情况下，此集成电路的任何一路信号出现问题都有可能引起 E6、E7 故障报警。

☺ 信号隔离光耦损坏。在集成电路 1302H02 与 CPU 板之间有多路强弱信号需要隔离，隔离光耦损坏在元器件损坏中的比例还是相对较高的，所以在出现 E6、E7 故障报警时，也要考虑到是否是此类因素造成的。

☺ 接插件损坏或接插件接触不良。由于 CPU 板和电源板之间的连接电缆经过几次弯曲后容易出现折断、虚焊等现象，在插头侧如果使用不当也易出现插脚弯曲、折断等现象，这些原因也都可能造成 E6、E7 故障的出现。

4. 开关电源损坏

开关电源损坏也是 A500 系列变频器的常见故障，排除掉脉冲变压器损坏、开关场效应管损坏、起振电阻损坏、整流二极管损坏等一些因素外，常见的损坏器件就是一块 M51996 波形发生器芯片了。这是一块带有导通关断时间调整、输出电压调节、电压反馈调节等多种保护于一体的控制芯片，较容易出现问题的地方主要有芯片 14 脚的电源、调整电压基准值的 7 脚、反馈检测的 5 脚、波形输出的 2 脚等。

5. 功率模块损坏

功率模块损坏主要出现在 E500 系列变频器上。对于小功率的变频器，由于是集成了功率器件、检测电路的智能模块，当模块损坏时只能更换，因维修成本较高，已无维修价值。而对于 5.5kW、7.5kW 的 E500 系列变频器，选用了 7MBR 系列的 PIM 功率模块，更换的成本相对较低，对此类变频器的损坏可以做一些维修。

思考与练习

（1）试设计一个送料系统控制程序。按下启动按钮后，给出 YS1（加工工件到位准备进入工位）信号；检测各工位，到工位 1 时，停 1s，传送带 1 启动；到工位 2 时，停 1s，传送带 2 启动；到工位 3 时，停 1s，传送带 3 启动；到料满后结束程序。

（2）设计程序检测出生产线上的空瓶并且将其拿走。按下启动按钮后，启动传送带，检测包装瓶，发现空瓶，传送带停止运转，机械手动作，拿走空瓶。

（3）试设计一个冲压控制程序。按下启动按钮后，进料传送带电动机转动，工件到达工位 1 后，进料传送带电动机停止；进料吸盘吸住工件；进料机械手把工件送入工作台，直到工件到达工位 2 停止；进料吸盘放下工件；进料机械手退出加工台；进料机械手后退到位后，冲压模具下降，完成冲压后上升；出料机械手进入工作台；出料吸盘吸住工件；出料机械手退出加工台，直到工件到达工位 3 停止；出料吸盘放下工件；出料传送带电动机转动，运走工件；进料传送带电动机转动，运来下一个工件，直到工件到达工位 1 停止，开始下一个循环。

第 15 章 工业控制实例

工业控制系统是一个综合控制系统，包含机械、电气等多门学科，需要工控人员具备工控产品硬件、软件的相关知识，只有将这些知识结合起来，才能完成整个设计。本章结合工业控制实例，从硬件、软件等多方面详细讲述如何利用 PLC 进行工业控制系统设计。

15.1 给煤机系统设计

给煤机系统是火力发电厂生产过程中一个必不可少的环节。我国以火力发电为主，大量的火力发电厂存在着设备老化、运行稳定性差、故障频发等许多问题，因此，需要更新设备，改造系统，减少故障，提高系统的安全可靠性，以应对日益紧张的电力供应局面。本章利用三菱公司的 FX 系列 PLC 对原有给煤机系统进行改造，改造后的系统提高了安全可靠性，增强了事件追忆能力，改善了计量精度，减少了煤的浪费。

15.1.1 系统需求分析

给煤机系统的主要功能就是根据发电功率的要求来调整燃烧所需要的煤量。给煤机主要由电动机和皮带组成，从煤仓振动筛落至给煤机皮带上的煤通过皮带输送至下一环节，再至炉中。系统关键之处在于准确地测量出单位时间内的给煤量，从而判断是否需要进行调整。

给煤机系统原理图如图 15-1 所示。系统将两路称重传感器测得的重量信号转化得到实际煤量，比较两路重量信号大小判断称重传感器是否失效，如果没有失效，则实际重量即为两路之和；如果失效，则报警，此时实际重量等于密度与容积之积，为经验值。实际重量与皮带速度的乘积即为实际给煤率，然后根据请求给煤率和实际给煤率的偏差，采用常规 PID 控制调节给煤机电动机转速，并粗调振动筛振动速度，实现系统给煤量的调节，也实现了发电功率的调节。

该系统主要由 PLC、GOT、变频器、重量检测机构、给煤机电动机、转速检测机构及各种执行机构等组成。给煤机系统组成结构图如图 15-2 所示。

系统的工作方式有三种。

☺ 流量 PID 调节方式：根据请求给煤率与实际给煤率的偏差进行 PID 调节。

☺ 速度 PID 调节方式：根据设定速度与实际测量速度的偏差进行 PID 调节。该方式作为校验系统转速变频控制功能是否正常的一种方式。

☺ 校验方式：在触摸屏或就地控制板上按下停止按钮，给煤机停止工作，在此方式下进行皮带秤的校验工作，分为静态校验和动态校验。在动态校验时，皮带以低速恒速运转。

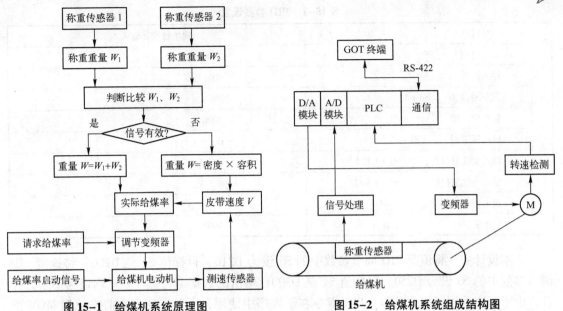

图 15-1　给煤机系统原理图　　　　图 15-2　给煤机系统组成结构图

15.1.2　系统硬件设计

　　给煤机的流量 PID 调节方式是根据实际给煤率和请求给煤率的偏差进行 PID 调节的。实际给煤量的计算精度将直接影响到给煤机系统的调节精度。系统称重传感器的称重有效范围是两托辊之间的距离 100cm，如果不加处理就进行累加，必然会出现重复累加。所以，得先把 100cm 长度内的重量转化为单位长度的重量，然后再乘以实际皮带速度，即得到实际给煤率（kg/min），再与请求给煤率相减进行 PID 调节。

　　其中存在的问题是，称重传感器测得的信号要经过变换输出 4 ～ 20mA 的标准电流信号才能被 FX2N 系列 PLC 的模拟量输入模块 FX2N-4AD 所接收并进行 A/D 转换，其中存在两个量程变换问题，一个是称重量 0 ～ 150kg 变换为 4 ～ 20mA 电流，另一个是 4 ～ 20mA 电流变换为 0 ～ 1000 的数字值。由于 4 ～ 20mA 是个中间量，所以这个过程可以看作一个量程变换，并且作为线性关系来处理，即 0 ～ 150kg 变换为 0 ～ 1000 的数字值，可见分辨率为 0.15kg。两个称重传感器型号相同，采用相同的线性变换，所以其数值可以直接相加。

　　众所周知，PLC 和变频器均有 PID 调节功能，通过以上的说明可以看出在进行 PID 运算之前，还要经过一系列的数值处理。例如，两个称重传感器要进行称重比较，以便判断传感器失效与否，还要进行数值相加、量程变换等；速度传感器也有个脉冲与转速的变换问题，特别是电动机与牵引滚筒之间加了减速器以后更要进行换算；并且这两个量（重量和速度）还要进行相乘，以便得到实际给煤率。所有这些前期的准备运算是变频器所不能完成的。另外，本系统有两种 PID 调节方式：流量 PID 调节和速度 PID 调节。前者需要称重测量信号和速度测量信号，而后者只需速度测量信号，且两者的参数不同，这一点也是变频器的 PID 调节功能无法实现的。所以，本系统采用 PLC 的 PID 调节功能。

1. PID 参数设置

　　PID 采用自整定模式。PID 参数设置如表 15-1 所示。

表 15-1　PID 参数设置

目标值		S1	现场触摸屏输入
参数	采样时间　　　　S3		2000ms
	输入滤波　　　　S3 + 2		70%
	微分增益　　　　S3 + 5		0%
	输出值上限　　　S3 + 22		4000
	输出值下限　　　S3 + 23		0
	输入变化量报警　　S3 + 1 bit1		0（无）
	输出变化量报警　　S3 + 1 bit2		0（无）
	输出值上下限设定　　S3 + 1 bit5		1（有效）
	输出值　　　　　D		3600

在本设计中，将流量 PID 调节参数中的 S3 设为 D210，目标值 S1 是 D200；将速度 PID 调节参数中的 S3 设为 D250，目标值 S1 是 D300；输出的数据寄存器（D）均设为 D50。并且，由于程序采用模块化结构，PID 指令在子程序中使用，所以在使用之前先使用 MOV 指令给 S3 + 7 寄存器单元清零。

2. 称重传感器选择

称重传感器采用蚌埠金诺传感器仪表厂的 JHBL-I 型悬臂式系列荷重传感器。该传感器采用箔式应变片贴在合金钢做的弹性体上，具有精度高、密封能力好的特点，可用于电子皮带秤、升秤计算机配料系统等。该厂的 QBS-10 型变送器输出形式有 0 ～ 5V、0 ～ 10V、4 ～ 20mA、0 ～ 10mA 等。称重传感器的技术参数如表 15-2 所示。

表 15-2　称重传感器的技术参数

量程	5、10、20、30、50、100、200、500kg
灵敏度	2 ± 0.1mV/V
综合精度（线性、滞后、重复性）	± 0.02% F·S
蠕变	± 0.05% F·S/30min
零点温度系数	± 0.02% F·S/10℃
输出温度系数	± 0.02% F·S/10℃
输入阻抗	385 ± 10Ω
绝缘电阻	≥5000MΩ
供桥电压	DC 10V
工作温度范围	−20 ～ 70℃
允许过负荷	150% F·S
灵敏度	2 ± 0.1mV/V
密封等级	IP67
材质	合金钢

选用的称重传感器量程是 100kg，变送器输出为 4 ～ 20mA 电流。

3. 转速传感器选择

转速传感器是利用钢铁材料（或其他导磁材料）做的齿轮转动，产生磁通量的变化，通过固态磁性传感元件获得信号，可测量齿轮的转动。其特点如下所述。

☺ 分辨率高，频响宽，可靠性高。

☺ 内装放大整形电路，输出为幅度稳定的方波信号，能实现远距离传输。

☺ 测量转速范围宽（0.3Hz 至 10kHz），优于霍尔传感器。

☺ 测量间距大（0.2～2.5mm）。

☺ 抗震性能强。

本设计采用的是深圳商斯达实业公司的 S20 型齿轮转速传感器。转速传感器的技术参数如表 15-3 所示。

表 15-3　转速传感器的技术参数

供电电压	5V、12V、24V	使用温度	−40～150℃（军品） −20～80℃（民品）
输出信号	高电平：≥4V（供电电压为 5V）；≥10V（供电电压为 12V）；≥10V（供电电压为 24V） 低电平：<0.3V，方波	响应频率	0.3Hz 至 10kHz 转速(r/min) = 60 × 频率
分辨膜数	>0.5	使用湿度	<95% RH
输出电流	<30mA	保护形式	有限性和短路保护
触发形式	钢铁齿轮，或其他软磁材料	绝缘电阻	>50MΩ
输出方式	NPN	外壳材料	金属镀镍
应用距离	0.2～2.5mm，正比于齿高，高速和极低速时距离应近		

4. 电源部分设计

系统中的齿轮转速传感器采用 24V 电源，可以借用 PLC 上的 24V 电源，而称重传感器采用 10V 的工作电压，所以需制作一个 10V 直流电源，如图 15-3 所示。

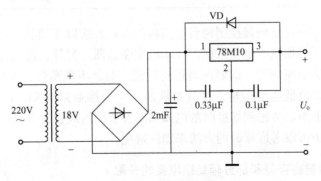

图 15-3　电源原理图

在图 15-3 中，三端整流稳压器 78M10 的最大输出电流是 500mA，完全能满足要求；二极管 VD 的作用是为了保护 78M10 的输出极，防止在输入端断电后容性负载向输出端放电；两个小电容起滤波作用，改善输出电压的波纹特性。

5. PLC 选择

本设计选用三菱 FX2N-16MR-001 型 PLC（输入、输出点数均为 8 点，继电器输出方式），外加模拟量输出模块 FX2N-2DA（12 位 2 通道，电压输出为直流 0～10V 或 0～5V，电流输出为 4～20mA）、模拟量输入模块 FX2N-4AD（12 位 4 通道，电压输入为直流 -10～10V，电流输入为直流 -20～20mA 或 4～20mA）。

变频器采用三菱 FR-E540-5.5K-CH，其输入电压为三相 380～415V、50/60Hz，允许频率变动范围为 5%，输出电压为 380V、50/60Hz，额定容量为 9.1kVA，额定电流为 12A，额定过负荷电流为 150（60s）、200%（0.5s）。要求电源设备功率为 12kVA 以上。该变频器采用强制风冷方式。

本设计采用一台变频器带动两台电动机，一台为皮带机牵引电动机，另一台为振动筛电动机。皮带机牵引电动机采用 6 极三相异步电动机，额定功率为 3kW，额定转速为 960r/min，通过两级减速将转矩传给牵引滚筒，减速器的总传动比为 15。振动筛电动机采用 4 极三相异步电动机，额定功率是 2.2kW，额定转速是 1420r/min，通过减速器的变速实现振动落煤量的粗调。调节皮带的一般速度为 30m/min 左右，此时变频器输出频率为 35Hz 左右。

6. I/O 分配

给煤机系统 PLC 的 I/O 地址表如表 15-4 所示。

表 15-4 给煤机系统 PLC 的 I/O 地址表

输入地址编号	输入设备	输出地址编号	输出设备
X0	转速传感器输出端	Y0	变频器的启动信号 STF
X1	外部停止按钮	Y1	振动筛电动机接触器 KM1
X2	皮带机电动机的热继电器 FR1	Y2	皮带机电动机过载报警灯 HL1
X3	振动筛电动机的热继电器 FR2	Y3	振动筛电动机过载报警灯 HL2
		Y4	其他报警灯 HL3

因为本设计采用一台变频器控制两台电动机的方式，所以变频器的过电流保护功能不能起到应有的作用，要另加热继电器来保护电动机及变频器。另外，也因为上述原因，当选择不同的工作方式时会出现问题。例如，动态校验模式时，不能落煤，即振动筛电动机不转，只有皮带机电动机以恒低速度运转，这就要求加入一个接触器（KM1）来切断变频器与振动筛电动机间的主电路。考虑到切换时的电弧和某种原因造成的振荡，引起高压或漏电流损坏变频器，在程序中可以考虑延时的方法来加以避免。

7. PLC 内部数据寄存器和部分辅助继电器的分配

PLC 内部数据寄存器的分配表如表 15-5 所示。

表 15-5　PLC 内部数据寄存器的分配表

寄存器编号	功能	寄存器编号	功能	寄存器编号	功能
D10	存储计数脉冲	D25	总重量（kg）	D2	重叠画面序号 2
D11	当前值	D26	kg/cm	D3	存储画面序号
D12	剩余时间	D27		D4	存储 D3 画面序号
D13	P/min(脉冲/分钟)	D28	kg/min	D5	存储重叠画面序号
D14		D29		D6	数据文件指定
D15	r/min	D30	kg/min（整）	D7	完成部件的 ID 号
D16		D40	cm/min（整）		
D17	cm/min	D50	PID 输出值		
D18		D200	流量 PID 目标值		
D20	称重信号 1	D300	速度 PID 目标值		
D21	称重信号 2	D210～D235	流量 PID 参数		
D22	两重量之差值	D250～D275	速度 PID 参数		
D23	两重量之和值	D0	当前显示画面序号		
D24	总重量（kg）	D1	重叠画面序号 1		

GOT 控制元素中的位元素占用 PLC 的辅助继电器（M）的 7 个点，默认设置为 M0～M6。所以，在程序中要避免使用这前 7 个点。这 7 个点的功能如表 15-6 所示。

表 15-6　M0～M6 功能说明

辅助继电器	控制内容
M0	位元素 OFF—ON 后，清除报警记录
M1	报警记录分配的元素置 ON 时置 ON
M2	ON，到指定时间后，显示画面的背景灯熄灭
M3	位元素 OFF—ON 后，清除采样状态下采样的数据
M4	在采样状态下采样时置 ON
M5	作为数据设定完成的标志置 ON
M6	GOT 电池电量不足时置 ON

8. 变频器参数设置

变频器参数设置如表 15-7 所示。

表 15-7　变频器参数设置

参数号	设定值	说明
Pr. 1	50Hz	输出频率的上限为 50Hz
Pr. 2	0Hz	输出频率的下限为 0Hz
Pr. 7	3s	加速时间为 3s
Pr. 8	3s	减速时间为 3s
Pr. 9	12A	电子过电流保护为 12A
Pr. 38	50Hz	频率设定电压增益频率为 50Hz（输入 10V 时频率为 50Hz）

参数号	设定值	说明
Pr. 73	1	频率设定采用 0～10V 电压
Pr. 78	1	反转禁止
Pr. 79	2	外部操作模式

其他参数均保持出厂设置，输入信号也保持为漏型逻辑。

在校验时，可能用到设定值输入校准参数，由于本系统中变频器频率设定采用 0～10V 电压，所以只用到 Pr. 902（频率设定电压偏移）和 Pr. 903（频率设定电压增益）两个参数。

给煤机系统接线图如图 15-4 所示。

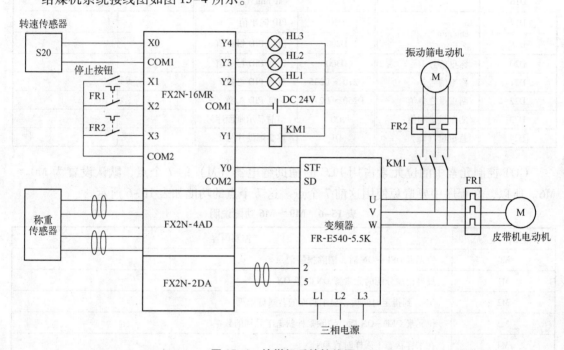

图 15-4　给煤机系统接线图

15.1.3　系统软件设计

给煤机系统的工作方式有流量 PID 调节、速度 PID 调节、给煤机皮带秤校验三种。根据生产工艺要求，考虑操作方便及安全可靠性，采用模块化程序设计。给煤机系统程序设计流程图如图 15-5 所示。

1. 特殊模块程序设计

特殊模块程序如图 15-6 所示。开机后先进行特殊模块的识别，FX2N-4AD 的识别码是 2010。如果出错，则程序停止执行，并且报警灯 HL3 点亮，触摸屏弹出报警画面 7，

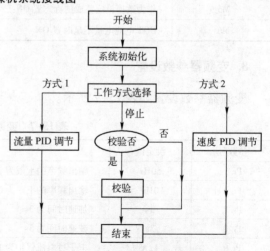

图 15-5　给煤机系统程序设计流程图

画面中显示"AD 模块识别错误!!!"信息。如果识别正常，则设置 FX2N-4AD 的通道模式及采样平均次数。H3311 说明通道 1、2 输入模式为 4 ～ 20mA 电流输入，3、4 通道关闭，采样 4 次取平均数。程序中的 M204 是为触摸屏报警显示之用。

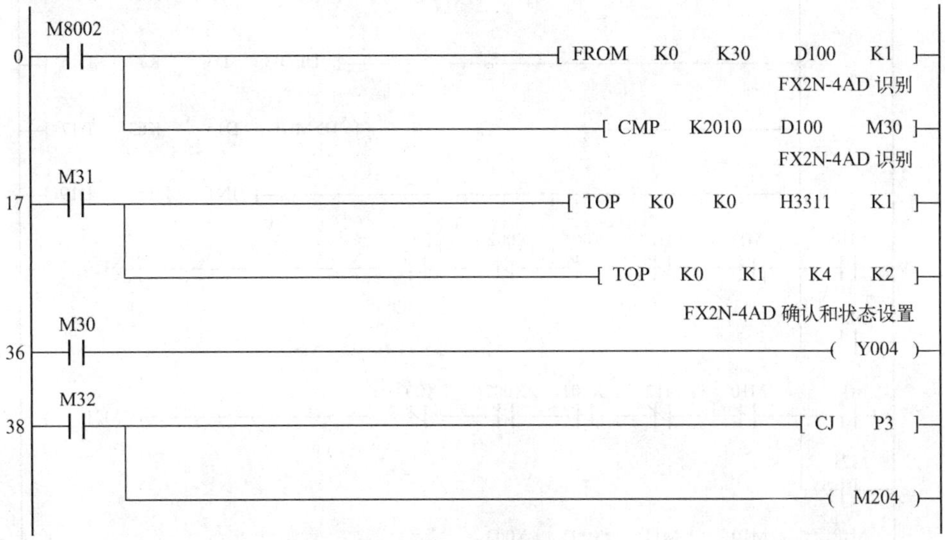

图 15-6　特殊模块程序

2. 主程序设计

主程序如图 15-7 所示。用 SPD 指令记转速脉冲数，通过计算得到皮带的线速度（牵引滚筒的直径是 20cm，减速器高、低两级齿数比分别是 77/22、81/18，转速传感器安装在高速级的大齿轮上方）。最终的线速度值放到 D19 中暂存。

程序采用模块化设计，分为主程序和 3 个子程序，子程序指针分别为 P0、P1、P2。调用子程序的触摸键分别是 M10、M11、M12。另外，急停按键也可以调用校验子程序。子程序调用完毕后，用 SRET 指令返回主程序。如果 X2、X3、M200、M201 置 1，则有对应的报警灯点亮，触摸屏显示报警信息。其中，M202、M203 是为触摸屏报警显示之用。

3. 流量 PID 调节子程序设计

流量 PID 调节子程序如图 15-8 所示。流量 PID 调节子程序的指针为 P0。称重传感器的失效与否是通过两个传感器数值的比较来判断的，即如果两个传感器称重数值相差较大，则说明有一个失效。为了避免在开机运行之初，由于落煤不均匀（偏重于一边）造成两个称重传感器的数值相差很大，导致 PLC 错误地判断称重传感器失效，所以，在运行刚开始时有 5s 的延时，在 5s 内，变频器以 5Hz 左右的频率输出，皮带机电动机和振动筛电动机均以低速运转，5s 之后，才取两个称重传感器的数值。在程序中设置为两数相差 100（量程的 1/10 = 10kg）以上时，就认为传感器失效，此时如果实际情况不允许停机检修，则要用经验值来估算重量。由于本设计采用一台变频器控制两台电动机的方式，煤仓采用振动筛振动落煤方式，所以振动频率的高低会对落煤量有较大影响（虽然不是线性关系），程序中采用了与振动频率有关的估算值，共分 6 个范围。在实际中可以根据经验来设置，并且分类越细，越接近实际值。如果称重传感器工作正常，则实际煤重为两个称重传感器的数值之和。

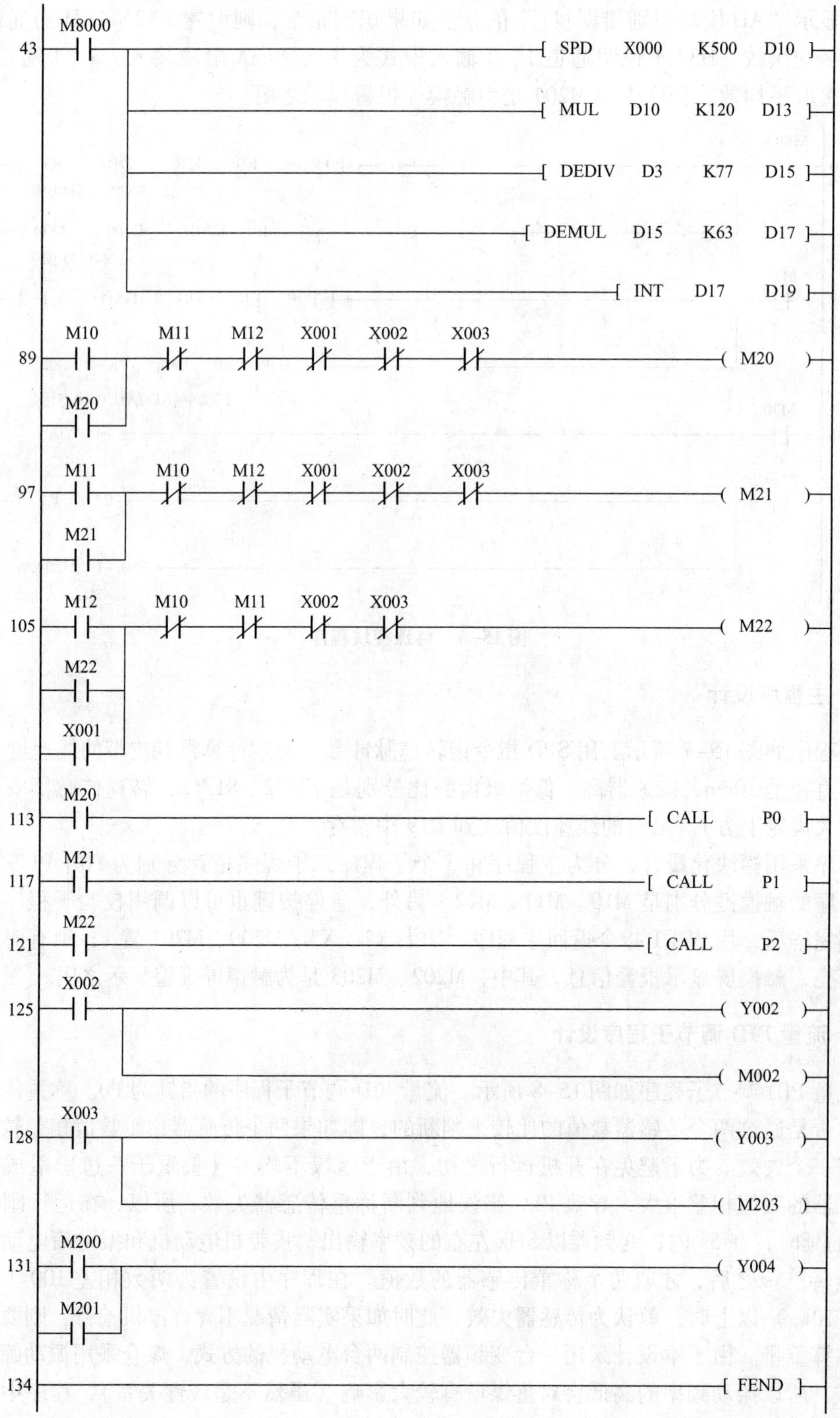

```
      M8000
43  ──┤├──┬─────────────────────────────[ SPD    X000   K500   D10 ]
          │
          ├─────────────────────────────[ MUL    D10    K120   D13 ]
          │
          ├─────────────────────────────[ DEDIV  D3     K77    D15 ]
          │
          ├─────────────────────────────[ DEMUL  D15    K63    D17 ]
          │
          └─────────────────────────────[ INT    D17    D19 ]

      M10   M11   M12   X001  X002  X003
89  ──┤├──┬─┤/├───┤/├───┤/├───┤/├───┤/├────────────────────( M20 )
       M20 │
      ──┤├─┘

      M11   M10   M12   X001  X002  X003
97  ──┤├──┬─┤/├───┤/├───┤/├───┤/├───┤/├────────────────────( M21 )
       M21 │
      ──┤├─┘

      M12   M10   M11   X002  X003
105 ──┤├──┬─┤/├───┤/├───┤/├───┤/├──────────────────────────( M22 )
       M22 │
      ──┤├─┤
       X001│
      ──┤├─┘

      M20
113 ──┤├───────────────────────────────────────────[ CALL   P0 ]

      M21
117 ──┤├───────────────────────────────────────────[ CALL   P1 ]

      M22
121 ──┤├───────────────────────────────────────────[ CALL   P2 ]

      X002
125 ──┤├──┬─────────────────────────────────────────────( Y002 )
          │
          └─────────────────────────────────────────────( M002 )

      X003
128 ──┤├──┬─────────────────────────────────────────────( Y003 )
          │
          └─────────────────────────────────────────────( M203 )

      M200
131 ──┤├──┬─────────────────────────────────────────────( Y004 )
       M201│
      ──┤├─┘

134 ───────────────────────────────────────────────────[ FEND ]
```

图 15-7　主程序

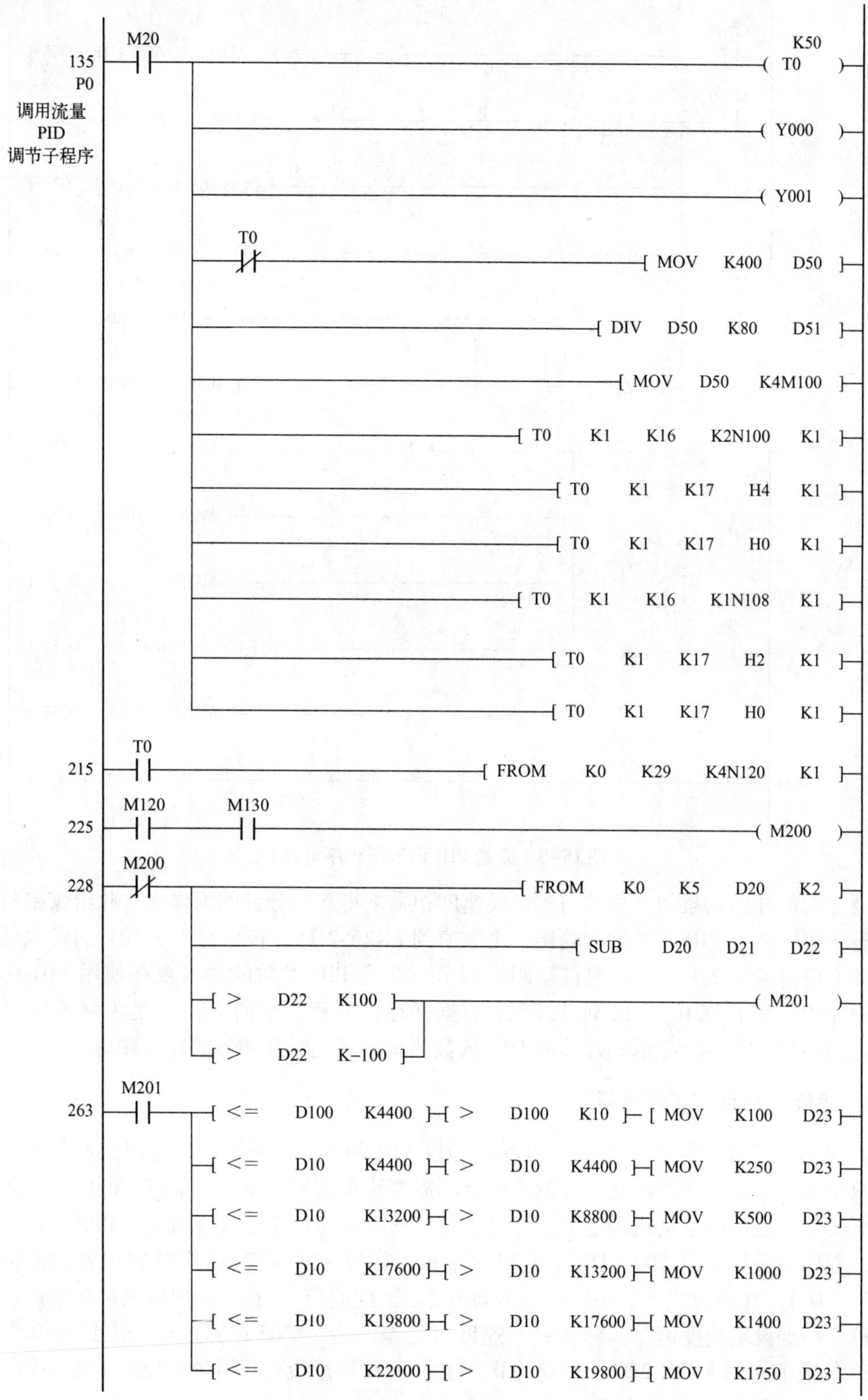

图 15-8　流量 PID 调节子程序

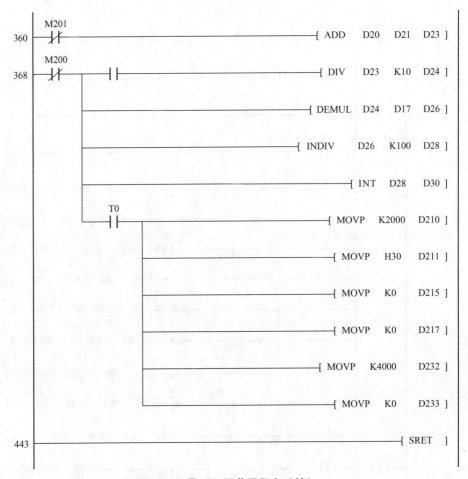

图 15-8 流量 PID 调节子程序（续）

通过前面介绍的累加方式并与皮带线速度相乘来得到每分钟的给煤率。此给煤率与设定值进行比较，通过 PID 运算处理输出一个数值到 FX2N-2DA，转化为 0 ～ 10V 的模拟量给变频器频率设定端子 2 和 5，实现自动跟踪调节。注意 PID 参数的输入要在使用 PID 功能之前，程序中是用了 D210 ～ D234 共 25 个数据寄存器。程序中的 D51 也是为触摸屏显示之用，触摸屏用一个数值显示元件读取 D51 的数值来显示此时变频器的输出频率。

4. 速度 PID 调节子程序设计

速度 PID 调节子程序如图 15-9 所示。速度 PID 调节子程序的指针为 P1。这种 PID 调节功能只是为了校验变频器的转速控制功能，不需要称重信号，不需要落煤。所以，在此工作方式下要切断振动筛电动机的电源。并且，系统的响应特性也会发生改变，PID 参数要另外设置，程序中是用了 D250 ～ D274 共 25 个数据寄存器来放置参数。PID 输出寄存器仍然使用 D50、D51。在此方式下，触摸屏显示画面 3 "速度监控"，在画面中触摸键 0 可以设定速度，PLC 根据设定速度值与实际测量的速度值之差，通过 PID 运算处理输出到 D50 中，并将 D50 的数值送到 FX2N-2DA，转化为 0 ～ 10V 的模拟量给变频器频率设定端子 2 和 5，实现速度的自动跟踪调节。

因为自整定 PID 参数有一个必要条件，即自整定开始时的测定值和目标值的差必须达到

150 以上，所以两个 PID 调节的目标值都存放在断电保持数据寄存器（D200 和 D300）中。参数的设定也存放在断电保持数据寄存器中（D200 及以后的数据寄存器均为断电保持数据寄存器）。

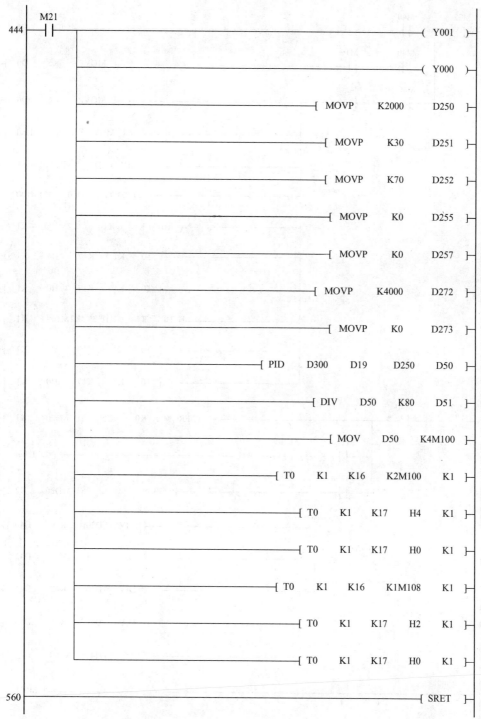

图 15–9　速度 PID 调节子程序

5. 校验子程序设计

检验子程序如图 15-10 所示。校验子程序的指针为 P2。在此工作方式下用户可以选择

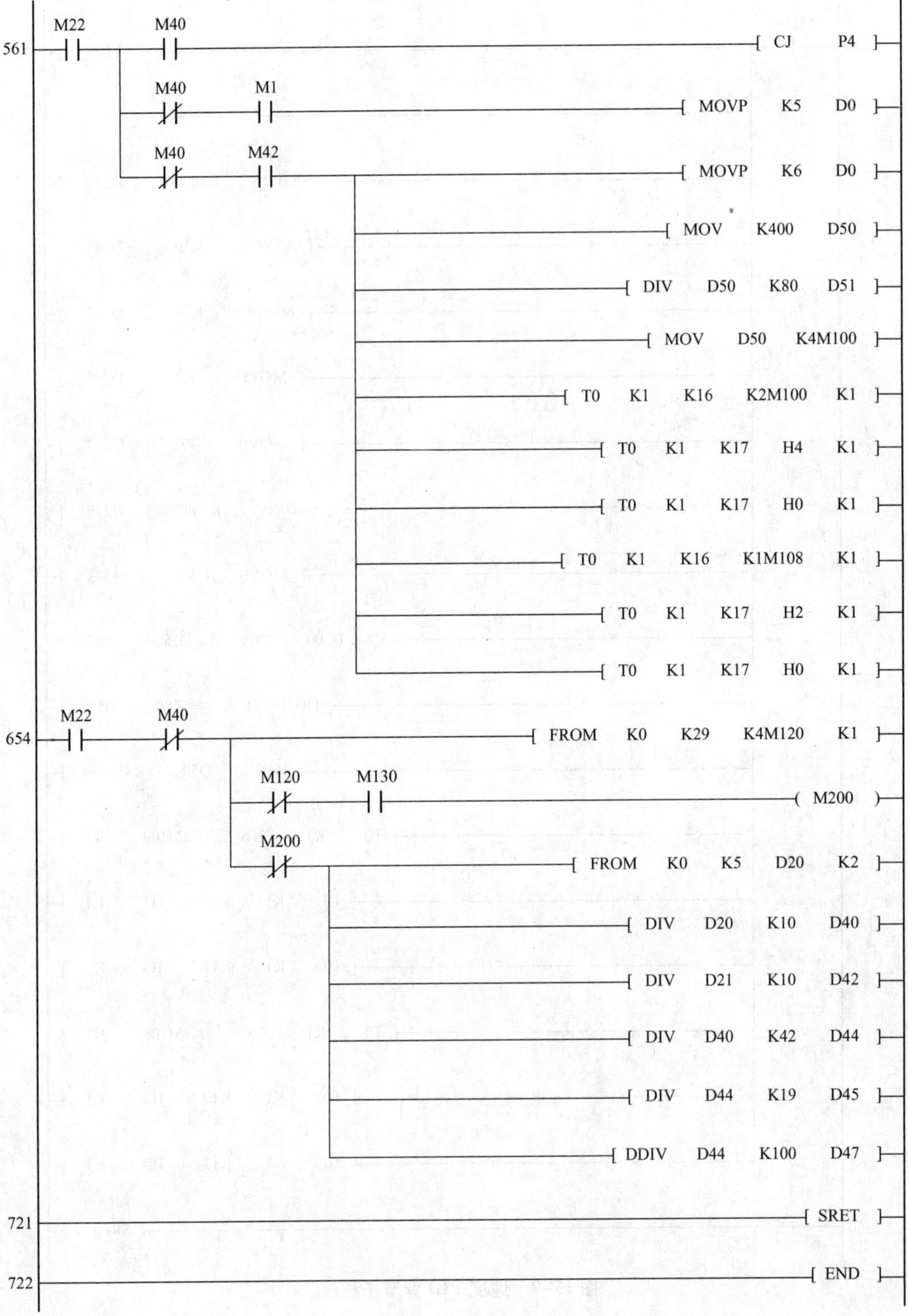

图 15-10 校验子程序

两种校验，即静态校验和动态校验，也可以选择不校验而直接停机。这种选择是通过触摸屏上的 3 个触摸键（即对应程序中的 M40、M41、M42）来完成的。

当按下触摸键 3（M40）时，程序直接跳转到子程序结束，画面也相应切换到画面 1，并且画面 1 中显示"现在处于停止状态"。静态校验是在皮带不动的情况下，用标准挂码来校验称重传感器的准确度。动态校验是在皮带机电动机以恒低速运转时，用链码来模拟煤的输送，通过程序的运算和触摸屏的显示，来调节和校准皮带的送煤精度。链码是通过专用装置进行收放的。

送煤精度主要由称量精度、速度控制精度和运算精度来决定。称量精度的校准是通过静态校验来完成的，主要调节称重传感器及模拟量输入模块的通道增益和偏移；速度控制精度的校准是由速度 PID 调节方式来完成的，过程中需要调节模拟量输出模块的通道增益和偏移及变频器的参数 Pr. 902（频率设定电压偏移）、Pr. 903（频率设定电压增益）；而运算精度则主要由前面所讲的累加方式和数值的保留精度来保证。

为什么电动机要以低速运转来校验呢？这是因为皮带速度低时，皮带秤的称量过程越接近于静态；皮带速度低，皮带张力比较小，而皮带张力是称重过程中的主要干扰力，干扰因而减小；皮带速度低，同样输送量情况下物料层厚度加大，则单位长度皮带上的负荷（kg/m）增加，因为加在秤架上的称重托辊及皮带的一部分重量是固定的，所以皮带秤称重过程中负荷与总重比值增大。这些因素都可以提高称重精确度。

程序中的 MOVP K5 D0 和 MOVP K6 D0 是保证在静态校验或动态校验时将其相应的画面显示出来（本子程序采用这种方法，而非上面子程序使用的触摸屏上切换画面触摸键的方法）。为了减少程序步数，该子程序采用了分支汇总的编程模式，模拟量 I/O 模块的读取和写入均排在静态校验和动态校验指令之后进行。程序中的 D44 ～ D47 与流量 PID 调节子程序中的 D24 ～ D28 的功能是一样的，都是作数据的处理结果暂存之用。D51 的功能也同上，为触摸屏显示之用。

由此可以得到完整程序。触摸屏程序略。

15.2　中央控制滚砂机系统设计

在铸造生产过程中，高温铁水注入砂型以后，经过一定时间的冷却，随后的工序便是落砂清理。中型及大型铸件多用落砂机进行落砂，其动力源多是交流电动机，交流电动机带负载启动性能不好，而滚砂机设备是一台要求满负载启动的设备。随着现代高科技的发展，交流电动机的调速控制很容易用变频调速控制实现。

15.2.1　系统需求分析

本系统控制的重点便是变频加速启动与市电运行的切换控制系统。滚砂机采用变频调速设备，启动要求从零平稳加速到额定转速时间大约为 30s，然后在额定转速下持续旋转 1200s 后停止，等待下一次启动。考虑到铸造工作的生产周期，变频加速器只有很短的时间在工作，而其他时间闲置，一台电动机用一台变频器控制太浪费。我们进一步优化控制系统，集中管理，利用 PLC 编程来实现一台变频器轮流切换式地来负责 10 台设备的启动工作，经济、可靠，且方案优化。

利用变频器的自身信号控制实现启动时从 0Hz 开始用一段时间加速到 50Hz，当频率达到 50Hz 后延时一段时间后再将该电动机改接在市电供电电源上，变频器停止对此电动机的工作，等待下一个用户。变频器的切换、10 台设备的等待排序等功能用 PLC 来实现，所以可以节约能源。

15.2.2　系统硬件设计

1. 电动机选择

由于滚砂机所工作的环境非常恶劣，而且需要采用变频调速控制，根据系统实际情况，选用结构简单、性能可靠的三相笼型异步电动机。

一般来说，电动机的同步转速越高，磁极对数越少，外轮廓尺寸越小，价格越低；反之，转速越低，外轮廓尺寸越大，价格越高。当工作机转速高时，选用高速电动机比较经济；但若工作机转速较低也选用高速电动机，则这时总传动比增大，会导致传动装置的结构复杂，造价也高。所以，在确定电动机转速时，应全面分析，权衡选用。在本设计中，根据滚砂机的要求，还要综合考虑所要清理的铸件的一些机械性能等要求，同步转速选择为 1500r/min，功率选择为 55kW。

2. 变频器选择

滚砂机系统的特点是：惯性大，启动困难，要求变频加速，从 0Hz 加速到 50Hz 停止，采用基频以下调速，属于恒转矩调速。

在选择变频器的同时一定要考虑变频器所控制的电动机的负载特性，鉴于恒转矩要求，选择变频器有两种情况：第一种是采用普通功能型变频器，为实现恒转矩调速，常采用加大电动机和变频器容量的办法，以增大低速转矩；第二种是采用具有转矩控制功能的高功能型变频器，以实现恒转矩负载下的调速运行。第二种情况变频器低速转矩大，静态机械特性硬度大，不怕冲击负载，性价比相比于第一种情况更经济。本设计选择第一种，选用三菱 FRA 540 型变频器。

3. I/O 分配

滚砂机系统 PLC 的 I/O 地址表如表 15-8 所示。

表 15-8　滚砂机系统 PLC 的 I/O 地址表

输入设备	输入地址编号	输出设备	输出地址编号	输入设备	输入地址编号	输出设备	输出地址编号
停止按钮 SB11	X0	滚砂机 1 启动	Y1	停止按钮 SB71	X14	滚砂机 7 启动	Y15
启动按钮 SB12	X1	滚砂机 1 运行	Y2	启动按钮 SB72	X15	滚砂机 7 运行	Y16
停止按钮 SB21	X2	滚砂机 2 启动	Y3	停止按钮 SB81	X16	滚砂机 8 启动	Y17
启动按钮 SB22	X3	滚砂机 2 运行	Y4	启动按钮 SB82	X17	滚砂机 8 运行	Y20

输入设备	输入地址编号	输出设备	输出地址编号	输入设备	输入地址编号	输出设备	输出地址编号
停止按钮 SB31	X4	滚砂机 3 启动	Y5	停止按钮 SB91	X20	滚砂机 9 启动	Y21
启动按钮 SB32	X5	滚砂机 3 运行	Y6	启动按钮 SB92	X21	滚砂机 9 运行	Y22
停止按钮 SB41	X6	滚砂机 4 启动	Y7	停止按钮 SBA1	X22	滚砂机 10 启动	Y23
启动按钮 SB42	X7	滚砂机 4 运行	Y10	启动按钮 SBA2	X23	滚砂机 10 运行	Y24
停止按钮 SB51	X10	滚砂机 5 启动	Y11	急停按钮 SB0	X24	正转运行	Y0
启动按钮 SB52	X11	滚砂机 5 运行	Y12	按钮 SB2	X25		
停止按钮 SB61	X12	滚砂机 6 启动	Y13	变频器 RUN	X26		
启动按钮 SB62	X13	滚砂机 6 运行	Y14	变频器 SU	X27		

输入端 X1 为第 1 台滚砂机要求升速启动的信号，X0 为第 1 台滚砂机的停止信号。以此类推，X3、X5、X7、X11、X13、X15、X17、X21、X23 分别为第 2、3、4、5、6、7、8、9、10 台滚砂机要求升速启动的信号，X2、X4、X6、X10、X12、X14、X16、X20、X22 分别为第 2、3、4、5、6、7、8、9、10 台滚砂机的停止信号。变频器的 RUN 端子当变频器输出频率为启动频率以上时，有信号输出，因此 X26 为变频器正在使用的信号。变频器的 SU 端子是变频器的输出端子，其输出条件是输出频率达到设定频率的 10% 时，有信号输出。我们把设定频率定为 50Hz，利用 X25 信号作为变频升速启动与市电全速运行的切换信号。

输出端 Y0 接到了变频器的正转启动信号输入端 STF，因此 Y0 作为变频器的正转输出的控制信号。Y1、Y3、Y5、Y7、Y11、Y13、Y15、Y17、Y21、Y23 分别接交流接触器 KM1A ~ KM10A，而交流接触器 KM1A ~ KM10A 控制的是电动机与变频器的接通与分断，因此 PLC 的输出点 Y1、Y3、Y5、Y7、Y11、Y13、Y15、Y17、Y21、Y23 为变频升速启动的控制。Y 端子有输出升速启动开始，Y 端子无输出升速启动停止。同理，Y2、Y4、Y6、Y10、Y12、Y14、Y16、Y20、Y22、Y24 为市电全速运行的控制。

滚砂机系统 I/O 接线图如图 15-11 所示。

15.2.3 系统软件设计

根据设计要求，PLC 的选用能够实现交流电动机在变频器的带动下在一定时间内转速从零平稳加速到额定转速，自动切换到市电运行。设计注意事项如下。

1. 变频器的输出端绝对不能接入市电

这就要求 Y1 与 Y2、Y3 与 Y4、Y5 与 Y6、Y7 与 Y10、Y11 与 Y12、Y13 与 Y14、Y15 与 Y16、Y17 与 Y20、Y21 与 Y22、Y23 与 Y24 不能同时有输出，它们之间必须有电气互锁。同样，在梯形图中串入对方的常闭触点来实现，如图 15-12 所示。

2. 顺序动作

先接变频器的输出，等加速完毕后切断才能接市电。在梯形图中需要顺序启动来实现，但不能同时动作，需要辅助继电器 M 来实现，M 只保持一个周期，如图 15-13 所示。

图 15-11 滚砂机系统 I/O 接线图

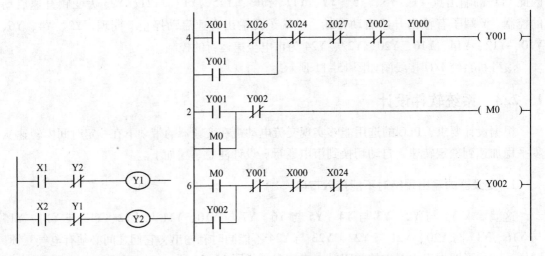

图 15-12 注意事项 1

图 15-13 注意事项 2

滚砂机系统程序如图 15-14 至图 15-18 所示。

程序分析部分由读者自行完成。

```
        X001    Y002
   0    ─┤├──────┤/├─────────────────────────────────────( M101 )
        M101
        ─┤├─

        X001    X026    X024    X027    Y002    Y000
   4    ─┤├──────┤/├──────┤/├──────┤/├──────┤/├─────┤├─────( Y001 )
        Y001
        ─┤├──────┘

        Y001    Y002
  12    ─┤├──────┤/├─────────────────────────────────────( M0 )
        M0
        ─┤├─

        M0      Y001    X000    X024
  16    ─┤├──────┤/├──────┤/├──────┤/├──────────────────( Y002 )
        Y002
        ─┤├─

        X003    Y004
  22    ─┤├──────┤/├─────────────────────────────────────( M102 )
        M102
        ─┤├─

        X003    X026    X024    X027    Y004    Y000
  26    ─┤├──────┤/├──────┤/├──────┤/├──────┤/├─────┤├─────( Y003 )
        Y003
        ─┤├──────┘

        Y003    Y004
  34    ─┤├──────┤/├─────────────────────────────────────( M2 )
        M2
        ─┤├─

        M2      Y003    X002    X024
  38    ─┤├──────┤/├──────┤/├──────┤/├──────────────────( Y004 )
        Y004
        ─┤├─

        X005    Y006
  44    ─┤├──────┤/├─────────────────────────────────────( M103 )
        M103
        ─┤├─

        X005    X026    X024    X027    Y006    Y000
  48    ─┤├──────┤/├──────┤/├──────┤/├──────┤/├─────┤├─────( Y005 )
        Y005
        ─┤├──────┘
```

图 15-14 滚砂机系统程序 1

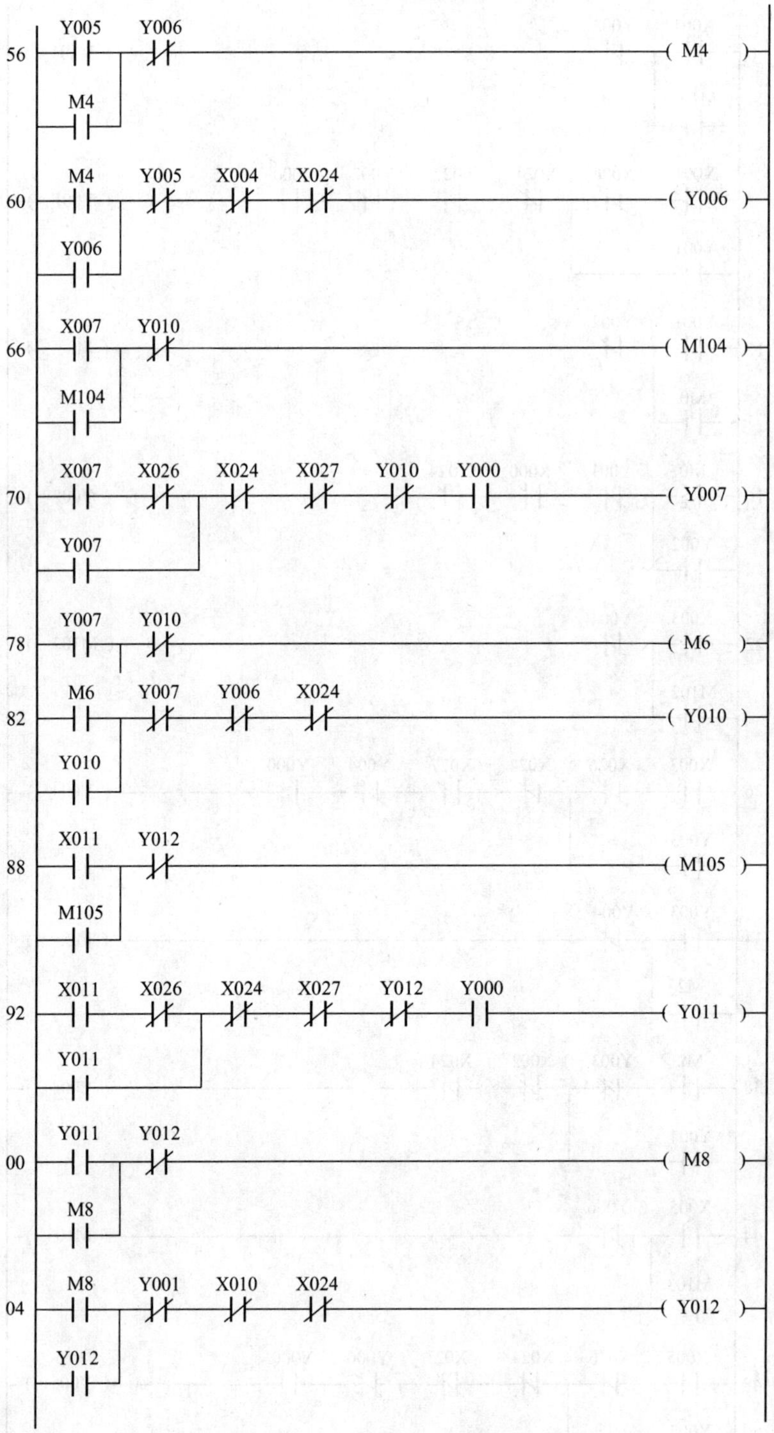

图 15-15 滚砂机系统程序 2

```
          X013    Y014
110 ─┤├──────┤/├─────────────────────────────────────────( M106 )
       M106
      ─┤├─

          X013    X026    X024    X027    Y014    Y000
114 ─┤├──────┤/├──────┤/├──────┤/├──────┤/├──────┤├─────( Y103 )
       Y013
      ─┤├────────┘

          Y013    Y014
122 ─┤├──────┤/├─────────────────────────────────────────( M10 )
       M10
      ─┤├─

          M10     Y013    X012    X024
126 ─┤├──────┤/├──────┤/├──────┤/├─────────────────────( Y104 )
       Y014
      ─┤├─

          X015    Y016
132 ─┤├──────┤/├─────────────────────────────────────────( M107 )
       M107
      ─┤├─

          X015    X026    X024    X027    Y016    Y000
136 ─┤├──────┤/├──────┤/├──────┤/├──────┤/├──────┤├─────( Y015 )
       Y015
      ─┤├────────┘

          Y015    Y016
134 ─┤├──────┤/├─────────────────────────────────────────( M12 )
       M12
      ─┤├─

          M12     Y015    X015    X024
148 ─┤├──────┤/├──────┤/├──────┤/├─────────────────────( Y016 )
       Y016
      ─┤├─

          X017    Y020
154 ─┤├──────┤/├─────────────────────────────────────────( M108 )
       M108
      ─┤├─

          X017    X026    X024    X027    Y020    Y000
158 ─┤├──────┤/├──────┤/├──────┤/├──────┤/├──────┤├─────( Y017 )
       Y017
      ─┤├────────┘
```

图 15-16　滚砂机系统程序 3

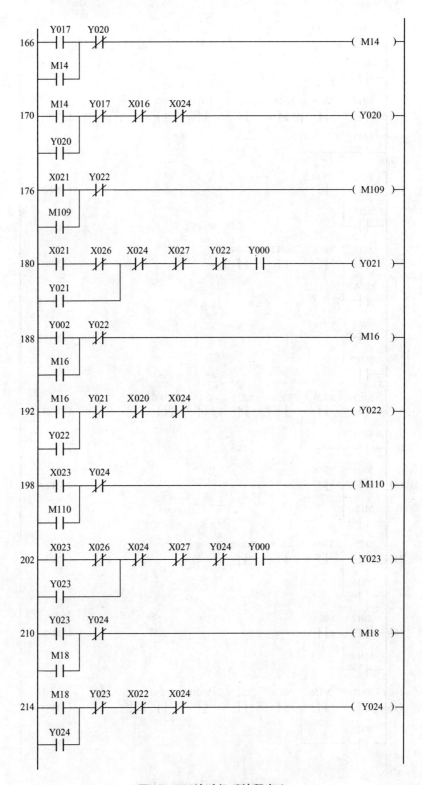

图 15-17 滚砂机系统程序 4

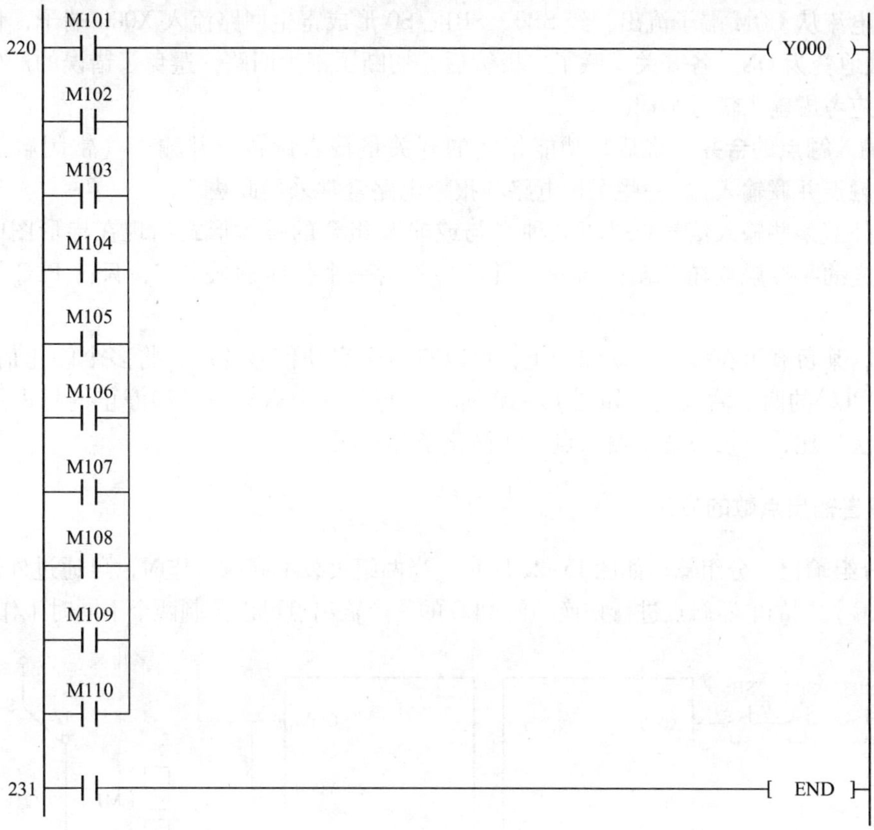

220
M101
M102
M103
M104
M105
M106
M107
M108
M109
M110
Y000
231
END

图 15-18　滚砂机系统程序 5

15.3　实践拓展：如何节省 I/O 点数

1. 节省输入点数的方法

一般认为输入点数是按系统输入信号的数量来确定的。但在实际应用中，通过以下措施可达到节省 PLC 输入点数的目的。

1）分组输入　分组输入如图 15-19 所示。系统有手动和自动两种工作方式，用 X000 来识别使用自动操作信号还是手动操作信号，手动时的输入信号为 SB0 ～ SB3，自动时的输入信号为 S0 ～ S3，若按正常的设计思路，则需要 X001 ～ X008 一共 8 个输入点，若按如图 15-19所示的方法来设计，则只需 X001 ～ X004 一共4 个输入点。图 15-19 中的二极管用来切断寄生电路，如果图中没有二极管，则系统处于自动状态，SB0、SB1、S0 闭合，S1 断

自动
SA
手动
COM
X000
X001
X002
X003
X004
PLC
S0
S1
S2
S3
SB0
SB1
SB2
SB3

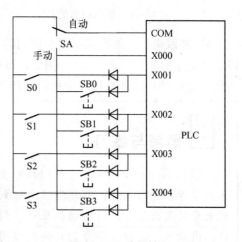

图 15-19　分组输入

开，这时电流从 COM 端子流出，经 SB0、SB1、S0 形成寄生回路流入 X000 端子，使输入端 X002 错误地变为 ON；各开关串联了二极管后，切断了寄生回路，避免了错误的产生。但使用该方法应考虑输入信号强弱。

2）输入触点的合并　将某些功能相同的开关量输入设备合并输入（常闭触点串联输入，常开触点并联输入）。一些保护电路和报警电路常常采用此法。

如果外部某些输入信号总是以某种"与或非"组合的整体形式出现在梯形图中，可以将它们对应的某些触点在 PLC 外部串、并联后作为一个整体输入 PLC，只占 PLC 的一个输入点。

例如，某负载可在多处启动和停止，可以将多个启动信号并联，将多个停止信号串联，分别送给 PLC 的两个输入点，如图 15-20 所示。与每一个启动信号和停止信号占用一个输入点的方法相比，不仅节省了输入点，还简化了梯形图。

2. 节省输出点数的方法

1）分组输出　分组输出如图 15-21 所示，当两组负载不同时工作时，可通过外部转换开关或受 PLC 控制的电器触点进行切换，使 PLC 的一个输出点可以控制两个不同时工作的负载。

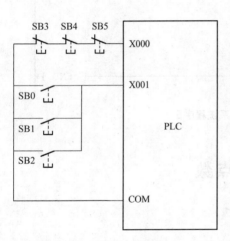

图 15-20　输入触点的合并

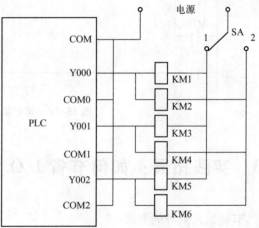

图 15-21　分组输出

2）并联输出　通断状态完全相同的负载，可以并联后共用 PLC 的一个输出点（要考虑 PLC 输出点的负载驱动能力）。例如，PLC 控制的交通信号灯，对应方向（东与西对应，南与北对应）的灯通断规律完全相同，将对应的灯并联后可以节省一半的输出点。

思考与练习

（1）设计一个汽车库自动门控制系统。当汽车到达车库门前，超声波开关接收到车来的信号，开门上升；当升到顶点碰到上限开关时，门停止上升；当汽车驶入车库后，光电开关发出信号，门电动机反转，门下降；当下降碰到下限开关时，门电动机停止。试画出输入、输出设备与 PLC 的接线图，设计出梯形图程序并加以调试。

（2）设计自动售汽水机控制系统。设计要求如下。

① 此售汽水机可投入 1 元、2 元硬币，投币口为 LS1、LS2。

② 当投入的硬币总值大于等于 6 元时，汽水指示灯 L1 亮，此时按下汽水按钮 SB，则汽水口 L2 出汽水，12s 后自动停止。

③ 不找钱，不结余，下一位投币又重新开始。

试进行 I/O 分配，画出 PLC 的 I/O 接线图并进行连接，编制状态转移图或梯形图。

（3）设计物流检测系统。图 15-22 所示是一个物流检测系统示意图，图中 3 个光电传感器为 BL1、BL2、BL3。BL1 检测有无次品到来，有次品到则 ON。BL2 检测凸轮的突起，凸轮每转一圈，则发一个移位脉冲，因为物品的间隔是一定的，故每转一圈就有一个物品到来，所以 BL2 实际上是一个检测物品到来的传感器。BL3 检测有无次品落下。手动复位按钮 SB1 图中未画出。当次品移到第 4 位时，电磁阀 YV 打开使次品落到次品箱；若无次品，则正品移到正品箱。于是，完成了正品和次品分开的任务。试设计控制程序。

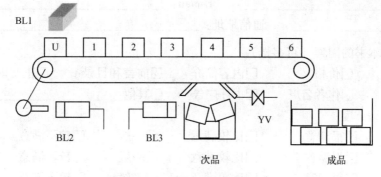

图 15-22 物流检测系统示意图

（4）设计自动钻床控制系统。控制要求如下。

① 按下启动按钮，系统进入启动状态。

② 当光电传感器检测到有工件时，工作台开始旋转，此时由计数器控制其旋转角度（计数器计满 2 个数）。

③ 工作台旋转到位后，夹紧装置开始夹工件，一直到夹紧限位开关闭合为止。

④ 工件夹紧后，主轴电动机开始向下运动，一直运动到工作位置（由下限位开关控制）。

⑤ 主轴电动机到位后，开始进行加工，此时用定时 5s 来描述。

⑥ 5s 后，主轴电动机回退，夹紧电动机后退（分别由上限位开关和后限位开关来控制）。

⑦ 接着工作台继续旋转，由计数器控制其旋转角度（计数器计满 2 个数）。

⑧ 旋转电动机到位后，开始卸工件，由计数器控制（计数器计满 5 个数）。

⑨ 卸工件装置回到初始位置。

⑩ 若再有工件到来，则实现上述过程。

⑪ 按下停车按钮，系统立即停车。

试设计程序完成上述控制要求。

《实例讲解 三菱 FX 系列 PLC 快速入门》
读者调查表

尊敬的读者：

欢迎您参加读者调查活动，对我们的图书提出真诚的意见，您的建议将是我们创造精品的动力源泉。为方便大家，我们提供了两种填写调查表的方式：

1. 您可以登录 http：//yydz. phei. com. cn，进入"读者调查表"栏目，下载并填好本调查表后反馈给我们。

2. 您可以填写下表后寄给我们（北京海淀区万寿路 173 信箱电子信息出版分社　邮编：100036）。

姓名：＿＿＿＿＿＿　性别：□ 男 □ 女　年龄：＿＿＿＿＿　职业：＿＿＿＿＿

电话：＿＿＿＿＿＿＿＿＿＿　移动电话：＿＿＿＿＿＿＿＿＿＿

传真：＿＿＿＿＿＿＿＿＿＿　E-mail：＿＿＿＿＿＿＿＿＿＿

邮编：＿＿＿＿＿＿＿＿＿＿　通信地址：＿＿＿＿＿＿＿＿＿＿＿

1. 影响您购买本书的因素（可多选）：

□封面、封底　　□价格　　　　□内容简介　　□前言和目录　　□正文内容
□出版物名声　　□作者名声　　□书评广告　　□其他＿＿＿＿＿＿＿＿＿＿

2. 您对本书的满意度：

从技术角度	□很满意	□比较满意	□一般	□较不满意	□不满意
从文字角度	□很满意	□比较满意	□一般	□较不满意	□不满意
从版式角度	□很满意	□比较满意	□一般	□较不满意	□不满意
从封面角度	□很满意	□比较满意	□一般	□较不满意	□不满意

3. 您最喜欢书中的哪篇（或章、节）？请说明理由。

＿＿＿＿＿＿＿＿＿＿＿＿＿＿＿＿＿＿＿＿＿＿＿＿＿＿＿＿＿＿＿＿＿＿＿＿

＿＿＿＿＿＿＿＿＿＿＿＿＿＿＿＿＿＿＿＿＿＿＿＿＿＿＿＿＿＿＿＿＿＿＿＿

4. 您最不喜欢书中的哪篇（或章、节）？请说明理由。

＿＿＿＿＿＿＿＿＿＿＿＿＿＿＿＿＿＿＿＿＿＿＿＿＿＿＿＿＿＿＿＿＿＿＿＿

＿＿＿＿＿＿＿＿＿＿＿＿＿＿＿＿＿＿＿＿＿＿＿＿＿＿＿＿＿＿＿＿＿＿＿＿

5. 您希望本书在哪些方面进行改进？

＿＿＿＿＿＿＿＿＿＿＿＿＿＿＿＿＿＿＿＿＿＿＿＿＿＿＿＿＿＿＿＿＿＿＿＿

＿＿＿＿＿＿＿＿＿＿＿＿＿＿＿＿＿＿＿＿＿＿＿＿＿＿＿＿＿＿＿＿＿＿＿＿

6. 您感兴趣或希望增加的图书选题有：

＿＿＿＿＿＿＿＿＿＿＿＿＿＿＿＿＿＿＿＿＿＿＿＿＿＿＿＿＿＿＿＿＿＿＿＿

＿＿＿＿＿＿＿＿＿＿＿＿＿＿＿＿＿＿＿＿＿＿＿＿＿＿＿＿＿＿＿＿＿＿＿＿

邮寄地址：北京市海淀区万寿路 173 信箱电子信息出版分社　张剑　收　　邮编：100036
电　话：（010）88254450　　E-mail：zhang@ phei. com. cn